高等学校规划教材

纳米科技导论

Introduction to Nano Science and Technology

鲍久圣 主编　刘同冈　阴　妍 副主编

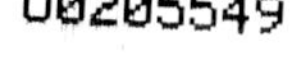

化学工业出版社
·北京·

内 容 简 介

《纳米科技导论》系统介绍了纳米科技的提出、发展与基本内涵，详细阐述了纳米体系理论基础、纳米材料、纳米测量与加工技术等基础知识，重点介绍了微纳机电系统、纳米电子学、纳米生物医学三大交叉领域，简要介绍了纳米塑料、纳米陶瓷、纳米复合纤维、纳米复合涂料、纳米磁性液体等典型应用实例。

《纳米科技导论》内容较为全面，完整涵盖了纳米科技的基础理论、技术方法、应用领域等，不仅可作为高等院校理工类本科教学用书，也可作为普及纳米科技知识的基础教程和相关科技人员的参考用书。

图书在版编目（CIP）数据

纳米科技导论/鲍久圣主编. —北京：化学工业出版社，2020.12（2024.1重印）
高等学校规划教材
ISBN 978-7-122-38102-6

Ⅰ.①纳… Ⅱ.①鲍… Ⅲ.①纳米技术-高等学校-教材 Ⅳ.①TB303-49

中国版本图书馆 CIP 数据核字（2020）第 243653 号

责任编辑：陶艳玲　　文字编辑：刘　璐　陈小滔
责任校对：张雨彤　　装帧设计：张　辉

出版发行：化学工业出版社（北京市东城区青年湖南街 13 号　邮政编码 100011）
印　　装：北京七彩京通数码快印有限公司
787mm×1092mm　1/16　印张 16　字数 396 千字　　2024 年 1 月北京第 1 版第 4 次印刷

购书咨询：010-64518888　　售后服务：010-64518899
网　　址：http://www.cip.com.cn
凡购买本书，如有缺损质量问题，本社销售中心负责调换。

定　　价：49.00 元

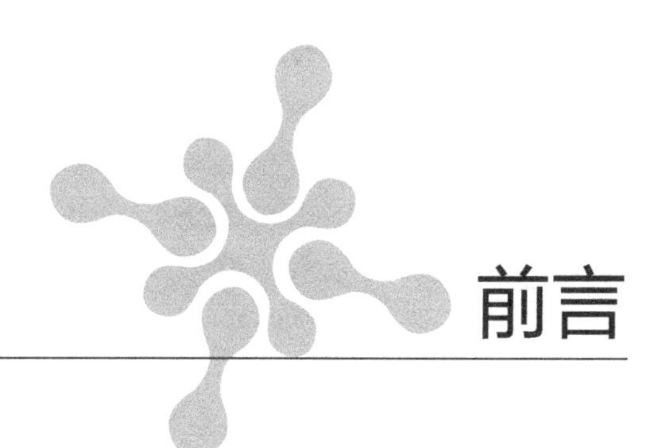

前言

纳米科技被公认为是21世纪最为重要、发展最快的战略高新技术之一，已成为促进传统产业改造升级、发展国民经济和保障国防安全的重要推动力，在材料科学、机械制造、微电子器件、计算机技术、生物技术、医学与健康、环境与能源、航空航天以及国家安全等领域已展现出广阔的应用前景。同时，纳米科技还将推动产品的微型化、高性能化和环境友好化，极大地节约资源和能源，减少人类对资源的过分依赖，并促进生态环境的改善，将在新的层次为人类可持续发展提供物质基础和技术保证。世界各发达国家都非常重视纳米科技的研究和发展，在制定国家层面的科技与产业发展计划时都将其列为21世纪优先发展的关键领域之一。

本书定位为兼顾科学普及与专业知识的本科生通识教育课程或专业拓展课程教材，在内容上力求加强对纳米科技重要基础理论、关键核心技术和主要应用领域的介绍。首先，从量子物理知识出发，过渡到介观物理和纳米物理基础知识，使读者了解纳米科技的提出和发展历程，能够正确理解和认识物质在纳米尺度上出现的新现象与新规律；其次，在纳米科技的材料基础方面，分别介绍了纳米碳材料、纳米粉体、纳米薄膜、纳米块体和纳米复合材料的物化性质、制备方法和主要应用，特别强调了对纳米材料进行表面修饰和改性的重要性；再次，讲述了纳米尺度上的测量方法与加工技术，其中不仅涉及对超细粉体的测量，还介绍了电子光学表面分析相关仪器，重点介绍了扫描隧道显微技术；最后，分别介绍了微纳机电系统、纳米电子学、纳米生物医学三大交叉领域的应用与发展，列举介绍了纳米塑料、纳米陶瓷、纳米复合纤维、纳米复合涂料、纳米磁性液体等纳米科技典型应用实例，并对纳米科技在能源、环保、军事等其他领域的研究与应用情况也进行了简要介绍。通过对本书的学习，读者认识和了解纳米科技的提出和发展，理解和掌握纳米科技的基础知识、重要概念、主要方法、应用领域和发展前景等。

本书由中国矿业大学鲍久圣教授担任主编，中国矿业大学刘同冈教授、阴妍副教授担任副主编。全书内容共分为8章，其中第1、2、3、4章由鲍久圣负责编写，第5、6章由刘同冈负责编写，第7、8章由阴妍负责编写。董慧丽、胡格格、王晓阳等参与了资料搜集、图表绘制和文字校核等工作。

本书的出版得到了中国矿业大学教材建设专项资金的资助，特此致谢！由于本书涉及范围较广，内容定有不足，疏漏之处在所难免，敬请广大读者批评与指正。

主编 [签名]

2020年6月

目录

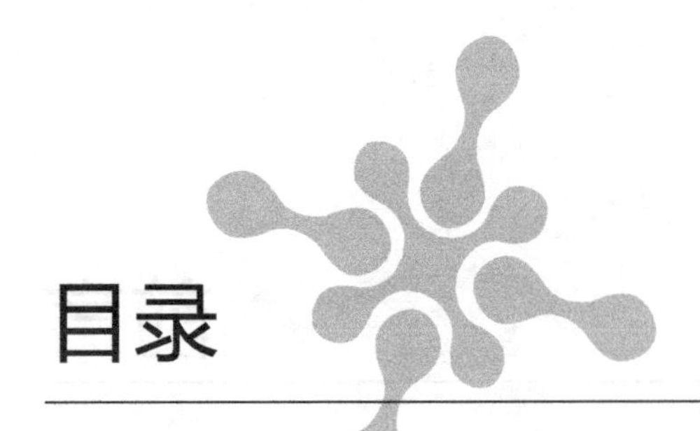

第1章 绪论

第2章 纳米体系理论基础

第3章 纳米材料基础

第4章 纳米测量与加工技术

第7章 纳米生物医学

第8章 纳米科技典型应用实例

第1章

绪论

纳米科技兴起于20世纪80年代末、90年代初，是一门前沿性、交叉性很强的综合性学科，研究内容几乎涉及现代科技的各大领域，应用范围包括材料制备与制造、微电子与计算机技术、医学与健康、航天与航空、环境与能源、生物技术与农业技术等多个方面。

1.1 纳米科技的提出与发展

经过近几十年的快速发展，纳米科技现已成为21世纪世界科技发展中最主流的技术之一，同时也是世界各国最主要的研究热点领域之一。纳米科技被世界主要发达国家视作推动本国科技创新发展的主要驱动器之一，各国相继制定了国家纳米科技发展战略规划，从战略高度部署纳米科技的研究与发展。纳米科技有力助推了各传统领域的科技进步和技术革命，颠覆性和创新性的科技成果不断涌现，它同时也引发了一场新的产业革命，对全球经济、资源、环境和健康等多个领域产生了深远影响。

1.1.1 介观世界的发展

人类对物质世界的认识，是一个古老而又经久不衰的科学命题。爱因斯坦曾指出："未来科学的发展，无非是继续向宏观世界和微观世界进军。"一直以来，人类不断从微观和宏观的层次对物质世界进行探索和研究，随之创造出现代物质文明和精神文明。自从20世纪初科学界提出量子力学和相对论以后，人类对物质世界的观察、研究和科学实践，在微观和宏观两个方面都获得了巨大的进展。

随着科学和技术的发展以及理论的不断创新，特别是20世纪30年代以后，人们越来越感到仅用传统微观和宏观两个尺度去研究物质世界，缺少精致性和准确性。在自然科学领域内，可以根据空间尺度的大小来划分问题的"宏"和"微"。起初人们所观察的空间尺度，从亚微米级（即100～1000nm）开始，随着深入观察研究，科学家发现在1～100nm空间内的物质世界存在许多奇异的物理性质。我们知道，构成一切现实宏观物质的基本单元是原子和分子，因此原子和分子是现实宏观物质的微观起点。在1～100nm这样一个微小空间内，由于包含的原子和分子为数不多，逐渐吸引一大批科学家并发展成为他们的研究领域。这个研究领域，既不同于原子和分子这样的微观起点，又不同于现实宏观物质领域，它正好介于微观和宏观之间，科学家们把它称之为“介观物理”或“介观”。

在介观体系中，表面和界面问题随着几何尺寸的缩小而显得至关重要，于是逐渐发展成为一门学科。介观的研究工作是从基础物理学开始的，特别是纳米结构材料表现出的奇异特性使人们更加认识到介观的重要性。例如，当电子通过纳米圆环所组成的电路时，它的行为将不遵循欧姆定律，而是表现出彼此之间的强关联性，即A-B效应。在这个尺度上的物质，表面原子或分子占了相当大的比例，已经无法区分它们是长程有序（晶态），还是短程有序（液态），或是完全无序（气态），这就是物质的一种新的状态——介观态。并且，人们很早就注意到这种介观态的性质不是取决于物质内部的原子或分子，而是主要取决于物质表面或界面上原子分子排列的状态。在介观物理的理论基础上，历经多年的发展，逐渐形成了一门新兴的科学技术，即纳米科技（Nano-ST）。

1.1.2 纳米科技概念的提出

纳米是一个长度单位。1纳米（nm）$=10^{-9}$米（m），它与其他微观长度单位之间的换算关系为：$1nm=10^{-3}\mu m=10^{-6}mm=10^{-9}m$。纳米科技是指在纳米尺度（1～100nm）上研究物质的特性和相互作用，以及利用这些特性的多学科交叉的科学和技术。纳米科技的最终目标是通过直接操纵原子和分子来构造具有特定功能的物质，因此研究单个原子和分子的特性和相互作用，以及揭示在原子分子尺度上的新现象、新效应是纳米科技研究的重要方向。概括来说，纳米科技的研究领域主要包括纳米材料和纳米技术两大块。纳米材料是指在三维空间中至少有一维处于纳米尺度范围，或由它们作为基本单元所构成的材料。纳米技术是指纳米材料和物质的获得技术、组合技术以及纳米材料在各个领域的应用技术。

最早提出纳米尺度上科学和技术问题的是著名物理学家、诺贝尔奖获得者理查德·费曼（Richard Feynman）。1959年，他在一次著名的“在底部还有很大空间”的演讲中提出：“如果人类能够在原子/分子的尺度上来加工材料、制备装置，我们将有许多激动人心的新发现。”他指出：“我们需要新型的微型化仪器来操纵纳米结构并测定其性质。那时，化学将变成根据人们的意愿逐个地准确放置原子的问题，”并预言，“如果我们能够对细微尺寸的物体加以控制的话，那将极大地扩充我们获得物性的范围。”1974年，日本科学家谷口纪男（Taniguchi）最早使用纳米技术（nanotechnology）一词来描述精细机械加工。20世纪70年代后期，麻省理工学院德雷克斯勒教授提倡展开纳米科技的研究，但当时多数主流科学家对此持怀疑态度。

纳米科技的迅速发展是在20世纪80年代末、90年代初，这是源于在80年代人们发明了费曼所期望的纳米科技研究的重要仪器——扫描隧道显微镜（STM）、原子力显微镜（AFM）等，它们对纳米科技的发展起到了重要的推动作用。与此同时，纳米尺度上的多学科交叉展现了巨大的生命力，迅速成为一个有广泛学科内容和潜在应用前景的研究领域。1990年7月，第一届国际纳米科学技术会议与第五届国际扫描隧道显微学会议在美国巴尔的摩同时举办，《纳米技术》与《纳米生物学》这两本国际性专业期刊也相继问世，标志着纳米科技正式被提出和认可。从此，一门崭新的科学技术——纳米科技，开始得到了科技界的广泛关注。

1.1.3 纳米科技的发展历史

纵观纳米科技的发展历程，可以发现，纳米科技的历史是由一件件的科研成就与历史事件所组成的。

1856 年，观察到纳米粒子：Michael Faraday 发现制备的金溶胶中颗粒的大小不同，就会呈现出不同颜色的丁达尔散射。

1928 年，Edward Hutchinson Synge 提出用近场扫描光学显微镜获得超越衍射极限的图像。

1931 年，德国物理学家鲁斯卡利用磁透镜使电子束成像聚焦的原理，制成了世界第一台全金属镜体的电子显微镜（TEM），如图 1-1 所示。尽管当时其放大倍数仅有 12 倍，但这表明电子波可用于显微镜，从而为显微镜的发展开辟了一个新的方向。

图 1-1 世界第一台全金属镜体的电子显微镜

1935 年，Irving Langmuir 和 Katharine Blodgett 发明了制备单层分子薄膜的技术。

1946 年，Zisman、Bigelow 和 Pickett 报告了有序单分子层在表面上的自组装。

1959 年，Richard Feynman 在加州理工学院举办的美国物理学会会议上发表题为《（微观）底下还有充足的空间》的演讲，推测在原子级别上操控物质的可能性。

1968 年，John Arthur Jr 和 Albert Cho 研发出用于制备高质量单晶薄膜的分子束外延。

1974 年，Mark Ratner 和 Arieh Aviram 提出分子二极管的想法；Martin Fleischmann、Patrick Hendra 和 James McQuillan 报告了拉曼散射的异常增强，随后 Richard van Duyne 和 Alan Creighton 将这种现象解释为纳米级金属结构形成的场增强所造成的；Taniguchi 创造“纳米技术（nanotechnology）”一词。

1976 年，Tuomo Suntola 发明原子层外延薄膜制备技术。

1980 年，Alexei Ekimov 和 Alexander Efros 报告了纳米晶体量子点的存在及其光学特性。

1982 年，Nadrian Seeman 提出 DNA 纳米技术的概念。

1982 年以来，德国物理学家宾尼希（Gerd Binnig）与其导师罗雷尔（Heinrich Rohrer）利用量子隧穿机制发明了第一台扫描隧道显微镜（STM），它是国际上纳米表征与检测手段

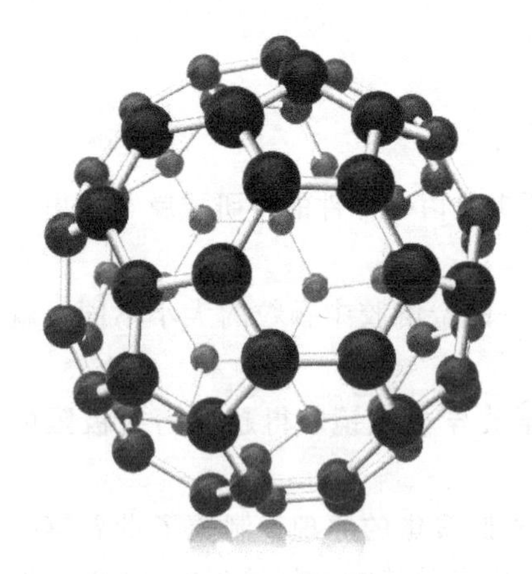

图 1-2　C_{60}富勒烯分子

中最有代表性的检测技术，使人类首次能实时在原子尺度上对物体进行原位观测，因此获得了 1986 年诺贝尔物理学奖。

1983 年，美国的布鲁斯教授通过量子点的制备与性质研究，发现了量子效应。

1984 年，德国萨尔布吕肯的格莱特教授利用 6nm 直径的铁粉颗粒压成世界上第一块人工纳米材料，提出了纳米晶界结构模型，引发了一场材料学的革命。

1985 年，Harold Kroto、Sean O′Brien、Robert Curl 和 Richard Smalley 发现了由 60 个碳原子排列而成的足球状 C_{60} 富勒烯分子（图 1-2），并因此获得了 1996 年诺贝尔化学奖。

1986 年，Gerd Binnig、Calvin Quate 和 Christoph Gerber 发明了原子力显微镜（AFM）。

1988 年，Albert Fert 和 Peter Grünberg 在多层膜中发现了巨磁电阻效应，极大地促进了数据存储技术的发展。

1990 年，美国国际商用机器公司（IBM）研究人员，利用扫描隧道显微镜在镍表面搬动了 35 个氙原子，排出了“IBM”的图案（图 1-3），这一技术使科学家们对设计与制造分子器件产生了希望。

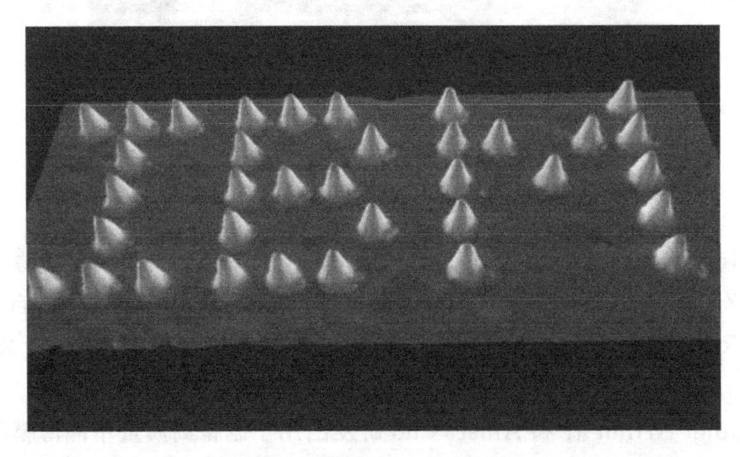

图 1-3　利用 STM 搬动 35 个氙原子排列而成的“IBM”字样

1991 年，日本名城大学教授饭岛澄男在对石墨棒放电形成的阴极沉积物的研究中，利用高分辨电镜发现了碳纳米管（图 1-4）。碳纳米管的质量是相同体积钢的 1/6，其强度却是钢的 100 倍，这一重大发现对碳纳米材料的发展起到了巨大的推动作用，他也凭借此项成就获得了富兰克林奖章。一年之后，Millie Dresselhaus 及同事提出一种可以准确预测金属与半导体纳米管比例的理论。

1992 年，Charles Kresge 发明了介孔分子筛材料 MCM-41 和 MCM-48。日本开始研制能进入人体血管进行手术治疗的纳米机器人。

1993 年，Michael Crommie、Christopher Lutz 和 Don Eigler 报告铁原子在铜表面形成的量子围栏囚禁了电子。

1994 年，Stefan Hell 和 Jan Wichmann 提出受激发射损耗显微术，打破了光学成像的衍射极限；Fraser Stoddart 演示了一个可通过化学方法切换的双稳态分子梭；Martin Moskovits 使用多孔阳极氧化铝作为模板，制备有序纳米线阵列。

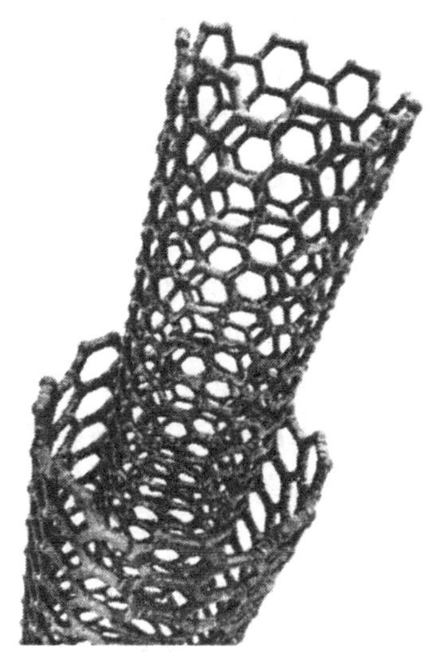

图 1-4　碳纳米管

1996 年，John Kasianowicz、Eric Brandin、Daniel Branton 和 David Deamer 将一个 DNA 单链穿过脂质双层膜内的纳米孔。

1997 年，Ondrej Krivanek 校正了扫描隧道电镜的球差。

1998 年，Ebbesen、Lezec、Ghaemi、Thio 和 Wolff 观察到了金属薄膜上的亚波长孔阵的光异常透射现象；Comiskey、Albert、Yoshizawa 和 Jacobson 发明了电子墨水；Charles Lieber、Lars Samuelsson 和 Kenji Hiruma 独立开发出制备晶态半导体纳米线的技术。

1999 年，Ben Feringa 和 Ross Kelly 分别报告了光驱分子马达和化学驱动分子马达。同年，巴西和美国的科学家发明了世界上最小的“秤”，它可以称量十亿分之一克的物体（仅相当于一个病毒的质量）。

2001 年，美国 IBM 公司的研究人员利用碳纳米管成功制造出了纳米晶体管；杨培东展示了室温纳米线激光器。

2004 年，英国曼彻斯特大学教授安德烈·海姆与康斯坦丁·诺沃肖洛夫用普通的塑料胶带，首次从石墨上剥离出二维材料——石墨烯（图 1-5），因其具备独特和优异的电学性能，在纳米器件等方面具有极为广阔的应用前景，两人也因此获得了 2010 年诺贝尔物理学奖。同年，约翰·霍普金斯大学的研究人员发现了一种可以作为医学传感器的蛋白分子开关。

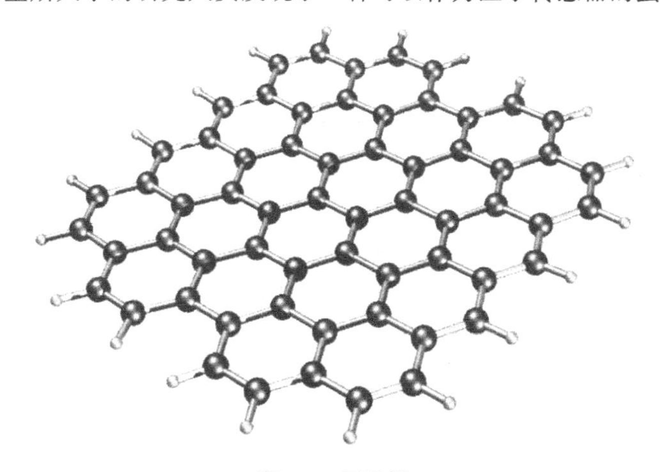

图 1-5　石墨烯

2006 年，Paul Rothemund 展示了一种将 DNA 单链折叠成复杂的二维形状的方法；英特尔公司采用 90nm 与 65nm 制造技术成功研制了含有十几亿个晶体管的处理器。同年，由美国麻省理工学院埃利斯·本克主持的研究小组与香港浸会大学研究人员合作，发现了纳米肽蛋白纤维液体可以迅速地止血。

2007年，法国和德国科学家成功研制了可以旋转的“分子轮”，并组装了真正意义上的世界上第一台分子机器——生物纳米机器。

2008年，英特尔公司采用32nm制造工艺的微处理器投入批量生产。美国加州大学洛杉矶分校的研究人员设计开发出一种可控输送抗癌药物的“纳米机器”。

2013年，David Leigh创造了一个相当于人工核糖体的分子机器，可将氨基酸按特定顺序连接起来。美国加州大学圣地亚哥分校的科学家发现一种可以除掉体内的毒素，可用于对抗细菌感染，可包覆红细胞膜的纳米粒子。中国清华大学团队制造了0.5m长的碳纳米管。

2014年，美国及德国三位科学家Eric Betzig、Stefan W. Hl和Wiim EMoerner因开发出超分辨率的荧光显微镜获得了诺贝尔化学奖，利用这项超分辨率荧光显微技术能够得到纳米尺度分辨率的清晰显微影像。

2015年，14nm的集成电路芯片已经进入大批量生产。

2016年，10nm集成电路也开始批量生产。2016年6月，*Science*报道，北京大学郭雪峰团队发展了以石墨烯为电极、通过共价键连接的稳定单分子器件的关键制备方法，解决了单分子器件制备难、稳定性差的难题。2016年10月，*Science*报道，加州大学伯克利分校阿里·加维团队将现有晶体管制程从14nm缩减到了1nm，突破了5nm的物理极限。

2017年，美国苹果公司发布了采用10nm八核处理器的新款iPad。

2018年，中国台湾积体电路制造股份有限公司（台积电）开始量产7nm芯片产品。

2019年，王中林院士凭借在微纳能源和自驱动系统领域的开创性成就，获得“阿尔伯特·爱因斯坦世界科学奖”（Albert Einstein World Award of Science），开辟了纳米测量技术在生物学和医学上应用的新前景。

2020年，台积电计划开始大规模生产5nm工艺芯片，并将应用于手机处理器。

1.2 纳米科技的基本内涵

纳米科技是现代科学（混沌物理、量子力学、介观物理、分子生物学等）和现代技术（计算机技术、微电子技术、扫描隧道显微镜技术等）相结合的产物。

1.2.1 纳米科技的研究内容

纳米科技不是某一学科的延伸，也不是某一新工艺的产物，而是基础理论科学与当代高技术的结晶。根据研究对象和工作性质来区分，纳米科技必须包含纳米材料、纳米器件和纳米尺度的检测与表征技术三大研究领域。纳米材料是纳米科技的基础，纳米器件是衡量纳米科技应用水平的标志，而纳米尺度上的检测与表征技术是支撑纳米科技研究与发展的实验基础与必要条件。目前，纳米科技的研究内容主要涉及纳米物理学、纳米电子学、纳米材料学、纳米机械学、纳米生物医学、纳米测量学等六大相对独立却又相互渗透的交叉学科。

（1）纳米物理学

纳米物理学是深入揭示物质在纳米空间的物理过程和物理特性的学科。它以纳米固体为研究对象，对重要物理问题进行研究。研究表明，当物质小到纳米量级时，就会表现出量子效应、小尺寸效应、物质的局域性效应，以及由于表面和界面原子比例大大增加而表现出来的表面效应等，使物质的很多性能发生变化，呈现出既不同于宏观物体，也不同于单个孤立原子的奇异性能，这也是纳米材料引人关注的重要原因。

电子在物体内部都处于一定的能态上，称为能级；宏观物体内电子数趋于无穷大，电子能级也就形成了密密麻麻准连续的能级带，称为能带。当物体的尺寸小到纳米量级时，纳米粒子中所含的总电子数会大大减少，这时电子能级总数也会减少，能带的连续性发生分裂，形成离散的能级。当能级间距足够大时，会导致纳米粒子的光、电、磁、声、热、力学等特性发生显著的变化。例如，纳米材料的力学性质不能再用连续介质力学来描述，磁性能也因纳米尺度而发生了变化，铁磁物质表现出超顺磁性、巨磁效应等。这些奇异性质的存在，迫使我们从物质的演化以及运动规律上去找原因。揭示这些奇异现象的本质即是纳米物理学的研究任务。

(2) 纳米电子学

纳米电子学主要研究尺度为纳米量级的电子器件、理论和制造技术。在纳米空间电子所表现的特征和功能，是纳米电子学研究的范畴。我们知道，各种传统电子元器件都是通过控制电子数量来实现信息处理的。例如，开关器件是通过控制电子流的有无来实现电路的通断，以1和0表示有、无电流通过；放大器件则是通过控制电子数目多少来完成放大功能。但是，在纳米空间内，电子的波动性将是不可忽略的，在经过特殊设计的纳米器件中，电子将以波动性质表征其特性，这种器件也称为量子功能器件。量子功能器件不单纯通过控制电子数目的多少，还要通过控制电子波动的相位来实现某种相干效应，A-B效应（弹性散射不破坏电子相干性）、普适电导涨落、库仑阻塞效应等将成为量子器件的设计指导思想。量子功能器件响应速度高、功率消耗低。例如，现有硅（Si）和砷化镓（GaAs）器件不管如何改进，其响应速度最高只能达到1ps（$1ps=1\times10^{-12}s$），功耗最低只能降到$1\mu W$；而量子功能器件的相应指标数据可优化$10^3\sim10^4$倍。此外，纳米功能器件的线宽更小，集成度更高。纳米电子学不但为量子功能器件的制造展示了美好的前景，同时也给电子工业带来了一场革命。

(3) 纳米材料学

纳米材料学是纳米科技发展的重要基础。纳米材料学的研究内容主要包括三个方面：①纳米材料的制备；②纳米材料的特性；③纳米材料的应用。研究纳米材料的制备技术是人工获取纳米材料的必要手段，也是衡量纳米科技研究和应用水平的重要标志。纳米粉体颗粒包含的原子数约为$10^2\sim10^7$个，其中50%以上为界面原子，界面原子的结构和排列显著区别于内部原子，大量界面原子的存在使得纳米粉体系统表现出尺寸效应、量子效应、表面效应、耦合效应以及可能的混沌现象。纳米材料的性能研究包括硬度、强度、韧性、电性、磁性、微结构和谱学特征等，通过与常规材料对比，可找出纳米材料的特殊规律，建立描述和表征纳米材料的新概念和新理论。纳米材料的应用研究更是涉及各行各业，最具有代表性的如纳米陶瓷、纳米塑料、纳米润滑材料、吸波材料、纳米磁性液体、巨磁材料等。当然，微电子行业用的量子器件、微型机械也都属于纳米材料的应用范围。

(4) 纳米机械学

纳米机械学的研究范畴主要包括微机构学、纳米加工、纳米摩擦学和纳米系统技术等几个部分，它是集纳米技术、微电子技术、机械制造技术于一体，以制作微纳机械装置为目的的学科。尽管目前整体仍处于起始状态，但已展现出诱人的前景。

微机电系统（MEMS）是纳米机械学中发展较为成熟的部分，它不是传统机械的相似缩小，其学科基础、研究内容和研究手段也不同于传统的机械电子。典型的MEMS包括多个传感器、执行器和处理电路等元器件，并把它们集成为一个智能化的有机整体。图 1-6 给出了典型的 MEMS 与外部世界的相互作用。

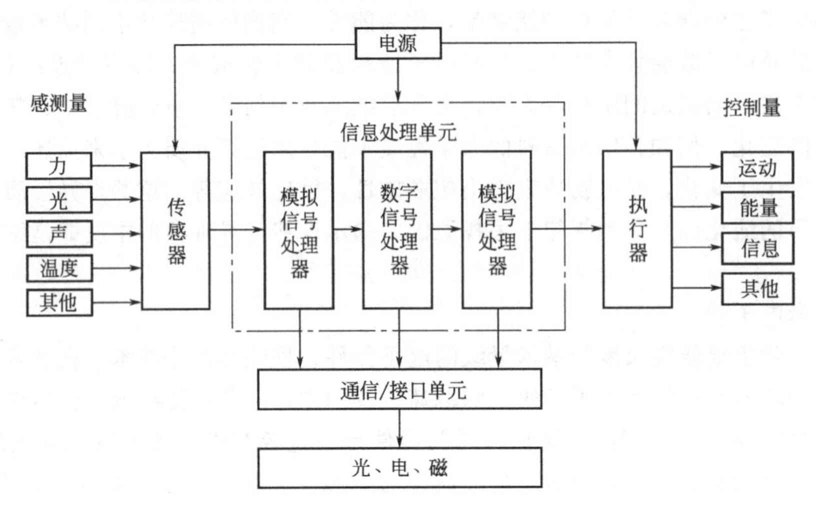

图 1-6 MEMS 与外部世界的相互作用

MEMS 的基础理论首推小尺寸效应，同时表面力的作用成为主导，而体积力成为次要因素；某些微观尺度的短程力所具有的长程作用效应及其所引起的表面效应将起重要作用。纳米加工包含体型微机械加工工艺、表面微机械加工工艺、LIGA 技术（光刻-电铸-成型）以及 MEMS 封装技术；纳米摩擦学关注的是零摩擦、零磨损和薄膜润滑。MEMS 的设计和检测技术以及标准化问题也日益引起研究者的注意，这也是纳米机械学产业化发展的新动向。目前，已经研制出具有体积小、质量轻、功耗低的 MEMS 器件，如：①微传感器，包括检测力学量、磁学量、热学量、化学量、生物量等敏感量的传感器；②微执行器，包括微电机、微齿轮、微泵等；③微型构件，包括微梁、微探针、微腔、微沟道等；④微机械光学器件，包括微镜阵列、微光扫描器、微光开关等；⑤微机械射频器件；⑥微真空电子器件；⑦微能源和微动力源等。

（5）纳米生物医学

在生物学方面，纳米技术的发展趋势是：为生物学研究提供更精密的纳米级分析、检测、操控等技术手段（如纳米光镊技术等），并从体外标本静态研究发展到体内活体的动态研究。纳米技术应用于分子之间的相互作用、分子复合物和分子组装的研究，将在大病毒结构、细胞器结构细节和自身装配机制上取得重要进展。纳米技术与分子生物学技术相结合，将有助于生物大分子各级结构与功能的破译。另外，由纳米技术推动的分子生物学发展，将回馈其他相关学科的发展，如生物计算机、生物芯片等。

在医学方面，纳米技术的应用潜力巨大。随着新型纳米材料的不断涌现，已经在生物材料、人工器官、介入治疗、药物载体、血液净化等众多方面取得应用成果。纳米技术在医学领域的发展趋势是：①纳米技术将使药物的生产实现低成本、高效率、自动化、大规模；把药物制成纳米尺寸，直接注射到病变部位，将大大提高医疗效果；药物的作用将实现特定器官的靶向化，药物的细胞内结构靶向化将成为最热门的课题；纳米生物材料作为药物的控释系统的载体具有广阔的应用前景；②大量纳米生物相容性物质将被逐步开发并进入临床试验阶段；③纳米生物传感器；④纳米技术使医疗器械元器件的进一步小型化、微型化成为可能，从而推动介入性治疗、诊断和检测技术向微型、微观、微量、微创或无创、快速、实时、遥控、动态、功能性和智能化的方向发展。

（6）纳米测量学

为了在纳米尺度上研究材料和元器件的结构及性能，发现新现象，发展新方法，创造新技术，必须建立纳米尺度的检测与表征手段，这便是纳米测量学的研究任务。扫描探针显微技术（SPM）的出现，标志着人类对微观尺度的探索进入到一个全新的领域。1982 年，宾尼希（Binnig）和罗雷尔（Rohrer）首先研制成功扫描隧道显微镜（STM），为人类在纳米尺度乃至在原子水平上研究物质的表面原子、分子的几何结构及与电子行为相关的物理、化学性质开辟了新的途径。正因如此，他们获得了 1986 年诺贝尔物理学奖。在 STM 出现以后，又相继出现了原子力显微镜（AFM）、磁力显微镜、电容扫描显微镜等一系列微观测量仪器，特别是近场光学显微镜（NSOM）与 STM 相比更具特色。这类显微镜有一个共同的特征，就是它们都有一个对样品表面进行扫描的微探针以及扫描成像系统，因此它们被统称为扫描探针显微镜（SPM）。就纳米粉体而言，透射电子显微镜（TEM）和光子相关谱仪（PCS）更实用，特别是在纳米粉体工业化生产中，光子相关谱仪的应用非常广泛。

1.2.2　纳米科技的研究方法

纳米科技的最终目标是从原子、分子出发，"自下而上"地制造纳米材料或纳米结构，或利用纳米加工技术制造出具有特殊功能的新材料、新器件和新系统。为实现这一目标，其研究方法可分为"自上而下"（top down）和"自下而上"（bottom up）两条技术路线。"自上而下"是指通过传统的微加工或固态技术，不断在尺寸上将功能产品微型化，直至达到纳米尺度；而"自下而上"是指以原子、分子为基本单元，根据人们的意愿进行设计和组装，从而构筑具有特定功能的产品，如图 1-7 所示。这两种研究方法都可以用来衡量纳米科技的发展水平。

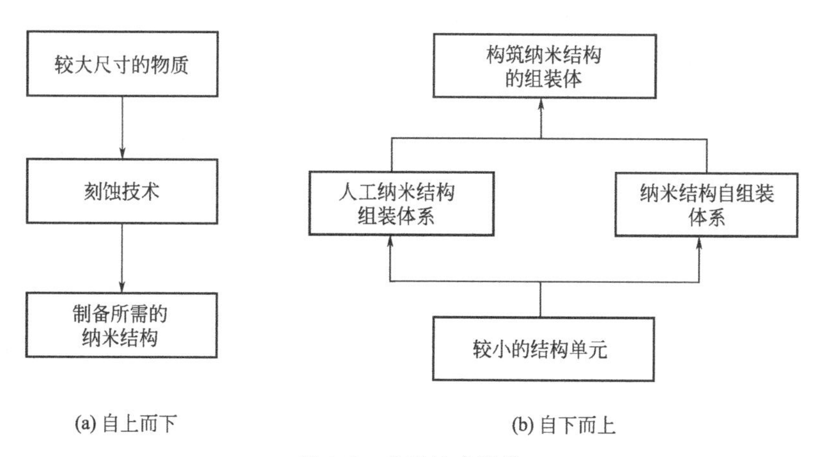

图 1-7　典型技术路线

1.2.3　纳米科技的研究意义

纳米科技是高度交叉的综合性学科，也是一个融前沿科学和高技术于一体的完整体系，不仅包含以观测、分析和研究为主线的基础学科，同时还有以纳米工程与加工学为主线的技术学科。纳米科技的重要性主要体现在如下四方面。

① 纳米科技的研究是未来技术的重要源泉之一，也是提高国家未来竞争力的重要手段。

中国科学院白春礼院士指出："纳米科技的重要意义首先将促使人类认知的革命，同时将引发新的工业革命，从而对我国的社会、经济及国家安全产生重大影响。"

② 先进国家希望通过纳米研究整合基础研究、应用研究和产业化开发，引领下一次产业革命。

③ 纳米科技为发展中国家提供了在技术上跨越式发展的机遇。

④ 纳米科技是绿色技术的重要基础，为可持续发展、解决国计民生问题提供方案。

近几年来，随着各国纳米研究计划的实践和纳米科技研究的进展，人们再次肯定"纳米科技的研究是未来技术的重要源泉之一，也是提升国家未来竞争力的重要手段。"近年来，各国包括先进国家对纳米科技研究的安排都突出了以满足国家重大需求为目标的应用研究，希望以纳米科技的研究成果为依托，在未来的20～30年内产生新技术、催生新产业，由于纳米科技的多学科性和新颖性及复杂性，人们充分地认识到基础研究仍然是纳米科学突破和技术创新的重要动力。继续加强纳米科技的基础研究是纳米科技健康且可持续发展的重要保障。因此，在各国的政府研究计划中，有关纳米的基础研究经费继续增加，基础研究作为未来20～30年新技术源泉的作用仍然受到重视。

纳米技术对未来技术和产业的可能影响表现在如下几个方面。

（1）纳米技术推动信息革命

自21世纪以来，高速、大容量、高性能的发展趋势，对微电子技术提出了更高集成度、更高速、更低功耗的要求，在这种需求的推动下，芯片集成度以每18个月翻一番的速度提高。现今微电子加工技术已从深亚微米进入纳米尺度，这不仅仅是尺度量级的过渡，更是代表了加工手段质的飞跃。纳米尺寸光刻技术的实现，大大地促进了集成电路向纳米尺度的发展，使最小加工尺寸45nm的集成电路芯片开始批量生产。随着信息技术的发展，加工尺寸将不断向22nm、10nm等更小尺度扩展，随着尺寸的减小，量子限域效应和加工过程中引入的缺陷件和电路将产生重要影响，这对现有技术提出了新的挑战，也对纳米技术产生了期盼。人们普遍认为，纳米技术将产生新一代的信息器件和技术，并成为未来信息产业的重要支柱。纳米技术的发展存在两条技术路线：在微电子小型化"自上而下"发展的同时，人们探索着原子分子组装功能料和器件的自下而上发展纳电子器件、系统的新途径。两者的结合是纳米器件、电路和系统发展的新领域，给相应的科学技术发展提出了重大需求。未来信息产业的需求为研究新材料、新器件、新技术提供了动力，也揭示出新材料、新器件、新技术的研究具有更加广阔的前景。

（2）纳米技术提高生命健康水平

纳米科学技术与生物学、医药学的结合，正在迅速发展成为新的科学研究前沿和热点，并将对未来生物技术和医药产业产生重大影响。当今，纳米生物和纳米医学已成为生物医学领域中新生的分支。它们一是使人类在分子水平上认识和理解病变机理。这是由于人类基因序列图谱草图绘制的完成，人类对自身认识将有望达到分子水平，并利用纳米技术在细胞的分子结构和分子基因水平上真正认识和理解病变机理，为根治疾病提供理论基础。二是大幅度提高医学诊断和疾病检测的精度，研制出可以直接插入活细胞内进行探测的纳米级微型探测器，可以植入人体内不同部位或随血液在体内流动，对人体内细胞的健康状态和病变信息进行实时检测，有利于早期发现病变和早期治疗。三是基因治疗、靶向分子治疗有望快速发展。随着对纳米尺度基因载体的深入研究，基因治疗中的瓶颈问题——基因的体内转运有望取得重大进展。由于纳米药物具有提高生物利用度、减少用药量、节约药物资源、降低毒副作用、增强靶向性、提高疗效等特点，纳米技术在药物研究与开发，包括新药创制中具有重要的应用前景。利用纳米颗粒可以将药物准确地输送到目的地——靶点，定向杀灭肿瘤细胞。

（3）纳米技术促进环境改善和污染治理

污染治理主要包括污水治理、空气治理等。在污水治理方面，利用纳米粒子的强氧化还原作用、吸附效应和催化效应来处理污水中重金属污染物和有机有毒污染物。在空气治理方面，利用纳米材料所具有的催化活性，提高燃料的燃烧效率，从而减少废气的排放，它还可催化降解气体中的污染物；利用纳米材料因巨大比表面积而具有的优良吸附性来吸附分离气体中的有害成分。随着人民生活水平的提高，人们对直接关系自身健康和生活质量的材料提出了更高的要求，绿色环保材料成为了发展趋势，同时发展新型绿色环保材料也是国家环保战略的重要部分。

（4）纳米技术提高能源利用率和节能减排

能源方面的研究重点主要有三个方面。一是传统能源材料的高效利用和低排放。以石油、天然气、煤炭等为代表的传统能源材料的供应日趋紧张。纳米技术在提高这些材料的利用效率、降低其在使用过程中的污染排放方面有着重要意义。二是新型储能和能量转换材料。纳米新能源材料是指能实现新能源的转化和利用，以及发展新能源技术中所要用到的关键材料，将是发展新能源的核心和基础。三是与新型光伏有关的纳米技术，由于太阳能电池具有无污染、资源普遍和永不枯竭等特点，符合当前国家对环境保护的要求，可解决资源日渐短缺的问题，但是在现阶段，它的成本还偏高，大规模使用受到经济上的限制，纳米技术的引入有望改变这一现状。

（5）纳米技术推动传统产业升级换代

纳米材料以其特有的光、电、热、磁等性能为传统材料的发展带来一次前所未有的革命，将增强我国材料领域的国际竞争力，有助于改变我国在国际分工中的不利地位，促进我国传统产业的升级换代，由材料大国向材料强国的转变。随着各类电子设备向高效节能、高集成化方向的迅猛发展，传统磁性功能材料已经无法满足要求。例如，纳米晶金属磁性功能材料的应用对高新技术产业的形成和发展，对传统金属磁性功能材料的改造和更新换代将产生重大影响。纳米磁性液体具有良好的密封作用，其应用前景十分广阔。金属材料表面的纳米化可以显著提高材料表面强度、疲劳寿命以及耐磨损、耐侵蚀、耐气蚀、耐腐蚀性，这为传统工程材料的性能升级和新型高性能结构材料的研制提供了一条独特的途径。纳米硬质合金在难加工和精密加工领域具有广阔的应用前景；纳米陶瓷及其复合材料是具有韧性的高强度材料，高分子纳米复合材料的力学性能（刚性、韧性和耐热性等性能）有明显提高，对提升塑料、橡胶、纤维等传统产业的产品质量具有重要意义；纳米材料在化工催化、环保过滤、光学器件等领域有重要用途，在纺织、建材等行业也有十分广阔的应用前景。

1.3　纳米科技的研究现状与发展趋势

纳米科技是21世纪的前沿科技领域，鉴于其对社会和经济发展的重要影响，各国争相制定了发展纳米科技的国际战略，美国、欧盟、日韩和金砖等科技强国或组织都已投入巨资支持纳米科技的发展。近年来，各国对纳米科技研发的投入都在不断增加。

1.3.1 国际纳米科技的发展现状

(1) 美国

早在1991年，美国就正式将纳米技术列入“国家22项关键技术”和“2005年战略技术”。1997年，美国国防部将纳米技术提高到战略研究高度。2000年2月，白宫正式发布了“国家纳米技术计划”，提出了发展纳米科技的战略目标和具体战略部署，标志着美国进入全面推进纳米科技发展的新阶段。

2011年，“国家纳米技术计划”的战略目标和投资项目主要领域包括8个方面：纳米现象与过程的基础研究；纳米材料；纳米器件与系统；纳米技术仪器仪表研究、计量和标准；纳米制造；设施和仪器仪表的采购；环境、健康与安全；社会与教育。这八大方向成为了美国纳米技术研发活动的组织框架。

2017年，美国纳米科技计划（NNI）对纳米科技投入14.44亿美元，其中42%的资金投入到基础性研究领域，40%的资金投入到纳米科技相关的产品和应用研发中。这反映出美国政府既重视基础性的研究，也重视纳米科技从实验室到商品化的转化。同时，2017年美国在纳米科技研发的基础设施建设方面的预算为2.35亿美元，这为具有世界一流水平的纳米制造、表征和测试的研究设施注入了强有力的资金支持。NNI 2001～2017年已累计投资240亿美元，主要用于基础性研究、纳米科技相关产品和应用研发，同时增加了在纳米科技研发方面的基础设施建设投入，这显示了美国政府对于纳米科技研发的持续支持力度和重视。

(2) 欧盟及其成员国

20世纪90年代以来，纳米科技在欧盟科技发展领域中占据了越来越重要的位置。欧盟从第4框架计划（1994～1998年）开始对纳米科技进行大量投入。第4框架计划研发经费总投入131.21亿欧元，其中大约有80个含纳米科技的项目得到资助；第5框架计划（1999～2002年）研发经费总投入148.71亿欧元，其中每年对纳米科技项目的资助金额大约在4500万欧元。

根据欧盟第6框架计划（2002～2006年）研发分析，总投资为192.56亿欧元，其中，纳米科技作为优先发展的7项主要领域之一，投资金额为13亿欧元。2007年欧盟启动第7框架计划（2007～2013年），总投资为505.21亿欧元。

2014年，欧盟启动为期7年新的研究与创新框架计划——“地平线2020”，该计划从2014～2020年共投入约770.28亿欧元。保持使能技术（enabling technology）和工业技术领先（LEIT），是“地平线2020”中三大战略优先领域之一“产业领导力”的核心部分，该领域的技术创新和发展被认为是支持未来工业，帮助中小型创新型欧洲企业成长，决定欧洲企业全球竞争力的关键。而纳米科技、先进材料、生物技术等研究方向就包含在保持使能技术和工业技术领先中，计划投入135.57亿欧元，其中分配给纳米科技和先进材料领域38亿欧元，用于研究与纳米科技相关的医疗保健和低碳能源技术以及市场化应用，以提高欧盟的工业竞争力和可持续发展能力。

(3) 日韩

日本是开展纳米科技基础和应用研究最早的国家之一。1981年，日本科学技术厅就推出了“先进技术的探索研究计划”（ERATO），每年启动4个ERATO基础研究项目，每个项目实施5年，研究内容绝大部分是纳米科技的前沿课题。每个ERATO研究项目的经费为 20 亿日元，直接从日本政府一年的预算中支出，不受外界经济波动的影响。从 1991 年开始，日本通商产业省 1991～2002 年先后实施了数个有关纳米科技的大型十年研究计划，包括“原子技术研究计划”“量子功能器件研究计划”“原子分子极限操纵研究计划”，十年投入约 250 亿日元。

2000 年 9 月，日本科学技术政策的最高决策机构——科学技术政策委员会（CSTP）成立“纳米科技促进战略研讨组”，主要负责研究和制订今后日本纳米科技发展的目标和研究重点，以及实施产、官、学联合攻关的具体方针政策。2001 年 9 月，日本综合科学技术会议组织制定了“纳米领域推进战略”，该战略将纳米技术视为生物、信息通信、环境等广泛领域的基础技术。2002 年 12 月，日本政府推出“产业发掘战略”，纳米技术与材料被视为“技术创新的四大领域”之一。2006 年 4 月，开始实施的第 3 期科技基本计划继续将纳米技术和材料作为“四大重点推进领域”之一，并针对该领域制定了相应的推进战略。日本政府这一系列促进纳米技术研究开发与产业化的重大举措，推进了纳米科技的产业化发展，文部科学省（MEXT）和经济产业省（MET）是日本开展纳米科技研发的两大主要部门，前者占了 2002 年纳米科技研发预算的 56%，后者所占研发经费也达到 42%。

日本内阁会议于 2016 年 1 月审议通过了《第五期科学技术基本计划》，计划至 2026 年将大力推进和实施科技创新，并确保研发投资的规模，力求政府与民间投入的研发支出占 GDP 比例的 4%以上，其中政府投入占 GDP 的比例达到 1%（按 GDP 名义增长率年均 3.3%计算，日本政府 5 年研发投资总额约为 26 万亿日元），5 月，日本内阁发布了《科学技术创新综合战略 2016》，在深化推进“社会 5.0”政策措施方面，围绕机器人、传感器、生物技术、纳米科技和材料等创造新价值的核心优势技术，设定富有挑战的中长期发展目标并为之努力，从而提升日本的国际竞争力。日本政府和整个工业界在《第五期科学技术基本计划（2016～2020 年）》中进一步发展纳米科技，提高其在国际上的地位。

20 世纪末韩国就开始纳米科技的研发，虽然那时候政府还没建立国家纳米科技计划，但有关纳米科技产业发展却出现在研发计划内，比如 1993～2000 年实施的纳米材料安全计划，1998 年实施的微观纳米研究计划，2000 年实施的国家研究实验室计划和后来的 21 世纪前沿研究与发展计划等。在 21 世纪前沿研究和发展计划中，纳米材料计划被列为重点研究对象，开发前沿技术以稳固韩国在纳米科技领域的领先地位是该计划的目标，韩国政府计划在电子信息、生物科学和纳米材料方面投入 38 亿美元，支持 30 多项计划；纳米材料计划是 30 多项计划的一部分，组织实施的负责部门是韩国商业工业和能源部。为了促进研究院所、高校和企业联合开发纳米新材料，该计划分成 3 个阶段来进行，研发、合成和组装纳米新材料，投入资金 69.48 亿韩元，共有 9 个项目，计划管理项目便是其中之一，其他 8 个项目的研究重点都是开发纳米材料。韩国的高新技术产业发达，研究高新技术的大企业占到了 GDP 密度的 15%，研发占了 4%。韩国又启动了新的纳米电子研发计划，对旧设备进行更新换代。2014 年 3 月，韩国根据国内外纳米科技发展态势和国家科技政策推进方向，发布了《第二期国家纳米科技路线图（2014～2025 年）》。该纳米科技路线图主要由 3 个部分构成，分别是对纳米科技的未来展望与重点产业选择、核心技术开发方向和投资战略。

（4）其他国家

国际上不少国家对纳米科技领域都制定了国家战略规划并大力投资研究，其中，由中国政府倡导的“一带一路”沿线相关国家，更是以“数字经济、人工智能、纳米科技、量子计算机”等前沿为合作领域。以新加坡为例，新加坡政府将信息通信、生物制药以及微电子列为最重要的发展领域。目前，在新加坡领先产业中（如电子、生物医药、化学品制造业以及精密工程领域等）对纳米技术的研究和应用在稳定增加。新加坡各研究机构、学校、企业、实验室都投入到世界领先的纳米科技研发中，从公共研究机构（科学技术研究局等）到大学实验室（如新加坡国立大学、南洋理工大学），再到20多家企业纳米科技研发中心的研究规模来看，新加坡在纳米科技领域的投入相当大。新加坡政府在2016～2020年之间提供190亿新加坡元（相当于951亿人民币）用于研究与开发。这项名为“研究-创新企业计划2020版”（RIE 2020）的预算相比之前的5年，经费提高了18%。在这份预算中，最大的部分(21%）将用于生物医学与健康方面的研究，主要用于解决目前新加坡的一大社会压力——人口老龄化问题。这一预算的另外一项用途是：提高新加坡的制造业水平，从而向中国与印度看齐。其中重点在支持太空探索、电力、化学工程、医药以及海洋探测等方面。新加坡现在的科技规划没有将纳米科技作为单项列出，而是融合在其他交叉科技领域之中。

总体来说，全球纳米技术的发展趋势呈现几个特点：注重从基础研究到应用研究、商业化推广和对公众的普及；注重研发平台建设和关键设备开发，由单一学科向多学科交叉发展；注重纳米科技国际化发展和可持续发展，以纳米材料研究为基础向新材料、环境、能源、器件和健康等应用方面发展。

1.3.2 我国纳米科技的发展现状

我国是纳米科技研究较早的国家之一，在纳米科技发展初期，我国科学家就开始关注这方面的研究。

(1) 我国纳米科技发展现状分析

1999年，中国科学技术部启动了国家重点基础研究发展规划项目（“973计划”）——“纳米材料与纳米结构”，继续支持碳纳米管等纳米材料的基础研究。2001年，政府制定了《国家纳米科技发展纲要》，并成立了国家纳米科学技术指导协调委员会，制定国家纳米科技发展规划，部署、指导和协调国家纳米科技工作。

2006年，国务院发布的《国家中长期科学和技术发展规划纲要》将纳米科学看成是中国有望实现跨越式发展的领域之一，并设立了“纳米研究”重大科学研究计划，重点研究纳米材料的可控制备、自组装和功能化，纳米材料的结构、优异特性及其调控机制，纳米加工与集成原理，概念性和原理性纳米器件，纳米电子学，纳米生物学和纳米医学，分子聚集体和生物分子的光电、磁学性质及信息传递，单分子行为与操纵，分子机器的设计组装与调控，纳米尺度表征与度量学，纳米材料和纳米技术在能源、环境、信息、医药等领域的应用。并于2006年对纳米相关研究部署了13个重大项目。

在2011年7月，由科学技术部发布的国家“十二五”科学和技术发展规划中，将纳米研究作为六个重大科学研究实施计划之一，力争在未来五年内取得重大突破，重点部署了面向国家重大战略需求的纳米材料、传统工程材料的纳米化技术、纳米材料的重大共性问题、纳米技术在环境与能源领域应用的科学基础、纳米材料表征技术与方法、纳米表征技术的生物医学和环境检测应用学等方面，同时要求大力培育和发展七大战略性新兴产业，其中就包括了纳米材料在内的新材料产业。

2006～2020年，纳米科学被列为四项重点发展的基础研究领域之一，是其中获得资助最多的领域，政府强有力的资金支持，吸引了越来越多的中国科学家投身于纳米材料的研究。

我国在纳米科技研究领域中，从最初的纳米材料的制备与应用、表征与检测技术等传统开发优势，发展到现在具备的全面开展研究纳米科技的能力（包括科技前沿技术、纳米材料结构与形貌和表界面技术、纳米能源与环境技术、纳米光电器件与传感器、纳米尺度检测技术与标准、纳米生物医药与诊疗和纳米应用技术等），直至走向产业化的过程，实现了纳米科技产学研的基本目标。

现在，我国纳米科技已成为国际上重要的研究力量，取得的成果涵盖纳米科技前沿到纳米技术的应用，部分成果已经开始产业化，成为当地新兴产业重要技术来源之一。国内建立了多个以纳米科技研究为主要研究方向的国家级和省级研究机构，在多数研究型大学中有从事纳米科技研究的团队，中科院也成立数十个专门研究纳米科技的课题团队。总之，我国纳米科技发展正处于蒸蒸日上的发展阶段，部分研究内容已处于世界领先地位。

（2）我国纳米科技发展中的问题

我国虽已成为纳米科技研究领域的科技大国，但还不是该领域的科技强国。主要表现在我国的纳米科技研究缺乏原始的重大创新性成果。分析和比较我国与先进国家纳米科技的进展发现以下问题。

① 投入明显不足。在纳米科技投入方面，我国政府投入仅占美国政府的2%～3%，与其他发达国家相比也存在差距。另外，多渠道的支持、多元化的研究格局也使科研投入的效率不高，并造成科学家为争取各方支持耗费大量精力的局面。

② 重点领域不够突出。在有限支持的情况下，如何选择适合我国国情的重点领域，正确引导我国的科技队伍，提高科技投入的效率等问题尚未完全解决。

③ 缺乏专业化的、有明确应用导向的研究平台。我国已建立的国家级综合性纳米平台其设施和支撑条件薄弱，与发达国家相比存在一定差距。另外应该指出的是，我国建立的纳米研究中心都是综合性的研究中心，缺乏专业地引领发展国内纳米研发的能力。

在日益激烈的国际竞争形势下，我国纳米科技研究正面临着逐渐失去已取得的优势的局面。但是，如果我们的战略布局得当、技术路线明确、资金匹配适度，在纳米科技发展和对未来产业技术影响方面，我国仍有机会取得领先地位。

总而言之，今后我国要想在纳米科技的研究中真正实现由大国到强国的转变，就必须采取有力的措施，加强原始、重大的创新性研究。

（3）我国纳米科技的政策与建议

从长远来看，我国纳米科技研究应建立基础研究—应用研究—技术转移的一体化研究路线；集中投入，建设不同类型的纳米技术研究开发平台，以保持可持续发展；整合各学科的研究力量，集中解决重大的挑战性科学问题或突破重大的应用技术；加强基础探索中的原创性研究，强调重要的科学突破对未来技术的影响，强调基础研究的长期性。

根据我国纳米科技的发展现状，为了实现引领未来经济社会发展的目标，建议急需加强以下几方面工作。

①以国家目标为导向，加强重点领域发展；②进一步推动我国产学研的有机结合；③建立世界一流的研发和技术公共平台；④依托先进的科研基地，培养和引进高素质的创新人才；⑤加强国际合作交流，促进资源共享；⑥加快标准化、安全性与伦理研究，为产业发展保驾护航。

就纳米科技的基础研究而言，建议根据我国的实际情况和国际发展态势，长期稳定地支持开展纳米尺度的基本现象和过程中原创性的基础研究工作，在交叉学科领域形成系统的基础研究成果。

重点支持以下前沿研究。

① 纳米尺度下的新现象、量子效应和基本过程。综合了解自组装过程中纳米材料的结构、特性（包括力学、化学、生物、电子和光学等性质）和演变过程及各种性能之间的耦合效应及其潜在应用；发现纳米尺度下量子效应所产生的新现象及其本质；深入了解纳米尺度下材料生长、组装、演变等基本过程，把握这些过程的变化规律及其影响因素。

② 纳米材料和纳米结构。加强纳米材料的设计与合成，发现和研究新的纳米尺度材料和纳米结构材料。仿照自然界，自组装有特定功能的纳米材料。探索与下一代信息技术相关的纳米功能材料、能大幅度降低清洁能源成本的先进材料、能替代贵重或短缺材料的先进纳米材料；研究超强、轻质纳米材料结构与性能的关系及新型纳米处理技术。

③ 纳米尺度下的生物系统。支持基于生物或有生物感知的新特性及其潜在的应用系统；通过在活性有机体内、外的实验和建模，通过自组装过程，在分子和细胞层次上认识生物体与纳米尺度材料的相互作用；在了解纳米尺度材料与环境的相互作用的基础上，认识纳米尺度材料在环境中和其生命周期中的运输、转化和消亡的基本过程。

④ 纳米加工和纳米器件。研究“自上而下”加工技术和“自下而上”的自组装技术相结合的新概念、新工艺，提高纳米器件的可靠性和有效性；研究纳米器件组装的集成技术及与微电子技术相关的新原理和新方法；探索下一代纳米电子学、纳米光电子学原型器件；探索突破数据处理和通信集成等功能限制的纳米器件、材料、系统。

⑤ 纳米尺度下新现象和基本过程的建模和模拟。发展纳米尺度下物理、化学、生物学特性的理论模型；描绘连接纳米系统与微米系统的界面并建立相关理论；发展纳米结构组成的宏观材料或系统中的多尺度、多种性质协同现象的理论；加强计算机模拟和新方法研究。

1.3.3 我国纳米科技的发展目标

根据中国科学院科技领域技术路线图项目总体部署的要求，从 2020 年到 2030 年，我国的目标是形成对若干个国民经济和社会经济可持续发展有重要影响的纳米科技成果。从 2030 年到 2050 年，我国的目标是建立能引领世界并满足我国战略需求的纳米科技体系。

（1）至 2030 年能产生重大影响或能实现的纳米科技

① 纳米诊断。基于纳米技术的分子影像技术（多功能纳米粒子、标识分子等）；用于实时、快速分析的医学诊断器件；用于体外诊断的集成芯片；生物仿生传感器；利用纳米传感器和影像技术对主要疾病的早期诊断，包括癌症、老年退化性疾病和心脑血管疾病等，辅助人们对疾病的早期监测和对化学、生物试剂的后续追踪；增进在单细胞水平上对疾病的了解。可精确诊断癌症和其他严重疾病，且能在短时间内提供生物芯片诊断系统。

② 再生医学。用于可植入器件和组织工程的纳米材料；用于治疗糖尿病的胰岛再生纳米医药；用于心肌组织再生的智能生物材料；修复老年退行性疾病的纳米医药；使脊髓和肢体修复的神经再生纳米医药。

③ 靶向药物传递。基于基因工程的药物输运系统；治疗用多肽和蛋白质（生物药物）传递系统，细胞、病毒和基因靶向系统，多库药物传递芯片；治疗癌症的磁性和顺磁性纳米材料和枝状聚合物；治疗与医学影像相结合的系统。

④ 纳米制造技术。通过对纳米尺度操纵和对原子、分子的控制，制成具有新功能和特性的宏观纳米材料，包括纳米层次超高精密加工技术、机械控制技术和传感器技术，可穿戴

的计算机和微纳机电系统。研发纳米尺度材料、结构、器件和系统及其制造的规模化、可靠性和有效性，包括研发和集成“自上而下”的加工技术，日益复杂的“自下而上”的自组装加工技术；发展纳米结构和纳米系统的高速合成和加工的新技术。

⑤ 纳米材料应用。纳米材料（传统纳米材料包括金属、陶瓷、半导体材料等，新型的纳米材料包括纳米线、纳米管、纳米涂层、纳米球等）在下述方面的潜在应用：轻质、高强和高韧性纳米金属材料，新型催化剂，智能节能材料与绿色涂料，智能纺织品，新型激光介质，水净化，治理土壤、地下水污染，燃料电池和太阳能电池，医用康复材料。

⑥ 纳米技术在电子、光电子、能源和环境技术中的应用。CMOS（互补金属氧化半导体）替代技术中的新原理、新设计和新材料；具有人机交互功能、能创造“有意识的环境”的计算机系统；监测建筑、桥梁、机械和交通的智能传感器；监测食品、水、植物、安全和人类健康等的纳米芯片、全光信息处理技术（如全光交换）、纳米催化剂的工业应用。

（2）至2050年能实现的纳米科技

① 分子电子器件。

② 实现量子计算和全量子信息处理技术。

③ 超小型智能机器人。

④ 仿脑纳米芯片、脑-机直接对话、脑-脑直接对话。

⑤ 氢能技术、转基因的高效能源转化植物、有机的能源转化材料（热电转换、化学能转换、光电转换等）与技术。

⑥ 用于治疗麻痹、失明和其他神经系统疾病的纳米修复技术。

⑦ 用于体内诊断的集成芯片：提高利用纳米传感器和影像技术对主要疾病包括癌症早期诊断的有效性。发展对疾病的早期监测和对化学与生物试剂的后续追踪的纳米技术，实现个性化治疗。

⑧ 通过外部信号实现药物传感器和基因治疗的调控，提高患者生存质量，延长生存时间。

⑨ 纳米技术诱导组织和器官再生。

思考题

① 纳米是一个长度单位，1nm=(　　) m。一般所说的纳米尺度范围是指什么？

② 简述纳米科技的基本内涵和研究意义。

③ 简述纳米科技的研究方法。

④ 针对我国纳米科技的发展现状，目前存在哪些问题？有哪些建议？

⑤ 我国纳米科技的发展目标有哪些？

第2章 纳米体系理论基础

对纳米材料的研究首先要建立在纳米体系的理论基础上，纳米体系理论主要建立在量子物理基础之上，如量子理论、波粒二象性、薛定谔方程等，而纳米尺度上，其分布规律涉及量子统计相关理论，并通过介观物理，从微观角度阐述其宏观特性。在这些理论基础之上，纳米材料展现出不同的物理效应与化学性质。

2.1 物理学相关基础理论

物理学是研究物质的演化与运动规律的科学，随着人类对自然界了解的深入，物理学已经从经典物理学发展到20世纪90年代的近代物理学。纳米科技就是在物理学发展的基础上兴起的，研究纳米科技首先就要了解纳米体系物理学。

本节回顾量子物理和统计物理学，引出介观物理目前的成果。

2.1.1 量子物理简介

2.1.1.1 量子论基础

量子力学是描述微观世界结构、运动与变化规律的物理科学，与相对论一起构建了现代物理学的理论基础。19世纪末20世纪初，经典物理已经发展到相当完整的阶段，但很多新的实验现象无法用经典物理解释，例如，黑体辐射、光电效应、原子的线光谱和原子结构等问题。

(1) 黑体辐射

对于外来辐射，物体有反射或吸收的作用。如图2-1所示，所谓黑体就是全部吸收投射到它上面的辐射而无反射的物体，如果在一空腔上开一个小孔，那么通过这个小孔逸出的辐射是如此之少，以致它的逸出对空腔内部的辐射没有什么影响，这个小孔的作用就像是一个理想的黑体，因为任何从空腔外面射入小孔里的辐射都基本上被完全吸收。从小孔逸出的辐射也称为黑体辐射，它是内部辐射的样品。理论和实验表明，这种辐射与构成空腔的材料无

关，而只依赖于空腔的温度。19 世纪末的物理学家想要而且相信能回答的问题是：黑体辐射的频率是怎样分布的？

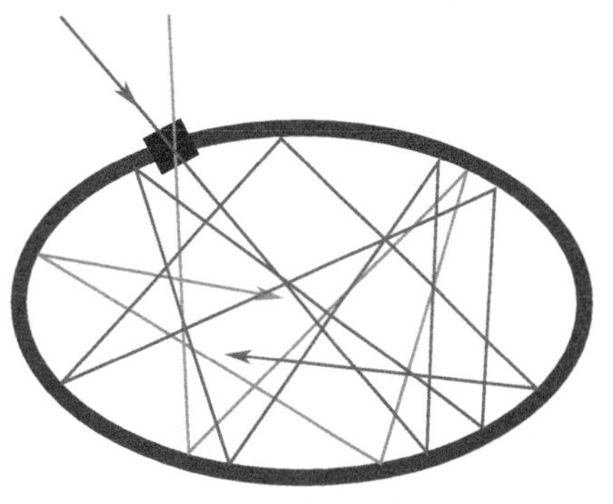

图 2-1 黑体辐射

根据经典电动力学（麦克斯韦理论）和统计力学，可以导出黑体辐射问题中辐射能量与频率之间的关系式，却与实验结果严重不符。为了推导出一个与实验结果相符合的黑体辐射公式，人们做了大量的工作。直到 1900 年普朗克发现，必须假定：黑体是一个带电的谐振子，对于一定频率 v 的电磁辐射，是不连续的，无论是发射还是吸收，均是以不可分割的能量子 hv 为单元进行的，即绝对黑体所发射或吸收的能量是 hv 的整数倍（hv，$2hv$，$3hv$，…，nhv）。

其中，$h=6.6\times10^{-34}\mathrm{J\cdot s}$，称为普朗克常数。

普朗克的量子假说，第一次提出了微观粒子具有分立的能量值，打开了人们认识微观世界的大门。在这个基础上，经过许多人的努力，终于逐步认识了辐射的粒子性、描述微观粒子（分子、原子、电子等）的一些物理量具有量子化特性，最终形成了反映微观粒子运动规律的量子物理量。

（2）光电效应问题

金属及其化合物在光照射下发射电子的现象称为光电效应。赫兹（Herts）在 1888 年发现光电效应，即他在从事电磁波实验时，注意到接收电路中感应出来的火花，当间隙的两个端面受到光照射时，火花更强一些。图 2-2(a) 为微光电效应实验简图。

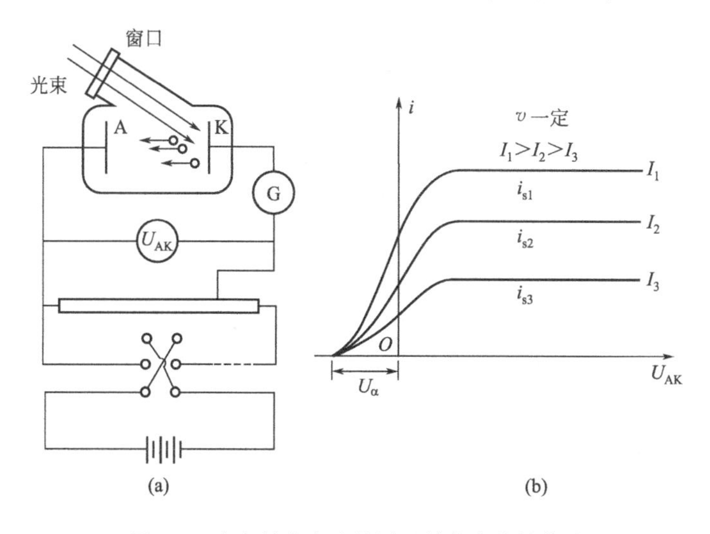

图 2-2 光电效应实验简图及其伏安特性曲线

实验结果证明：

① 只有当光的频率大于一定值时，才有光电子发射出来，如果光的频率低于这个值时，无论光多强，照射时间多长也没有光电子产生。我们称这个值为截止频率 v_0，v_0 是与阴极 K 的材料有关的，v_0 也可用其对应的波长 λ_0 表示。

② 以某一发光强度 I 照射 K，在 A、K 之间加上电压 U_{AK}，当 U_{AK} 增加时，光电流 i

也随之增加，但到一定程度 i 不再变化时为 i_s，如图 2-2(b) 所示。而 I 变化，i_s 也随之变化，I 大，相应的 i_s 也大，只有当 $U_{AK}<0$ 并达到 U_α 时 $i=0$，U_α 称遏止电流电压，实验证明 U_α 与发光强度 I 无关，而与光照频率 v 呈线性关系。说明光电子的初动能与光强 I 无关，只与光照频率 v 有关。

这些实验结果又与经典物理光的波动说有着深刻的矛盾。按照光的波动说，金属在光的照射下，金属中的电子将从入射光中吸收能量，从而逸出金属表面，逸出时的初动能应取决于光振动的振幅，即取决于光的强度，因而按经典物理光的波动说，光电子的初动能应随入射光的强度增加而增加，但实验结果是：任何金属所释出的光电子的初动能与光照频率 v 有关而与 I 无关。

爱因斯坦的光子理论从普朗克的能量子假设中得到了启发，他认为普朗克仅考虑了辐射物体上谐振子能量的量子化，而爱因斯坦认为光在空间传播时也具有粒子性，这些粒子称为光量子或光子。

① 每一光子的能量 $\varepsilon=hv$，与频率有关。

② 光的能流密度取决于单位时间内通过该单位面积的光子数 N；频率为 v 的单色光的能流密度 $S=Nhv$。

③ 按照光子理论，光电效应可解释为：当金属中一个自由电子从入射光中吸收一个光子后，就获得能量 hv，如果 hv 大于电子从金属表面逸出时所需的逸出功 A，那么这个电子就可以从金属中逸出，称为光电子。

根据能量守恒定律

$$hv=\frac{1}{2}mv_{\mathrm{m}}^{2}+A \tag{2-1}$$

式中，$mv_{\mathrm{m}}^{2}/2$ 为逸出光电子的最大初动能。

上式称为爱因斯坦光电效应方程。从而解释了光电效应的实验规律，爱因斯坦也因此荣获 1921 年诺贝尔物理学奖。

(3) 原子的线光谱和原子结构理论——定态的概念问题

关于原子核的结构，20 世纪初人们提出各种不同的模型。1911 年卢瑟福提出原子是由带正电的原子核和核外做轨道运动的电子组成。按照经典理论，电子在原子中的绕核运动应发射电磁波，该波频率等于电子绕核旋转的频率，而且原子系统的能量会因此而不断减少，电子绕核的运动也会越来越快，轨道越变越小，最终会被原子核“吃掉”。这当然与实际不符。同时按经典理论，在上述模型中运动电子所发出的电磁波会在上述一系列的变化中不断改变辐射频率，其频谱是连续的，这也与观察到的实验不符，因为原子光谱是线光谱——频率是分立的，不连续的。

玻尔于 1913 年，采用普朗克和爱因斯坦的量子化概念，在卢瑟福的原子模型基础上，提出了三个基本假设。

① 定态假设。原子系统只能处在一系列不连续的能量状态，虽然电子绕核旋转，但不辐射电磁波，这种状态称为原子系统的稳定状态（简称定态）。相应的能量分别为 E_1，E_2，…，E_n。

② 频率条件。当原子从一个能量为 E_n 的定态跳跃（跃迁）到另一能量较低的定态 E_k 时，才发出电磁波，其频率 $v_{kn}=\dfrac{|E_n-E_k|}{h}$，式中 h 为普朗克常数，该式称为玻尔频率

公式。

③ 量子化条件。电子绕核旋转时，原子处于稳定态时电子的角动量 L 等于$\frac{h}{2\pi}$的整数倍，即 $L=n\frac{h}{2\pi}$，$n=1,2,3,\cdots$。n 为正整数，称为量子数。该式称为角动量量子化条件，上式也可以写作 $L=n\hbar$，$\hbar=\frac{h}{2\pi}$称为约化普朗克常数，$n=1.0545887\times10^{-34}\,\mathrm{J\cdot s}$。

玻尔的这种半经典理论，解释氢原子结构时很成功，但解释不了氦原子光谱，也解释不了原子与光的相互作用，这些现象迫使和引导人们去寻求新的理论——量子理论。

2.1.1.2　波粒二象性

在波动光学中，人们研究了光的干涉、衍射的现象，证实了光的波动性，普朗克和爱因斯坦又提出了光的微粒性理论，人们已经承认了光的本性是具有波粒二象性的。

(1) 德布罗意波

在光的二象性的启发下，1924 年法国年轻的博士研究生德布罗意（de Broglie）提出实物粒子也具有波动性的假说。他认为表示实物粒子微粒性的物理量 E（能量）、p（动量）与表示其波动性的物理量 v（频率）和 λ（波长）之间的关系，与光相同，即

$$E=hv \text{ 和 } p=mv=\frac{h}{\lambda} \tag{2-2}$$

这组关系式称为德布罗意关系式，和实物粒子相联系的波称为德布罗意波或物质波。

这样的假设，从经典力学观点来看是很难理解的。但在 1927 年，这个假设被戴维森（Davisson）等的电子衍射实验所证实。

1928 年以后，进一步的实验还发现，不仅电子具有波动性，其他一切微观粒子如质子、中子、α 粒子以至于分子无不具有波动性。

(2) 不确定关系

在经典力学中，运动物体在任何时刻都有完全确定的位置、动量、能量和角动量等。但微观粒子具有波粒二象性，微观粒子在上述实验中的某一位置上出现，是按一定的概率的，也就是说粒子的位置是不确定的，例如只能出现在 Δx 范围之内，这就是位置的不确定量（若考虑三维的情形，应为 Δx、Δy、Δz）。

粒子的动量也是如此，如果物质波是单色平面波，那所对应的粒子动量是单一的值，但一般的物质波不是单色平面波，即使是自由粒子的物质波，也不可能是单色平面波，而是由包括一定波长范围 $\Delta\lambda$ 的许多单色波组成，波长有一定的范围，这就使粒子的动量不确定了，由 $p=h/\lambda$ 可知，$\Delta\lambda$ 对应的动量可能范围为 Δp，Δp 就是动量的不确定量。

不仅如此，微观粒子的其他力学量如能量、角动量等也都是不确定量。

1927 年德国物理学家海森伯（W. Heisenberg）根据量子力学，推出微观粒子在位置与动量两者之间的关系满足

$$\left.\begin{aligned}\Delta x\Delta p_x\geqslant\frac{\hbar}{2}\\ \Delta y\Delta p_y\geqslant\frac{\hbar}{2}\\ \Delta z\Delta p_z\geqslant\frac{\hbar}{2}\end{aligned}\right\} \tag{2-3}$$

式中，$\hbar=\dfrac{h}{2\pi}$（h 为普朗克常数）。

上式称为海森伯坐标和动量的不确定关系式。它的物理意义是，微观粒子不可能同时具有确定的位置和动量，粒子位置的不确定量 Δx 越小，动量的不确定量 Δp_x 就越大，反之亦然。

再以电子为例。如何用波来描述电子，以显示其在空间的位置呢？可以用各种波长的波叠成波包。如果要叠成空间范围小（位置比较确定）的波包，就需用波长范围大的波（动量更不确定）来叠加。如果采用波长范围小（动量比较确定）的波，就只能叠出空间范围大（位置更不确定）的波包。

不确定关系是粒子的波粒二象性及统计关系的必然结果，不是仪器测量的问题。

不确定关系不但存在于坐标（位置）和动量之间，而且还存在于能量和时间之间，如果微观粒子处于某一状态的时间为 Δt，则其能量必有一个不确定量 ΔE，这二者之间的关系为

$$\Delta E \Delta t \geqslant \frac{\hbar}{2} \tag{2-4}$$

利用这个关系式，我们可以解释原子各激发态的能级宽度 ΔE 和它在该激发态的平均寿命 Δt。而且可知原子激发态的能级的能量值一定有不确定量 $\Delta E \geqslant \dfrac{\hbar}{2\Delta t}$。原子由激发态跃迁到基态的光谱线也有一定的宽度。

2.1.1.3　波函数与薛定谔方程

(1) 波函数

在经典力学中，平面简谐波在传播过程中的任意时刻 t，位于波线上的任一点 P（该点离原点的距离为 x）的质点作简谐振动位移应为

$$y(x,t)=A\cos\left[2\pi\left(vt-\frac{x}{\lambda}\right)+\varphi_0\right] \tag{2-5}$$

式中，$y(x,t)$ 为平面简谐波的波函数；A 为振幅；v 传播频率；λ 为波长；φ_0 为相位差。

可将这个公式写成复数形式

$$y(x,t)=A\mathrm{e}^{-i2\pi\left(vt-\frac{x}{\lambda}\right)} \tag{2-6}$$

而且只取其实数部分。

将德布罗意的基本假设

$$E=hv \text{ 和 } p=mv=\frac{h}{\lambda}$$

代入式(2-6)，得到

$$\Psi(x,t)=\Psi_0\mathrm{e}^{-i\frac{2\pi}{h}(Et-px)} \tag{2-7}$$

这就是微观自由粒子的平面波，式中用 Ψ 替代 y（为了强调德布罗意波），称为物质波的波函数。微观粒子的波函数 Ψ 与经典力学中的波函数在物理意义上是不同的。为了理解微观粒子波函数 Ψ 与其所描述粒子间的关系，我们通过一个实验来理解。

下面用电子衍射实验，说明波函数的物理意义。

图 2-3 为电子衍射示意图。电子束穿过晶体薄片，在屏幕上产生完整的衍射条纹（这与 X 射线通过晶体粉末后产生的衍射条纹极其相似）。如果电子束流是将电子一个一个地射出，

屏幕上只能先后显示出一个个的衍射斑点，充分表现出电子的微粒性；开始时，这些衍射斑点是杂乱无章的，随着时间的延长衍射斑点逐渐增多，便显示出规律性，最终的图像仍为明暗相间的衍射环，从而又显示出波动性。由此可见，电子波动性是许许多多独立的电子在完全相同条件下运动的统计结果，波函数 Ψ 就是微观粒子运动统计规律的描述。

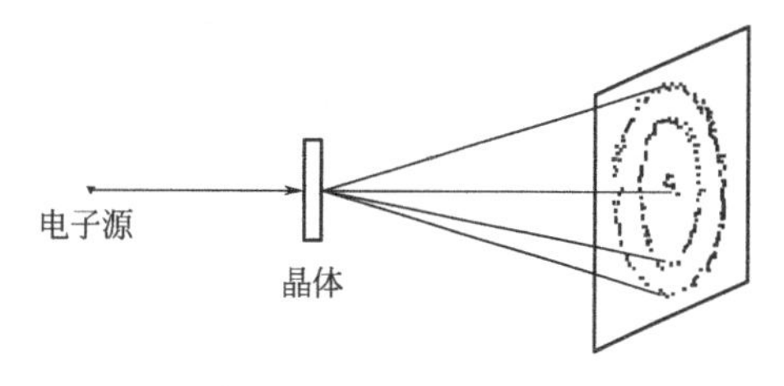

图 2-3　电子衍射示意图

电子的衍射图样和光的衍射图样类似，既然光的强度正比于光振动振幅的平方，与此相似，物质波的强度也应与波函数的平方成正比，物质波强度大的地方，也就是粒子分布较多的地方。粒子在空间某处分布数目的多少，与单个粒子在该处出现的概率成正比。于是，我们可以得到一个推论：在某一时刻，在空间某一点，微观粒子（包括电子）出现的概率正比于它在该时刻、该地点的波函数的平方。这就是玻恩给予物质波波函数的统计解释。德布罗意波就是一种概率波。

因此，对某一微观粒子来说，讨论它的运动轨迹是没有意义的，因为反映出来的只是微观粒子运动的统计规律，这是与宏观物体的运动有着本质差别之处。

上面说到物质波的波函数是复数，而概率是正实数，所以，在某一时刻，某一空间点（x，y，z），微观粒子出现的概率正比于波函数 Ψ 与其共轭复数的乘积，即 $|\Psi|^2=\Psi\Psi^*$。它表示在某时刻、某点，单位体积内粒子出现的概率，因此又称概率密度。

这就是波函数的物理意义，所以物质波也被称为概率波。

在一定时刻，在空间给定的体积元 dV 内出现粒子的概率有一定的量值。不可能既是这个量又是那个量，因此波函数必定是单值函数，又因为在整个空间内出现粒子的总概率必定等于 1，所以概率密度对整个空间的积分应为 1。即

$$\iiint |\Psi(r,t)|^2 \mathrm{d}V=1 \tag{2-8}$$

称为归一化条件。

总之，在量子力学中，用来描写微观粒子运动状态的波函数是时间和空间的单值函数，空间某点波函数的绝对值的平方表示粒子在该点附近出现的概率，根据对波函数的统计解释，这一波函数 Ψ 是单值、连续、有限而且是归一化的函数。

（2）薛定谔方程

薛定谔方程是量子力学的基本方程，不是从其他原理中推导出来的，它的正确性靠实践来检验。

$$-\frac{\hbar^2}{2m}\nabla^2\Psi+U(x,y,z,t)\Psi=i\hbar\frac{\partial\Psi}{\partial t} \tag{2-9}$$

称为一般的薛定谔方程，其中$\nabla^2\equiv\frac{\partial^2}{\partial x^2}+\frac{\partial^2}{\partial y^2}+\frac{\partial^2}{\partial z^2}$。

根据势函数 U 的不同形式可分为一维含时薛定谔方程、三维含时薛定谔方程与定态薛定谔方程（与时间无关）。一般来说，只要知道粒子的质量和它在势场中的势函数 U 的具体形式，就可以写出其薛定谔方程，再根据初始条件和边界条件求解就可以得出描述粒子运动状态的波函数，其绝对值的平方就是粒子在不同时刻、不同位置出现的概率密度。同时，为了波函数 Ψ 是合理的，它必须是单值、有限、连续和满足归一化条件的。因此 E 只有在特

定值时，方程才有解，这些能使方程有解且使波函数合理的总能量 E 称为能量的本征值，这时的波函数称本征函数或本征解。

2.1.1.4 势场中的粒子及其应用

(1) 一维无限深势阱

如果粒子受到某种作用的限制，在空间某一区域内发现该粒子的概率就会大于其他区域，则此区域可被看作一个势阱。例如金属固体中的电子，由于电子在金属中要受到原子核的作用，当其要逸出金属固体表面成为自由电子时，要具有较高的能量克服逸出功，这就是说金属固体外运动的电子所具有的电势能高于金属固体内运动的电势能，将其一维的势能图绘制出来，如图 2-4(a) 所示。

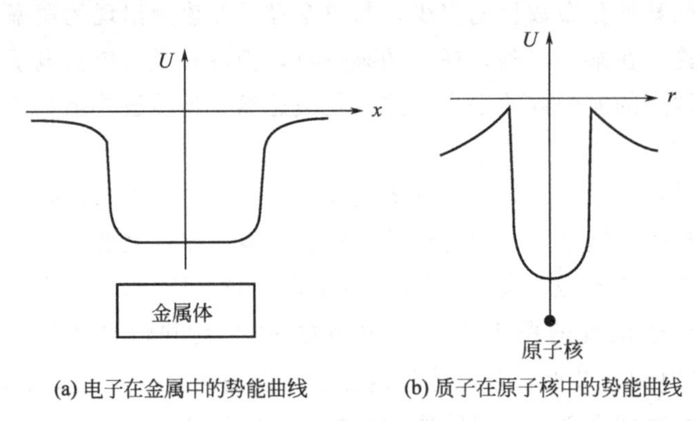

(a) 电子在金属中的势能曲线　　(b) 质子在原子核中的势能曲线

图 2-4　势能曲线

其形状与陷阱相似，故称为势阱。质子在原子核中的势能曲线也是势阱，如图 2-4(b) 所示。

(2) 一维势垒和隧道效应

势垒是与势阱相反的情况

$$U(x)=\begin{cases}U_0 & 0\leqslant x\leqslant a\\0 & x<0,x>a\end{cases}\tag{2-10}$$

设粒子从区域Ⅰ沿 x 方向运动（图 2-5），从经典理论看，只有当粒子的能量 $E>U_0$ 时，该粒子才有可能到达Ⅱ区和Ⅲ区，当 $E<U_0$ 时没有可能。但从量子力学角度看，无论 $E>U_0$ 还是 $E<U_0$，粒子均能穿过，实验证明量子力学的结论是正确的。量子力学对粒子穿过势垒现象的说明如下：设粒子的质量为 m，运动方向为从Ⅰ区沿 x 轴向Ⅱ区运动，具有的能量为 E。U_0 与时间无关，所以是定态问题。

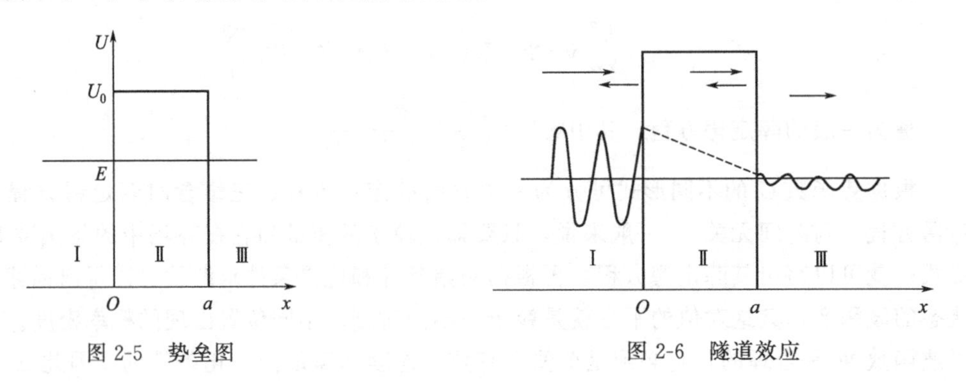

图 2-5　势垒图　　图 2-6　隧道效应

如图 2-6 所示，粒子总能量低于势垒壁高时，也有一定的概率穿透势垒。这种现象称为“隧道效应”。这一现象还被许多实验所证实。

(3) 扫描隧道显微镜

1982 年，G. Binnig（宾尼希）和 H. Rohrer（罗雷尔）利用电子的隧道效应研制成功扫描隧道显微镜。金属的表面处存在着势垒，阻止内部的电子向外逸出，但由于隧道效应，电子仍然有一定的概率穿过表面势垒而达到金属表面以外，并且形成一层电子云，电子云的密度随远离表面而成指数衰减，衰减长度约为 1nm。若以原子线度的极细的探针为一极，以被研究样品的表面作另一极，当样品与针尖的距离近到 2nm 以内时，它们的表面电子云就可能重叠（图 2-7），若在样品和探针之间加微小电压，电子就会穿过两个电极间的势垒，流向正极形成隧道电流，隧道电流 I 的大小是波函数重叠程度的量度，与针尖和样品表面之间的距离 s 以及样品表面平均势垒值有关，当 s 改变量为一个原子距离时，I 可变化上千倍。

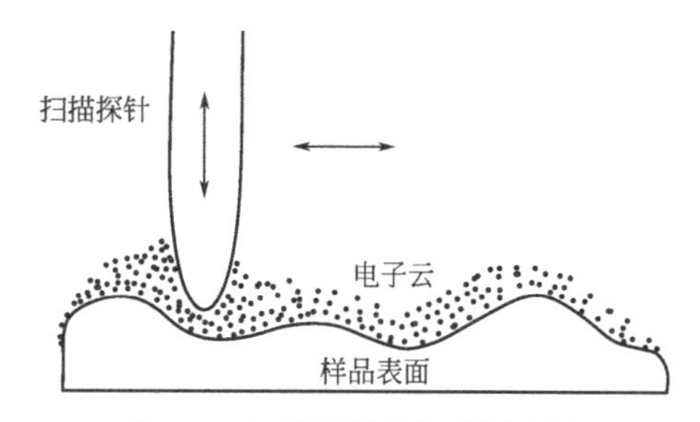

图 2-7　扫描隧道显微镜原理图

当 s 小到一定值，如果保持 I 不变，使针尖在金属表面逐行扫描，根据探针在垂直于表面方向上的高低变化，就能反映样品表面的起伏情况，利用扫描隧道显微镜（STM）可直接绘出表面的三维图像，目前横向分辨率达到 0.1nm，纵向分辨率达到 0.01nm，而电子显微镜的分辨率只为 0.3～0.5nm。

2.1.1.5　电子的自旋、原子的电子壳层结构

(1) 自旋角动量

微观粒子的自旋是客观存在的，其自旋角动量是本身固有的性质，实验证明，电子的自旋角动量也是量子化的，它的大小为

$$S=\sqrt{s(s+1)}\hbar=\sqrt{\frac{3}{4}}\hbar \tag{2-11}$$

其在外磁场方向上的分量为

$$S_z=m_s\hbar \tag{2-12}$$

式中，m_s 为电子自旋磁量子数，取值只有两个，$+\frac{1}{2}$和$-\frac{1}{2}$。

结合主量子数、角量子数（副量子数）、磁量子数和自旋量子数可知，主量子数（$n=1,2,3,\cdots$）大体上决定原子中电子的能量，副量子数 $[l=0,1,2,\cdots,(n-1)]$ 决定“轨道”动量，磁量子数（$m_l=0,\pm1,\pm2,\cdots,\pm l$）决定“轨道”角动量在外磁场方向上的分量，自旋量子数（$m_s=1/2$）决定电子自旋角动量在外磁场方向上的分量。

(2) 泡利不相容原理

原子内电子的状态由 n、l、m_l、m_s 来确定。泡利指出，在一个原子中，不可能有两个或两个以上的电子具有完全相同的量子态，即不可能具有相同的 4 个量子数，这称为泡利不相容原理。

如果原子具有多个电子，主量子数 n 相同，属于同一壳层，n 相同 l 不同，组成了分壳层。

(3) 能量最小原理

原子系统处于正常状态时，每个电子趋向占有最低能级，能级取决于 n，n 越小，能级越低。所以离核最近的壳层首先被电子填满，当原子中电子的能量最小时，原子的能量就最小，这时原子处于基态，最为稳定。

(4) 原子的状态和能级

在 4 个量子化条件中，主量子数 n 确定后，角量子数 l 和磁量子数 m_I 的数值范围也就确定了，因此 n、l 和 m_I 是相互联系的。再加上自旋量子数 m_s，则多原子中所有电子的 n、l、m_I 和 m_s 就能全面地决定原子的状态。相应地，原子的能量则是其中各个电子的能量之和。每个电子的能量取决于主量子数 n 和角量子数 l，因此原子的能级应取决于其中每个电子的这两个量子数的集合。我们称原子中电子的量子数 n、l 的集合为原子的电子组态。给出了原子的电子组态也就标示了原子相应的能级。

当原子处于基态时，是不辐射能量的，只有当原子从一个状态跃迁到另一个状态时，才发生辐射（吸收或发射）。

根据泡利不相容原理，一个状态只能被一个电子所占有，在主量子数 n 相同的壳层中，应存在着 $2n^2$ 个能级相同（n、l 相同）而状态不同（m_I 和 m_s）的量子态。我们把 $2n^2$ 称为该能级 E_n 的简并度。

2.1.1.6 能带

当大量原子构成固体时，电子能级结构发生很大变化，形成了能带。

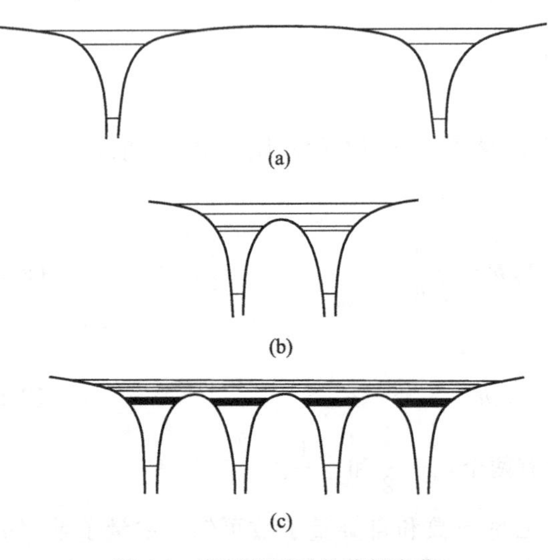

图 2-8 原子趋近时的能级变化

首先考虑两个处于基态的氢原子，当它们置于较远距离时，两个基态（$n=1$、$l=0$ 简称 1s 态）电子的波函数没有多大的重叠。将这两个原子看作一个体系，该体系具有两个相同能量的能级（简并状态）。若移近这两个原子，它们的波函数会有一定程度的重叠，即每个电子已能感受到两个质子和另一个电子的作用，其结果是简并的能级分裂成两个能级。即电子的空间波函数可以是对称的 $(\Psi_A+\Psi_B)/\sqrt{2}$，也可以是反对称的 $(\Psi_A-\Psi_B)/\sqrt{2}$，此处 Ψ_A 为原子 A 在 1s 态的波函数，Ψ_B 为原子 B 在 1s 态的波函数。对称波函数在两个原子中间的概率密度比反对称波函数大，即对称态的电子具有与质子相吸引的更多的机会，能量降低；而反对称态能量升高。两个原子越近，能级分裂就越显著。图 2-8 给出了两个孤立原子的能级［图 2-8(a)］、两个原子形成分子时的能级［图 2-8(b)］和 4 个原子构成一维分子时的能级［图 2-8(c)］。

实际上当两个原子趋近时，每个能级都要一分为二，能级越低分裂越小。原因是低能级相应于电子距核较近的态，两个原子中处于这样状态的波函数重叠较少。如果将大量原子排成晶体，能级会极端密集，组成能带。

2.1.2 量子统计简介

2.1.2.1 多粒子系统与统计物理

任何宏观热力学体系都是由大量微观客体（如分子、分子基团、原子、电子……）构成的，要研究体系的宏观性质，也可以从体系的微观结构出发，为此不但要研究各种宏观量与微观结构间的关系，而且有必要探讨微观粒子所服从的物理规律（量子物理）和大量微观粒子组成的体系所服从的物理规律的异同。体系的整体性质不是个体性质的简单的叠加。在大量粒子的集合中，所出现的不同于力学规律的新的规律性称为统计规律性，它的特色有两个。

① 大量粒子的集合具有统计规律性，表现为在体系中个别粒子的行为受偶然性的支配，而整个体系的行为却受必然性的支配。这种必然性，反映为体系的宏观量具有确定的必然的数值，而这种偶然性，反映为体系的不同的微观状态各以一定的概率出现。

② 为了求得体系的宏观量，统计物理将采取统计平均的手段。统计物理学的根本任务就在于从物质的微观结构出发来推求体系的宏观性质。

（1）统计物理的基本原理

统计物理研究的是大量粒子组成的宏观系统，当粒子数目非常大时，出现了一种新的规律——统计规律。

统计规律有两个重要特征。

① 统计规律是大量偶然事件的总体所遵从的规律。热现象是大量分子热运动的集中表现，单个分子的运动属于偶然事件，大量分子的热运动从总体上表现出来的热现象，遵从着确定的统计规律。

② 统计规律和涨落现象是分不开的。由于实验观测的宏观量数值往往与从统计规律所给出的统计平均值之间存在或多或少的偏差，我们把这种偏离现象称为涨落。如布朗运动、电信号中出现的噪声都是涨落现象。

（2）经典统计分布函数

① 麦克斯韦速率分布定律。这是一条重要的统计规律，它描述了处于平衡态的大量分子系统各分子速率及温度等热性能间的关系。

② 玻尔兹曼分布率。这是描述在外力场作用下，大量全同粒子按能量分布的规律。

③ 麦克斯韦-玻尔兹曼分布律也称麦-玻分布律和玻尔兹曼分布律。它给出了粒子数按能量的分布规律。

2.1.2.2 量子统计简介

量子统计就是把统计法原理建立在量子物理的基础上，统计法的原则不变，而对其粒子性质的讨论要应用量子物理的波粒二象性。在经典统计规律中，我们重点介绍的是麦克斯韦-玻尔兹曼分布，它的特点是将粒子看成是可以区分的。我们在多粒子系统中介绍了费米子系统，并指出费米子系统应当遵从费米-狄拉克分布；同时介绍了玻色子系统，并指出这类粒子将遵从玻色-爱因斯坦分布。

（1）多粒子系统-全同粒子系统

多粒子系统微观状态的最简单描述，是给出所有粒子的单粒子微观态。每个粒子各自确定一个可能的微观状态，便构成系统一个可能的微观状态。

由性质完全相同的微观粒子组成的系统称为全同粒子系统。量子物理中全同粒子遵循量子物理的全同性原理。全同粒子彼此间是绝对不可区分的，任意两个粒子互换时，不会造成任何可观察量的变化。这就是说，交换任意两个粒子的状态，不改变系统的微观状态。这种全同性的出现，主要是粒子的波粒二象性决定的，因为它具有波动性，微观粒子是以德布罗意波形式弥散在整个允许存在的空间。原则上，我们不可能将两个粒子（实际是两列叠加在一起的波）从空间意义上分开，也就是说，它们是不可分辨的。由于不可分辨性，我们只能说出处于某个单粒子态的粒子的个数，而不可能确定哪些粒子处于这个态。也就是说，对微观态的描述，并不是给出每一粒子所处的单粒子态，而是给出整个系统的粒子在各可能的单粒子态的粒子个数的分布情况。

当单粒子的行为服从量子物理规律时，系统的能量是反映所有单粒子量子态的量子数的函数。这些量子数的数目就是系统的自由度数目。

(2) 全同粒子三种量子系统

全同粒子系统由于粒子本身属性不同，其统计性质有以下三类。

① 玻色子系统。微观粒子的自旋是客观存在的，并且用自旋量子数来确定它的状态。我们规定自旋量子数为整数和 0 的微观粒子称为玻色（Bose）子。光子的自旋量子数为 1，是典型的玻色子。全同的玻色子组成的系统遵循全同性原理，就是说任意交换两个粒子，不构成系统新的微观状态。因此，它的任意一个单粒子态对填充的粒子数无限制，也就是说，允许有多个玻色子处于同一单粒子态。玻色子系统所遵从的统计规律是玻色-爱因斯坦分布。

② 费米子系统。自旋量子数为半整数的微观粒子称为费米（Fermi）子。例如电子、质子等。2.1.1 节中，介绍多电子原子中的电子分布时曾指出过 m_s 称为电子自旋量子数，且 $m_s=\pm 1/2$，因此电子是典型的费米子。费米子组成的系统同样遵循全同性原理，但它还遵从泡利（Pauli）不相容原理，即任意一个单粒子态，最多只能被一个粒子占据（或空着）。费米子系统所遵从的统计规律是费米-狄拉克分布。

现已发现的 60 种基本粒子以及和这种粒子相关的更多的复合粒子，都可以归为上述两类。电子、质子、中子、中微子、夸克都是费米子；光子、介子、π 介子等都是玻色子。

③ 定域子系统（玻尔兹曼系统）。交换系统中任意两个粒子可以构成新的微观状态的系统，称为定域子系统或玻尔兹曼系统。就统计规律而言，描述这种系统的微观状态需要给出各粒子所处的单粒子态。对于定域子系统，粒子可以分辨，同一状态上可填充的粒子数不受限制，定域子所遵从的统计规律为玻尔兹曼分布。

2.1.3 介观物理简介

2.1.3.1 介观系统和介观物理

介观系统的尺度为微观尺度的 100～1000 倍，一方面介观系统是宏观的，可在实验室中制备，进行常规的物理测量，另一方面它又显示出量子物理的特征，和宏观体系十分不同。由于微加工技术已经达到介观体系的尺度，随着尺寸的减小，传统的电子器件首先表现出已接近它的工作原理的“物理极限”。因此促进了对介观物理的研究。

介观系统的物理性能类似于宏观系统的定义和测量，同时又反映出量子物理效应，即表现出强烈的非定域性和剧烈的起伏干扰，因此，介观物理学关注的是显现出微观特征的宏观体系。

2.1.3.2　介观物理典型成果

（1）传导电子的量子干涉现象

一个电子在固体中的输运过程中要经历大量的碰撞，一类是电子与各种晶体缺陷（化学杂质、空位、晶粒间界、粗糙界面等）之间的散射，由于散射体的质量远远大于电子，这种碰撞基本上是弹性的，不改变电子的能量而只改变电子的运动方向（电子的动量）。另一类是电子与晶格振动（声子）、电子与电子之间的碰撞，这种碰撞是非弹性的，引起能量在电子-声子、电子-电子之间的转移。电子具有波粒二象性，它是由波函数来描述上述的碰撞过程的，实际上是电子波的散射过程，这个过程会不会把电子波的相位搅乱呢？

1957年兰达指出弹性散射（弹性碰撞）不改变电子波的相位相干，并能保持电子的相位记忆，只有非弹性散射（非弹性碰撞）才会改变电子波的相位相干。

电子经非弹性散射而丧失相位记忆；经弹性散射保持相位相干，即保持相位记忆，验证了兰达的理论。电子保持相位记忆（即两次非弹性散射之间）的平均路程，称为电子的相位相干长度，记做 L_{φ}（L_{φ} 可达几微米）。当样品的尺寸 $L \ll L_{\varphi}$ 时，也就是在介观系统中，电子的随机“飞行”不破坏其相位记忆。

纳米技术的发展，使人们制备出了尺寸上远小于 L_{φ} 的样品，实验结果证明了兰达理论的正确性。这些实验中最具代表性的是A-B效应和普适电导涨落（UCF）效应。

（2）A-B效应

当一束电子环绕一个磁通管分为两支（Ω_1 和 Ω_2），再重新合并时，两束电子间将发生交替的相长和相消干涉，产生周期为 ϕ_0 的振荡（图2-9）。因为 h/e 是两束电子间有 2π 相位移所需的磁通量。这一现象是一种量子相干效应。1985年，人们在硅片上做了一个直径和环宽都是纳米量级的小金环，做了A-B效应实验，观察到了A-B量子干涉以 h/e 为周期振荡，证实了当电子在固体中输运的时候，电磁势可对电子的波函数的相位产生影响，从而获得宏观可测的物理效应。

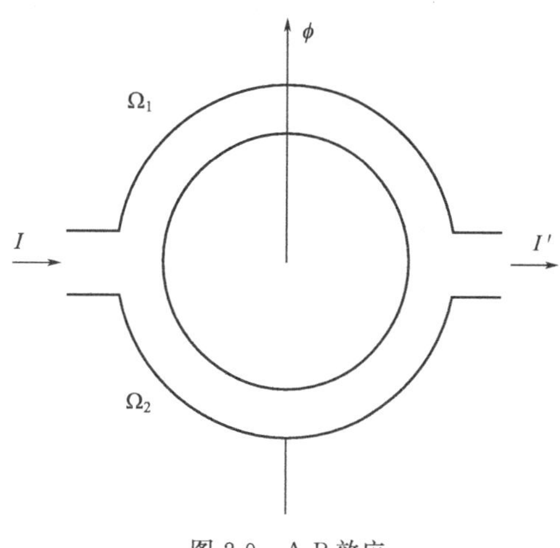

图2-9　A-B效应

（3）普适电导涨落（UCF）

在介观系统中电子输运是相位相干的，电流-电压关系是非线性的（宏观系统的欧姆定律不再成立）。图2-10给出了低温条件下纳米尺度的锑（Sb）线中电导测量值与宏观电导的差随电流的变化情况。从图中可以发现：①测量值相对宏观电导（平均值——水平直线）有剧烈的周期涨落，涨落的幅度大约为 e^2/h 的数量级；②电流增大，涨落减弱；电流⟶0，涨落增大；③电流反向，涨落现象（曲线）不对称。

这种电子涨落是由于电子通过样品时与无规则分布的杂质散射（弹性散射）而获得的相位变化，在达到测量端点时的干涉结果。

图2-11是低温条件下，金（Au）线（宽25nm，厚39nm）中电导测量值与宏观电导的差值随磁场的变化规律。它的测试实验是通过四探针方法，电压探针的间距为310nm。从图中我们可以发现有如下特点。①电导差值存在与时间无关的随机涨落（非周期涨落）。由于热噪声应与时间相关，而此电导涨落与时间无关，可见它不是热噪声引起的。②这种涨落

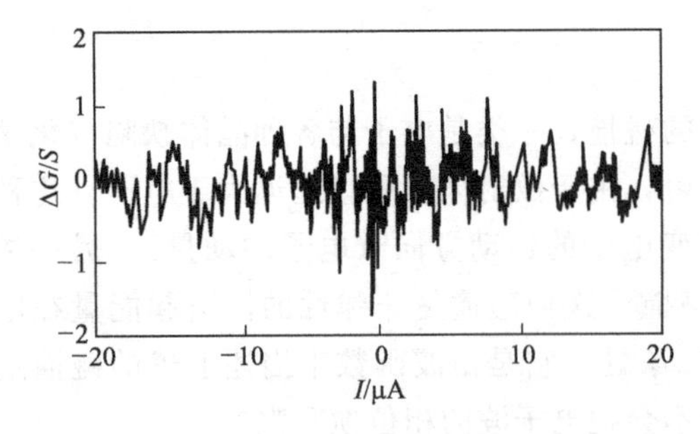

图 2-10 锑线中普适电导涨落图

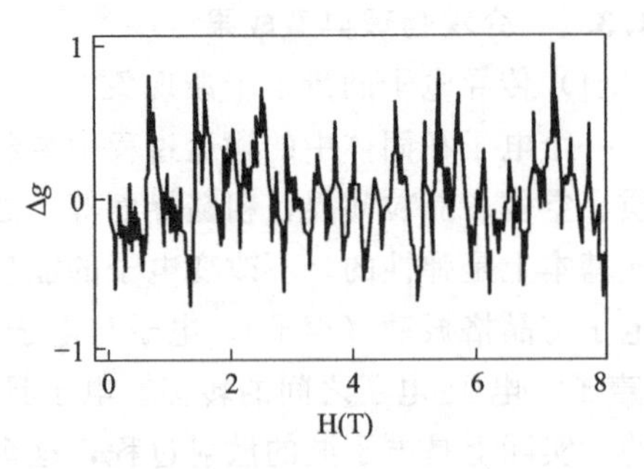

图 2-11 金线的"磁指纹"

是样品特有的，每一不同的样品都有其自身特有的相互不同的涨落图样。对于某特定的样品，只要保持宏观条件不变，涨落图样可以重现。因此，这种涨落图被称为样品的"指纹"(finger-print)。③电导涨落的大小为 e^2/h 的数量级，并为普适量，与样品的材料、大小、无序程度、电导的平均值（宏观平均值）的大小无关，只要样品处于介观尺度并处于金属区满足下述关系：

$$\lambda_F \leqslant l \leqslant L \leqslant L_\varphi \tag{2-13}$$

式中，λ_F 为电子在费米面附近的波函数的波长；l 为弹性散射的平均自由程；L 为样品的尺度；L_φ 为电子波函数的相位相干长度。

正因为电导涨落大小具有普适性，所以称这一现象为普适电导涨落（universal conductance fluctuations 或 UCF）。

由于篇幅所限，不再介绍其他实验结果。总之，介观系统的研究有十分重要的意义，特别是在微电子技术方面。长期以来，为了追求器件工作速度的提高，器件的尺寸越做越小，集成度越来越高。目前常规器件的设计是以经典输运理论为基础的。简单说，就是把固体器件中的电子导电运动看作准经典的带电粒子对外场作线性响应。这种设计原理只适用于宏观多粒子系统，即大器件。当器件线度进入微米、亚微米及纳米范围时，常常要考虑以下几方面。

① 非线性效应。如对 100nm 结构加 1V 电压，电场强度可达 10^5 V/cm，导电已不能再用普通线性响应理论，而必须考虑非线性效应。②相干性和合作效应（cooperative effect）。因为电子自由程已接近或超过样品尺寸，关联效应（correlation effect）可遍及整个样品。在一个电路中，各结构、元件之间的距离很近，一部分电子的波函数可与另一部分重叠，分立元件的观点已难使用。必须考虑元件之间的相干性和合作效应。这时，一个点的扰动将修正另一点的波函数，特别是其相位。因此，介观物理对细小系统中电子相干输运的研究结果，可能为未来电子学设计提供新的理论基础。不仅如此，传统的电子器件中的电子波是非相干的，在介观物理基础上，还有可能利用电子波的干涉、隧穿等效应设计全新的器件。如量子点旋转门器件、单电子晶体管、用栅极调制的 A-B 振荡器、有开关和放大功能的"量子力学晶体管（quantum transistor）"等。尽管现在研制的只是原型性的，只能在极低温度下工作，但可以预期，随着介观物理和纳米物理研究的深入和微加工工艺的提高，完全有希望根据量子相干输运的性质，设计和研制出新一代性能远胜常规器件的量子电子器件。

2.2 纳米材料体系物理效应

纳米材料体系是指由纳米尺寸的颗粒，或由超微粒子组成的块体，或由超微粒子在空间

有序排列成的一维、二维、三维图形组成的聚合体。纳米材料体系物理是研究纳米尺度范围内出现的物理现象和物理效应。主要包括量子尺寸效应、宏观量子隧道效应、表面效应等，本节以讨论纳米微粒所显现出来的有别于宏观体系和微观体系的物理特性为主。

2.2.1 电子能级的不连续性

由于纳米微粒的尺度很小，与电子的德布罗意波长相当，小于相位相干长度 L_{p}，使电子被局限于一个体积十分狭小的空间，它的能级分布既不是宏观固体（如金属）的准连续能带，又与微观体系的能级分布状况不完全相同，表现为原大块金属的准连续能级产生的离散现象。

在单个原子中，电子具有的能量是不连续的，这叫做能量的量子化。但当大量的原子作有规则排列而形成晶体时，相邻原子的电荷要相互影响，每个电子不仅受到本身原子核的作用，还要受相邻原子核的作用。这种作用对于内层电子和价电子的影响是不一样的，内层电子被本身原子核牢牢地束缚着，所以所受的影响并不显著，价电子却不然，它的轨道大小和相邻原子间的距离是相同数量级的，所以所受的影响很显著，价电子不再分别属于各个原子，而被整个晶体中原子所共有，这就是电子的共有化。价电子共有化以后，原来原子中电子的能级也要发生变化，使原先每个原子中具有相同能量的价电子能级，因各原子的相互影响而分裂成为一系列和原来能级很接近的新能级，这些新能级基本上连成一片而形成能带。许多实验证明了晶体中能带的存在。

日本科学家久保和他的合作者指出，金属超微粒子在费米面能级附近电子能级产生了离散现象。他对小微粒的电子能态作了两点假设：①简并费米液体假设，就是说把超微粒子靠近费米面附近的电子状态看作是受尺寸限制的简并电子气，并进一步假设它们的能级是准量子态的不连续能级；②超微粒子是电中性的，久保认为从一个超微粒子中取走一个电子或加进一个电子都是十分困难的，并且提出了一个公式：

$$k_{\mathrm{B}}T \ll W \approx \frac{\mathrm{e}^2}{d} \tag{2-14}$$

式中，W 为从一个超微粒子取出或放入一个电子时克服库仑力所做的功；d 为超微粒子直径；e 为电子电荷。

从式(2-14) 可知，d 越小，W 越大，也就是说超微粒子越小，克服库仑力所需做的功越大。

20 世纪 70～80 年代大量的实验支持了久保的理论，证明纳米微粒费米面附近的电子能级的确是不连续的（或说是分裂的）。库仑阻塞效应的存在，更进一步证实了久保理论中第②种假设的正确性。图 2-12 是库仑阻塞效应示意图。由相距小于 100nm 的正负极板组成一个电容器，在极板间放置一个尺寸为几十纳米的金属粒子，它们彼此都是绝缘的。按宏观的观点看，在两极板间所加的电压达到一定值 $\mathrm{e}^2/2C$ 时，电荷会穿过壁垒而形成电流。

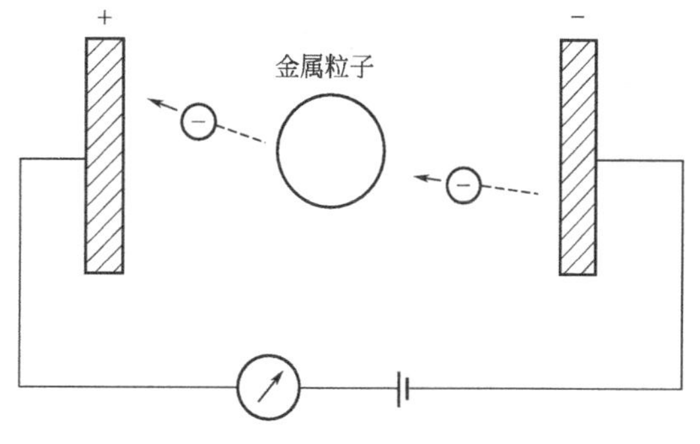

图 2-12 库仑阻塞效应示意图

这里 e 为电子电荷，C 为极板电容。若电压 $\mathrm{e}^2 < 2C$ 则无电流存在。按量子力学观点看，

原则上对于有限的势垒，隧道电流总是存在的。但实验结果是：当正负极板之间加适当的电压时，会有电子从负极板隧穿到极板间的纳米微粒上。同时，它的静电库仑作用阻止了下一个电子从负极板再向中间的纳米微粒隧穿。只有当中间微粒上多余的那一个电子已经隧穿到正极板之后，下一个负极板的电子才能从负极板隧穿到纳米微粒上，1987 年在微型金属隧道结系统中直接观察到了这个事实。而且可以计算一个电子隧穿进极板间的金属粒子，会使电容附加的充电能为 $e^2/2C$，该值大于 k_BT，证实了久保理论的正确性，人们称与外界绝缘的这个金属纳米粒子为“库仑岛”，上述实验结果为“库仑阻塞效应”。

2.2.2 量子尺寸效应

量子尺寸效应是指当粒子尺寸下降到某一值时，金属纳米微粒的费米能级附近的电子能级由准连续变为离散的现象，以及半导体纳米微粒存在不连续的被占据的最高分子轨道能级（满带）和最低未被占据的分子轨道（空带）之间能隙变宽的现象。

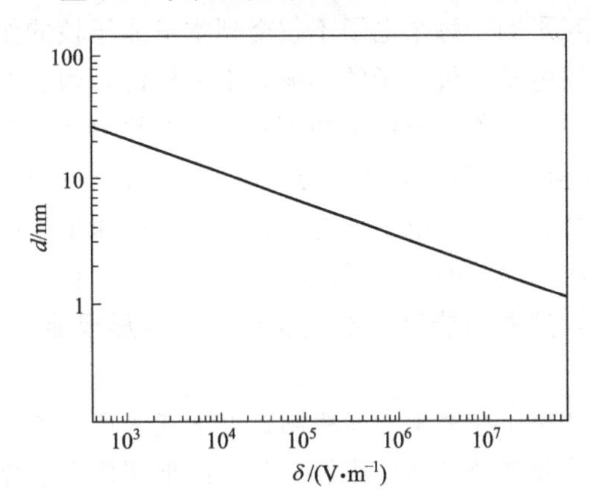

图 2-13　颗粒直径与能级间距的关系

现以纳米金（Au）微粒的导电性变化说明纳米粒子的量子尺寸效应。能带理论表明，宏观尺寸的金属费米能级附近电子能级一般是连续的，对纳米微粒来说，所包含的原子数有限，久保等提出相邻电子能级间距和颗粒直径间的关系如图 2-13 所示，并由此提出下列公式：

$$\delta=\frac{4}{3}\frac{E_F}{N}\propto\frac{1}{V} \tag{2-15}$$

式中，δ 为能级间距；E_F 为费米能级；N 为个超微粒子的总导电电子数；V 为超微粒子体积。

当粒子为球形时

$$\delta\propto\frac{1}{d^3} \tag{2-16}$$

即随粒子粒径的减小，能级间距加大。当 d 很大时，δ 很小，这就是宏观连续能级的情况。当 d 足够小时，δ 就会变大，使纳米微粒的磁、光、声、热、电与宏观特性有显著的不同，导体变成了绝缘体。

金的电子数密度 $n=6\times10^{22}$个$/cm^3$。

由于

$$E_F=\frac{\hbar^2k_F^2}{2m}=\frac{\hbar^2}{2m}(3\pi^2n)^{2/3} \tag{2-17}$$

据式(2-15)

$$\delta=\frac{4}{3}\frac{E_F}{N}$$

得

$$\delta/k_B=(8.7\times10^{-8})/d^3>1 \tag{2-18}$$

可见，当 $T=1K$ 时，在可能的最小能级间距（$\delta=k_B\times1$）时，$d=20nm$，根据久保理

论 $\delta > k_B T$（$\delta > k_B \times 1$）才会产生能级分裂，从而我们可以知道，金元素在 $T=1$K、$d<$20nm 时就会出现量子尺寸效应，而实际情况恰恰如此，当 $d<$20nm 时，的确具有很高的电阻，类似于绝缘体。

2.2.3 小尺寸效应

当超微颗粒的尺寸小到与光波波长、德布罗意波长等物理特征尺寸相当或是更小时，就会导致声、光、电、磁、热等新的有别于材料宏观物理、化学性质上的变化，称小尺寸效应。

2.2.3.1 奇特的光学效应

（1）宽频带强吸收

当金小到几百纳米（与金黄色光波长相当），会失去原有的光泽而呈黑色。实际上所有的纳米金属粒子都是黑色的。这表明这些纳米颗粒对光的反射率很低（一般低于1%）。强吸收和低反射导致粒子变黑。

纳米 Si_3N_4、SiC 和 Al_2O_3 粉对红外光有一个宽频带强吸收谱。ZnO、Fe_2O_3 和 TiO_2 等对紫外光有强吸收作用。产生这个现象的原因主要在于它们属半导体性材料，量子尺寸效应使满带与空带间的能隙变宽，在紫外光的照射下，电子被激发由满带向空带跃迁需要紫外光吸收。纳米微粒的这一特性被用于军事，就是海湾战争中美国 F117A 型飞机机身表面包覆了对红外和微波隐身的涂料——超炭黑，实际是呈黑色的纳米粒子，它具有优异的宽频带微波吸收能力。这种优异性能的产生原因有两个：①纳米微粒尺寸远小于红外波长和雷达电磁波波长，因此纳米微粒材料对这种波的透过率比常规材料要强得多，这就大大减少了波的反射；②纳米微粒材料比表面积比常规粗粉大 3～4 个数量级，对红外的雷达波的吸收率也大大提高了。

（2）蓝移和红移现象

与大块材料相比，纳米微粒的吸收带普遍存在“蓝移”现象，即吸收带向短波方向移动。图 2-14 为 CdS（硫化镉）溶胶微粒在不同尺寸下的吸收谱。

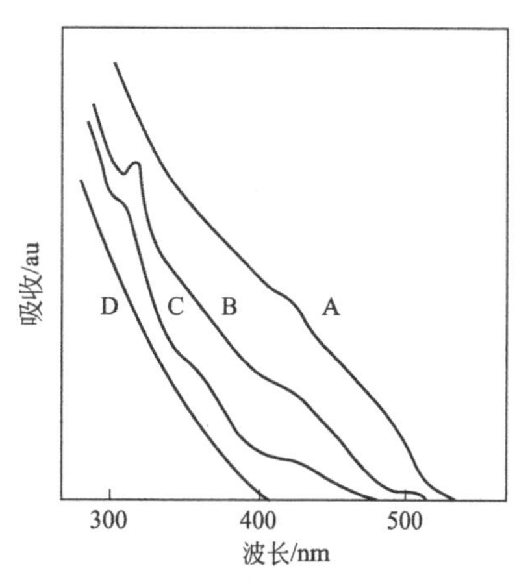

图 2-14 CdS 溶胶微粒在不同尺寸下的吸收谱

A—6nm；B—4nm；C—2.5nm；D—1nm

在相同实验条件下，随着颗粒尺寸的减小，吸收带向左移（A、B、C、D），这就是蓝移现象。纳米 SiC 颗粒较 SiC 块体红外吸收频率峰值蓝移了 20cm^{-1}（块体为 794cm^{-1}，纳米颗粒为 814cm^{-1}）。纳米 Si_3N_4 红外吸收频率峰值为 949cm^{-1}，而 Si_3N_4 固体为 935cm^{-1}，蓝移了 14cm^{-1}。

这一现象的产生，仍然是由于小尺寸效应。对上述半导体来说，满带与空带间能隙变大，且能隙宽度随纳米颗粒尺寸的减小而增大，造成了吸收频率峰值的蓝移。当然纳米微粒的表面张力使微粒的晶格畸变，晶格常数变小。第一近邻和第二近邻层距离变短，键长的缩短导致纳米微粒的键本征振动频率增大，也是造成蓝移的原因。

但也有一些材料有“红移”现象。如 NiO 共有 7 个吸收峰，其中 4 个峰值发生蓝移，但后 3 个反而发生了“红移”，其还是小尺寸时表面张力造成颗粒内应力的结果，这种压应力导致微粒内部晶格的变化，使能级间隙（价带与导带之间间隙）变窄，引起了“红移”现象。

2.2.3.2 纳米微粒的奇特磁学性能

（1）超顺磁性

纳米微粒尺寸小到一定临界值时，进入超顺磁状态。例如 α-Fe、Fe_3O_4 和 α-Fe_2O_3 在块体时都呈很强的铁磁性，但当 α-Fe 颗粒直径小到 5nm、Fe_3O_4 小到 16nm、α-Fe_2O_3 小到 20nm 时，它们都变成了超顺磁体。可能是在小尺寸下，当各向异性能减小到与热运动能可相比拟时，磁化方向就不再固定于一个易磁化方向，易磁化方向作无规则的变化，导致纳米铁磁材料微粒呈超顺磁性。

（2）矫顽力

纳米尺度的强磁性颗粒（铁、钴合金、铁氧体等），随着颗粒变小饱和磁化强度 M_s 下降，但矫顽力却显著增加，图 2-15 给出了 16nm 尺度下铁纳米微粒矫顽力与颗粒粒径和温度的关系。

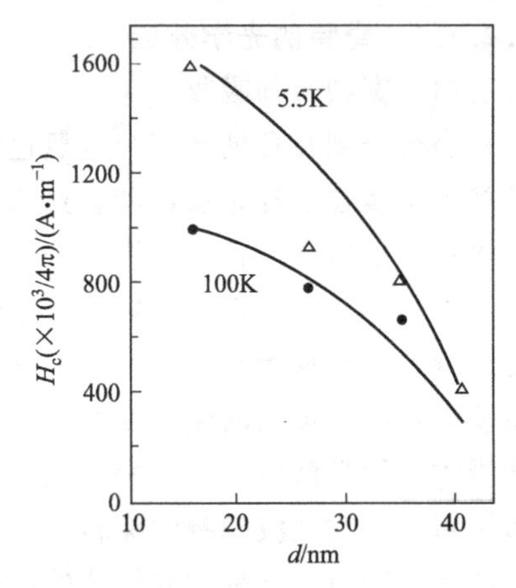

图 2-15 铁纳米微粒矫顽力与颗粒粒径和温度的关系

由图 2-15 可以看出 16nm 的微粒在温度 5.5K 时矫顽力可达 1.27×10^5 A/m，就是在室温下，矫顽力也可达 7.96×10^4 A/m，而常规的 Fe 块体的矫顽力，仅达 7.96×10A/m。利用纳米铁磁微粒的高矫顽力，可制成磁性信用卡、磁性钥匙、磁性车票等。高矫顽力的起源有两种解释：①当粒子尺寸小到某一尺度，每个粒子就是一个单磁畴，每个单磁畴的纳米微粒实际上成为一个永久磁铁，若要使这个磁铁去掉磁性，需要很大的反向磁场，故而表现出极强的矫顽力；②球链模型是都有为等提出来的，他们采用球链反转磁化模式来计算纳米镍（Ni）微粒的矫顽力，计算结果大于实验值，此理论还需进一步完善。

2.2.3.3 特殊的热学性能

纳米微粒的熔点、开始烧结温度和晶化温度均比常规粉体低得多。

（1）熔点变化

图 2-16 为金（Au）纳米微粒的粒径与熔点的关系。常规 Au 的熔点为 1336K 左右，当金颗粒小于 10nm 时，熔点急剧下降，当颗粒为 2nm 时，373K 就开始熔化了。大块 Pb（铅）的熔点为 600K，而 20nm 球形 Pb 微粒熔点降低到 288K。这是因为纳米微粒比表面积大，表面能高，表面原子近邻配位不全。欲使大块金属熔化，就要使其从固态的有序排列变为长程无序、短程有序的液态，这个相变所需的能量远比使纳米微粒集合变为长程无序、短程有序所需的能量大，当然纳米微粒熔点要比常规粉体低很多。

（2）烧结温度变低

所谓烧结温度是指把粉末先用高压压制成型，然后在低于熔点的温度下使这些粉末相互结合在一块、密度接近常规材料的最低加热温度。与纳米微粒熔点降低的原理类似，纳米微粒压制后，界面蕴藏的高界面能有利于界面间空洞的放缩，因此，在较低的温度下烧结就能达到致密化的目的。图 2-17 给出了 TiO_2 的韦氏硬度随烧结温度的变化。纳米 TiO_2 在

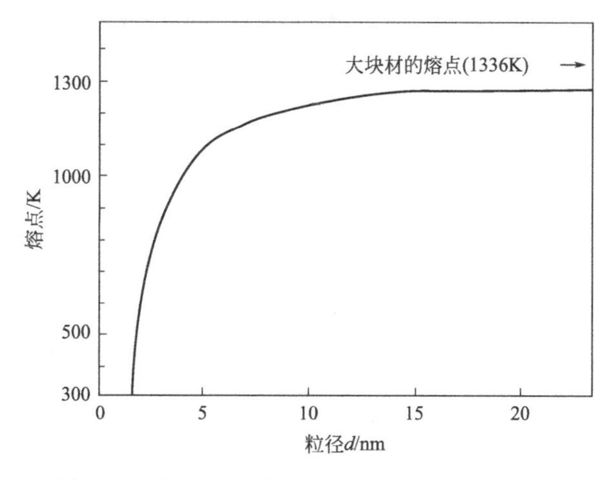

图 2-16　金（Au）纳米微粒的粒径与熔点的关系

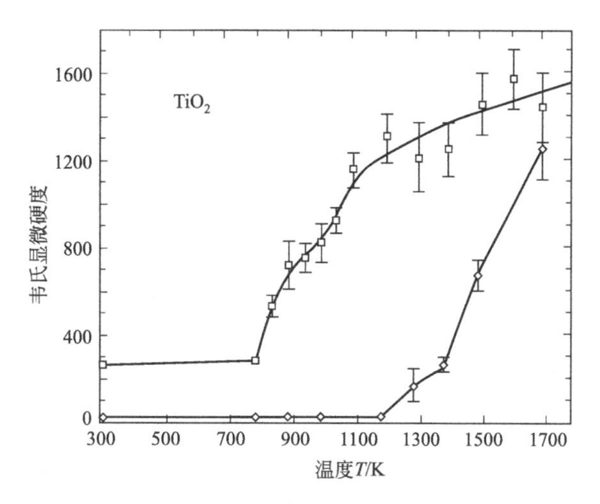

图 2-17　TiO_2 的韦氏硬度随烧结温度的变化

□—初始平均晶粒尺寸为 12nm；◇—初始平均晶粒尺寸为 1.3μm

773K 烧结时所显现的硬度与大晶粒在 1546K 烧结时呈现的硬度相当。

纳米 Si_3N_4 的烧结温度仅为 673～773K，而常规大颗粒 Si_3N_4，烧结温度高达 2273K。

纳米 Al_2O_3 的烧结温度为 1423～1773K，而常规 Al_2O_3 的烧结温度高达 2073～2173K。

(3) 非晶体纳米微粒的晶化温度低于常规粉体

传统非晶氮化硅在 1793K 晶化成 α 相，而纳米非晶氮化硅微粒在 1673K 加热 4h 就全部转变成 α 相了。纳米微粒晶化开始长大温度也随粒径的减小而降低，如 Al_2O_3，8nm、15nm 和 35nm 直径的微粒，粒子晶化快速长大的开始温度分别为 1073K、1273K 和 1423K。

2.2.4　表面效应

表面效应是指纳米粒子的表面原子数与总原子数之比随着纳米粒子尺寸的减小而大幅度地增加，粒子表面能及表面张力也随之增加，从而引起纳米粒子较大块固体材料性能的变化。

表 2-1 和图 2-18 给出了纳米微粒粒径尺寸与表面原子数的关系。

表 2-1　纳米微粒粒径与表面原子数的关系

纳米微粒尺寸 d/nm	包含总原子数	表面原子所占比例/%
10	3×10^4	20
4	4×10^3	40
2	2.5×10^2	80
1	30	99

从图 2-18 中和表 2-1 中看出，随着粒径减小，表面原子比例迅速增加。例如微粒粒径为 10nm 时，比表面积为 $90m^2/g$；微粒粒径为 2nm 时，比表面积为 $450m^2/g$。

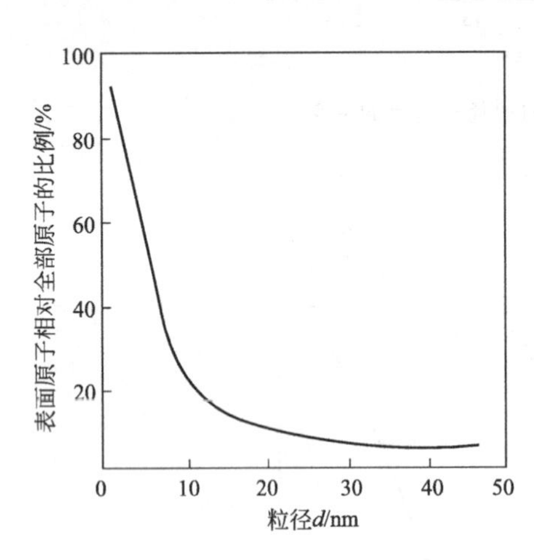

图 2-18　表面原子数占全部原子数的比例与纳米微粒粒径之间的关系

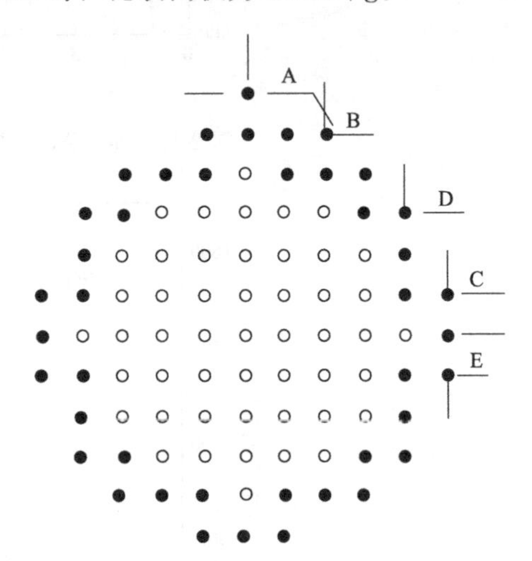

图 2-19　单一立方结构的纳米晶粒二维平面图

由于表面原子配位不足，纳米微粒具有高的表面能和高的活性，表面原子极不稳定，很容易与其他原子结合。图 2-19 为单一立方结构的纳米晶粒二维平面图。假设晶粒为圆形，实心圆代表位于表面的原子，空心圆代表内部原子，颗粒尺寸为 3nm，原子间距为 0.3nm 左右。实心圆的原子是表面原子，它们近邻配位不完全，“E”原子缺少一个近邻，“D”原子缺少两个近邻，“A”原子缺少三个近邻配位原子，“A”是极不稳定的，很容易跑到“B”位置上，这些表面原子一遇见其他原子会很快结合，使其稳定化，这就是活性的原因。

表面原子活化促使金属纳米粒子在空气中会因与氧结合而自燃。但是金属纳米粒子也会成为催化剂或储氢材料。然而非金属的纳米粒子在空气中也会吸附气体，不再保持原有的性质，因此纳米微粒若不进行表面化学改性，很难添加到人们指定的材料中去。

2.2.5　量子隧穿效应

隧穿是微观粒子（如电子）穿过势垒的能力，利用隧穿效应人们开发了电子共（谐）振隧穿器件，如利用共振隧穿二极管的负阻效应可以制成微波振荡器，在逻辑电路中谐振（共振）隧穿效应承担了三极管的功能。建立在量子隧穿效应基础上的“竖直器件”是纳电子器件的主要组成部分，显示出良好的应用前景。

综上所述，纳米微粒的量子尺寸效应、小尺寸效应、表面效应、量子隧穿效应使纳米材料呈现了许多奇异的物理、化学性质，出现了一系列的“反常现象”。这正是激发人们去研

究纳米尺度出现这些现象的缘由，并利用这些奇异性能去改造各传统领域，创造出新的产业。

2.3　纳米材料的化学性质

由于纳米粒子的比表面积大，而且表面原子配位不全，随着粒径的减小，表面光滑程度更差，即形成了凹凸不平的原子台阶，配位不全的表面原子所占比例更大，使其化学活性位置（或理解为化学反应接触面）进一步增加，纳米粒子与常规材料相比，有着更为优异的化学性质，如催化、光催化。

2.3.1　纳米粒子的催化作用

为了对比纳米粉体与常规材料在催化作用方面的不同，有必要对催化和催化剂进行简要的回顾。凡能改变化学反应速率而自身的质量、组成和化学性质在反应前后保持不变的物质，被称为催化剂，催化剂改变反应速率的作用称为催化作用。催化剂除了改变反应速率外，决定化学反应路径、有特殊的选择性是其另一主要作用，降低化学反应所需的温度是催化剂第三方面的作用，纳米粒子在这三方面都有突出的表现。

催化剂改变反应速率，有正有负，这里讨论的是加快反应速率的催化作用。人们往往给减缓化学反应速率的负催化剂以特定的名称，如缓蚀剂、抗老剂、阻燃剂等，因而一般所讲的催化剂是指加速化学反应速率的物质。

催化剂加快化学反应速率的原因在于它能改变（一般讲是降低）原反应物的活性能，改变反应历程，因此要求催化剂易与反应物作用，使反应物分子活化，又可在反应后再生。

设 $A+B \longrightarrow AB+E_a$ 为原反应，其中 E_a 为原反应的活化能，当催化剂 K 参加反应后变为 $A+K \longrightarrow AK+E_{a1}$ 和 $AK+B \longrightarrow AB+K+E_{a2}$，其中 AK 称为中间络合物，它的稳定性很差，且 E_{a1}、E_{a2} 均远小于 E_a，这就是催化剂的作用。因此催化剂与反应物之间有特殊的选择性。

纳米粒子的催化作用有三种：①金属纳米粒子的催化作用；②金属粒子（1～10nm）分散在氧化物（如氧化铝、氧化硅、氧化镁、氧化钛、沸石等）的多孔衬底上；③WC、γ-Al_2O_3、γ-Fe_2O_3 等纳米粒子聚合体或是分散于载体上。结合纳米微粒的催化作用介绍如下。

（1）金属纳米粒子的催化作用

由于纳米微粒具有很大的比表面积和表面分子比例，粒子直径小，易于同反应物发生反应，所以催化效果很好。例如：30nm 的镍粉使有机物氢化或脱氢反应速率提高 10～15 倍。用于火箭固体燃料反应催化剂，可使燃料效率提高 100 倍。

（2）分散于氧化物衬底上的金属纳米粉体催化作用

将金属纳米粒子分散到溶剂中，再使多孔的氧化物衬底材料浸泡其中，烘干后备用是催化剂的浸入法制备。这种催化剂还有离子交换法（将衬底材料进行表面修饰，使活性较强的阳离子附在表面，之后将处理过的衬底材料浸于含有复合离子的溶液中，由于置换反应使衬底表面形成了贵金属纳米粒子的沉积）、吸附法（把衬底材料放入含聚合体的有机溶剂中，通过还原处理，金属纳米粒子在衬底沉积）、蒸发法、醇盐法等。这种催化剂也有很多应用。

例如：Au 纳米粒子沉积在 Fe_2O_3、NiO 衬底，在 70℃时就具有较高的催化氧化活性。

(3) 纳米粒子聚合体的催化作用

例如 Fe、Ni 的纳米粉体与 γ-Fe_2O_3 混合烧结体可以代替贵金属作为汽车尾气净化剂。金属纳米粉体沉积在冷冻的烷烃基质上，经特殊处理后可断裂 C—C 键，$M_xC_yH_z$（M＝Fe、Ni）组成准金属有机粉末，在催化氢化作用方面能力很强。

但是纳米微粒的催化作用性能提高的原因，只是纳米微粒粒径小、表面原子数目高的缘故，而每个表面原子的活性并没有提高。当然，减小颗粒尺寸、提高表面金属原子的比例也是有意义的，可以提高单位重量催化剂的产出效率，降低成本。但是，要采取措施防止催化剂的纳米颗粒在较高反应温度下发生团聚、颗粒长大的问题以及催化剂本身使用寿命的问题以及重复使用的问题。这也是摆在纳米科技工作者面前的课题。

2.3.2 半导体纳米粒子的光催化效应

(1) 光催化效应

光催化作用是指半导体材料的光催化效应。当光照射于半导体材料时，若具有 $h\upsilon$ 能量的光子射入半导体，而 $h\upsilon$ 大于或等于半导体价带与导带间能隙 Eg，则电子会被从价带激发到导带，在原来的价带留下了一个空穴，即在光子的照射下产生了一组电子-空穴对。若激发态的导带电子又与价带空穴重新结合，将释放出能量（或热）。若激发态的导带电子被材料的表面态捕捉，那么这个电子就会被吸附在半导体表面，就半导体整体而言，维持了这一电子-空穴对。

价带中的空穴在化学反应中是很好的氧化剂，而导带中的电子是很好的还原剂，有机物的光致降解作用，就是直接或间接地利用空穴氧化剂的能量。

光催化反应涉及许多反应类型，如醇与烃的氧化、无机离子的氧化还原、有机物催化脱氢和加氢、氨基酸合成、固氮反应、水净化处理及水煤气变换等。对一般光催化过程可分七个步骤，它们分别是：

①由光子形成电子-空穴对；②电子-空穴对重新结合释放热；③由一个价带空穴引起的氧化反应途径的发生；④由一个导带电子引起的还原反应途径的发生；⑤进一步的热和光催化反应；⑥在悬挂的表面键捕捉一个导带电子；⑦在表面的（如钛）团簇上的价带空穴的捕捉。

纳米半导体比常规半导体催化活性高得多，原因在于：量子尺寸效应的存在，使半导体粉体的导带和价带间的能隙变宽。导带电位变得更负，粒子具有更强的氧化和还原能力。况且，纳米半导体粒子的粒径小，光生载流子比常规材料的光生载流子更容易通过扩散迁移到表面形成表面态对载流子的捕捉，促进氧化和还原反应。

(2) 半导体纳米粒子应用

半导体纳米粒子光催化效应在环保、水质处理、有机物降解、失效农药降解方面有重要的应用。

① 纳米 TiO_2 在光的照射下对碳氢化合物有催化作用，若在玻璃、陶瓷或瓷砖表面涂上一层纳米 TiO_2，可有很好的保洁作用，无论是油污还是细菌，在 TiO_2 作用下进一步氧化很容易擦掉，日本已经生产出自洁玻璃和自洁瓷砖。

② 将 CdS、ZnS、PbS、TiO_2 等半导体材料做成小球状的纳米颗粒，浮在含有有机物的废水表面，利用太阳光使有机物降解。美国和日本已将该法用于海上石油泄漏造成的污染

处理上。

总之，要大力开展对纳米物质的化学性质的研究，合成新材料，进一步扩大应用范围。

2.3.3　纳米材料的化学吸附特性

化学吸附，即吸附剂与吸附相之间以化学键相结合。纳米微粒由于有大的比表面积和表面原子配位不足，与相同组成的大块材料相比有较强的吸附性。纳米微粒的吸附性与被吸附物质的性质、溶剂以及溶液的性质有关。

2.3.3.1　非电解质吸附

非电解质是指呈电中性的分子，它们可通过氢键、范德华力、偶极子的弱静电力吸附在粒子表面上，其中以形成氢键而吸附在其他相上为主。例如，氧化硅粒子对醇、酰胺、醚的吸附过程中，氧化硅微粒与有机溶剂的接触为硅烷醇层，硅烷醇在吸附中起着重要作用。上述有机溶剂中的O或N与硅烷醇的羟基（—OH）中的H形成O—H或N—H键，从而完成SiO_2微粒对有机溶剂的吸附，如图2-20所示。一个醇分子与氧化硅表面的硅烷醇羟基之间只能形成一个氢键，所以结合力很弱，属于物理吸附。而对于高分子化合物如聚乙烯醇化合物，在氧化硅粒子上的吸附也同样通过氢键来实现，由于大量的O—H键的形成，吸附力变得很强，这种吸附为化学吸附。弱物理吸附容易脱附，而强化学吸附脱附困难。

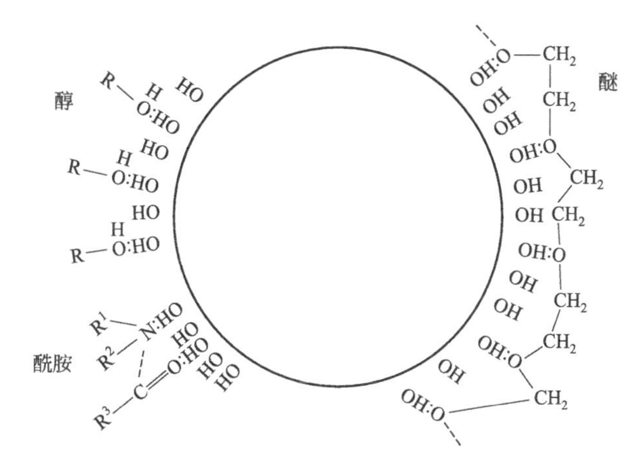

图2-20　在低pH值下吸附于氧化硅表面的醇、酰胺、醚分子

吸附不仅受粒子表面性质的影响，也受吸附相性质的影响，即使吸附相是相同的，但由于溶剂种类不同，吸附量也不一样。例如，以直链脂肪酸为吸附相，以苯及正己烷为溶剂，结果以正己烷为溶剂时直链脂肪酸在氧化硅粉体表面上的吸附量比以苯为溶剂时多，这是因为在苯的情况下形成的氢键很少。

2.3.3.2　电解质吸附

电解质在溶液中以离子形式存在，其吸附能力大小由库仑力来决定。纳米微粒在电解质溶液中的吸附现象大多数属于物理吸附。由于纳米微粒具有大的比表面积，常常产生键的不饱和性，致使纳米微粒表面失去电中性而带电（如纳米氧化物、氮化物粒子），而电解质溶液中带有相反电荷的粒子吸引到纳米微粒表面上以平衡其表面上的电荷，这种吸附主要是通过库仑交互作用而实现的。例如，纳米尺寸的黏土小颗粒在碱金属或碱土金属的电解液中，带负电的黏土纳米微粒很容易把带正电的Ca^{2+}吸附到表面上，Ca^{2+}称为异电离子，这是一种物理吸附过程，它是有层次的，吸附层的电学性质也有很大的差别。一般来说，靠近纳米微粒表面的一层属于强物理吸附，称为紧密层，它的作用是平衡纳米微粒表面的电性；离纳米微粒表面稍远的 Ca^{2+} 形成较弱的吸附层，称为分散层。由紧密层和分散层形成双电层吸附。由于强吸附层内电位急骤下降，在弱吸附层中电位缓慢减小，结果在整个吸附层中产生电位下降梯度。

思 考 题

① 什么是普朗克的量子假说？
② 什么是光电效应？光电效应实验结果有哪些？
③ 什么是德布罗意波？
④ 什么是不确定关系？
⑤ 波函数的物理意义是什么？
⑥ 何谓势阱？何谓势垒？
⑦ 什么是能带？
⑧ 统计物理的统计规律有哪些特征？有哪些经典的统计分布？
⑨ 何谓介观物理？有哪些典型成果？
⑩ 纳米材料有哪些典型的物理效应？
⑪ 什么是超顺磁性？
⑫ 纳米材料的催化性质与同材质大块材料有什么不同？
⑬ 什么是隧道效应？简述扫描隧道显微镜的原理。
⑭ 全同粒子系有哪几类？它们的区别在哪里？
⑮ 什么是小尺寸效应？

第3章 纳米材料基础

纳米材料是纳米科技发展的基础和核心，纳米材料的合成制备及其技术在纳米材料研究中有重要意义。在纳米科技迅速发展的今天，纳米材料获得了巨大的发展，纳米材料的内涵日益丰富，纳米材料的外延逐步扩大，纳米材料在合成技术的发展、性质的认识、性能的应用等方面获得了广阔的发展空间。

3.1 纳米材料的分类

3.1.1 纳米材料的定义及分类方法

通常把组成相或晶粒结构的尺寸控制在 100nm 以下的材料称为纳米材料，即将三维空间内至少有一维处在纳米尺度范围（1～100nm）的结构单元或由它们按一定规律构筑而成的材料或结构定义为纳米材料。

纳米材料的种类非常丰富，从材料的成分与性能来看，纳米材料涵盖了所有已知的材料类型。纳米材料可以从不同的角度划分成以下几类（表 3-1）。

表 3-1　纳米材料的类型

分类方式	类型
按材料的化学成分	可分为纳米金属、纳米陶瓷、纳米玻璃、纳米氧化物、纳米高分子和纳米复合材料
按材料的物理性质	可分为纳米半导体、纳米磁性材料、纳米非线性光学材料、纳米铁电体、纳米超导材料、纳米热电材料等
按材料的用途	可分为纳米电子材料、纳米光电子材料、纳米生物医用材料、纳米敏感材料、纳米储能材料等
按材料的维度	可分为零维、一维、二维和三维四种类型

3.1.2 纳米材料的维度分类

通常纳米材料按材料的维度进行分类，图 3-1 为四种类型纳米结构材料的示意图。

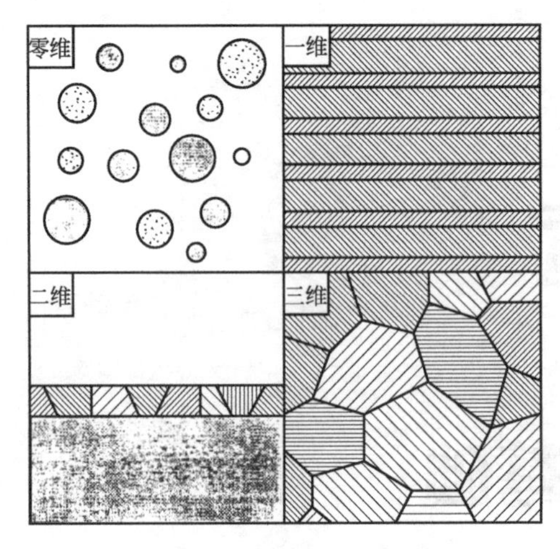

图 3-1　纳米结构类型示意图

零维的纳米材料是指在空间三维尺寸均为纳米尺度的材料，如纳米微粒、原子团簇等。

一维的纳米材料是指在三维空间中有两维处于纳米尺度，如纳米线、纳米棒、纳米线性材料（如碳纳米管）等。与零维材料相比，其具有较大的长径比和比表面积，因而展现出更加优越的光学性能、磁学性能、电学性能及独特的电学输运性能。其中，以碳纳米管为代表的纳米线性材料因其独特的物理性能引起了科学家们的极大关注，在催化、燃料电池、传感器、气体储存、液体运输等方面具有潜在应用。

二维的纳米材料是指在三维空间中有一维处于纳米尺度，如超薄膜、多层膜、超晶格等。

三维的纳米材料则指纳米固体，也就是由纳米微粒组成的体相材料，如纳米块体材料等。

3.2　纳米材料的表面修饰与制备方法

纳米材料由于粒径小，表面原子所占的比例高，所以具有极高的比表面积、表面活性和奇异的物理化学特性，因此获得广泛研究和应用。如铜粉，粒度为 100μm 时，比表面积为 $4.2\times10^3cm^2/g$；而当它的粒度为 1μm（1000nm）时，比表面积达 $4.2\times10^5cm^2/g$，是粒度为 100μm 时的 100 倍，表面的原子数所占比例也大大增加了，因而其表面活性增强，颗粒之间的吸引力增大。由于颗粒间吸引力增大，所以在制备和应用纳米颗粒时，颗粒与颗粒之间就会团聚在一起，为解决或者降低这一现象造成的影响，通常对纳米颗粒进行表面修饰。

3.2.1　纳米材料的自发团聚问题

纳米粒子在应用和制备过程中面临着团聚问题，所谓纳米粒子的团聚是指原生的纳米粉体颗粒在制备、分离、处理及存放过程中相互连接、由多个颗粒形成较大的颗粒团簇的现象。对于纳米聚晶材料，团聚问题会导致颗粒异常长大，造成性能的劣化；对于具有自组装结构的纳米材料，团聚问题会使结构发生变化；对于各类直接利用纳米粒子的场合，团聚问

题更是直接影响了材料的效率和性能。

一般来说，纳米粒子团聚包括硬团聚体和软团聚体两种形态。硬团聚的形成主要受静电力、范德华力、化学键作用以及粒子间液相桥或固相桥的强烈结合作用；软团聚主要是由粒子间的静电力和范德华力或因团聚体内液体的存在而引起的毛细管力所致，如图 3-2 所示。

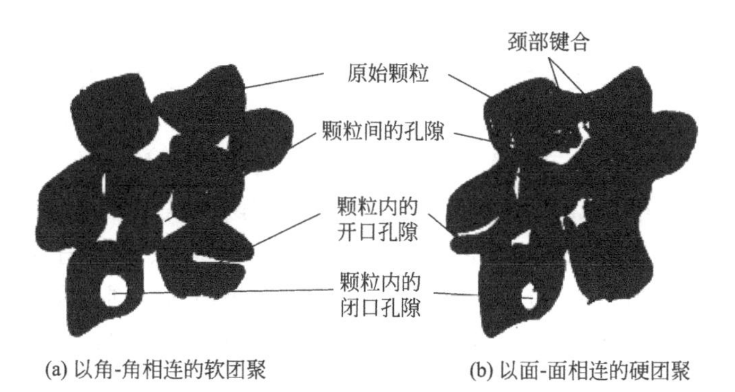

图 3-2　团聚颗粒结构图

纳米微粒具有较高的表面能，使纳米微粒系统处于不稳定状态。

设纳米微粒系统处于分散状态时，总比表面积为 $A_{分}$；团聚后，总比表面积为 $A_{集}$，显然

$$A_{分}>A_{集}$$

若单位面积的表面自由能为 γ，则团聚前后系统总的表面自由能的变化

$$\Delta G=\gamma(A_{集}-A_{分})<0 \tag{3-1}$$

可见，团聚使系统的自由能减小，根据热力学定律，纳米微粒系统从分散向团聚变化是不可逆的、自发的过程。

3.2.2　纳米材料的表面修饰方法

因为纳米粒子具有特殊的表面性质，要获得稳定而不团聚的纳米粒子，必须在制备或分散纳米粒子的过程中对其进行表面修饰，也称表面改性。即用物理或化学方法改变纳米粒子表面的结构和状态，赋予粒子新的机能，并使其物性得到改善，实现人们对纳米粒子表面的控制。

纳米粒子经表面修饰后，其吸附、润湿、分散等一系列表面性质都将发生变化，有利于颗粒保存、运输及使用。通过修饰纳米粒子表面，可以保护纳米粒子，改善粒子的分散性，提高粒子的表面活性；改变纳米粒子表面状态从而获得新的性能；改善纳米粒子与分散介质之间的相容性。

纳米微粒的表面修饰，主要是依靠改性剂在微粒表面的吸附、反应、包覆或成膜来实现的。按照原理可以分为表面物理修饰和表面化学修饰两大类。

3.2.2.1　表面物理修饰

表面物理修饰就是改性物质与纳米颗粒表面不发生化学反应，而是通过物理的相互作用（如范德华力、沉积包覆等）达到改变或改善纳米颗粒表面特性的目的。目前，常用的纳米颗粒表面物理修饰方法主要有表面活性剂法和纳米颗粒表面沉积包覆法。

（1）表面活性剂法

表面活性剂法就是通过范德华力、氢键等分子间作用力将表面活性剂吸附到作为包覆核的纳米微粒的表面，并在核的表面形成包覆层，以此来降低纳米微粒原有的表面张力，阻止粒子间的团聚，达到均匀稳定分散的目的。如在液相法制备纳米颗粒时，常常通过加入如PVP、4-十二烷基苯磺酸等成膜性和介质相容性好的聚合物对颗粒的包覆来实现稳定纳米颗粒的目的。

表面活性剂按照不同分类标准可分为不同类型。按照溶解性分类，有水溶性和油溶性两大类。油溶性表面活性剂种类及应用较少。而水溶性表面活性剂按照其是否离解又可分为离子型和非离子型两大类，前者可在水中离解成离子，后者在水中不能离解。离子型表面活性剂根据其活性部分的离子类型又分为阴离子、阳离子和两性离子三大类。阴离子表面活性剂的特点是在水溶液中会离解，其活性部分为阴离子或称负离子。阳离子表面活性剂在水溶液中离解后，其活性部分为阳离子或称正离子。两性离子表面活性剂的亲水基是由带有正电荷和负电荷的两部分有机地结合起来而构成的。在水溶液中呈两性状态，会随着介质不同显示不同的活性。

（2）纳米颗粒表面沉积包覆法

纳米颗粒表面沉积包覆法是将一种物质沉积到纳米微粒表面，形成与颗粒表面无化学结合的异质包覆层。常用的方法包括化学镀金法、热分解-还原法、共沉淀法、均相沉淀法、溶胶-凝胶法、水热合成法等。例如，纳米 TiO_2 粒子表面包覆 Al_2O_3 就属于这一类，具休过程是：先将纳米 TiO_2 粒子分散在水中，加热至60℃，用浓硫酸调节 pH 值（1.5～2.0），同时加入铝酸钠水溶液，结果在纳米 TiO_2 粒子表面形成了 Al_2O_3 包覆层。利用溶胶-凝胶法也可以实现对无机纳米粒子的包覆。例如将 $ZnFeO_3$ 纳米粒子放入 TiO_2 溶液中，TiO_2 溶液沉积到 $ZnFeO_3$ 纳米粒子表面，这种带有 TiO_2 包覆层的 $ZnFeO_3$ 纳米粒子光催化效率大大提高。

3.2.2.2 表面化学修饰

通过纳米微粒表面与处理剂之间进行化学反应，改变纳米微粒表面结构和状态，以达到表面修饰的目的称为表面化学修饰。目前，常用的表面化学修饰方法主要有偶联剂法、酯化反应法、表面接枝改性法和原位修饰法。

（1）偶联剂法

偶联剂是具有两性结构的物质，按其化学结构可分为硅烷类、邻苯二甲酸酯类、锆铝酸盐及络合物等几种。其分子中的一部分基团与纳米微粒表面的各种基团反应，形成化学键；另一部分基团与有机高聚物发生某些化学反应或物理缠结，从而将两种性质差异很大的材料牢固地结合起来。如使无机纳米微粒均匀地分散于有机高聚物分子之间，产生具有特殊功能的“分子桥”。硅烷偶联剂是一种具有特殊结构的有机硅化合物。在它的分子中，同时具有能与无机材料（如玻璃、水泥、金属等）结合的反应性基团和与有机材料（如合成树脂等）结合的反应性基团。因此，通过硅烷偶联剂可使两种性能差异很大的材料界面偶联起来，以提高复合材料的性能和增加黏接强度，从而获得性能优异、可靠的新型复合材料。硅烷偶联剂广泛用于橡胶、塑料。如用三甲基氯硅烷处理 SiO_2，其反应过程为：

$$CH_3-\underset{CH_3}{\overset{CH_3}{\underset{|}{\overset{|}{Si}}}}-Cl + OH-● \longrightarrow CH_3-\underset{CH_3}{\overset{CH_3}{\underset{|}{\overset{|}{Si}}}}-O-● + HCl$$

邻苯二甲酸酯偶联剂作为一种常用改性剂，是利用其分子中的无机功能区（ROM）与填料表面的自由质子（H）反应，以单分子形式缚结于填料表面，同时利用长部分形成偶联剂与有机机体的范氏缠结，从而构成填料与机体的“桥连”结构。例如，钛酸四丁酯与无机纳米粒子的作用机理如下：

$$>Ti-OC_4H_9 + HO-● \longrightarrow >Ti-O-● + C_4H_9OH$$

（2）酯化反应法

金属氧化物与醇的反应称为酯化反应，利用这种方法可以使纳米微粒由原来的亲水性变成亲油性的表面。用醇类对许多粉体进行类似酯化反应是常用的表面改性方法，酯化反应修饰法对于表面为弱酸性和中性的纳米粒子最为有效，例如 SiO_2、Fe_2O_3、TiO_2、Al_2O_3、Fe_3O_4、ZnO 和 Mn_2O_3 等。

目前国内外用醇对纳米粒子进行表面修饰主要采用常规回流法和高压反应釜法。钱晓静利用微波照射法用正辛醇对 SiO_2 纳米微粒进行表面酯化反应并与常规回流法进行比较，结果发现用微波照射法改性效果比常规回流法要好。宋艳玲等采用溶胶-凝胶法，以六水氯化镁和氨水为原料，以聚乙二醇（PEG）为改性剂进行了纳米氧化镁的制备研究，结果发现，PEG 不但控制了纳米氧化镁粒子的形状和大小，还使粒子的结晶度、分散性提高，并且基本上无团聚现象。

（3）表面接枝改性法

本法是通过化学反应将高分子的链接到无机纳米微粒表面上，以充分发挥无机纳米粒子与高分子各自的优点，制备出具有新功能的纳米微粒。表面接枝法主要有以下三种类型。

① 聚合与表面接枝同步进行法。使用这种接枝法的条件是无机纳米粒子表面有较强的自由基捕捉能力，如碳黑等纳米粒子。单体（气相或液相）在活性剂的引发下，在自聚合的同时也被无机纳米粒子表面的强自由基捕获，使高分子的链与无机纳米粒子表面化学连接，实现了颗粒表面的接枝。

② 表面基团对单体引发接枝。如在 SiO_2 颗粒表面先引入苯胺基，然后再经引发，进行阴离子聚合反应，于是在 SiO_2 粒子表面上形成共价接枝的聚酰胺。

③ 偶联接枝法。这种方法是通过纳米粒子表面的基团与高分子的直接反应来实现接枝的。

表面接枝改性方法可以充分发挥无机纳米微粒与高分子各自的优点，实现优化设计，制备出具有新功能的纳米微粒。其次，纳米微粒经表面接枝后，大大地提高了它们在有机溶剂和高分子中的分散性。例如，经甲基丙烯酸甲酯接枝后的纳米 SiO_2 粒子在四氢呋喃中具有长期稳定的分散性，而在甲醇中短时间内会全部沉降。这表明，接枝后并不是在任意溶剂中都有良好的长期分散稳定性，接枝的高分子必须与有机溶剂相溶才能达到稳定分散的目的。

（4）原位修饰法

纳米微粒原位表面修饰是指微粒合成与表面修饰的两个过程原位同步完成的一种新技术。因为原位合成的、成核不久的纳米微粒的表面能高、活性大和热力学不稳定。所以具有分散特性和稳定作用的超分散稳定剂的极性基团，可通过对纳米微粒强烈的吸附作用、络合作用、螯合作用甚至结合力更大的键合作用与纳米微粒形成由超分散稳定剂锚固的纳米微粒分散相，以降低纳米微粒高的表面能，实现其热力学稳定性，并防止粒子进一步长大。另外一端为极性的超分散稳定剂可发生分子链卷曲、缠绕、支链化或相互贯穿，从而形成一个极性端向里的纳米空间网络。形成的纳米空间网络也可将处于网络中心或网络空间的纳米微粒分离、分散、分隔，将其“固化”在一定位置上，最终可得到粒径小、分布窄且具有高度分散和长效稳定特点的纳米分散系。按此方法制备的不同的纳米分散系，由于纳米微粒所处的化学环境相似，彼此之间可互溶互配，因而其分散稳定性不会受到明显的影响。

纳米微粒原位修饰方法的显著特点是：将纳米单元（无论是单组元还是多组元）的生成、粒度控制、抗团聚保护和纳米单元的高度分散、长效稳定在一个体系中一次性实现，既改善了性能，又简化了操作，还能大大降低现有方法中因纳米单元制备、后期处理和化学改性等带来的生产成本，是一种理想的表面修饰方法。

3.2.2.3　纳米材料表面修饰改善物质间相容性的应用

纳米粉体材料的比表面积和表面能极大，如果不进行表面修饰和超细粉碎后处理，就很难添加到其他材料中去。同一种纳米粉体，针对不同的环境应有不同的表面修饰方法。现以 TiO_2 为例说明。

① 经 Al_2O_3 包膜的纳米 TiO_2 表面呈正电荷，以 SiO_2 包覆的 TiO_2 表面带负电荷，调整 Al_2O_3 和 SiO_2 的比例可改变纳米 TiO_2 在不同介质中的分散性。

② 根据 TiO_2 粒子表面电荷的性质，可采用阳离子型表面活性剂或阴离子型表面活性剂，在其表面形成碳氢链向外伸展的包覆层。

③ 利用钛或硅系列偶联剂处理纳米 TiO_2 和黏结剂组成的分散体系，不仅改善分散体系的分散性和稳定性，而且可提高纳米二氧化钛颜料的白度和遮盖力。

④ 用聚合物包膜包覆 TiO_2（例如用聚三乙二醇醚）可改善其分散性和光学性质。

⑤ 利用化学气相沉积（CVD）法将金属卤化物等化学沉积于纳米 TiO_2 表面，形成非晶态的特殊薄膜层，可在表面产生光、电、磁等功能，从而将 TiO_2 开发为功能材料。

⑥ 利用 TiO_2 的特殊功能，开拓新的应用领域，已成为各国纳米 TiO_2 改性的活跃课题，为适应这种需要，对改性试剂和改性方法、工艺也提出了更高的要求。

3.2.3　纳米微粒的主要制备方法

纳米材料的合成与制备有两种途径：“从下到上”和“从上到下”的途径。所谓“从下到上”，是指先制备纳米结构单元，然后将其组装成纳米材料。所谓“从上到下”，是指先制备出前驱体材料，再从材料上取下有用的部分。

纳米材料的制备方法很多，通常根据制备过程中发生变化形式的不同可分为物理方法、化学方法和物理化学方法（综合法）。

3.2.3.1　纳米材料制备的物理方法

物理法制备纳米粉体，早期的工作主要是采用“从上到下”的方法，即将较粗大的固体颗粒，借助于外力使其粉碎成纳米微粒。如机械粉碎法、超声波粉碎法、水锤粉碎法、高能球磨法等。另一些方法是使固体材料在真空或惰性气体气氛中被气化，气化方法可以是电弧放电、涡流加热、激光侵蚀等，被气化的原子或分子在表面改性剂的作用下形成纳米尺度的超微颗粒。这些方法是由原子、分子形成纳米微粒的，也可理解为“从下到上”的方法。

（1）机械粉碎法

机械粉碎法是在给定外场力作用下，如冲击、挤压、碰撞、剪切或摩擦，使大颗粒破碎成超细微粒的一种技术。机械粉碎法包括普通机械粉碎法和超声波粉碎法。

① 普通机械粉碎法。普通机械粉碎法包括球磨法和低能纯剪切磨法。其中球磨法较为常用。

所谓球磨法，就是指物料（如石墨等）在球磨机中通过研磨体对其进行充分研磨后使之被细化的一种方法。该方法可以快速地获取纳米级别的材料，而且操作较为简单，效率较高。但是该方法的缺点是球磨机一旦启动，其对物料的研磨程度就不受人为控制，无法准确地获取粒径较为统一的纳米颗粒。在使用该法时最重要的问题是表面和界面的污染问题及粉体的二次团聚问题。为此要注意研磨球对材料的污染和气氛对材料的污染，同时在球磨过程中必须适时、适量地加入分散剂。此外，该方法能耗大，粒径不均匀，也是很大的缺点。图3-3为球磨法典型工艺示意图。

高能球磨法是目前机械粉碎法中应用较广的一种。高能球磨法是利用球磨机的转动或振动使硬球对原料进行强烈地撞击、研磨和搅拌，把金属或合金粉末粉碎为纳米微粒。高能球磨法主要用于加工相对硬的、脆性的材料。如果将两种或两种以上的金属粉末同时放入球磨机的球磨罐中进行高能球磨，粉末颗粒经压延、压合、碾碎、再压合的反复过程，最后获得组织和成分分布均匀的合金粉末。这种制备方法又称为机械合金化。

低能纯剪切磨法是利用臼式研磨仪（一种电动钵体）（图3-4）围绕着杵运动，从而对研磨物产生一定的压力（剪切力）并使其充分混合，在研磨的过程中研磨物之间也相互摩擦，进而提高了研磨效率。它的优点是效率较高，而且对研磨物的形貌破坏较小。但是其操控性较为复杂，而且成本较高，噪声较大。总体来说，低能纯剪切磨法是一种制备纳米材料较为快速高效的方法。

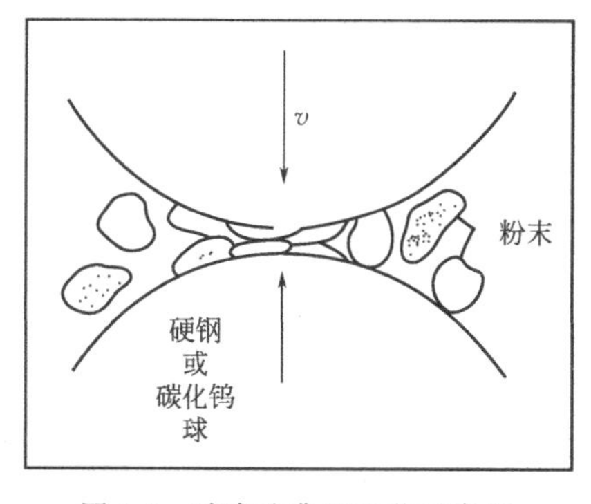

图3-3 球磨法典型工艺示意图

(a) 外观照

(b) 研磨过程示意图

图3-4 臼式研磨仪

② 超声波粉碎法。超声波粉碎法指的是在超声波发生装置中，利用不同频率的超声波对物料（材料）进行粉碎的一种方法，超声波的频率越高，其具有的能量也越高，当能量达到某一值后，就可以对物料（材料）进行粉碎。该方法的优点是操作简便，可以在很短的时间内获得理想的纳米材料，但是在尺寸的控制上很难把握，往往不能得到纳米级别的材料。

(2) 蒸发冷凝法

蒸发冷凝法（IGC）又被称为惰性气体冷凝法，是一种制备纳米粉体常用的较为绿色高效的方法。该方法的基本原理是在真空蒸发室内充入低压（50Pa～1kPa）惰性气体（氦、氩、氙气等），通过蒸发源的加热作用（可采用电阻、等离子体、电子束、激光、高频感应等加热源），使待制备的金属、合金或化合物汽化或形成等离子体，与惰性气体原子碰撞而失去能量，然后骤冷凝结成纳米粉体粒子，粒子的粒径可通过改变气体压力、加热温度、惰性气体种类以及惰性气体流速等进行控制。凝聚形成的纳米粒子将在冷阱（可设计为液氮冷

棒）上沉积起来，用刮刀（可选用聚四氟乙烯）刮下并收集起来（图 3-5）。

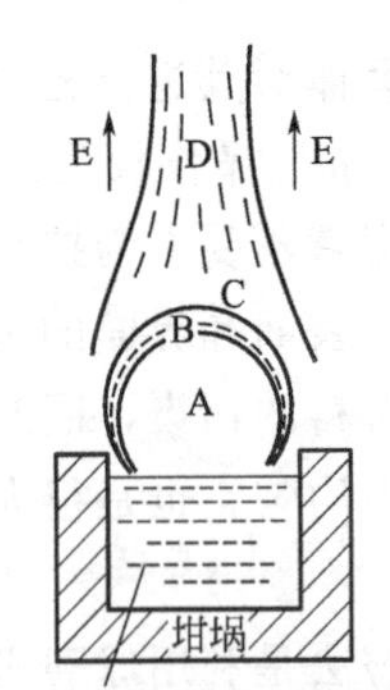

(a) 纳米粉体制备示意图

A—蒸气；B—刚诞生的超微粒子；C—成长的超微粒子；
D—连成链状的超微粒子；E—惰性气体(Ar,He等)

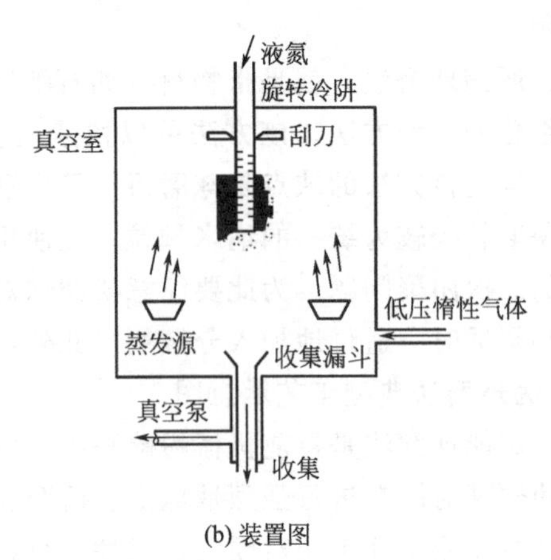

(b) 装置图

图 3-5　蒸发冷凝法纳米粉体制备图

纳米合金可通过同时蒸发两种或数种金属物质得到；纳米氧化物可在蒸发过程中或制成粉体后于真空室内通以纯氧使之氧化得到；若欲获取纳米金属粉体，可于真空室内通以甲烷为粉体包覆碳“胶囊”。现已制备出几十种金属纳米粒子，如 Au、Ag、Cu、Fe、Al、Pd、Be、Bi、Mg、Mn、Co、Ni、V、Cr、Cd、Zn、Se、In、Sn、Pb、Te 等。平均晶粒尺寸在 5～10nm 范围。该法还制备出纳米晶（CaF_2）、纳米玻璃（$Si_{25}Pd_{75}$、$Pd_{70}Fe_5Si_{25}$、$Si_{25}Au_{75}$等）、纳米陶瓷（TiO_2、Al_2O_3 等）、纳米金属氧化物（Fe_2O_3、MnO、NiO、MgO 等）。

蒸发冷凝法的优点是所制备的纳米粒子表面清洁，可以原位加压（进而制备纳米块体），缺点是结晶形状难以控制，生产效率低，在实验研究上较常用。

值得一提的是本法不但可以进一步原位加压烧结制备纳米块体，而且利用相同的原理可以制备纳米薄膜（称为蒸镀技术），因此本法是纳米材料制备的基本物理方法。

（3）溅射法

溅射法的原理是在惰性气氛或活性气氛下在阳极和阴极蒸发材料间加上几百伏的直流电压，使之产生辉光放电，放电中的离子撞击阴极的蒸发材料靶，靶材的原子就会从其表面蒸发出来，蒸发原子被惰性气体冷却而凝结或与活性气体反应而形成纳米微粒。其可以分为：①离子溅射，常用 Ar^+、Kr^+ 或 H^+ 轰击块体靶，在低压惰性气氛中形成纳米粒子；②激光侵蚀，用高功率激光侵蚀固体表面，气化离子性基团；③等离子体溅射，即利用等离子体溅射固体靶后成核，控制生长。

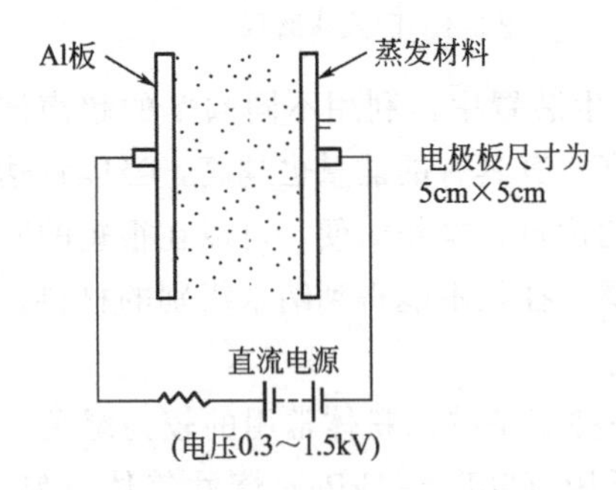

图 3-6　溅射法制备超微粒子原理图

如图 3-6 所示，将两块金属板（Al 板作阳极、蒸发材料靶作阴极）平行放置在 Ar（40～250Pa）中，依据溅射法原理即可在靶材表面获得蒸发的原子。这时，放电的电流、电压以及气体的压力都是影响生成纳米微粒的因素。使用 Ag 靶的时候，制备出了粒径 5～20nm 的纳米微粒，蒸发速度基本上与靶的面积成正比。

该法的优点是几乎可用于所有物质的蒸发，包括高熔点和低熔点金属（蒸凝法一般只适用于低熔点金属），此法也能制备多组元的纳米微粒，如 $Al_{52}Ti_{48}$、$Cu_{91}Mn_9$ 等；缺点是产量较低，粒子的强度低、粒子不均匀，特别是 C 和 Si，溅射法产生的团粒离子尺寸分布较宽。因此溅射法是制备纳米薄膜的基本方法。

(4) 放电爆炸法

放电爆炸法是利用在高压电容器瞬间放电作用下的高能电脉冲，使金属丝蒸发、爆炸而形成纳米粉体的方法。此方法既可制备 W、Mo 等金属微粉，也可在通氧气的条件下制备 Al_2O_3、TiO_2 等氧化物粉体。颗粒的尺寸及分布与输入的能量及脉冲参数等有关。爆炸法的过程可分为：①金属丝受热，形成液相；②金属丝的蒸发；③在钨丝的电弧间形成电弧，进一步加热金属蒸气；④放电结束后，由通常的成核生长过程形成纳米微粒。它是一种连续粉体制备工艺，Al_2O_3、TiO_2 粉体都可以采用这种方法制备，粉体呈球形，尺寸一般在 20～30nm 范围。图 3-7 给出了放电爆炸法示意图。

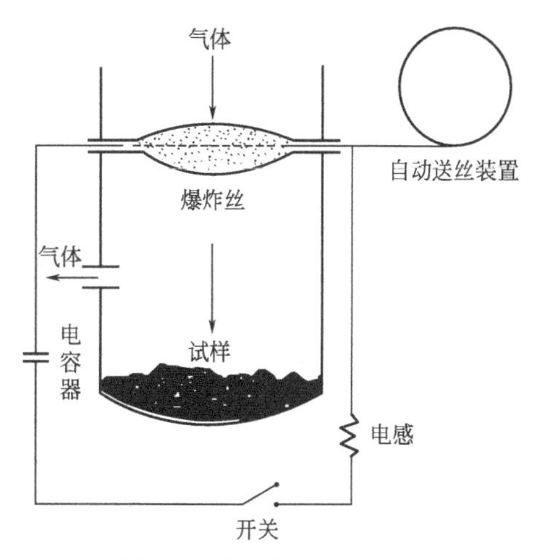

图 3-7 放电爆炸法示意图

放电爆炸法制备纳米粉末具有如下特点：金属丝可以在短时间获得很高的能量密度，具有脉冲技术工艺的优点，能量利用率高；通过调节放电参数（电容量、电阻、电感、充电电压和金属丝尺寸等），可有效控制纳米粉末粒度；由于金属丝膨胀爆炸的过程中，冷却速率很快，将大量的位错、孪晶保留了下来，储存了一定的能量，使金属丝爆炸制备的纳米金属及合金粉具有很高的活性；不产生有害的废物，不破坏环境，是一种“绿色”的制备纳米粉末的方法；用放电爆炸法制备纳米粉末可以得到纯度很高的粉末，而且分散性好；采用此法可以制备出其他方法难以制备的纳米粉末，如低饱和蒸气压的金属铝、铜纳米粉末，高熔点的钨、钼纳米粉末，铜-锌合金纳米粉末等。因此，放电爆炸法制备纳米粉末是一种适合于产业化的、低成本、高效率制备纳米粉末的方法。

3.2.3.2 纳米材料制备的化学方法

化学法主要是“从下到上”的方法，即通过适当的化学反应（包括液相、气相和固相反应），从分子、原子出发制备纳米颗粒物质。

(1) 液相反应法

① 化学沉淀法。化学沉淀法一般是指将沉淀剂加入到金属盐溶液中进行沉淀，然后再对沉淀物进行固液分离、洗涤、干燥以及加热分解等处理后，从而制得粉末产品。化学沉淀法分为正向化学沉淀（将沉淀剂加入到金属盐溶液中）和反向化学沉淀法（将金属盐溶液加入到沉淀剂中）两种，其中反向化学沉淀法所制得的纳米材料粒径更细小，颗粒更均匀。

化学沉淀法的原理是在包含一种或多种离子的可溶性盐溶液中加入沉淀剂，在一定温度下发生水解，形成不溶性的氢氧化物、水合氧化物或盐类从溶液中析出，然后将溶剂和溶液中原有的阴离子洗去，经热分解或脱水即可得到所需的氧化物纳米粉体。

化学沉淀法包括直接沉淀法、均匀沉淀法和共沉淀法。直接沉淀法是直接进行沉淀操作得到所需的氧化物颗粒的方法。均匀沉淀法是在金属盐溶液中加入沉淀剂溶液时，不断搅拌，使沉淀剂在溶液里缓慢生成，消除了沉淀剂的不均匀性。共沉淀法是在混合的金属盐溶液中添加沉淀剂，即得到几种组分均匀的溶液，再进行热分解。沉淀法中新技术不断涌现，我国学者周根陶等利用转移沉淀法制备了多种超细粉。其原理是根据难溶化合物溶度积（K_{sp}）的不同，通过改变沉淀转化剂的浓度、转化温度以及借助表面活性剂来控制颗粒生长和防止颗粒团聚，获得单分子超微粉。

化学沉淀法的特点是容易控制成核，易添加微量成分且组成均匀，并可得到高纯度的纳米复合氧化物。其缺点为：沉淀为胶状物，不易水洗以及过滤等操作；加入的沉淀剂容易作为杂质混入沉淀物；进行水洗时，有的沉淀物发生部分水解。其优点是无需苛刻的物理条件就可能得到性能较优异的纳米粉体，该方法原料来源广泛、成本较低、设备投资小，粉体产量大，是降低纳米粉体成本的首要方式。

该法关键在于借助表面活性剂来控制颗粒生长和防止颗粒团聚，以获得纳米粉体材料。

② 溶胶-凝胶法。溶胶-凝胶法是指一些易水解的金属化合物（无机盐或金属醇盐），在饱和条件下，经水解和缩聚等化学反应首先制得溶胶，继而将溶胶转为凝胶，再经热处理而成氧化物或其他化合物固体的方法。通常将溶胶-凝胶法分为无机盐溶胶-凝胶法、金属醇盐溶胶-凝胶法。

溶胶-凝胶法制备纳米材料一般包括以下几个步骤。

a. 溶胶的制备。这是一个水解过程和缩聚过程，在实际反应中，水解过程和缩聚过程往往是同时进行的，经过水解、缩聚后得到的是低黏度的溶胶。

b. 溶胶-凝胶转化。通过控制电解质浓度，迫使胶粒间相互靠近。溶胶中含有大量的水，凝胶化过程中，使体系失去流动性，形成一种开放的骨架结构。随着时间的延长，溶胶中长大的粒子（次生粒子）逐渐交联而形成三维网络结构，形成凝胶。在该过程中，溶胶的黏度明显增大，最后形成坚硬的玻璃状固体。溶胶的颗粒大小及交联程度可通过 pH 值以及水的加入量来控制。

c. 陈化过程。凝胶形成后，由于凝胶颗粒之间的连接还较弱，因而在干燥时很容易开裂。为了克服开裂，需要将凝胶在溶剂的存在下陈化一段时间，以使凝胶颗粒与颗粒之间形成较厚的界面，随着陈化时间的延长，凝胶的强度逐渐增大，最终足以抗拒由溶剂挥发和颗粒收缩而造成的开裂。

d. 凝胶干燥。在一定条件下（如加热）使溶剂蒸发，得到粉料。干燥过程中凝胶结构变化很大。在干燥过程中，溶剂以及生成的水和醇从体系中挥发，产生应力，而且分布不均，这种分布不均的应力很容易使凝胶收缩甚至开裂。控制溶剂、水和醇的挥发速度可以降低凝胶的收缩和开裂程度。

以金属有机醇盐为原料制取溶胶的水解和缩聚反应式可表示为：

水解反应：$M(OR)_4 + nH_2O \longrightarrow M(OR)_{4-n}(OH)_n + nHOR$

缩聚反应：$2[M(OR)_{4-n}(OH)_n] \longrightarrow [M(OR)_{4-n}(OH)_{n-1}]_2O + H_2O$

式中，M 代表金属；R 代表烷基。

总反应式可表示为：　$M(OR)_4 + 2H_2O \longrightarrow MO_2 + 4HOR$

溶胶-凝胶法的优缺点：a. 化学均匀性好，由于溶胶-凝胶过程中，溶胶由溶液制得，故胶粒内及胶粒间化学成分完全一致；b. 纯度高；特别是多组分粉料制备过程中无需机械混合；c. 颗粒细；d. 该法可容纳不溶性组分或不沉淀组分均匀地固定在凝胶体系中；e. 不溶性组分颗粒越细，体系化学均匀性越好；f. 烘干后的球形凝胶颗粒自身烧结温度低。

③ 水热/溶剂热法。溶剂热法指在高温高压（溶剂自生压力）下，在溶剂（水或乙醇等）中进行有关反应的总称。根据溶剂的不同，可以分为水热法和溶剂热法。其中水热法研究较多。

水热法是公认的一种制备纳米材料的方法之一。所谓“水热合成法”，指的是在一个密闭的反应容器中，以水作为反应的溶剂，通过对反应体系进行升温加热，进而产生一个高温高压的内部环境，使得处在此内部环境中的化合物表现出一些与常温常压下所不同的性质（如溶解度增大、粒子活度增强等），目的是让一些难溶的化合物溶解，然后对其进行热处理、分离、重结晶后就可以得到纳米材料。该方法合成出的纳米晶体纯度一般较高，形貌较好且易于控制，分布也相对均匀，但是对反应的环境有很高的要求，反应时间以及反应程度也不好把握。但总体来说，水热合成法是一种合成纳米材料（尤其是纳米氧化物）绿色高效的方法。水热法近年来广泛应用于纳米材料、多孔材料等合成中，用该方法可制备物相均匀、纯度高、晶型好、单分散、形状及尺寸可控的纳米微粒，适于纳米金属氧化物和金属复合氧化物、陶瓷粉末的制备，已可工业化制备的有 ZrO_2、ZrO_2/Y_2O_3、ZrO_2/Yb_2O_3、Fe_2O_3、$BaTiO_3$ 等。

溶剂热法是以有机溶剂（如甲酸、苯、己二酸、四氯化碳以及乙醇等）代替水作溶剂，采用类似水热合成的原理制备纳米级复合氧化物气敏材料的一种方法。非水溶剂在此过程中，既是传递压力的介质，又起到了矿化物的作用。同水溶剂相似，非水溶剂处于近临界状态下，能够发生通常条件下无法实现的反应，并能生成具有介稳态结构的材料。苯因其稳定的共轭结构，是溶剂热合成的优良溶剂。

④ 微波化学合成法。微波化学合成法实际上是在水热合成法的基础上发展起来的一种新型的纳米材料合成方法。在微波条件下水热合成纳米管是将纳米管的合成体系置于微波辐射范围内，利用微波对水的介电作用进行合成，是一种新型的合成方法。

如将一定量的 TiO_2 粉末放入装有 NaOH 溶液的聚四氟乙烯反应釜中，超声 10min 分散颗粒，然后将反应釜置于带有回流装置的微波炉内，在微波作用下回流加热 9min，取出反应釜，分离出固体产物，用去离子水洗涤至 pH＝7，过滤后真空干燥得到 TiO_2 纳米管。微波化学合成法一般可分为微波水热法、微波等离子体热解法和微波烧结法等几种。与常规水热法相比，其反应速率极快，且不发生重结晶现象，可获得粒度分布均匀、晶粒很小的纳米粉体；微波等离子体热解法较之于电弧等离子体热解技术，具有无电极污染的优点；与直流或射频离子体技术相比，因微波等离子体温度较低，在热解过程中不引起致密化或晶粒过大，对于制备用作催化剂或敏感器件材料等的超细粉体，有其独特的优点；微波烧结法与传统方法相比较，具有内部加热、快速加热、快速烧结、细化材料组织、改进材料性能以及高效节能等优点，可烧结制得各种纳米氧化物粉体和各种纳米硬质合金等。

⑤ 溶液蒸发法。溶液蒸发法包括冷冻干燥法、喷雾干燥热分解法和火焰喷雾法三种。

冷冻干燥法是将盐的水溶液造成液滴，趁液滴滴下的瞬间降温冻结，在低温减压下升华脱水，再经热分解形成纳米微粒。由于含水物料在结冰时可使固相颗粒保持在水中时的均匀状态，升华时，由于没有水的表面张力作用，固相颗粒之间不会过分靠近，从而避免了团聚产生。

喷雾干燥热分解法通过喷雾干燥、焙烧和燃烧等方法，将盐溶液通过雾化器雾化、快速蒸发、升华、冷凝和脱水过程，避免了分凝作用，得到均匀盐类粉末。

火焰喷雾法是将金属盐溶液和可燃液体燃料混合，以雾化状态喷射燃烧，经瞬间加热分解，得到氧化物和其他形式的高纯纳米微粒，如 $CoFe_2O_4$、$MgFe_2O_4$、$Cu_2Cr_2O_4$ 等。

⑥ 微乳液法。微乳液通常是由表面活性剂、助表面活性剂（通常为醇类）、油（通常为碳氢化合物）和水（或电解质水溶液）组成的透明的、各向同性的热力学稳定体系。微乳液中微小的“水池”被表面活性剂和助表面活性剂所组成的单分子层界面所包围而形成微乳颗粒。微小的“水池”尺度小且彼此分离，这种特殊的微环境被称为“微反应器”。

利用微乳液法制备纳米微粒，通常是将两种反应物分别溶于组成完全相同的两份微乳液中，然后在一定条件下混合。两种反应物通过物质交换而彼此相遇，发生反应生成的纳米微粒可在“水池”中稳定存在。通过超速离心或将水和丙醇的混合物加入反应完成后的微乳液中等方法，使纳米微粒与微乳液分离。再以有机溶剂清洗去除表面活性剂，最后在一定温度下进行干燥处理，即得纳米微粒的固体样品。

⑦ 化学还原法。化学还原法通常是选择合适的还原剂，在溶剂中将金属离子还原为零价的金属，并且在合适的保护剂下生成 1～100nm 的金属纳米粒子。常用于 Ni、Cu、Co、Fe、Au、Ag 等纳米粒子的制备。

Ni、Cu、Co 等金属纳米微粒的制备，通常需要在 $AgNO_3$、$PdCl_2$ 等成核剂的催化作用下，在明胶、十二烷基硫酸钠等表面活性剂的保护下，利用水溶液中的金属离子与还原剂的自催化氧化还原反应。东南大学的顾宁等用该法制备 60nm 左右的镍微粒，尺寸分布窄，分散均匀。胶体金颗粒通常用氯金酸根离子在醇钠、硼氢化钠或柠檬酸的作用下制得。

⑧ 低温燃烧合成法。根据所选用原料的不同，可以将低温燃烧合成法大致分为两大类：一类是通常采用金属硝酸盐或者高氯酸盐为氧化剂，以有机物（羧酸、氨基酸、肼及肼的衍生物、乙二胺、尿素等）为燃料，通过反应混合物之间的氧化还原反应发生自蔓延燃烧，利用燃烧过程自身的放热，达到合成产物的目的。另一类是以自身氧化还原化合物为前驱体的燃烧合成。通常原料有羧酸盐、金属羧酸肼盐或其固溶体，它们在反应中起到燃料作用的同时，也提供产物所需的金属离子。一般通过分解和燃烧反应来生成氧化物粉体，如 $PbTiO(OH)_2(N_2H_3COO)_2 \cdot H_2O$ 在 350℃下加热分解，伴随着 NH_3、H_2O、CO_2 和 N_2 的排放，生成 $PbTiO_3$。但是通常金属羧酸肼盐的合成产率较低，只有 20%左右，需时较长且不是所有的金属都能形成羧酸肼盐。此外，许多前驱体分解时所放热量不足以维持自蔓延进行，需要借助外界热源完成反应，所以不适于生成温度要求较高的氧化物的合成，目前研究较少。此法已合成的产物有多数单一氧化物、铁氧体、邻苯二甲酸盐、锰酸盐、锆酸盐、PZT、PLZT 等。

（2）气相反应法

① 化学气相沉积法。化学气相沉积（chemical vapor deposition，CVD）法是利用气态或蒸气态的物质在气相或气固界面上反应生成固态沉积物的技术。主要用于无机材料的制备、各类单晶的沉积以及各种物质的提纯等，其基本原理是通过加热器加热，将反应剂（固态或液态）的蒸气与其他气体引入到反应室，进而在固体衬底表面发生化学反应并进一步冷却生成固体沉积物，包括三个步骤：a. 产生蒸气；b. 蒸气进入反应室；c. 发生反应并沉积。利用化学气相沉积法制备出来的纳米材料均匀且致密，质量稳定，具有很好的形貌以及性能，很容易实现批量生产，缺点是设备较为昂贵，操作也较为复杂。

CVD 法除可在气体中生成超微粒子外，还可随反应体系和析出条件的不同而在固体表面上生成薄膜和晶须、晶粒。图 3-8 给出了 CVD 法析出的各种形态固体的示意图。

气相中，粒子的生成包括均匀成核和核长大两个过程，为了获得超微粒子，首先要在气

相中生成很多核，为此必须达到高的过饱和度。而在固体表面上生长薄膜、晶须时，并不希望在气相生成超微粒子，因而在低的过饱和度条件下析出。

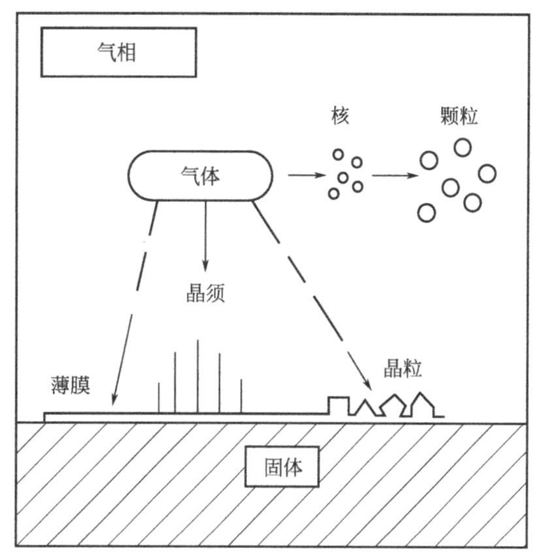

图 3-8 CVD 法析出的各种形态固体示意图

② 激光诱导化学气相沉积法。激光诱导化学气相沉积法的基本原理是：利用反应气体分子激光光解（紫外线光解或红外多光子光解）、激光热解、激光光敏化和激光诱导化学合成反应，在一定工艺条件下（激光功率密度、反应池压力、反应气体配比和流速、反应温度等）控制纳米粒子的成核和生长。制备的纳米材料品种有单质、化合物和复合材料等纳米粉末。它的优点在于：不需加热反应器壁和其他异物，能量转换率高且利于合成高纯超细粉，组成均匀；能够精确控制成核速率、核增长速率和曝光时间等参数，有利于合成大小均一且不团聚的超细粉体。

表 3-2 给出了目前用激光法合成纳米粉体的实例。

表 3-2 激光法合成纳米粉体的实例

产物	反应体系	反应举例
Si	SiH_4	$SiH_4 \longrightarrow Si+2H_2$
B	BCl_3/H_2	$BCl_3+3/2H_2 \longrightarrow B+3HCl$
TiO_2	$Ti(OBu)_4$	$Ti(OBu)_4 \rightarrow TiO_2$
Ge	GeH_4	$GeH_4 \longrightarrow Ge+2H_2$
Si_3N_4	SiH_4/NH_3	$3SiH_4+4NH_3 \longrightarrow Si_3N_4+12H_2$
	$SiCl_4/NH_3$	
TiB_2	$TiCl_4/B_2H_6$	$TiCl_4+B_2H_6 \longrightarrow TiB_2+4HCl+H_2$
B_4C	$BCl_3/H_2/CH_4$	$4BCl_3+CH_4+4H_2 \longrightarrow B_4C+12HCl$
	$BCl_3/H_2/C_2H_4$	

图 3-9 为激光诱导化学气相沉积法制备纳米粉体装置示意图。

例如，采用激光诱导化学气相沉积法制备纳米 Si_3N_4 粉体的基本原理是：利用 SiH_4 分子对 CO_2 激光的强吸收效应，用连续 CO_2 激光束辐照快速流动的混合反应气体（SiH_4 + NH_3），诱导 SiH_4 与 NH_3 分子发生激光热解与合成反应。在 800～1000℃和 20～90kPa 的条件下成核生长，获得粒度分布均匀、无团聚的球形非晶态纳米 Si_3N_4 粉体。其化学反应式为：

$$3SiH_4+4NH_3 = Si_3N_4+12H_2$$

③ 化学蒸发凝聚法。这种方法主要是通过有机高分子热解获得纳米陶瓷粉体。该制备方法适用于纳米粉体材料的制备，故将在纳米粉体制备章节中以例子说明具体过程。

(3) 固相反应法

固相反应法是指一种或一种以上的固相物质在热能、电能或机械能作用下，发生合成或

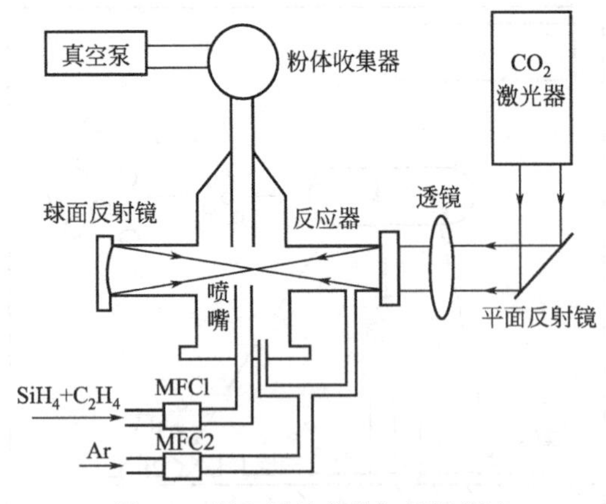

图 3-9 激光诱导化学气相沉积法制备纳米粉体装置示意图

分解反应而生成纳米材料的方法。最简单的固相反应就是利用金属化合物的热分解制取金属氧化物。在惰性气体的气流粉碎-流动状态下，金属化合物分解而容易得到纳米金属氧化物。不同金属化合物间的固相反应，是将反应物以一定比例进行混合，经过研磨煅烧等工艺处理，制备新型的金属化合物。例如，将 TiO_2 与 $BaCO_3$ 等物质的量混合，在 800～1200℃下煅烧、冷却粉碎可以合成纳米 $BaTiO_3$。

固相法通常具有以下特点：①固相反应一般包括物质在相界面上的反应和物质迁移两个过程；②一般需要在高温下进行；③整个固相反应速率由最慢的一步反应的速率所决定；④固相反应的反应产物具有阶段性，即包括原料、初产物、中间产物和最终产物。

(4) 模板法

该法利用结构基质作为模板合成，结构基质包括多孔氧化铝膜、碳纳米管、多孔玻璃、沸石分子筛、生物大分子、反向胶束等。通过合成适宜尺寸和结构的模板作为主体，利用物理或化学方法向其中填充各种金属、非金属或半导体材料，从而获得所需特定尺寸和功能的客体纳米结构阵列，如自组装结构、实心纳米线或空心纳米管、单组分材料或复合材料甚至包括生物材料等。这种方法对制备条件要求不高，操作较为简单，通过调整模板制备过程中的各种参数可制得粒径分布窄、粒径可控、易掺杂和反应易控制的超分子纳米材料。

模板根据其自身的特点和限域能力的不同可分为软模板和硬模板两种。硬模板主要是指一些具有相对刚性结构的模板，如多孔氧化铝（阳极氧化铝）膜、多孔硅、介孔沸石（如介孔硅铝酸盐 MCM-41)、分子筛、胶态晶体、纳米管、蛋白、金属模板以及经过特殊处理的多孔高分子薄膜等。软模板则主要包括两亲分子（表面活性剂）形成的各种有序聚合物，如液晶、胶团、反胶团、微乳液、囊泡、LB 膜（Langmuir-Blodgett film)、自组装膜以及高分子的自组织结构和生物大分子等。

3.2.4 超分子体系与分子自组装技术

3.2.4.1 超分子体系

超分子是指两个或多个分子通过分子间的弱相互作用（如静电引力、氢键、范德华力等）而形成的复杂有序、具有特定功能的组织体系。

(1) 接受体与底物

超分子体系由超分子化学进行研究，超分子化学被称为“超越分子概念的化学”，是广义“配位化学”，它将 1893 年由维尔纳创立的以立体化学为基础的配位化学中配合物的“中心原子（或离子）”和“配体”两个主要组成部分拓得更宽，采用了“接受体”和“底物”这两个专门术语，超分子的底物（对应于配位化学中的中心原子）可以是无机、有机和生物中的各种阳离子、阴离子和中性分子。能以一定强度和选择性与底物相结合的部分被称为接受体（对应于配位化学中的配体）。

（2）分子识别

分子识别是指特定接受体与底物的成键和选择作用。当金属离子为底物时，“识别”就是指有机配位体与金属离子配位过程的稳定性和选择性。由配位过程的稳定性和选择性标志的识别作用，决定于配体的几何构型和结合基（binding sites）情况。若底物是球形阳离子，这种识别称为球形识别。非金属阳离子作为底物时（如 NH_4^+ 或它的衍生物），往往通过氢键与接受体生成超分子化合物。阴离子底物要求相应的接受体带有正电荷结合基，不同形状的底物要求与不同形状的接受体相匹配。中性分子底物也同某些接受体形成稳定性和选择性很高的超分子化合物。

分子识别也可以定义为主体（接受体）对客体（底物）选择性结合并产生某种特定功能的过程。人们也可利用多种分子间相互作用能量和主体化学方面的知识设计出人工受体分子，它们选择性地与底物结合，形成超分子结构。

3.2.4.2　分子自组装技术

分子自组装是在平衡条件下，通过化学键或非化学键相互作用，自发地缔合形成性能稳定的、结构完整的二维和三维超分子的过程。分子自组装技术主要包括基于化学吸附的自组装膜技术（self-assembly，SA）、基于物理吸附的离子自组装膜技术（ISAM）和基于分子识别的超分子合成技术，如表 3-3 所示。

表 3-3　分子自组装技术的分类及其特征

分类	特征及其说明
基于化学吸附的自组装膜技术	SA 成膜技术是一种基于化学反应的化学吸附，其基本方法是：将有某种表面物质的基片浸入到待组装分子的溶液或气氛中，待组装分子一端的反应基（头基）与基片表面发生自动连续的化学反应，在基片表面形成化学键连接的二维有序单层膜，同层内分子间的作用力仍为范德华力；如果单层膜表面也有具有某种反应活性的活性基，则又可以和别的物质反应，如此重复，就构建成同质或异质的多层膜。主要特征如下：①原位自发形成；②热力学性质稳定；③无论基底形状如何，其表面均可形成均匀一致的覆盖层；④高密度堆积和低缺陷浓度；⑤分子有序排列；⑥可人为设计分子结构和表面结构来获得预期的界面物理和化学性质；⑦有机合成和制膜有很大的灵活性
基于物理吸附的离子自组装技术及应用	其原理是将表面带负电荷的基片浸入阳离子聚电解质溶液中，由于静电吸引，阳离子聚电解质吸附到基片表面，使基片表面带正电，然后将表面带正电荷的基片再浸入阴离子聚电解质溶液中，如此重复进行，即成多层聚电解质自组装膜。静电排斥和高分子链间的范德华力相互作用，决定了单层膜厚。这种建立在静电相互作用原理基础上的自组装技术，是一种新型的制备聚合物纳米复合膜的方法，这种技术既可人工操作，也可自动控制。它的最大特点是：①对沉积过程或膜结构进行分子级控制；②利用连续沉积不同组分的办法，可实现层间分子对称或非对称的二维或三维超晶格结构，从而实现膜的光、电、磁、非线性光学性能的功能化；③可以仿真生物膜的形成；④层与层之间强烈的静电作用力，使膜的稳定性极好；⑤与基于化学吸附法制备有机复合膜相比，试验结果具有很好的重复性
基于分子识别的超分子合成技术及其应用	分子识别可定义为某给定受体（receptor）对作用物（substrate）或给体（donor）选择性结合并产生某种特定功能的过程。它包含两方面的内容：①分子间有几何尺寸、形状上的相互识别；②分子对氢键、π-π 相互作用等非共价相互作用的识别。超分子合成技术就是在平衡条件下，分子间通过弱的、可逆的非共价相互作用（主要是疏水亲水作用力、范德华力、静电引力、氢键）自发组合形成的一类结构明确、稳定、具有某种特定功能或性能的超分子聚集体的技术，是超分子化学的重要组成部分。分子晶体、液晶、胶束、三维骨架等都可由此制备

近年来，通过分子识别组装成的超分子体系的研究及其应用已越来越受到各国科学家的重视。这是因为超分子在新型纳米功能材料上的开发、分子器件的研制以及在有关基础理论的研究等诸方面均显示出越来越重要的作用。超分子合成技术在纳米材料制备上的应用有制备纳米介孔复合材料、制备纳米管、制备纳米微粒。

3.3 纳米碳材料

碳是世界上分布极广的一种元素。它具有多样的电子轨道特性（sp、sp^2、sp^3 杂化），再加之 sp^2 的异向性而导致晶体的各向异性和其排列的各向异性，因此以碳元素为唯一构成元素的碳材料具有各式各样的性质。随着社会的发展，人们不断地对碳元素的研究发明了许多新型碳材料：新型纳米材料、碳基复合材料、碳纤维、柔性石墨、储能型碳材料、金刚石等。其中新型纳米碳材料包括富勒烯、碳纳米管、石墨烯、纳米金刚石等。

纳米碳材料通常按照维度可划分为零维纳米碳材料（如炭黑、富勒烯等）、一维纳米碳材料（如碳纳米管、碳纳米纤维等）、二维纳米碳材料（如石墨烯等）。

3.3.1 富勒烯

3.3.1.1 富勒烯（C_{60}）的发现和命名

20 世纪 70 年代末期天体物理学家从宇宙尘埃中发现了碳及碳化合物团簇，1984 年劳尔芬（E·A·Rohlfing）等发现团簇 C_n 具有奇异的现象，当 $n<30$ 时，$n=3$，11，15，19，23 时 C_n 比较稳定；而当 $n>30$ 时，$n=60$，70，78，80 时 C_n 比较稳定。1985 年斯莫利（R·E·Smally）等发现 C_{60} 即 60 个碳原子组成的团簇特别稳定，他们还发现这 60 个碳原子是呈立体分布的。由 15 个五边形和 20 个六边形包围的空间具有 60 个顶点，就像是一只足球的外形，而著名的建筑学家巴基敏斯特·富勒（Buckminster Fuller）所证明的最牢固的薄壳拱形结构就是这样的。因此斯莫利等首次提出将 C_{60} 命名为巴基敏斯特富勒烯，简称富勒烯，或巴基敏斯特足球烯。1990 年克拉兹摩尔（Kraatschmer）和霍夫曼（Huffman）在实验室中制备出了宏观数量的 C_{60} 和 C_{70}，并用红外光谱仪、X 射线衍射仪，扫描隧道显微镜（STM）等仪器证实了他们制备的 C_{60} 确有笼形结构，从理论和实验中证明了富勒烯的存在。图 3-10 为 C_{60} 结构示意图。

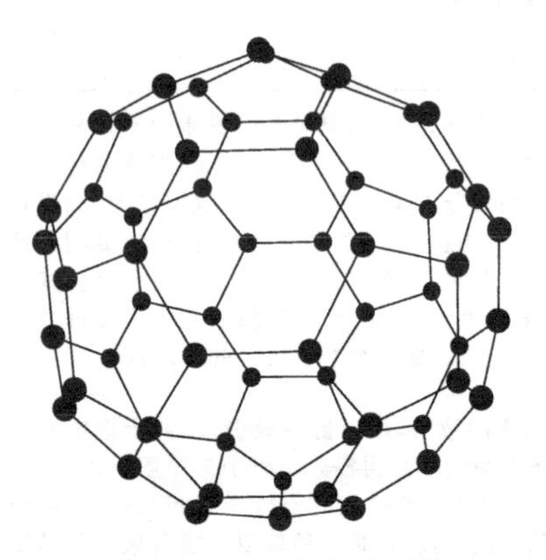

图 3-10　C_{60} 结构示意图

3.3.1.2 C_{60} 的物理性质

富勒烯的物理性质包括它的结构、相变和力、热、光、电、磁等性能。

（1）C_{60} 分子的结构

C_{60} 分子的结构如图 3-10 所示。碳原子占据的 60 个顶点位于一个半径为 3.55nm 的球面上。它会有两种不等价的化合键，所有的五元环均由单键构成，而六元环则由单键和双键交替构成。单键和双键的长度分别为 1.45nm 和 1.40nm。

（2）C_{60} 的振动谱与电子结构

C_{60} 分子上 60 个碳原子共有 174（$60\times3-6$）个振动自由度。C_{60} 有 48 个可分辨的振动频率，并已被拉曼和红外吸收实验所证实。

C_{60} 的电子结构，其最高占据态有 5 重简并度，最低未占据态为 3 重简并度，能隙为 1.9eV。

(3) 固态 C_{60} 结构与相变

C_{60} 分子之间的作用主要是通过范德华力，在室温下，形成面心立方结构，其晶格常数 $a=1.4198nm$。在 249K（−24℃）时，由于分子取向从无序到有序发生了相变，形成简单立方结构。

(4) 掺杂 C_{60} 固体的超导电性

在 C_{60} 固体中掺入碱金属 A 形成 A_1C_{60}、A_3C_{60}、A_6C_{60} 等晶体，其中 A 可为 K（钾）和 Rb（铷）等。A 原子处于 C_{60} 点阵的间隙位置。A_3C_{60} 为面心立方结构，呈超导相；而 A_1C_{60} 为体心正交结构；A_6C_{60} 为体心立方结构，呈非超导相。K_3C_{60} 的超导转变温度为 18K（−225℃），Rb_3C_{60} 的超导转变温度为 29K（−244℃），Cs_3C_{60} 的超导转变温度为 33K（−240℃），$Rb_1Ti_2C_{10}$ 的超导转变温度已达 48K（−225℃）。C_{60} 不但超导转变温度高而且具有较大的临界电流、临界磁场；又易于加工成型，很有发展前途。

(5) C_{60} 固体的半导体特性

C_{60} 固体是直接能隙半导体，价带总宽度为 23eV，（与石墨和金刚石类似）。C_{60} 分子在格点上可自由转动且无序，其性能与作为太阳能电池材料的非晶态硅类似。富勒烯 C_{60} 是继硅、锗、砷化镓之后，又一种新型半导体材料，有望成为纳米电子器件的基础材料。

(6) C_{60} 的非线性光学性质

C_{60} 具有优良的非线性光学性质，有人用不同基频的激光对 C_{60} 外延薄膜作用，发现 C_{60} 有三次非线性响应，使它成为集成非线性光学装置的理想材料。

(7) C_{60} 的磁性能

C_{60} 固体具有很弱的抗磁性，$C_{60}(TDAE)_{0.86}$ 则是一种不含金属元素的软铁磁材料，居里温度为 16.1K，以 C_{60} 制成的磁体有望替代昂贵的金属磁体，很有应用前景。

3.3.1.3　C_{60} 的化学性质

C_{60} 的三维笼形结构，是它化学性质的基础。对 C_{60} 分子的化学修饰，是其化学性质的集中表现。①内修饰。C_{60} 分子在笼内俘获其他原子或分子，以改变（或部分改变）原超大分子的性质。②外修饰。C_{60} 分子在笼外俘获其他原子或分子（即与顶点的碳原子反应，使 C_{60} 在笼形结构基础上于顶点处又俘获了其他原子或基团）。③表面修饰。C_{60} 顶点的碳原子被其他原子所替代，保持了笼型结构，但顶点处不再完全是碳原子。

C_{60} 超大分子可参与下列化学反应：①氧化和脱氢反应；②氟化反应；③氯化反应；④溴化反应；⑤付氏反应；⑥富勒烯化反应；⑦亲核加成反应；⑧聚合反应；⑨C_{60} 的自由基反应；⑩富勒烯的骨架扩大反应等。

3.3.1.4　C_{60} 的制备方法

富勒烯的制备有多种方法，比如：激光蒸发石墨法、电弧放电法、高频加热蒸发石墨法、萘高温分解法、太阳能蒸发石墨法等，现将常用制备方法进行汇总，如表 3-4 所示。

表 3-4　富勒烯常用制备方法

制备方法	具体说明
激光蒸发石墨法	在高真空环境下，用短脉冲、高功率激光蒸发石墨靶，即可得到 C_{60} 和 C_{70} 等富勒烯产物。该方法缺点是产量非常低，每次仅能制备数千个富勒烯分子，远不能满足科研和工业的需求
电弧放电法	在高真空的电弧炉内，以高纯石墨为电极，并在炉内充入氩气，通过放电反应生成大量的 C_{60} 富勒烯。该方法的优点是设备简单、操作方便，并且能够制备克量级的富勒烯。缺点是对真空及绝氧环境要求极高、氩气耗费量大，产率偏低

续表

制备方法	具体说明
高频加热蒸发石墨法	在2700℃高温和150kPa的氦气条件下，用高频炉对高纯石墨进行加热，得到的炭灰中含有8%～12%的富勒烯。操作过程相对简单，但在产率及能量利用效率等方面均不如电弧放电法
萘高温分解法	在约1000℃高温状态下，分解萘分子使其将氢脱离并重新组合，可得到C_{60}和C_{70}的混合物，但是这种方法制备的富勒烯产率极低，最大不超过0.5%
太阳能蒸发石墨法	一种利用聚焦太阳光直接蒸发碳制备富勒烯的方法。Smalley等认为，采用大型太阳炉装置也许是大量生产富勒烯的唯一途径，它不仅避免了强紫外线辐射对富勒烯的光化学破坏作用，同时使碳蒸气到达缓冷区之前不会形成凝块，解决了石墨电弧或等离子体法中遇到的产量限制问题

3.3.2 碳纳米管

3.3.2.1 碳纳米管的发现

1991年日本电气公司（NEC）筑波实验室首次报道他们合成了一种新的碳结构，是多层同轴管，结构与富勒烯有关，也叫作巴基管，它是继C_{60}之后发现的碳的又一同素异形体。碳纳米管外径在1～50nm，长度一般从几微米到几百微米。单层碳纳米管是1993年才合成。合成的碳纳米管往往端部都有封口，封口结构是半个富勒烯小球。

3.3.2.2 碳纳米管的结构

根据构成碳纳米管管壁的石墨烯片层数，可将其分为单壁碳纳米管和多壁碳纳米管。其中单壁碳纳米管的管壁仅由一层石墨烯构成，直径一般为1～3nm，直径大于3nm时，单壁碳纳米管的稳定性较差；而多壁碳纳米管包含两层以上石墨烯片层，片层间距为0.34～0.40nm。通过对石墨烯片层映射过程的分析，可得到碳纳米管的对称性以及对称群，用区域折叠模型可以推导出其电子结构特征和声子振动模式。

（1）多壁碳纳米管

碳纳米管中每个碳原子和相邻的三个碳原子相连，形成六边形网格结构，因此碳纳米管中的碳原子以sp^2杂化为主，但碳纳米管中六边形网格结构会产生一定的弯曲，形成空间拓扑结构，含有一定程度的sp^3杂化键。

多壁碳纳米管中可能的层状结构如图3-11所示，但其究竟是同心圆柱、蛋卷状，还是两者的混合结构，难以获得直接的实验证明。从多壁碳纳米管的高分辨电子显微镜观察，可发现多壁碳纳米管的层数基本相同，而且层间距基本一样，因此一般认为其为同心圆柱结构。同样，电子衍射分析也表明多壁碳纳米管的同心圆柱可能具有不同的螺旋角。

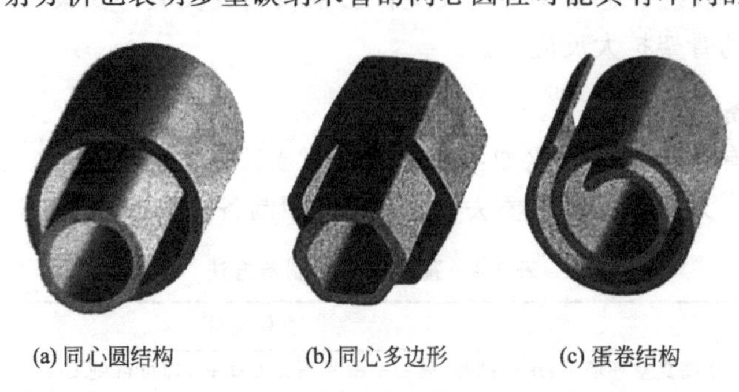

图3-11　多壁碳纳米管各种可能的层状结构示意图

（2）单壁碳纳米管

单壁碳纳米管可看成是石墨烯平面映射到圆柱体上，在映射过程中保持石墨烯片层中的

六边形不变，因此在映射时石墨烯片层中的六边形网格和碳纳米管轴向之间可能会出现夹角。根据碳纳米管中碳六边形沿轴向的不同取向可以将其分成锯齿型、扶手椅型和螺旋型三种（图 3-12）。由于映射过程出现夹角，碳纳米管中的网格会产生螺旋现象，出现螺旋的碳纳米管具有手性。锯齿型和扶手椅型单壁碳纳米管的六边形网格和轴向的夹角分别为 0°或者 30°，不产生螺旋，所以没有手性，而在 0°～30°的其他角度的单壁碳纳米管，其网格有螺旋。

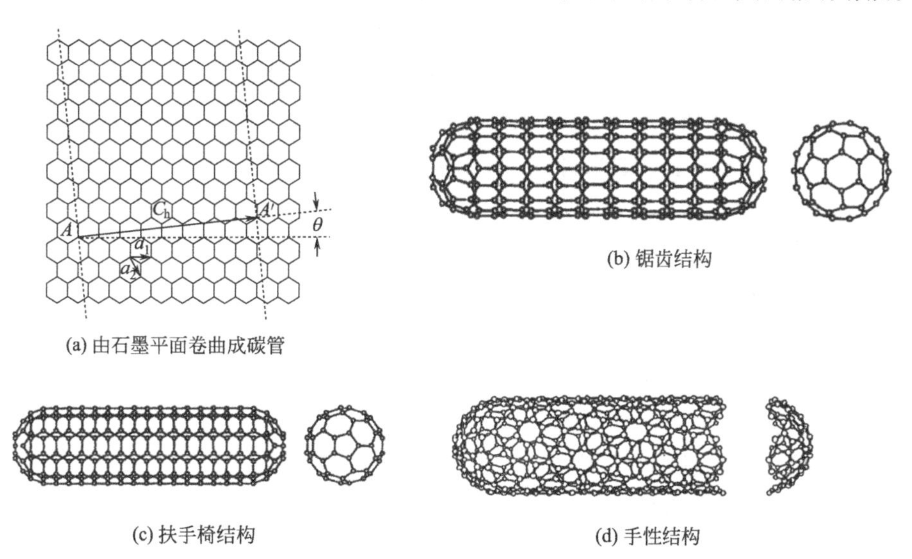

图 3-12　碳纳米管结构示意图

3.3.2.3　碳纳米管特性

碳纳米管是由 sp^2 杂化的碳原子为主，混合有 sp^3 杂化碳原子所构筑成的一维管状结构，单壁碳纳米管是理想的分子纤维。碳纳米管可看成片状石墨烯卷成的圆筒，因此它必然具有石墨烯优良的本征特性，如耐热、耐腐蚀、耐热冲击、传热导电性好、高温强度高、有自润滑性和生物相容性等一系列综合性能。由于碳纳米管的管壁中存在有大量拓扑学（几何图形）缺陷，例如键旋转缺陷或所谓 Stone-Wales 成对的五元环/七元环，在整个拓扑学构型及弯曲中未引起任何可见变化的缺陷等，因此碳纳米管本质上比其他石墨变体具有更大的反应活性。利用这一特性，通过适当的氧化反应可使碳纳米管脱帽、开口。由于碳纳米管管壁的弯曲，电荷在其中的传输比在石墨中更快。在化学反应中用作电极时，呈现出更高的电荷传递速率。总之，碳纳米管的原子排布与键合方式、尺度及拓扑学因素等有关，赋予了其极为独特的结构和性能（图 3-13）。

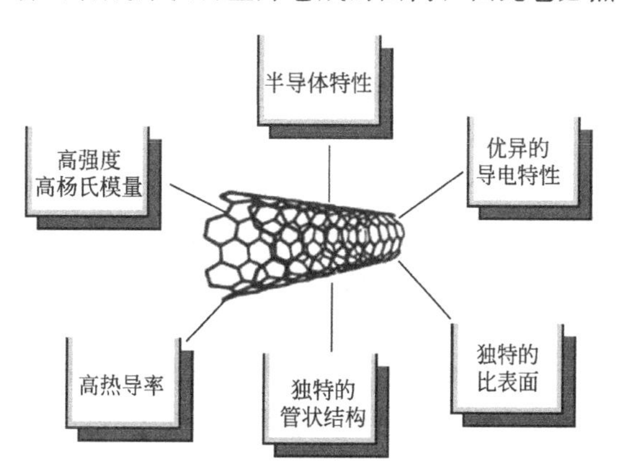

图 3-13　碳纳米管优异的性能

最为突出的特性如下。

（1）准一维中空管状结构

一般单壁碳纳米管的直径在 0.8～2.0nm，多壁碳纳米管的直径也不超过 100nm，长度则可达微米至数十厘米级，因而具有很大的长径比，是准一维的量子线。按照量子力学的观点，碳纳米管中碳原子在径向被限制在纳米尺度内，其 π 电子将形成离散的量子化能级和束缚态波函数，因此产生量子物理效应，对系统的物理和化学性质产生一系列的影响。同时，封闭的拓扑构型及不同的螺旋结构等因素导致的一系列独特特征，使碳纳米管具有很多极为特殊的性质。

碳纳米管，特别是单壁碳纳米管，构成它的碳原子基本上都处于表面位置，故具有较大的比表面积。理论计算表明，碳纳米管的比表面积可在 50～1315m^2/g 的较大范围变化。多壁碳纳米管由 BET 测定的比表面积为 10～20m^2/g，比石墨高但比多孔活性炭低。单壁碳纳米管的比表面积值要比多壁碳纳米管大一个数量级。由于单壁碳纳米管中间是一个光滑、平直的管腔，故其密度相当低，仅为 0.6g/cm^3，但其六边形管束的理论密度可达 1.3～1.4g/cm^3。多壁碳纳米管的密度随其结构而变化，在 1～2g/cm^3 之间。

(2) 独特的电学性质

碳纳米管的电学性质中最为特别的有四点：管的能隙（禁带宽度）随螺旋结构或直径变化；电子在管中形成无散射的弹道输运；电阻振幅随磁场变化的 A-B 效应；低温下具有库仑阻塞效应和吸附气体对能带结构的影响。

(3) 碳-碳键构筑的超高力学性能

碳纳米管的基本网格和石墨烯一样由 sp^2 杂化形成的 C═C 共价键组成，因此碳纳米管是已知的强度最大、刚度最高的材料之一。其轴向弹性模量目前从理论估计和实验测定均接近甚至超过石墨烯片，在 1～1.8TPa 之间。由于碳纳米管是中空的笼状物并具有封闭的拓扑构型，能通过体积变化来呈现其弹性，故能承受大于 40%的张力应变，而不会出现脆性行为、塑性变形或键断裂。因此碳纳米管也一度被认为是最有可能用来建造“太空天梯”的材料，但是如何才能制备出 10^5km 长的碳纳米管是最大的问题之一。碳纳米管能通过其中空部分的塌陷来吸收能量，增加韧性。

3.3.2.4 碳纳米管的制备方法

制备碳纳米管最常用的方法有三种，即电弧放电法（arc discharge）、激光蒸发法（laser vaporization）和化学气相沉积法（chemical vapor deposition，CVD）。此外，研究者还利用电解法、太阳能法、微波等离子体增强化学气相沉积法、球磨法、火焰法和爆炸法等成功地制备出了碳纳米管，但这些方法并不是常用的主流方法。

(1) 电弧放电法

电弧放电设备主要由电源、石墨电极、真空系统和冷却系统组成。图 3-14 为一电弧放电法制备碳纳米管的设备简图。为了有效地合成碳纳米管，需要在阴极中掺入催化剂，有时还配以激光蒸发。在电弧放电过程中，反应室内的温度可高达 2700～3700℃，生成的碳纳米管高度石墨化，接近或达到理论预期的性能。但电弧放电法制备的碳纳米管空间取向不定、易烧结，且杂质含量较高。Takizawa 等用含金属催化剂的碳棒通过电弧放电制备单壁碳纳米管，发现用镍-镱（质量分数均为 0.16%）作催化剂，600℃时产率最高可达 70%以上，室温下产率也达到 30%～40%。同样条件下，在 Ar 气氛中比 He 气氛中得到的碳纳米管多，纳米碳颗粒少，而且管的外径较小；在 H_2 气氛下得到的碳纳米管的外径较大且比较分散。当稀释气体中混有杂分子（或杂原子）时，如 CF_4 中混有 F 原子，H_2 中混有 O_2 或 H_2O 分子等，都会严重影响甚至阻碍碳纳米管的生成。研究结果表明，高磁场对阴极沉积

物中碳纳米管、C_{70}和C_{60}的相对含量有显著影响，也是碳纳米管维持开口生长的重要因素，这可由大量纵向的烧结碳纳米管束的存在来解释。阴极表面存在一个降压鞘层，该层中的动力学机制在碳纳米管的生长过程中起主导作用：阴极表面附近的碳原子是碳纳米管沿长度方向生长和碳纳米颗粒生长的碳源。连续、均匀和稳定的等离子体有利于维持温度分布的均匀和稳定性，向阴极表面提供碳原子的连续性以及保持阴极表面等离子体鞘层中电场的稳定。采用平稳缓和的自维持放电过程使电流分散，能显著消除碳纳米管之间的烧结，即稳定的放电状态是得到高产量、高质量碳纳米管的关键。

(2) 激光蒸发法

激光蒸发法是将由金属催化剂/石墨粉混合制成的靶材置于石英管反应器内，石英管则置于一水平加热炉内。当炉温升至1473K时，将惰性气体充入管内，并将一束激光聚焦于石墨靶上。石墨靶在激光照射下生成气态碳，其在催化剂作用下生长单壁碳纳米管（图3-15）。

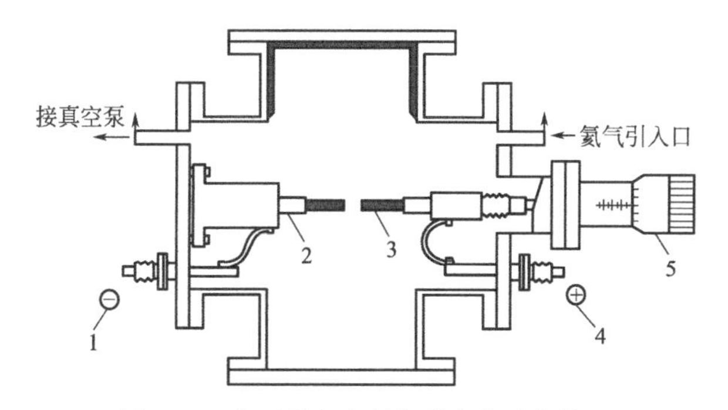

图3-14　电弧放电法制备纳米管设备简图

1—阴极接头；2—阴极；3—阳极；4—阳极接头；5—线性进给装置

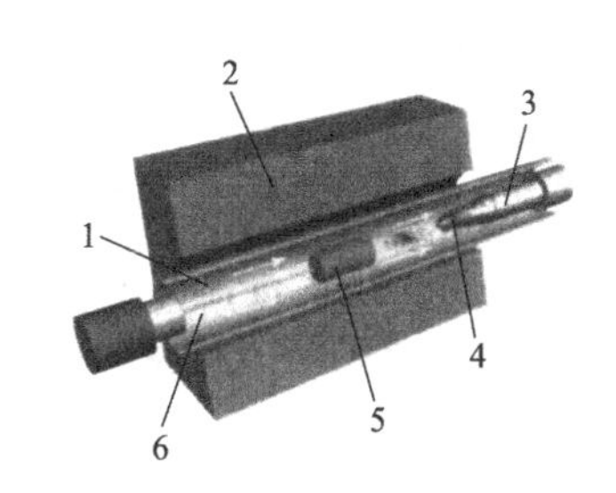

图3-15　激光蒸发法制备碳纳米管设备简图

1—氩气；2—电炉；3—水冷铜收集器；4—棉絮状纳米管产物；5—石墨靶；6—激光

(3) 化学气相沉积法

化学气相沉积法主要用于多壁碳纳米管的合成。其基本原理为含有碳源的气体（或蒸气）流经催化剂表面时分解，生成碳纳米管。典型的化学气相沉积装置如图3-16所示。

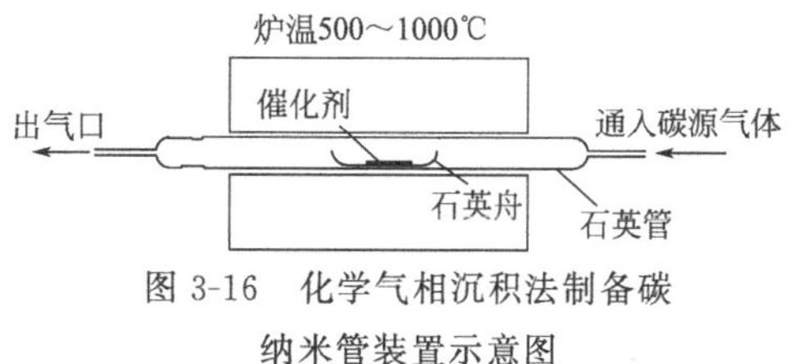

图3-16　化学气相沉积法制备碳纳米管装置示意图

化学气相沉积法制备碳纳米管按照催化剂供给或存在的方式又可分为三种方法：基片法、担载法和浮动催化剂法。催化剂通常使用过渡金属元素Fe、Co、Ni或其组合。

基片法是将催化剂沉积在石英、硅片、蓝宝石等平整基底上，以这些催化剂颗粒做“种籽”，在高温下通入含碳气体使之分解并在催化剂颗粒上析出并生长碳纳米管。一般而言，基片法可制备出纯度较高、有序平行或垂直排列的碳纳米管，即碳纳米管阵列。

担载法是将催化剂颗粒担载在多孔、结构稳定的粉末基体上，一般选用浸渍-干燥法。即将多孔担载体粉末浸渍在催化剂的前驱体盐溶液中，充分浸渍后，干燥去除溶剂，再在空气中高温煅烧（一般500℃）获得金属氧化物纳米颗粒；将担载有金属氧化物的担载体粉末置于反应炉中，先在高温（大于500℃）、还原气氛下将金属氧化物还原为金属纳米颗粒，再在适宜的化学气相沉积条件下生长碳纳米管。

浮动催化剂化学气相沉积法的原理是气流携带催化剂前驱体进入反应区，在高温下原位分解为催化剂颗粒，并在浮动状态下催化生长碳纳米管，生成的碳纳米管在载气携带下进入低温区停止生长。

(4) 低温固体热解法

低温固体热解法是在相对低温下，在石墨炉中热解亚稳态陶瓷前驱体（$SiN_{0.63}C_{1.33}$）而得到碳纳米管。将其纳米尺度粉末置于氮化硼瓷舟内，在氮气气氛下于1200～1900℃热解得到多壁碳纳米管。其生长状况及产率与系统的温度及状态密切相关。在1400℃静止的氮气气氛中，碳纳米管的产量最大，而在流动的氮气气氛下，形成碳纳米管的最佳温度为1850℃。碳纳米管的直径为10～25nm，长为0.1～1μm。该法的最大优点是工艺简单，但由于碳纳米管覆盖在原材料表面，因此给分离和提纯带来困难，且产品质量不高。

(5) 球磨法

球磨法是将石墨粉进行球磨结合退火处理制得碳纳米管，该法较为简单，并具有工业化前景。首先将高纯石墨粉在氩气气氛下球磨150h，然后在氮气或氩气气氛下1200℃热处理6h，产物中含有大量多壁碳纳米管。

(6) 电化学法

在石墨坩埚中加入LiCl，中间插入石墨棒为阴极，坩埚为阳极，通过30A电流约1min，加水溶去LiCl，而后加入甲苯并搅拌，残余物集中在甲苯中，由此获得碳纳米管及碳纳米微粒。

3.3.2.5 碳纳米管的纯化技术

通过以上方法所制得的产物中除碳纳米管外，还含有非晶态碳、碳纳米颗粒、富勒烯以及一定数量的催化剂颗粒杂质。这些杂质的存在影响碳纳米管的性能及应用，因此需要进行纯化。碳纳米管的纯化技术包括物理法、化学法和综合法。

(1) 物理法

① 分子排阻色谱法。分子排阻色谱法（size exclusion chromatography，SEC）也称凝胶渗透色谱法。与其他液相色谱法不同，它是基于试样分子的尺度和形状的不同来实现分离的。凝胶色谱的填充剂是凝胶，它是一种表面惰性、含有许多不同尺寸孔隙或立体网状结构的物质。所选凝胶的孔大小应与被分离试样的大小相当。对于那些太大的分子（如碳纳米管），由于不能进入孔隙而被排斥，故随流动相移动而最先流出。小分子则完全相反，它能深入到孔隙中而完全不受排斥，最后流出。中等大小的分子则可渗入较大的孔隙中，但会受到较小孔隙的排斥，所以在介于上述两种情况之间流出。由于非晶态碳等杂质的尺寸在小分子和中等大小的分子范围之内，故该法可有效地将碳纳米管提纯。

② 过滤法。过滤法是基于单壁碳纳米管与碳纳米颗粒、金属催化剂颗粒、多环芳烃、富勒烯球等杂质的几何尺寸、长径比、可溶性等差异进行分离纯化的。例如，富勒烯和多环芳烃在CS_2或甲苯等溶液中是可溶的，可以随溶液一同滤除。颗粒尺寸小于滤膜孔径的也会被直接除去。

③ 离心法。离心法是借助于离心力，将密度不同的物质进行分离的方法。离心机可产生相当高的角速度，使离心力远大于重力，于是溶液中的悬浮物便易于沉淀析出；由于非晶态碳、碳纳米颗粒、碳纳米管的密度不同所受到的离心力不同，因而沉降速度不同，进而达到分离的目的。

(2) 化学法

① 气相氧化法。气相氧化法是在一定温度下（225～760℃）通入氧化性气体选择性氧化

去除非晶态碳等杂质。通常用的氧化性气体包括空气，水蒸气，Cl_2、H_2O 和 HCl 的混合气体，Ar、O_2、H_2O 的混合气体，O_2、SF_6、$C_2H_2F_4$ 的混合气体，H_2S 和 O_2 的混合气体等。

② 液相氧化法。液相氧化法与气相氧化的原理相同，也是利用碳纳米管比非晶态碳、超细石墨粒子、碳纳米球等杂质的拓扑类缺陷（五元环、七元环）少这一差异，来达到提纯的目的。液相氧化法的反应条件较温和、易于控制。目前主要的氧化剂有高锰酸钾溶液，硝酸溶液，过氧化氢溶液或过氧化氢与盐酸的混合溶液，硫酸、硝酸、高锰酸钾、氢氧化钠的混合溶液等。

③ 电化学氧化法。电化学氧化法也是基于碳纳米管与非晶态碳、碳纳米颗粒的结构差异所导致的化学稳定性差别进行提纯的。由于碳纳米管的悬键极少，故反应活性较低，电极表面上自由电子的数量也相应较低，进而产生较大的电化学阳极极化，使水的分解电压升高。因此通过控制一定的电解反应条件，可除去非晶态碳和碳纳米粒子而剩下碳纳米管。

（3）综合法

很多研究者结合物理法和化学法的优势，发展了许多综合提纯方法。主要有以下几种：水煮辅助化学提纯法、超声辅助化学提纯法、微过滤辅助化学提纯法等。

3.3.2.6　碳纳米管的应用

（1）纳米尺度的器件

结合碳纳米管的各种独特性能，利用其具有的纳米尺度，可将其作为一个独立应用领域加以考察。包括原子力显微镜或扫描隧道显微镜在内的各种扫描探针，显微镜的分辨能力与探针尖端的大小、形状、化学组成以及表面的性质有关。理想的探针，其顶部尖锐（几纳米以下），在原子尺度具有明确的几何形态，且呈化学惰性，在用于扫描隧道显微镜时还必须有导电性。其顶端愈尖锐，图像的分辨率愈高；尖端愈长，能探测的表面愈深。事实上这些要求碳纳米管都可以满足。用化学气相沉积法可在硅尖端生长单根的碳纳米管，使之牢固地锚接在探针顶部。碳纳米管特别细小，不但可大大地改善图像的分辨率，而且即使极微小的深部表面裂纹以及 DNA 之类的生物分子也能成像，不仅可提高面分辨率也可提高纵向分辨率。另外，由于碳纳米管的高弹性，当其尖端与基体接触时将引起结构的可逆弯曲而不会遭到破坏。目前研究者们也在进行一些关于碳纳米管用作精细加工中的“支架”，用来培养人体干细胞。

（2）制造纳米材料的模板

利用碳纳米管作为模板，对其进行填充、包覆和空间限域反应（图 3-17）可合成其他一维纳米结构的材料。如将碳纳米管与液态铅一起退火，可使碳纳米管端口打开，熔融的铅因毛细管作用而充填进管内，此法可在碳纳米管中制得直径仅 1.2nm 的导线。硫、硒、铯等低表面张力的材料都可通过此法制成相应的一维纳米线。表面张力高的金属材料则可将其混入电极中使之填充至管中。利用化学镀可在碳纳米管表面包覆一层金属镍来获得一维纳米磁性材料。高温下碳原子的蒸气压很低，将蒸气压较高的物质在高温下与碳纳米管反应，使前者的分子迁移到后者的表面或扩散到其内部，限制化学反应在碳纳米

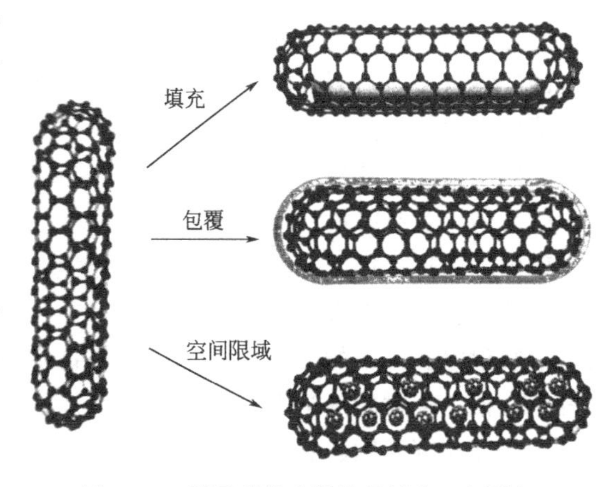

图 3-17　利用碳纳米管进行填充、包覆和空间限域示意图

管的空间范围内，使反应生成物也具有一维形态。这一方法已用于制备多种金属的碳化物、氮化物。用此法生成的纳米氮化镓棒具有完美的晶体结构和良好的发光性能。用类似的方法还可以把硅衬底上的阵列碳纳米管转变为碳化物或氮化物的纳米棒阵列。

（3）电子材料和器件

碳纳米管的特殊电性质使之适于用作微电路中的量子线和异质结。基于单根半导体性单壁碳纳米管，可用它组装成一个单分子场效应晶体管。它能在室温下操作，其开关速度完全可与已有的半导体装置相媲美。理论预测由碳纳米管组成的纳米开关能以 10^{12}次/s 的速度工作，比目前已有的处理器快 1000 倍。晶体管是逻辑门（logic gate）中的基本元件，也是用于现代微机中的电子器件。现已能将两种类型碳纳米管的晶体管连接在一起形成最简单的和更为复杂的逻辑门。随后科学家们设计电极材料使碳纳米管与电极形成良好的欧姆接触，制造出了室温下体现出弹道输运性质的场效应晶体管，其开态电流是硅基器件的 20～30 倍。2004 年制备出了第一个碳纳米管集成电路存储器，但是金属性碳纳米管的存在严重影响了其性能。2012 年研究发现沟道长度小于 10nm 的场效应晶体管在 0.5V 时，可以获得 2.41mA/μm 的归一化电流密度，性能远优于硅基器件。平行阵列构筑的单壁碳纳米管场效应晶体管可同时获得 80cm^2/（V·s）的载流子迁移率和 10^5 的开关比。柔性的无序碳纳米管网格构成的薄膜构筑晶体管器件也可以在开关比为 6×10^6 时获得 35cm^2/（V·s）的载流子迁移率，远高于有机发光二极管（OLED）中的多晶硅的 1cm^2/（V·s）。目前材料研究者们正集中于如何获得高纯度半导体性碳纳米管的研究，同时电子器件领域的专家们正在研发新的工艺，解决碳纳米管与电极的接触、碳纳米管位置及密度的确定等问题。

（4）复合材料增强剂

基于碳纳米管的优良力学性能可将其作为结构复合材料的增强剂。初步研究表明，环氧树脂和碳纳米管之间可形成数百兆帕的界面强度。尽管在加工复合材料时碳纳米管不像碳纤维那样易断裂，但如何将缠结和弯曲的制品在基体聚合物中分散、伸直，发挥其大的长径比作用还有待探索。多壁碳纳米管在压缩时从基体到碳纳米管的传递负荷比拉伸时的更好，这可能是由于在拉伸时仅碳纳米管外层承受负荷，而在压缩时应力能传递到所有的层中。

除了作为结构复合材料的增强剂外，碳纳米管还可作为功能增强剂填充到聚合物中，提高其导电性、散热能力等。

（5）能量存储与转换应用

研究表明，使用金属性碳纳米管可提高负极电子传输能力从而提高锂离子电池性能，处理过的碳纳米管作为阴极时其可逆容量可达 1000mA·h/g。同时碳纳米管还可以用作超级电容器电极材料，其管状结构可以将电极划分成特别大的空间（碳纳米管之间）和特别小的空间（碳纳米管管腔），有利于电荷的存储和传输，可以提高其容量。

（6）催化及吸附材料

碳纳米管还可用于吸附材料方面。化学气相沉积法直接生长的硼掺杂碳纳米管垂直阵列因其超疏水特性可以直接用来吸附除去水中的油。含有硫和铁的磁性碳纳米管海绵浸入水中后可以吸附除去其中的油、化肥、农药等物质，其中吸附植物油的质量可以达到碳纳米管质量的 150 倍。同时碳纳米管还可用于污水处理，其大且疏水的表面可以在很大范围内吸附除去水中的芳香族和脂肪族化合物。

（7）生物及传感材料

单壁碳纳米管的一维纳米尺度和化学兼容性（如与蛋白质和 DNA 等生物分子）优势带动

了其在生物传感和医用器件方面的研究。美国科学家研究表明，在用于骨骼、肌肉等组织治疗及修复的可降解的高分子纳米复合物中添加少量碳纳米管就可以显著提高其力学性能。基于碳纳米管径向小尺寸的优势，可利用细胞的“挤压效应”高效地将其穿刺进入细胞，从而构筑一条高通量的细胞内微流体传输通道。抗癌药物阿霉素借助碳纳米管的输运作用可获得60%载药量，而微脂囊只有8%～10%。同时借助碳纳米管高比表面积的特点，其中空管腔可提高化学分析中电色谱法的效率。2012年美国国家标准与技术研究所（NIST）发现碳纳米管可能具有保护DNA分子不被氧化的功效。同时碳纳米管可以发射荧光，用于光声成像及近红外加热局部区域。

3.3.3　石墨烯

3.3.3.1　石墨烯的定义

石墨烯（graphene）是二维碳纳米材料的代表。它是由碳原子经 sp^2 杂化紧密排列而成的二维周期性蜂窝状网络结构。石墨烯中C—C键长约为0.142nm。每个碳原子与最近邻的三个碳原子间形成三个σ键，而剩余的一个p电子垂直于石墨烯平面，与周围碳原子的p电子形成π键。从结构上看，石墨烯是组成其他碳材料的基本单元：它可以翘曲成零维的富勒烯，卷曲成一维的碳纳米管，以及堆垛成为三维的石墨。

石墨烯按其层数分类，可分为单层（monolayer）、双层（bilayer）和少层（few layers）石墨烯。单层石墨烯是一种带隙为零的半金属，费米能级处的态密度为零，仅通过电子的热激发进行导电。双层石墨烯虽然带隙为零，但表现出一定的半导体性，其电子能量与动量之间不再表现出线性关系，通过在垂直方向施加电场，可以调控其带隙。而对于三层或更多层（十层以下）的石墨烯，其能带结构变得较为复杂。

3.3.3.2　石墨烯的基本结构

简单来讲，石墨烯就是单层的石墨片，是富勒烯、碳纳米管和石墨等碳材料的基本构成单元。石墨烯具有 sp^2 杂化碳原子排列组成的蜂窝状二维平面结构。石墨烯作为单原子层的二维晶体，一个2s轨道上电子受激跃迁到 $2p_z$ 轨道上，另一个2s电子与 $2p_x$ 和 $2p_y$ 上的电子通过 sp^2 杂化形成三个σ键，每个碳原子和相邻的三个碳原子结合在平面内形成三个等效的σ键，因此三个σ键在平面内彼此之间的夹角为120°。而 $2p_z$ 电子在垂直于平面方向上形成π键。石墨烯中的碳原子通过 sp^2 杂化与相邻碳原子以σ键相连，形成规则正六边形结构，碳-碳键长约为0.142nm，单层石墨烯厚度约为0.35nm。图3-18显示了二维原子晶体石墨烯的晶格结构。

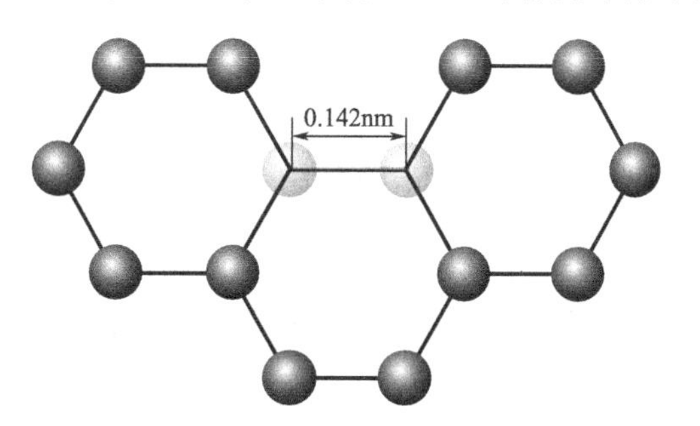

图3-18　二维原子晶体石墨烯的晶格结构

3.3.3.3　石墨烯的性能

石墨烯是一种由碳原子由 sp^2 杂化构成的二维蜂窝状网络结构的纳米薄膜材料。独特的二维结构赋予其优异的物理、化学、力学等性能。例如，高比表面积［单层石墨烯的理论比表面积高达2600（m^2/g）］；高热导率［50000W/(m·K)］和电子迁移率［200000cm^2/(V·s)］；

高弹性模量（1100GPa）和断裂强度（125GPa）；高透光率，100～3000nm 波长范围内的透光率超过 95%。基于这些优异的性能，石墨烯被称为“明星材料”，并被期望能广泛应用于力学增强复合材料、纳米电子器件、光电子器件、储能材料、催化等多个领域。这些优异的性能特点及潜在应用价值奠定了石墨烯在材料界举足轻重的战略性地位。

3.3.3.4 石墨烯的应用

石墨烯在太阳能电池领域的应用：石墨烯由于具有独特的单原子层二维结构和优异的光电性能，在太阳能电池中可以作为透明电极窗口层材料、电子受体、空穴收集器、对电极和光活性添加剂等多组分，从而极大地推动了石墨烯在光伏领域的应用。

石墨烯在电子器件领域的应用：由于石墨烯独特且优异的载流子输运特性和特殊的能带结构，其有望成为下一代集成电路的基础材料。石墨烯极高的机械强度，也适用于微纳机电系统器件的制造。现阶段的研究显示，石墨烯在场效应晶体管、射频电路、传感器以及量子效应器件等领域均具有广泛的应用前景。

石墨烯在储能材料领域的应用：石墨烯作为 sp^2 杂化石墨的二维极限形式，具有极大的比表面积、优异的导电和导热性能以及良好的化学稳定性，是一种理想的储能材料。石墨烯基储能材料主要包括超级电容器电极材料和锂离子电池电极材料。单层石墨烯的理论比表面积高达 $2630m^2/g$，因此可以获得超大的比电容密度和能量储存密度。石墨烯的二维层状结构有利于电解液的浸润和锂离子的嵌入和脱嵌，从而提高储能器件的储能密度和功率特性。

3.4 纳米粉体材料

纳米粉体是指粒度在 1～100nm 之间的粒子，包括金属、金属氧化物、非金属氧化物和其他各种化合物。与普通粉体相比，纳米粉体的特异结构使其具有尺寸效应、量子尺寸效应、表面与界面效应、体积效应和宏观量子隧道效应，使纳米材料在结构、光电、磁性和化学性质等方面表现出特异性，因而在催化、磁性材料、医学、生物工程、精细陶瓷、化妆品等众多领域显示出广泛的应用前景，被誉为面向 21 世纪的高功能材料，成为各国竞相开发的热点。

3.4.1 纳米粉体的团聚控制

纳米粉体的团聚是指原生的纳米粉体颗粒在制备、分离、处理及存放过程中相互连接、由多个颗粒形成较大的颗粒团簇的现象。因此在制备纳米粉体材料时要通过分散技术解决其团聚问题。

3.4.1.1 纳米粉体制备过程中团聚的控制

（1）有机物清洗法

纳米颗粒硬团聚所赖以形成的化学键与粉体表面所连接的羟基有关，消除纳米颗粒表面与之相连接的羟基，是减少粉体团聚的有效途径。有机物清洗法是降低纳米粉体特别是氧化物粉体硬团聚非常有效的方法，一般用无水乙醇等有机试剂多次清洗湿凝胶或纳米粉末，然后烘干得到分散的干凝胶。

（2）干燥法

毛细管作用是粉体液固分离过程中出现硬团聚的重要条件。采用普通的外加热方式，介

质气化过程在湿粉体团块的表面进行，团块内部液体通过毛细管输送到表面，难以避免颗粒间毛细管作用的影响。而选择内加热方式，如红外加热和微波加热方式对粉体进行干燥，由于介质的气化过程在湿团块的内部进行，从而降低了颗粒之间的毛细管作用，可以减少纳米颗粒之间的硬团聚。

(3) 共沸蒸馏法

采用沸点比水高的醇与湿凝胶混合进行共沸蒸馏，使胶体中包裹的水分以共沸物的形式最大限度地脱除，从而防止在随后的干燥和煅烧中形成硬团聚。研究认为胶体表面的—OH基团被醇的基团所代替，起到一定空间位阻作用。

(4) 前驱体煅烧过程的控制

前驱体需经过热处理才能得到最终的纳米粉体。在热处理过程中，高温下纳米粉体表面分子的扩散键合作用使得颗粒之间互相粘连，形成硬团聚。在保证前驱体分解或转化得到所需相的前提下，尽量降低热处理温度，缩短热处理时间，或多次短时热处理均有助于降低硬团聚。但是，前驱体转化法因高温过程中颗粒之间接触无法消除，所以不能从根本上消除硬团聚现象。

3.4.1.2 储运纳米粉体过程中团聚的解决方法

(1) 钝化处理

钝化处理就是对刚制备出来的纳米粉体在接触大气之前先进行表面慢氧化。通常采用纯净的氧气在惰性气体的稀释下进行氧化，这样可在一定程度上控制颗粒的氧化速度，从而防止颗粒在空气中的急剧氧化。经过这种处理的纳米粉体表面可形成一层氧化膜，颗粒的稳定性大大提高，可以方便地在空气中进行储运和应用。

(2) 防聚结处理

防聚结处理通常是将少量的添加剂如抗静电剂、润滑剂、防潮剂、偶联剂等掺杂在纳米粉体中。这里添加剂能产生两种基本作用：一是在纳米粉体表面产生强吸附或化学亲和作用；二是在吸湿性的纳米粒子中起防潮作用，以阻碍纳米粒子对水的吸附，使纳米粒子表面不能形成完整的水膜，颗粒间的盐桥消失，从而抑制纳米粒子的聚结。

(3) 注重纳米粉体的包装

大多数纳米粉体因挤压或吸潮会发生再次团聚，因此应使用纸桶或塑料桶包装，内包装采用真空包装或其他方式密封。例如，极易吸收水分、二氧化碳的 ZnO、MgO、TiO_2 等纳米金属氧化物便应使用该种包装。

(4) 加强纳米粉体的储运管理

纳米粉体应储存在避光、干燥、阴凉的地方，堆放时做到包装之间没有挤压力，而且纳米粉体堆放时间不宜过长；在运输中要防止产品被雨淋、受潮；整个储运过程中应设专人专管。

3.4.1.3 在使用纳米粉体过程中团聚的解决方法

使用过程采用的最好方法是直接成型，就是将新制备的纳米粉体不经取出，就制成所希望的形状。这样可以解决许多储运技术方面的难题，而且可以开拓适合于纳米粉体特性的应用领域。

3.4.2 纳米粉体分散体系

3.4.2.1 纳米粉体分散体系的概念及类型

纳米粉体分散体系是指纳米粉体材料在异质介质中混合而形成具有特殊性质的分散体

系。按照纳米粉体分散体系的分散质和分散剂的性质大致可以分为四类：①亲水性分散质-亲水性分散剂体系；②亲水性分散质-亲油性分散剂体系；③亲油性分散质-亲水性分散剂体系；④亲油性分散质-亲油性分散剂体系。

3.4.2.2 纳米粉体分散体系的分散方法

将纳米粉体分散到其他物质中形成分散体系的方法可分为物理方法和化学方法两种，如表3-5所示。

表3-5 纳米粉体的分散方法

分散方法		具体说明
物理方法	机械搅拌分散	通过对分散体系施加机械力，而引起体系内物质的物理、化学性质变化以及伴随的一系列化学反应来达到分散目的，这种特殊现象称为机械化学效应。机械搅拌分散不用添加界面改性剂或偶联剂，不考虑材料组成成分，是在低于高分子材料玻璃化温度下（即在固态状态），使高分子与其他化学结构不同、性质不同的材料强制混合形成复合材料的复合方法。在机械搅拌下，纳米微粒的特殊表面结构容易产生化学反应，形成有机化合物支链或保护层，使纳米微粒更易分散
	超声波分散	超声波能产生化学效应的原因，普遍认为是空化现象，这可能是化学效应的关键。超声波分散是降低纳米微粒团聚的有效方法，可较大幅度地弱化纳米微粒间的纳米作用能，有效地防止纳米微粒团聚而使之充分分散。随着热能和机械能的增加，颗粒碰撞的概率也增加，反而导致进一步团聚，因此应避免使用过热超声搅拌，选择最低限度的超声分散方式来分散纳米颗粒
	高能处理法	通过高能粒子作用，在纳米微粒表面产生活性点，增加表面活性，使其易与其他物质发生化学反应或附着，对纳米微粒表面改性而达到易分散的目的。高能粒子包括电晕、紫外光、微波、等离子体射线等，使纳米微粒的表面受激而产生活性点
化学方法	静电稳定机制	带电粒子溶于极性介质（通常是水）后，在固体与溶液接触的界面上形成双电层。当两个这样的粒子碰撞时，在它们之间产生了斥力，从而使粒子保持分离状态。可通过调节溶液pH值或加入一些在液体中能电解的物质，增加粒子所带电荷，加强它们之间的相互排斥，实现粒子分散
	空间位障稳定机制	高分子聚合物吸附在纳米微粒的表面上，形成一层高分子保护膜，包围着纳米微粒，并具有一定厚度，这一壳层增大了两粒子间最接近的距离，减小了范德华力的相互作用，从而使分散体系得以稳定
	电空间位障分散机制	如果这种聚合物是一种聚合电解质，在某个确定的pH值下，它能起到双重稳定作用，这种情况，就称为电空间位障分散机制。分散剂分散法可用于各种基体纳米复合材料制备过程中的分散，但应注意，当加入分散剂的量不足或过大时，可能引起絮凝。因此，在使用分散剂分散时，必须对其用量加以控制

3.4.3 纳米粉体的制备

人们一般将纳米粉体的制备方法划分为物理方法和化学方法两大类。物理方法包括蒸发冷凝法、机械合金化法等，化学方法包括化学气相法、化学沉淀法、水热法、溶胶-凝胶法、溶剂蒸发法、电解法、高温蔓延合成法化学蒸发冷凝法等。多种制备方法已在本章前几节做过叙述，此节制备方法以蒸发冷凝法和化学蒸发凝聚法为例进行介绍。

3.4.3.1 蒸发冷凝法

蒸发冷凝法又称为物理气相沉积法（PVD），是指在高真空的条件下，金属试样经蒸发后冷凝。

试样蒸发方式包括电弧放电产生高能电脉冲或高频感应等以产生高温等离子体，使金属蒸发。蒸发冷凝法制备的超微颗粒具有如下特征：①高纯度；②粒径分布窄；③良好结晶和清洁表面；④粒度易于控制等。在原则上适用于任何被蒸发的元素以及化合物，但该技术对设备要求相对较高。

根据加热源的不同，该方法又分为以下几个方面。

（1）电阻加热法

将欲蒸发的物质（例如：金属、CaF_2、NaCl、FeF_2等离子化合物、过渡族金属氮化物

及氧化物等）置于坩埚内。通过钨电阻加热器或石墨加热器等加热装置逐渐加热蒸发，产生多元物质烟雾，由于惰性气体的对流，烟雾向上移动，并接近充液氮的冷却棒（冷阱，77K）。在蒸发过程中，由多元物质发出的原子与惰性气体原子碰撞，因迅速损失能量而冷却，这种有效的冷却过程在多元物质蒸气中造成很高的局域过饱和，这将导致均匀成核过程的发生。因此，在接近冷却棒的过程中，多元物质蒸气首先形成原子簇，然后形成单个纳米微粒。最后在冷却棒表面上积聚起来，用聚四氟乙烯刮刀刮下并收集起来获得纳米粉体。

该方法的特点是加热方式简单，工作温度受坩埚材料的限制，还可能与坩埚反应。所以一般用来制备 Al、Cu、Au 等低熔点金属的纳米粒子。

(2) 高频感应法

以高频感应线圈为热源，使坩埚内的导电物质在涡流作用下加热，在低压惰性气体中蒸发，蒸发后的原子与惰性气体原子碰撞冷却凝聚成纳米颗粒。高频感应法的特点是采用坩埚，一般也只能制备低熔点金属的低熔点物质。

(3) 溅射法

溅射法原理是用两块金属板分别作为阳极与阴极，阴极为蒸发用的材料，在两电极间充入 Ar（40～250Pa），两电极间施加的电压范围为 0.3～1.5kV。由于两极间的辉光放电使 Ar 离子形成，在电场的作用下 Ar 离子冲击阴极靶材表面，使靶材源产生并从其表面蒸发出来形成超微粒子，并在附着面上沉积下来。粒子的大小及尺寸分布主要取决于两电极间的电压、电流和气体压力。靶材的表面积越大，原子的蒸发速度越高，超微粒子的获得量越多。

3.4.3.2 化学蒸发凝聚法

这种方法主要是通过有机高分子热解获得纳米陶瓷粉体。具体原理是利用高纯惰性气体作为载气，携带有机分子原料，例如六甲基硅烷，进入钼丝炉，温度为 1100～1400℃，气氛的压力保持在 1～10mbar（1bar＝10^5Pa）的低气压状态，在此环境下原料热解形成团簇进一步凝聚成纳米级颗粒，最后附着在一个内部充满液氮的转动的衬底上，经刮刀刮下进行收集，如图 3-19所示。这种方法的优点是产量大、颗粒尺寸小、分布窄。

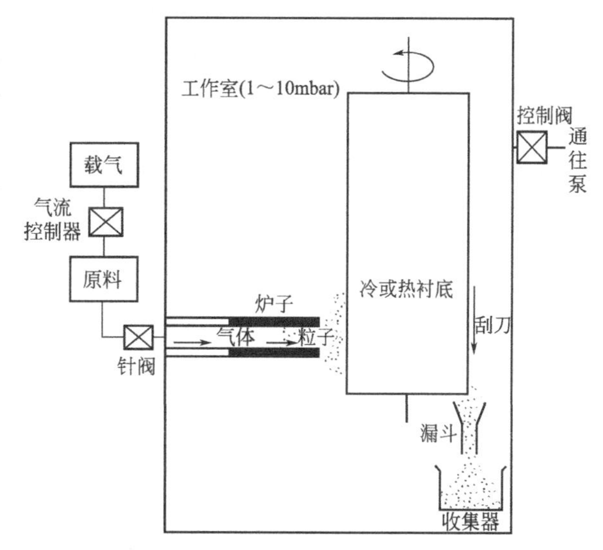

图 3-19 化学蒸发凝聚法制备装置

3.4.4 纳米粉体的应用

纳米材料中最重要的一类材料是纳米微粒。纳米微粒具有大的比表面积、表面原子数、表面能和表面张力，它们随粒径的下降急剧增加，从而表现出小尺寸效应、表面效应、量子尺寸效应及宏观量子隧道效应的特点。从而导致纳米微粒的力、热、光、磁、敏感特性和表面稳定性等不同于正常粒子，这就使得它具有广阔的应用前景，下面就几个重要领域的应用进行介绍。

(1) 纳米微粒在催化方面的应用

催化是纳米超微粒子应用的重要领域之一，利用纳米超微粒子高比表面积与高活性可以显著地增进催化效率，国际上已作为第四代催化剂进行研究和开发，它在催化化学、燃烧化学中起着十分重要的作用。

(2) 纳米微粒的光学特性及应用

纳米微粒由于小尺寸效应而具有常规大块材料不具备的性质，光学非线性、光吸收、光反射、光传输过程中的能量损耗等都与纳米微粒的尺寸有很强的依赖关系。研究表明，利用纳米微粒的特殊光学特性制备成各种光学材料，将在日常生活和高技术领域得到广泛的应用。

(3) 纳米微粒在陶瓷领域的应用

纳米微粒粒径小、比表面积大并有高的扩散速率，因而用纳米粉体进行烧结，致密化的速率快，还可以降低烧结温度，目前材料科学工作者都把发展高效陶瓷作为主要奋斗目标，在实验室已获得一些成果。

近两年来，科学工作者为了扩大纳米粉体在陶瓷改性中的应用，提出了添加纳米粉体使常规陶瓷综合性能得到改善的想法。例如，把纳米 Al_2O_3 粉体加入粗晶粉体中提高氧化铝的致密度和耐热疲劳性能。

英国把纳米氧化铝与二氧化锆进行混合在实验室已获得高韧性的陶瓷材料，烧结温度可降低 100℃。日本正在实验的是用纳米氧化铝与亚微米的二氧化硅合成莫来石，这可能是一种非常好的电子封装材料，目的是提高致密度、韧性和导热性。德国 Illich 将纳米碳化硅（小于 20%）掺入粗晶 α-碳化硅粉体中，当掺入量为 20%时，这种粉体制成的块状体的断裂韧性提高了 25%。我国的科技工作者已经成功地用多种方法制备了纳米陶瓷粉体材料，其中氧化锆、碳化硅、氧化铝、氧化铁、氧化硅、氮化硅都已完成了实验室的工作，制备工艺稳定，生产量大，已为规模化生产提供了良好的条件。

(4) 纳米微粒在消防科技领域的应用

纳米粉末灭火剂就是将传统干粉灭火剂的固体粉末再加以微细化，使粉末尺寸达到纳米级而得到的一种高效灭火剂。

(5) 助燃剂、阻燃剂

助燃剂：纳米微粒还是有效的助燃剂，例如，在火箭发射的固体燃料推进剂中添加约 1%（质量分数）超细铝或镍微粒，每克燃料的燃烧热是原先的 2 倍；超细硼粉-高铬酸钾粉可以作为炸药的有效助燃剂；纳米铁粉也可以作为固体燃料的助燃剂。

阻燃剂：有些纳米材料具有阻止燃烧的功能，纳米氧化锑可以作为阻燃剂加入到易燃的建筑材料中，可以提高建筑材料的防火性，以纳米氧化锑（Sb_2O_3）为载体，经表面改性可制成高效的阻燃剂。这种阻燃剂是由纳米材料经表面处理而得，其氧指数是普通阻燃剂的数倍。因为纳米材料的粒径超细，经表面处理后其活性极大，当燃烧时其热分解速率可大大加快，吸热能力增强，降低材料表面温度，且超细的纳米材料颗粒能覆盖在 ABS（塑料）上。凝聚相的表面，能很好地促进碳化层的形成，在燃烧源和基材之间形成不燃屏障，从而起到隔离阻燃的作用。另外，纳米级 Sb_2O_3 和 ABS 等塑料有很好的匹配性，它具有稳定性好、无毒、持久阻燃等优点。

3.5 纳米薄膜材料

纳米薄膜是指在空间只有一维处于纳米尺度而另两维不是纳米尺度的物质，是由分子或

晶粒均匀铺开构成的薄膜，可以是超薄膜、多层膜和超晶格等。纳米薄膜根据其构成和致密程度又可分为颗粒膜和致密膜。颗粒膜是纳米颗粒粘在一起，中间有极细小的间隙，而致密膜则是连续薄膜。纳米粒子镶嵌在另一种基体材料中构成的纳米薄膜为颗粒膜。本节拟介绍纳米薄膜的制备方法、性能和应用，同时对 LB 膜进行重点介绍。

3.5.1　纳米薄膜的制备

纳米薄膜的制备源于经典的方法并加以改进，包括溶胶-凝胶法、真空蒸发法、磁控溅射法、分子束外延镀膜法、电沉积法、化学气相沉积法（CVD）、等离子体增强化学气相沉积法（PE-CVD）、激光诱导化学气相沉积法（LCVD）、金属有机化学气相沉积法（MOCVD）、离子束溅射法、微波法、模板合成法等。这里仅介绍其中几种制备方法。

3.5.1.1　溶胶-凝胶法

将成膜物质溶于某种有机溶剂，成为溶胶镀液，采用浸渍或离心甩胶等方法涂覆于基体表面形成胶体膜，然后进行脱水而凝结为纳米薄膜。

（1）纳米 Cu 膜的制备

将硝酸铜 $Cu(NO_3)_2 \cdot 3H_2O$ 和正硅酸乙酯及无水乙醇混合形成溶胶，用玻璃（SiO_2）衬板浸入溶胶后进行提拉（提拉速度$<10^{-1}$mm/s），再在 100℃温度下干燥成膜，经过 450～650℃氢气中还原处理 100min，就可以获得纳米 Cu 膜。

（2）Fe_3O_4 薄膜的制备

将乙酰丙酮铁 14.3g 放入 CH_3COOH 和浓硝酸（浓度为 61%）的混合溶液中，其中 CH_3COOH 为 68.7mL，浓硝酸为 7.49mL，经 4h 搅拌，形成溶胶，再将干净的玻璃衬板浸入溶胶后提拉（提拉速度约为 0.6mm/s），再于空气中在 940℃左右加热 10min（这种操作可反复达 10 次）此时纳米薄膜厚约 50nm，相结构为 α-Fe_2O_3，将其埋入碳粉中，于 N_2 保护气氛中，在 480～690℃温度下保温 5h，就可获得 Fe_3O_4 纳米薄膜。

采用溶胶-凝胶法制备薄膜具有多组分均匀混合、成分易控制、成膜均匀、成本低、易于工业化生产的优点，但不是所有的薄膜材料都能很容易地制成溶胶，又很容易地找到衬板材料。细心完成溶胶制备是本法的重要因素。

3.5.1.2　真空蒸发法

真空蒸发镀膜，就是使待成膜的物质蒸发汽化，在真空中使汽化的原子或分子在蒸发源与基片之间流动，得到基片后在基片表面沉积的方法。如图 3-20 所示。

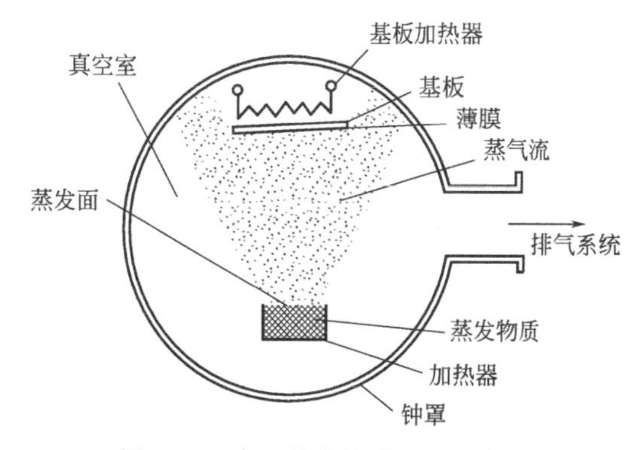

图 3-20　真空蒸发镀膜原理示意图

其中主要部分有：①真空室，为蒸发过程提供必要的真空环境；②蒸发源或蒸发加热器，放置待蒸发材料并对其加热；③基板，用于接收蒸发物质并在其表面形成固态蒸发薄膜；④基板加热器及测温器等。

真空蒸发镀膜包括以下三个基本过程：①加热蒸发过程，包括由凝聚相转变为气相，每种蒸发物质在不同温度时有不相同的饱和蒸气压；②汽化的原子或分子在蒸发源与基片间飞

行，飞行过程中原子或分子将与真空室内残余气体分子碰撞，其平均自由程取决于真空室内的真空度；③在基片表面的沉积过程，包括蒸气的凝聚、成核、核生长，形成连续薄膜。由于基板温度远低于蒸发源温度，因此沉积物分子在基板表面将直接发生从气相到固相的相转变过程。

3.5.1.3 磁控溅射法

磁控溅射是溅射镀膜中的一种，所谓溅射是指荷能粒子轰击固体表面（靶），使固体原子（或分子）从表面射出，射出的粒子大多呈原子态，称为溅射原子。用于轰击靶的荷能粒子可以是电子、离子或中性粒子，因为离子可以在电场下易于加速并获得所需动能，因此大多采用离子作轰击粒子，该粒子又称入射离子。所以溅射镀膜又称离子溅射镀膜。

溅射镀膜与真空蒸发法比较有下述特点：①任何物质均可溅射，尤其是高熔点、低蒸气压元素和化合物；②溅射膜与基板间的附着性好；③溅射镀膜密度高，纯度好，可控性和重复性好。缺点是设备复杂，成膜速率低。

为了克服成膜速率低的缺点，人们设计了磁控溅射镀膜，在溅射靶与基片之间引入了正交电磁场，使气体分子被电离的速率提高了 10 倍，达到了真空蒸发法的成膜速率。如图 3-21所示。

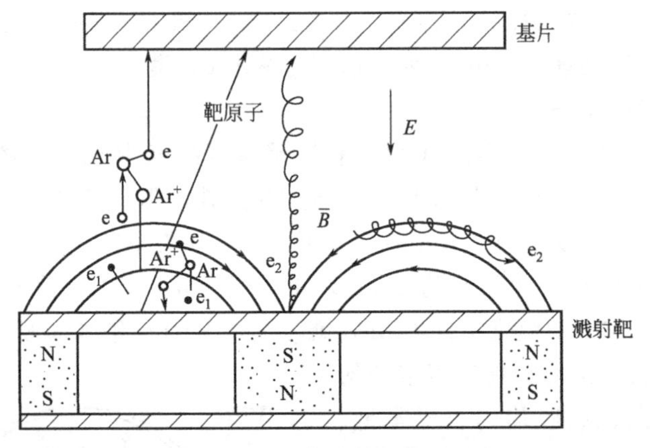

图 3-21 磁控溅射工作原理

在与靶表面平行的方向上施加磁场，利用电场与磁场正交的磁控管原理，实现高速低温溅射。电子 e 在电场 E 作用下，在飞向基板过程中与氩原子发生碰撞，使其电离出 Ar^+（氩离子）和一个新的电子 e，电子飞向基片，Ar^+ 在电场 E 作用下加速飞向阴极靶，并以高能量轰击靶表面，使靶材发生溅射。在溅射出的粒子中有中性的靶原子或分子沉积于基片，形成薄膜。二次电子在环状磁场的控制下，被束缚在靠近靶表面的等离子体区域内，在该区中电离出更多的 Ar^+ 来轰击靶材，从而实现了磁控溅射沉积速率高的特点。

该法可用于金属、合金、半导体、化合物半导体、碳化物、氧化物、氮化物的薄膜制备。

3.5.1.4 分子束外延镀膜法

分子束外延（molecular beam epitaxy，MBE）是一种特殊的真空镀膜工艺。它是在超高真空条件下（10^{-8}～10^{-10}Pa），将薄膜的诸组分元素的分子束流，直接喷到衬底（半导体材料的单晶片）表面上，沿着单晶片的结晶轴方向生长成一层结晶结构完整的新的单晶层薄膜。外延生长这个科技名词就是由希腊文的 epi（外表面）和 taxis（排列）两个词组合而

成的。

如图 3-22 所示，在超高真空（$<10^{-8}$Pa）的系统中，相对地放置衬底和多个分子束源炉，将组成化合物（GaAs）的各种元素（如 Ga 和 As）和掺杂剂元素（如 Si、Be 等）分别放入不同的喷射炉内，加热使它们的分子（或原子）以一定的热运动速度和一定的束流强度比喷射到加热的衬底（半导体单晶片）表面上，与表面相互作用（包括在表面迁移、分解、吸附和脱附等）进行单晶薄膜的外延生长。各喷射炉前的挡板用来改变外延膜的组分和掺杂，根据设定的程序开关挡板、改变炉温和控制生长时间，以使生长出不同厚度的化合物或不同组分的三元、四元固溶体，即制备各种超薄微结构材料。

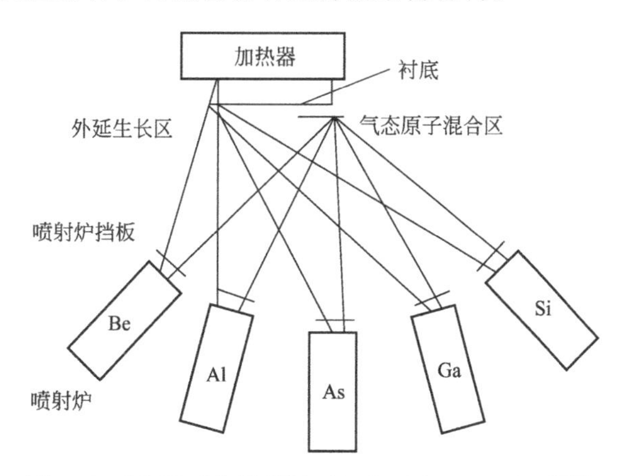

图 3-22　MBE 工作原理图（GaAs-$Al_xGa_{1-x}As$ 薄膜）

现以 GaAs 衬底，$Al_xGa_{1-x}As$ 薄膜材料的生长为例，说明 MBE 工作过程。这里 x 满足 $0\leqslant x\leqslant 1$。从 Ga（镓）炉蒸发出的 Ga 原子束射到 GaAs 衬底表面，在 500～600℃温度下，Ga 原子被表面吸附，黏附系数达 100%，而对于从 As（砷）喷射炉中升华出来的 As_4 分子束（或 As_2 分子束）在衬底表面的吸附情况取决于 Ga 原子的黏附情况，当衬底表面无 Ga 原子时，砷分子的黏附系数为 0，当衬底表面有 Ga 原子时，砷分子遇到成对的 Ga 原子会分解为 As 原子而被吸附，从而在衬底上生长出 Ga、As 组分 1∶1 的 GaAs 单晶薄膜。若同时打开 Al 炉挡板，由于 Al 原子的黏附系数也是 1（100%），则可生成 $Al_xGa_{1-x}As$ 膜。x 的大小取决于工作温度和 Al、Ga 束流的强度。同理可生长出多层膜。

与其他纳米薄膜生长技术相比，MBE 有以下特点：①超高真空条件下生长，杂质污染少，外延薄膜纯度高；②生长速率低，但可精确控制单原子层厚度，可获得原子级平整的表面和界面；③生长温度低，可获得十分陡变的掺杂分布和异质界面；④可任意改变外延层的组分、掺杂和连续生长复杂的多层异质结构；⑤可利用高能电子衍射仪等分析手段进行原位观察研究外延表面的结构和生长机理；⑥可将 MBE 设备与其他半导体工艺设备进行真空连接，使材料的生长、镀膜、注入、刻蚀等工艺连续进行。

3.5.2　纳米薄膜的性能

3.5.2.1　力学性能

纳米薄膜由于其组成的特殊性，因此其性能也有一些不同于常规材料的特殊性，尤其是超模量、超硬度效应成为近年来薄膜研究的热点。对于这些特殊现象在材料理论范围内提出了一些比较合理的解释。其中有 Koehler 早期提出的高强度固体的设计理论，以及后来的量子电子效应、界面应变效应、界面应力效应等都不同程度地解释了一些实验现象。对纳米薄膜材料的力学性能研究较多的有多层膜硬度、韧性、耐磨性等。

(1) 硬度

纳米多层膜的硬度与材料系统的组分、各组分的相对含量、薄膜的调制波长有着密切的关系。纳米多层膜的硬度对于材料系统的组分有比较强烈的依赖性，在某些系统中出现了超硬度效应，如在 TiN/Pt 和 TiC/Fe 中，尤其是在 TiC/Fe 系统中，当单层膜厚分别为 $\tau_{TiC}=8nm$ 和 $\tau_{Fe}=6nm$ 时，多层膜的硬度可达到 42GPa，远远超过其硬质成分 TiC 的硬度。而在某些系统中则没有这一现象出现，如在 TiC/Cu 和 TiC/Al 中，并且十分明显的是在不同的材料系统中，其硬度值有很大的差异，如 TiC/聚四氟乙烯的硬度比 TiC 低很多，大约只有 8GPa。

影响材料硬度的另一个因素是组分材料的相对含量。力学性能较好的薄膜材料一般由硬质相（如陶瓷材料）和韧性相（如金属材料）共同构成。因此如果不考虑纳米效应的影响和硬质相含量较高时，则薄膜材料的硬度较高，并且与相同材料组成的近似混合的薄膜相比，硬度均有所提高。

对于纳米多层膜的强化机理，多数观点认为其硬度值与调制波长 Λ 的关系近似地遵循 Hall-Petch 关系式

$$\sigma=\sigma_0+(\sigma_0/\Lambda)^n \tag{3-2}$$

式中，Λ 为多层膜的调制波长。

按照该关系式，硬度值随调制波长 Λ 的增大而减小。根据位错机制，材料的硬度随晶粒的减小而增大。在纳米多层膜中，界面的含量是相当高的，而界面对位错移动等材料变形机制有着直接影响，可以将层间界面的作用类似于晶界的作用，因此多层膜的硬度随调制波长 Λ 的减小而增大。实验中观察到在 TiC/Cu、TiC/AlN 等系统中硬度值随调制波长 Λ 的变化类似遵循 Hall-Petch 关系式，但是在 SiC/W、TiN/Pt 中的情况要复杂一些，硬度与调制波长 Λ 的关系并非单调地上升或下降，而是在某一调制波长 Λ 下存在一个硬度最高值。

(2) 韧性

多层膜结构可以提高材料的韧性，其增韧机制主要是裂纹尖端钝化、裂纹分支、层片拔出以及沿界面的界面开裂等，在纳米多层膜中也存在类似的增韧机制。

影响韧性的因素主要有组分材料的相对含量及调制波长。在金属/陶瓷组成的多层膜中，可以把金属作为韧性相，陶瓷为脆性相，实验中发现在 TiC/Fe、TiC/Al、TiC/W 多层膜体系中，当金属含量较低时，韧性基本上随金属相含量的增加而上升，但是在上升到一定程度时反而下降。

对于这种现象可以用界面作用和单层材料的塑性加以粗略地解释。当调制波长 Λ 不是很小时，多层膜中的子层材料基本保持其本征的材料特点，金属层仍然具有较好的塑性变形能力，减小调制波长 Λ 相当于增加界面含量，有助于裂纹分支的扩散，增加材料的韧性。当调制波长 Λ 很小时，子层材料的结构可能会发生一些变化，金属层的塑性降低，同时由于子层的厚度太薄，材料的成分变化梯度减小，裂纹穿越不同叠层时很难发生转移和分裂，因而韧性反而降低。

(3) 耐磨性

对于纳米薄膜的耐磨性，目前研究得还不多，但是从现有的研究来看，合理地搭配材料

可以获得较好的耐磨性。如在 52100 轴承钢基体上沉积不同调制波长的铜膜和镍膜，实验证明多层膜的调制波长越小，使其磨损明显变大的临界载荷越大，即 Cu/Ni 多层膜的调制波长越小，其磨损后抗力越大。

对于这种现象没有确切的理论解释，可以用晶粒内部、晶粒界面和纳米多层膜的邻层界面上的位错滑移障碍比传统材料的多，滑移阻力比传统材料的大来解释。

从结构上看，多层膜的晶粒小，原子排列的晶格缺陷可能性大，晶粒内的晶格点阵畸变和晶格缺陷的增多，使晶粒内部的位错滑移障碍增加；晶界长度也比传统晶粒的晶界长得多，使晶界上的位错滑移障碍增加；此外，多层膜相邻界面结构也非常复杂，不同材料位错能的差异导致界面上的位错滑移阻力增大。因此使纳米多层膜发生塑性变形的流变应力增加，并且这种作用随着调制波长的减小而增强。

3.5.2.2　光学性能

（1）蓝移和宽化

用胶体化学制备纳米 TiO_2/SnO_2 超颗粒及其复合 LB 膜，具有特殊的紫外-可见光吸收光谱。TiO_2/SnO_2 超颗粒具有量子尺寸效应使吸收光谱发生“蓝移”；TiO_2/SnO_2 超颗粒/硬脂酸复合 LB 膜具有良好的抗紫外线性能和光学透过性。

纳米颗粒膜，特别是ⅡB-ⅥA 族半导体 CdS_xSe_{1-x} 以及ⅡA-ⅤA 族半导体 CaAs 颗粒膜，都观察到光吸收带边的蓝移和宽化现象。有人在 CdS_xSe_{1-x}/玻璃的颗粒膜中观察到光的“漂白”（photo-induced bleaching）现象，即在一定波长的照射下，吸收带强度发生变化的现象。

（2）光的线性与非线性

光学线性效应是指介质在光波场作用下，当光强较弱时，介质的电极化强度与光波电场的一次方成正比的现象。一般来说，多层膜的每层膜厚度与激子玻尔半径（a_B）相当或小于玻尔半径时，在光的照射下，吸收谱上会出现激子吸收峰。这种现象也属于光学效应。半导体 InCaAlAs 和 InCaAs 构成的多层膜，通过控制 InCaAlAs 膜的厚度，可以很容易地观察到激子吸收峰。

光学非线性是在强光场的作用下，介质的极化强度中就会出现与外加电磁场的二次、三次乃至高次方成比例的项。对于纳米材料，小尺寸效应、宏观量子尺寸效应、量子限域和激子是引起光学非线性的主要原因。岳立萍等用离子溅射技术制备了颗粒镶嵌膜，介质为 SiO_2、Ce 颗粒，平均尺寸为 3nm，膜厚 500nm。它的 Z 扫描曲线表明：透过率曲线以焦点为对称轴，并在焦点处有一极小值，样品吸收是强度相关的非线性吸收。在焦点附近由于单位面积上的光强增大，吸收系数也增大，在焦点处吸收系数达最大值。非线性吸收系数 β 约为 0.82cm/W，为三阶光学非线性响应。

3.5.2.3　电磁学特性

（1）磁学特性

纳米双相交换耦合多层膜 α-Fe/Nd_2Fe_4B 永磁体的软磁相或硬磁相的厚度为某一临界值时，该交换耦合多层永磁膜的成核场达到最大值，与 Rave 等的有限元法计算结果趋势是一致的，考虑到工艺参数的影响后，与 Shindo 等的试验及理论估算结果是一致的。目前，所报道的纳米交换耦合多层膜 α-Fe/Nd_2Fe_4B 的磁性能仍然不高，因此，进一步优化工艺参数是研制理想纳米交换耦合永磁体材料的重要方向。

(2) 电学特性

常规的导体（如金属）当尺寸减小到纳米数量级时，其电学行为发生很大的变化。有人在 Au/Al_2O_3 的颗粒膜上观察到电阻反常现象，随纳米 Au 颗粒含量的增加，电阻不但不减小，反而急剧增加。

Fauchet 等用 PE-CVD 法制备了纳米晶 Si 膜，并对其电学性质进行了研究，结果观察到纳米晶 Si 膜的电导率大大增加，比常规非晶 Si 膜提高了 9 个数量级，纳米晶 Si 膜的电导率为 $10^{-2}\Omega^{-1}\cdot cm^{-1}$，而非晶膜的电导率为 $10^{11}\Omega^{-1}\cdot cm^{-1}$。这说明，材料的导电性与材料颗粒的临界尺寸有关。当材料颗粒大于临界尺寸时，将遵守常规电阻与温度的关系；当材料颗粒小于临界尺寸时，它可能失掉材料原本的电性能。

(3) 巨磁电阻效应（GMR 效应）

1988 年法国巴黎大学物理系 Fert 教授的科研组，首先在 Fe/Cr 多层膜中发现了巨磁电阻效应，即材料的电阻率将受材料磁化状态的变化而呈现显著改变的现象。1992 年 Berkowjtz 和 Chien 分别独立地在 Co/Cu 颗粒膜中观察到巨磁电阻效应，此后又相继在液相快淬工艺以及机械合金化等方法制备的纳米固体中发现了这种效应。巨磁电阻效应发现以后主要的研究方向之一是降低饱和磁场，提高低场灵敏度。一种解决途径是在多层膜中采用自旋阀（spin valve）结构、另一种途径是将多层膜在合适温度下退火，使其成为间断膜，使层间产生偶极矩的静磁耦合。例如多层膜组成为 Ta(100A)/Ag(20A)/[NiFe(20A)/Ag(40A)]$_4$/NiFe(20A)/Ta(40A)/SiO_2(700A)/Si 在（5%H_2+95%Ar）气氛中退火后，可获得 GMR 约 4%～6%，饱和磁场强度 H_s 约 5～100O_e（$1A/m=4\pi\times10^{-3}O_e$），磁场灵敏度 S_t 为 0.8%O_e^{-1}。在多层膜巨磁电阻研究的启发与促进下，又发现了在颗粒膜中同样存在巨磁电阻效应。

我国学者刘颖力等采用双靶直流磁控溅射系统制备了 $Ni_{80}Fe_{20}$/Cu 纳米多层膜，NiFe 膜厚 3nm，Cu 膜厚 0.4～4nm，发现了多层膜的巨磁电阻效应，Cu 膜的厚度对巨磁电阻效应是正态分布，1nm 时最大。在这个位置 NiFe 通过 Cu 层间接耦合为反铁磁排列，而在其他位置为铁磁排列。

3.5.2.4 气敏特性

采用 PE-CVD 方法制备的 SnO_2 超微粒薄膜比表面积大，存在配位不饱和键，表面存在很多活性中心，容易吸附各种气体而在表面进行反应，是制备传感器很好的功能薄膜材料。该薄膜表面吸附很多氧，而且只对醇敏感，测量不同醇（甲醇、乙醇、正丙醇、乙二醇）的敏感性质和对薄膜进行红外光谱测量，可以解释 SnO_2 超微粒薄膜的气敏特性。

3.5.3 纳米薄膜的应用

由于薄膜材料的不同，各种薄膜（如金刚石膜、金属膜、介质膜、半导体膜等）有各自不同的性质，因此有各种不同的应用。

3.5.3.1 磁性薄膜

自从 1998 年有人在 Fe/Cr 纳米量级的多层膜中发现巨磁电阻效应以来，纳米磁性薄膜引起了人们强烈的研究兴趣。由于晶体结构的有序性和磁性体的形状效应，磁性材料的内能一般与其内部的磁化方向有关，即会造成磁各向异性。与三维块体材料不同，薄膜材料存在单轴磁各向异性，只有薄膜内的某个特定的方向易于磁化，因此被成功地应用于磁记录介

质。一般薄膜材料是平面磁化的，而纳米磁性薄膜由于厚度很薄，只有薄膜的法线方向易于磁化，即具有垂直磁化性质。因此纳米磁性薄膜可以削弱传统磁记录介质中信息存储密度，受到其自退磁效应的限制，加上其具有的巨磁电阻效应，在信息存储领域有巨大的应用前景。

1988年法国巴黎大学的肯特教授首先在Fe/Cr多层膜中发现了巨磁电阻效应。所谓磁电阻是指在一定磁场下电阻改变的现象，巨磁阻就是指在一定磁场下电阻急剧变化的现象。磁场导致电阻增加，称之为正磁致电阻；若导致电阻降低，称之为负磁致电阻。由于材料不同巨磁效应的电阻变化可正可负，人们关注更多的是电阻的改变。20世纪90年代，人们在Fe/Cu、Fe/Al、Fe/Ag、Fe/Au、Co/Cu、Co/Ag、Co/Au等纳米结构的多层膜中观察到了显著的巨磁电阻效应。巨磁阻多层膜在高密度读出磁头、磁存储元件上有广泛的应用，此外磁敏传感器、磁敏开关元件将有很大的应用潜力。

纳米磁性颗粒膜是由强磁性的纳米颗粒嵌埋于与之不相溶的另一相基质中生成的复合材料体系，兼具超细颗粒和多层膜的双重特征。通常采用共蒸发和共溅射等技术制备薄膜。磁性颗粒通常是铁磁元素及合金，基质可为金属或绝缘体。根据基质的不同，一般可分为磁性金属-非磁性金属合金型和磁性金属-非磁绝缘体型两大类。由于磁性颗粒膜独特的微结构，磁性颗粒的尺寸、形状和含量以及颗粒与基质之间存在的丰富界面，导致其磁性性质和电子输运性质等与大块磁性材料有本质的区别，具有丰富的研究内涵。纳米磁性颗粒膜还存在巨霍尔效应，帕克霍姆夫（A. B. Pakhov）等在Ni-SiO_2颗粒膜中发现高达200$\mu\Omega\cdot$cm的饱和Hall电阻率，比普通非磁金属的正常Hall效应高10^6倍，比磁性金属中的反常Hall效应大4个数量级以上。

3.5.3.2 纳米光学薄膜

① 纳米硅膜是典型的纳米光学薄膜，它是一种硅晶态的纳米薄膜，当Si晶粒的平均直径小于3.5nm时，具有很强的紫外光致发光性能。在平均粒径为1.5～2nm时发光效果更好。

② GaAs半导体颗粒膜和CdS_xSe_{1-x}/玻璃颗粒膜都具有光吸收带蓝移和吸收带的宽化现象。这是因为纳米薄膜的量子尺寸效应使半导体能隙变宽，导致了吸收带的蓝移。然而薄膜上的颗粒尺寸是不均匀的，有一定的范围和粒径概率分布，因此能隙的加宽程度也相应的有一个大小的分布，这就是吸收带（发射带和透射带）宽化的原因。

③ 半导体铟镓砷（InGaAs）和InAlAs构成的多层膜，通过控制膜的厚度可以改变它的光学线性（在光波场中，材料的电极化强度与光波电场成正比）和非线性（在强光场作用下，材料的电极化强度与光波电场的高次方成正比），造成其在吸收谱上出现峰值。

3.5.3.3 纳米电学薄膜

① 由于铁电薄膜及其集成器件的实用化，铁电材料应用于铁电动态随机存储器（FDRAM）、铁电场效应晶体管（FEET）、铁电随机存储器（FFRAM）、IC卡、红外探测与成像器件、超声与声表面波器件以及光电子器件等领域中。其中钙钛矿结构的锆钛酸铅（PbZr. TiOz，PZT）铁电薄膜由于具有优越的铁电、介电、压电、热释电、电光、声光效应以及能够与半导体技术兼容等特点，成为目前应用较广、研究较深入的铁电薄膜材料之一。

② 透明导电薄膜是指对可见光（波长范围在380～760nm范围内）的透射率高且电导

率高的薄膜。确切地说，可见光的平均透光率＞80％、电阻率在 $10^{-3}\Omega\cdot cm$ 以下的薄膜称为透明导电膜。主要包括 In、Sb、Zn 和 Cd 的氧化物及其复合多元氧化物薄膜材料，具有宽禁带、可见光谱区高透光率和低电阻率等共同的光电特征。透明导电薄膜的应用见表 3-6。

表 3-6　透明导电薄膜的应用

应用领域	光电性能要求 $/\Omega\cdot cm$	用途	优点
电子照相记录	$10^{-4}\sim10^{-7}$	幻灯片、缩微胶片	面积大、可弯曲、透明度高
终端设备	$\leqslant5\times10^{-3}$	透明平板、透明开关	面积大、可弯曲
光存储器	$\leqslant10^{-3}$	铁电体存储器	面积大、可弯曲、透明度高
固定显示	$\leqslant5\times10^{-2}$	液晶显示	质量小、易加工
光电器件转换	$\leqslant5\times10^{-2}$	太阳能电池质窗、光放大器	易加工、透明度高
热发射	$\leqslant10^{-2}$	热反射、选择性透射膜	面积大、耐冲击
面积发热体	$\leqslant5\times10^{-2}$	汽车、制冷机、除霜	面积大、耐冲击、透明度高

3.5.3.4　纳米金刚石薄膜

金刚石具有优异的力学、热学、光学和电学等许多性质，在高技术领域中具有十分广阔的应用前景。低压化学气相沉积（CVD）生长金刚石薄膜技术的开发成功，大大降低了金刚石的生产成本，同时 CVD 金刚石薄膜的品质逐渐赶上甚至在一些方面超过了天然金刚石，使得 CVD 金刚石薄膜的应用范围进一步拓展。因此，引起国内外学者的广泛兴趣，成为目前国内外材料科学研究的热点之一。它可以在以下几种器件中进行应用。

（1）集成电路

金刚石在室温下具有最高的热导率，是铜、银的 5 倍，又是良好的电绝缘体，因而是大功率激光器件、微波器件、高集成电子器件的理想散热材料，因此，CVD 金刚石是最理想的热沉封装材料。

（2）切割工具

由于金刚石的硬度是自然界中已知物质中最高的，因而 CVD 金刚石可作为研磨剂和切割工具上的理想涂层而加以应用。将金刚石薄膜直接沉积在刀具表面，不仅价格大大低于聚晶金刚石刀具，而且可以制备出具有复杂几何形状的金刚石涂膜刀具，在加工非铁系材料领域具有广阔的应用前景。

（3）光学器件

金刚石从真空紫外线波段到远红外线波段对光线是完全透明的，因此金刚石是最好的光学材料。由于金刚石具有优异的光学特性而开始应用于光学器件上，尤其在恶劣环境中作为红外窗口的保护涂层。大多数目前正在使用的红外窗口由 ZnS、ZnSe、Ge、镁铝尖石、蓝宝石和熔石英等材料制成，虽然这些材料有优异的红外透过性，但有脆而易损坏和热导率低的缺点。一层薄的 CVD 金刚石膜保护层可解决这一不足。金刚石膜作为光学涂层应用前景非常好，在军事上可用作红外窗口和透镜的保护性涂层；在民用方面可用作在恶劣环境（如冶金，化工等）下工作的红外在线监测和控制仪器的光学元件涂层。目前，除了用作红外窗口外，金刚石薄膜还可用作大型 X 射线窗口、可见光窗口和 X 射线掩模材料等。

（4）声学器件

金刚石材料具有高杨氏模量和弹性模量的特点。也是所有物质中，在其结晶内和表面上

传播振动波速率最快的材料。利用金刚石这一特性，便于高频声学波高保真传输，可做成工作频率大于1GHz的高灵敏声表面波（SAW）器件，这种SAW器件适于制作滤波器和延迟电路。当前新一代移动电话、卫星通信、无线网络正向GHz频带发展，金刚石SAW器件可满足这一要求，将是今后有希望的关键器件。

（5）电子器件

金刚石是与硅、锗等半导体材料具有相同结构的晶体，与现有半导体材料相比，具有最低的介电常数和最高的热导率，因此，它被电子工业界视为最有希望的新一代半导体芯片材料。采用金刚石薄膜制成的计算机芯片，在工作时能保持较低的温度，同时，比砷化镓产品具有更为优异的传输速度和抗干扰性能。

3.5.3.5　纳米气敏膜

纳米气敏膜的原理是利用其在吸附某种气体之后引起物理参数的变化来探测气体。因此，纳米气敏膜吸附气体的速度越高，信号传递的速率越快，其灵敏度也就越高。组成纳米气敏膜的颗粒很小，表面原子所占比例很大，其表面活性就很大，因而在相同体积和相同时间下，纳米气敏膜比普通膜能吸附更多的气体。而且，纳米气敏膜中充满了极为细微的孔道，界面密度又很大，密集的界面网络提供了快速扩散的通道，具有扩散系数高和准各向异性的特点，进一步提高了反应速度。因此，纳米气敏膜具有比普通膜更好的气敏性、选择性和稳定性。

3.5.3.6　纳滤膜

纳滤膜（nanofiltration membrane）是20世纪80年代末期问世的新型分离膜，采用纳米材料研制出的可分离仅在分子结构上有微小差别的多组分混合物的膜，适宜于分离分子量在200以上的溶解组分，介于超滤膜和反渗透膜之间。此膜在渗透过程中截留率大于95%的最小分子大小约为1nm，因此称为“纳滤”。纳滤膜技术具有离子选择性和操作压力低的特点，故有时也称“选择性反渗透（selective RO）”和“低压反渗透（low pressure RO）”。

纳滤膜技术因其独特的性能，使得它在许多领域具有其他膜技术无法替代的地位，它的出现不仅完善了膜分离过程，而且大有替代某些传统分离方法的趋势。尽管对于纳滤膜确切的传质机理尚不清楚，但它的应用却快速增长。随着对纳滤膜技术及相关过程的进一步研究和开发，它的应用前景将会更加广阔。

3.5.4　LB膜及其应用

LB膜是Langmuir-Blodgelt在20世纪20～30年代首先研究的，但在纳米科技发展中，LB膜因其特有的性能受到人们的重视。

3.5.4.1　LB膜的特点

① 超薄且厚度可准确控制，因此这种纳米薄膜可满足现代电子学器件（微纳电子器件）和光学器件的尺寸要求。

② LB膜中分子排列高度有序且各向异性，使之可根据需要设计，便于实现分子水平上的组装。

③ 制膜条件温和，操作简便。

3.5.4.2　LB膜的制备

能形成LB膜的材料，大都是表面活性分子，即两亲分子，当将其置于水表面上时，利用分子表面活性，在水-气界面上形成凝结膜，并将该膜逐次转移到固体基板上，形成单层或多层类晶薄膜。一种好的成膜材料，其亲水基团和疏水基团的性能比例要合适。比如最典型的和最简单的成膜物质是脂肪酸，它具有亲水基团的头COOH和疏水基团的尾 $(CH_2)_{16}CH_3$ 作为分子整体。若亲水性强，则分子会溶于水而不能在水-气表面成膜；若疏水性（又称亲油性）强，则其在水面上扩展不开，分离成两相，形成油珠悬浮在水面上。若两亲分子材料两者平衡，即称为“两亲媒性平衡”，这样的材料就会吸附于水-气界面。

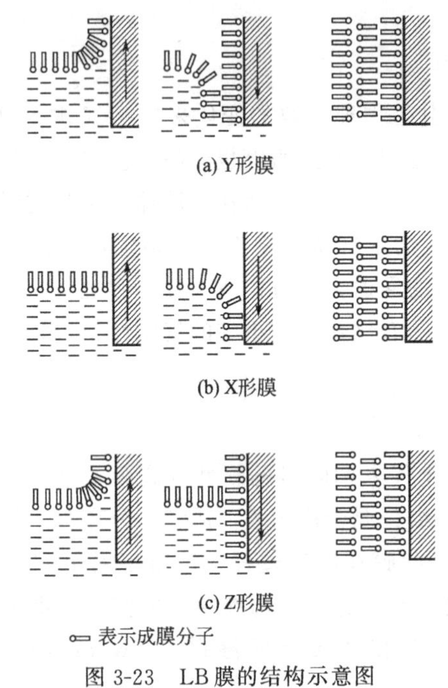

图3-23　LB膜的结构示意图

如果把两亲媒性平衡的物质溶于苯、二氯甲烷等挥发性溶剂中，并把该溶液分布于水面上，经溶剂挥发后，就留下了垂直站立在水面上的定向单分子膜，这种在水面上的单分子，上端呈亲油性（疏水性），下端呈亲水性。

若分子排列稀疏，称为“气体膜”，若分子特别致密变为固体状态的凝结膜，称为“固体薄膜”，介于二者之间的称为“二维液体状态”。上述的固体薄膜一面（称一端）呈亲油性，一端呈亲水性，它将能与任意一个具有亲水性（或亲油性）的固体表面相吸。

将一个亲水性（或亲油性）固体表面垂直而缓慢地插入浮有单分子层的水中，将该固体表面垂直上提时，浮着的单分子膜就会附着在表面上，随沉积过程不同，所形成的膜的结构分X、Y、Z三形，如图3-23所示。如果这个固体基片反复进出水面，就形成了多层膜（最多可达到500层），一个分子的纵向长度为2～3nm，因此单分子层的厚度亦为2～3nm。如图3-24所示为LB膜制作装置模式图。

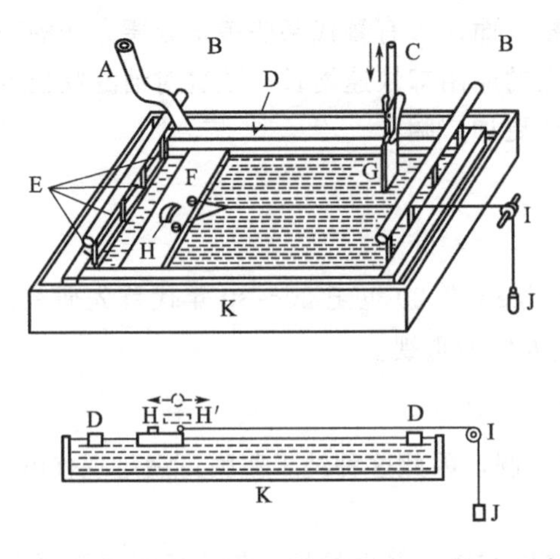

图3-24　LB膜制作装置模式图

A—供水管；B—连接吸收泵；C—基片上下移动；D—聚丙烯框架；E—吸附喷管；F—聚丙烯浮子；G—基片；H—磁铁；H′—浮子移动用可动磁铁；I—滑轮；J—重物；K—方形水槽

3.5.4.3 LB膜的应用

① 功能化、器件化的LB膜。将具有特殊光、电、磁、热等性质的过渡金属配合物，组装到LB膜中将产生具有预期分子排列的功能纳米薄膜。

a. 二［*N*-十六烷基-8-羟基-2-喹啉甲酰胺］合镉［$Cd(HQ)_2$］的LB膜可用作电致发光器件（EL）的发光层，LB膜的层数和沉积压会影响器件的性能。

b. 基于聚吡咯骨架，聚合噻吩或低聚噻吩的两亲共轭聚合物，如掺杂有阴离子的聚吡咯LB膜具有类似金属的电导，其纵向电导率可达0.1S/cm。

c. 平整、致密和均匀的LB膜正是集成光学、超晶格薄膜晶体管的活性膜和各种MIS器件的绝缘膜。

d. LB膜可作为电子显微镜的复型膜和光刻技术中的光蚀膜。

e. LB膜在MIS的场效应器件中得到很好的应用。

② LB膜具有极好的生物相溶性，并能把功能分子固定在既定的位置上，因而LB膜可用作生物细胞的简化模型，以供对生物生理的研究。

a. 绿色叶绿素可在气-水界面形成稳定的单分子膜，并组装为LB膜，成为光合作用膜的基础。

b. 类胡萝卜素亦是光合作用的色素，它吸收不被叶绿素吸收的光波，生成生物膜的补充光受体，在分子电学中，由于β-胡萝卜素含有一不饱和碳链，这个碳链在一定的多层LB膜集合体中可以作分子导线。

c. 蛋白质是多肽的特殊类型，球状蛋白是水溶性的，其极性基团倾向于在母体分子外表面，这种蛋白可采用LB膜法成膜，进而可制备抗生蛋白链菌素和抗生物素蛋白的LB膜。

d. 紫膜用LB膜法制备不但保持了其在光化学循环中所具有的光驱动质子泵功能，成为研究光能转换成电能及化学能的理想材料，而且在生物传感器、太阳能转换、生物芯片上得到应用。

③ LB膜润滑。LB膜技术被认为是一种能够建构高级分子系统的潜在技术，但是普通脂肪酸和磷脂材料制备的LB膜性能不好，因此在微型机械的润滑上采用改良的LB膜。

a. 在LB膜分子中引入无机分子制成混合LB膜，如二烷基二硫代磷酸酯吡啶盐（PyDDP）修饰的MoS_2纳米颗粒LB膜，摩擦系数低，抗磨损性能好。

b. 采用外电场改变表面电荷及表面电势，可降低LB膜的摩擦系数，增加抗磨寿命。有报道称，在适当电压和频率的电场作用下，LB膜与陶瓷对磨时，摩擦力接近于0。

c. 采用聚合物成膜可提高LB膜的热稳定性和力学性能。

3.6 纳米块体材料

纳米块体材料（又名纳米固体材料）是指由纳米颗粒或晶粒尺寸为1～100nm的粒子高压压制、烧结成型或控制金属液体结晶而形成的三维块体材料。

若对纳米块体再细分类，可按结构将纳米块体分为纳米晶体、纳米非晶体和纳米准晶材料；按组成结构看，纳米块体可分为纳米相材料和纳米复合材料。所谓纳米相材料是指由单相微粒构成的块体；由两种或两种以上的相微粒组成的块体则称为纳米复合材料。本节拟介绍纳米块体的制备方法、结构特点、性能和应用。

3.6.1 纳米块体的制备

纳米块体材料的制备方法有很多，目前其制备方法大致可以分为两类：自下而上法和自上而下法。自下而上法有：惰性气体冷凝法、高能球磨法、喷雾转化法、溅射法、物理气相沉积法、化学气相沉积法、溶胶-凝胶法、喷射成型法、纳米相陶瓷的制备等。自上而下法有高压扭转（HPT）变形技术、电沉积法、非晶晶化法等。这里仅介绍其中几种制备方法。

3.6.1.1 惰性气体冷凝法

本法用于纳米金属与合金块体的制备。第一步制备纳米微粒，第二步将微粒收集在一起，第三步原位加压制成块体，如图 3-25 所示。

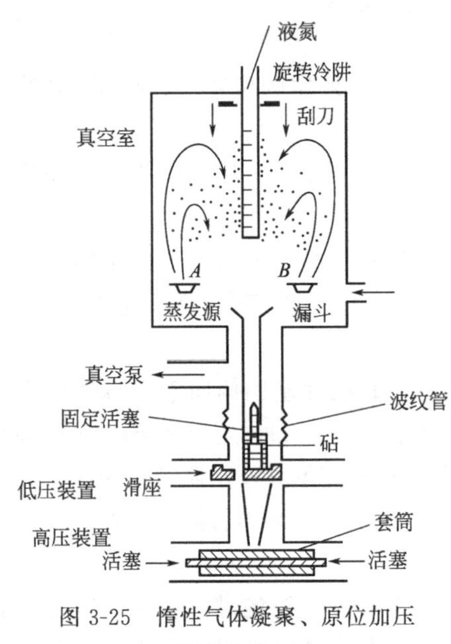

图 3-25 惰性气体凝聚、原位加压装置示意图

该制备法的关键是必须获得具有清洁界面的纳米微粒。图 3-25 由三大部分组成：①纳米粉体的获得；②粉体采集；③原位加压是由惰性气体蒸发制备的纳米金属或合金微粒在真空中由聚四氟乙烯刮刀从冷阱上刮下，经漏斗直接落入低压压实装置，粉体在此装置中经轻度压实后由机械手将它们送至高压原位加压装置压制成块状试样。加压装置压力为 1～5GPa，温度在 300～800K（27～527℃）。对于纳米粉体而言，在室温下压制相对密度也可高达 90%。只有温度合适，纳米微粒才不会长大。

3.6.1.2 高能球磨法

本法主要用于纳米晶纯金属、互不相溶的固溶体、纳米金属-陶瓷粉复合材料和纳米金属间化合物粉体（经压制后）和块体的制备。在纳米晶制备阶段，需要控制以下参数：①正确选择硬球的材质（磨球的材质有不锈钢球、玛瑙球、硬质合金球等）；②控制球磨的温度与时间；③过程中的环境——真空或惰性气体；④适合的表面活性剂。

高能球磨法制成的粉体有两种，一种是由单一尺寸的纳米粒子组成；另一种是不同尺寸的混合体，即一部分是纳米粒子，另一部分是微米或亚微米级的大颗粒，当然这些大颗粒也是纳米晶的聚集体。

上述粉体经压制（冷压或热压）就可获得块体试样。再经适当热处理即可得到所需纳米块体。例如将粗铜和 ZrC/ZrO 合金粉与一定量的添加剂一起进行球磨，由此得到的 Cu 粉中有近 10.8%（体积分数）的 Cu 粒子内弥散分布着 ZrO 和 ZrC，将所有粉体在室温下冷压制成条状，然后在 700～800℃的条件下热压成棒材。这时弥散相粒径为 4～7nm，Cu 晶粒为 38～60nm，经热处理后获得所需的纳米结构块材，热处理后的弥散相长大至 23nm，Cu 晶粒长大至 135nm。另一种制备块体的方法是将球磨制成的纳米晶粉与高聚物混合制成性能优良的复合材料。例如：将直径≤100μm 的微米级 Fe 和 Cu 粉按一定比例混合后经高能球磨制备纳米晶 Fe_xCu_{100-x} 合金粉体，将这种纳米晶与环氧树脂混合制成类金刚石刀片。

高能球磨制备纳米粉体的主要优点是产量高、工艺简单，能制备出用常规方法难以获得

的、高熔点的金属或合金纳米材料。缺点在于微粒尺寸不均匀，且易引入杂质（硬球材料），而这两条恰恰是惰性气体蒸发、原位加压制备法的优点。

3.6.1.3 非晶晶化法

用单辊急冷法将熔融体制成非晶态合金条带，然后在不同温度下进行退火，使非晶完全晶化，非晶态合金条带成为由纳米晶构成的条带。例如将 $Ni_{80}P_{20}$ 熔体急冷制成非晶态合金；当退火温度小于 337℃时 Ni_8P 纳米晶的粒径为 7.8nm。随退火温度增大晶粒粒径将迅速长大，这将影响非晶晶化纳米块体的力学性能。

对成核激活能小、晶粒长大激活能大的材料用非晶晶化法制备效果较好。

3.6.1.4 高压扭转（HPT）变形技术

早在 20 世纪 90 年代初，俄罗斯科学院 R. Z. Valiev 等便采用纯剪切大变形方法获得了亚微米级晶粒尺寸的纯铜组织，并由此拉开了大塑性变形（severe plastic deformation，SPD）技术制备块体金属纳米材料的序幕。迄今为止，制备金属纳米材料的 SPD 技术已包括高压扭转（HPT）、等通道角挤压法（ECAP）、多向锻造（MF）、多向压缩（MC）、板条马氏体冷扎（MSCR）和反复弯曲平直（RCS）等工艺，利用这些工艺已制备出了晶粒尺寸为 20～200nm 的纯铁、纯铜、碳钢、合金钢、金属间化合物及其复合材料等块体纳米材料。其中，高压扭转（high pressure torsion，HPT）工艺一直以来是人们开发研究的热点。HPT 的工艺原理见图 3-26，在一定温度下，模具中的试样被施以 GPa 级的高压，同时通过转动冲头来扭转试样，试样的变形量由冲头转数来控制。在 HPT 加工过程中，试样中的晶粒和晶界都会发生变形，且随着变形量的增加，晶界发生转动和滑动，晶粒中的位错密度也增加。在形变诱导晶粒细化、热机械形变晶粒细化和形变组织再结晶晶粒细化机制的共同作用下，试样中的晶粒细化至 200nm 以下，即可获得块体金属纳米材料。

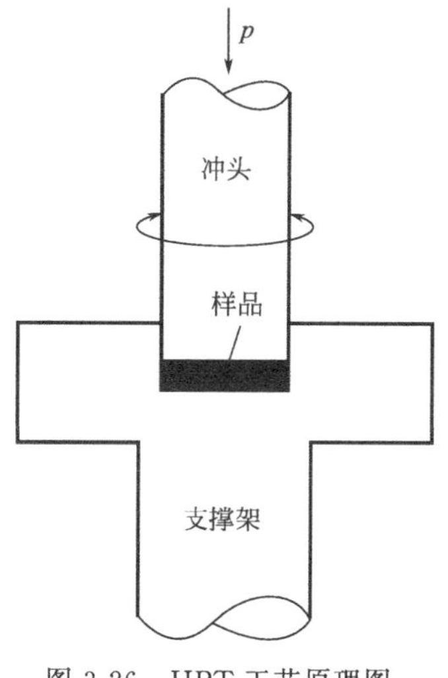

图 3-26 HPT 工艺原理图

俄罗斯科学院 R. K. Islamgaliev 等首先用内氧化法制备出 Cu-0.5Al_2O_3 复合材料（Al_2O_3 颗粒大小 2～3μm），然后在 6GPa 的高压下，利用 HPT 工艺得到了 Cu-Al_2O_3 纳米复合材料（Cu 基体的晶粒尺寸为 80nm，而 Al_2O_3 颗粒的尺寸为 20nm），所得 Cu 基纳米复合材料具有高的强度（680MPa）、硬度（H_V 为 2300MPa）、良好的塑韧性（延伸率为 25%）和导电性能（$1.69\times10^{-6}\Omega$）。因此，HPT 技术为纳米块体金属及其复合材料提供了又一可行的制备工艺。

3.6.1.5 纳米相陶瓷的制备

纳米相陶瓷的制备是指将氧化物（如 Al_2O_3、Fe_2O_3、NiO、MgO、MnO、ZnO、ZrO_2、ErO 等）、氮化物（如 SiN）、碳化物（SiC 等）压实烧结的过程。常规材料的陶瓷烧结，烧结温度是很高的，但纳米相陶瓷可使烧结温度降低几百摄氏度。纳米相陶瓷质量最关键的指标是材料的致密程度，为此大约有两种方法实现纳米相陶瓷块体的制备。

（1）无压力烧结

该工艺是将无团聚的纳米粉在室温下经模压成块，然后在一定的温度下焙烧使其致密化

(烧结)。为了防止烧结过程中晶粒长大过快和致密度低的问题，本工艺要在主体纳米粉中掺入一种或多种稳定化粉体。例如，在 ZrO_2 粉中加入5%（体积分数）的 MgO，就可以通过无压力烧结制成高密度的纳米相陶瓷。具体过程为将纳米氧化锆和氧化镁放在无水乙醇中，经8～10min超声波粉碎和混合，在低温下干燥，通过200MPa的静压将粉末压成块体，然后在1523K（1250℃）温度下烧结1h，就可得到致密度达到95%的纳米相陶瓷。

总之，静态烧结要求掺杂稳定化粉体。

(2) 应力有助烧结

该工艺是将无团聚的粉体在一定压力下进行烧结，特点是无需掺杂，但在烧结过程中要有应力相助。在应力作用下，烧结过程中晶粒无明显长大、可以得到较高致密度的纳米相陶瓷，但烧结与加压同时进行对设备的要求要复杂得多，具体工艺也复杂得多。

上述方法是基本的纳米相陶瓷制备工艺，此外，纳米粉料的配制对保证纳米相陶瓷的质量也是十分重要的。如氮化硅纳米相陶瓷的制备中所加的添加剂可包括使生坯具有高强度的黏结剂，抗团聚的反絮凝剂、减少粒子之间和粒子与模具之间的润滑剂、润湿剂等多种，在生坯制造当中，则将氮化硅粉（粒径为15～25nm）经配料掺杂，制成潮湿和塑性的粉团，通过孔板和筛分形成坚硬、密实的团粒，容易堆积成较小体积，有利于提高生坯密度和烧结后密度。在这种工艺中制粒和加入添加剂对保证纳米相陶瓷质量起到至关重要的作用。

3.6.2 纳米块体的结构特点

纳米块体的构成是纳米微粒（尺寸在1～100nm）和它们之间的分界面（以下称为界面)。界面在块体材料中的作用类似于一般固体材料的晶粒间界，但又有本质的不同。由于纳米粒子尺寸小，界面在块体材料中所占的体积分数，往往与纳米微粒所占体积分数差不多，例如：纳米块体中纳米微粒的粒径 d 为5nm，界面厚度 δ 为1nm，若设微粒为球体，那么界面原子的体积分数为

$$C=\frac{\frac{4}{3}\pi d^{3}-\frac{4}{3}\pi(d-\delta)^{3}}{\frac{4}{3}\pi d^{3}}=\frac{3d\delta(d-\delta)+\delta^{3}}{d^{3}}=\frac{61}{125}=48.8\%$$

因此，在纳米块体材料中，不能将界面视为“缺陷”，它已成为纳米块体材料基本构成之一。所以说，界面类似于一般固体材料的晶粒间界，但又有本质的不同，不能视为缺陷。可以说纳米块体分为两个组元：①微粒组元；②界面组元。作为微粒组元，需保持形成块体的纳米微粒结构；而作为界面组元，它的结构取决于相邻微粒（如晶粒）的相对取向及边界的倾角。如果相邻微粒取向是随机的，则纳米块体的所有晶粒间界具有不同的原子结构，如图3-27所示。

从图中可以看出，纳米块体材料不是由单一纳米相构成的，而是由多种相微粒组成的纳米复合材料。不同相的原子间距不同，在界面 A、B 处可以发现，界面处的原子间距与晶粒内不同。而且不同界面彼此不同。界面组元是所有这些界面结构的组合，如果所有界面的原子间距各不相同，则这些界面的原子间距的平均结果是各种可能的原子间距取值在这些界面中均匀分布。因此可以认为面组元的微结构与长程有序的晶态不同，也和典型的短程有序的非晶态有差别，是一种新型结构。

纳米非晶结构材料的颗粒组元是短程有序的非晶态，其界面组元的原子排列比颗粒组元

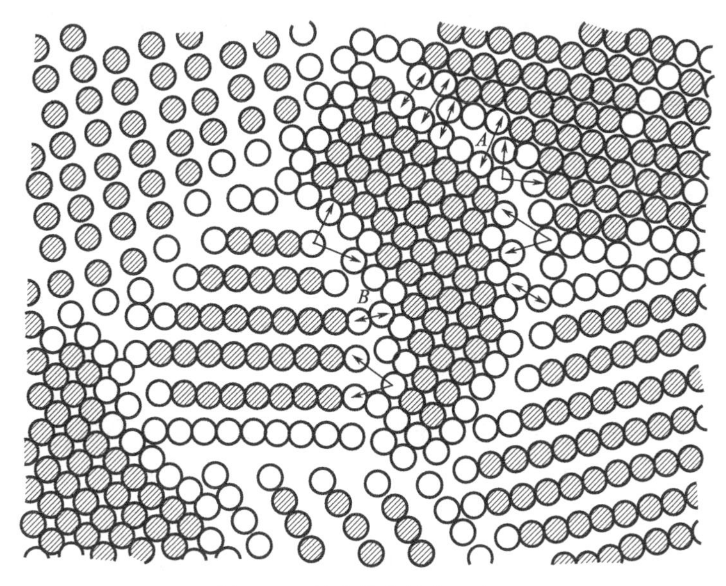

图 3-27 纳米块体结构示意图

黑圆点代表晶粒内原子；白圈代表界面原子；箭头表示出晶界 A、B 中不同的原子间距；图上界面原子仍位于规则晶格位置上，但实际的纳米微晶中这些原子将松弛而形成不同的原子排列。

内原子的排列更混乱，是一种无序程度更高的纳米材料。

由于纳米块体中界面组元所占比例很大，因此对它的研究十分重要，到目前为止尚无成熟的理论，仅有一些假说，概括起来有以下几种。

① 类气态模型是 Gleiter 等于 1987 年提出的关于纳米晶体固体材料的界面结构模型。该模型认为纳米晶体界面内的原子排列，既没有长程有序，也没有短程有序，是一种类气态的、无序程度很高的结构。这个模型与近年来关于纳米晶体界面结构研究的大量事实有出入，自 1990 年以来文献上不再引用该模型，Gleiter 本人也不再坚持这个模型。但是，应该肯定这个模型的提出在推动纳米材料界面结构的研究上起到一定的积极作用。

② 有序模型认为界面组元的原子排列是有序的，而且高分辨电镜的显微像（衍射衬像）支持这种看法，但进一步研究发现界面组元的原子排列的有序化是局域性的，而且这种有序排列的条件，主要取决于界面的原子间距和颗粒大小，当原子之间的间距 d 为纳米微粒粒径时，界面组元的原子排列是局域性有序的；反之，界面组元为无序结构。

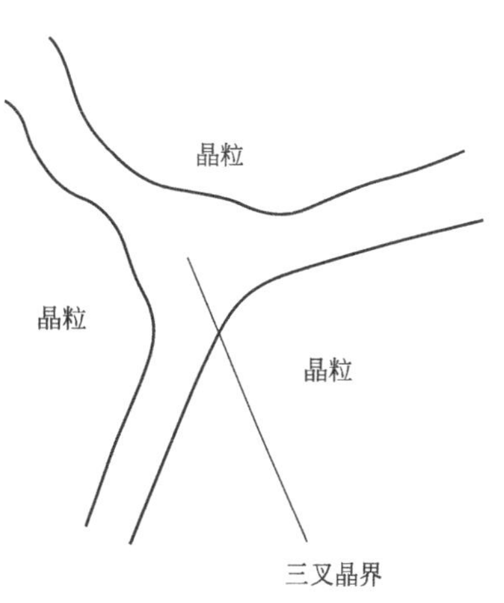

图 3-28 三叉晶界示意图

③ 界面缺陷态模型的中心思想是界面包含大量缺陷，其中三叉晶粉（图 3-28）对界面性质的影响起关键的作用。

④ 界面可变结构模型主要是强调界面结构的多样性，不能用一种简单的模型全部概括界面组元的特征。

由于纳米块体的结构与常规的固体材料差别很大，因此它的物理性质也很特殊。

3.6.3 纳米块体的性能

纳米块体材料的特殊性能是相对常规固体材料而言的，这里将从力、热、光、磁、电等五个方面加以介绍。

3.6.3.1 力学性能

材料的硬度、弹性模量和塑性是主要的力学性能，纳米块体材料与常规固体材料有很大不同。

(1) 硬度

Hall-Petch (H-P) 关系就是经过大量实验总结出来的纳米多晶块体的屈服应力（或硬度）与晶粒尺寸的关系。建立在位错塞积（界面组元）理论上的 H-P 关系，满足关系式

$$\sigma_y = \sigma_0 + Kd^{-\frac{1}{2}} \tag{3-3}$$

式中，σ_y 为 0.2%的屈服应力；σ_0 为移动单个位错所需克服的点阵摩擦力；K 为常数；d 为平均晶粒尺寸。

若用硬度表示 H-P 关系则有

$$H = H_0 + Kd^{-\frac{1}{2}} \tag{3-4}$$

H P 关系是普适的经验关系式，对于各种纳米晶块体而言，主要有三种情况。

① 正 H-P 关系，即 $K>0$。对蒸发凝聚原位加压的 Pd，以非晶晶化法制备的 Ni-P 纳米晶材料等，用维氏硬度计测材料硬度，发现它们满足正 H-P 关系（图 3-29）。即硬度随纳米晶粒尺寸的减小而变大。与常规多晶材料遵从相同的规律。

② 反 H-P 关系，即 $K<0$。用蒸发凝聚原位加压制成的纳米 TiO_2 晶体，高能球磨法制备的纳米 Fe 和 Nb_3Sn_2 等都符合这种规律，即硬度随纳米晶粒的减小而下降（图 3-29）。

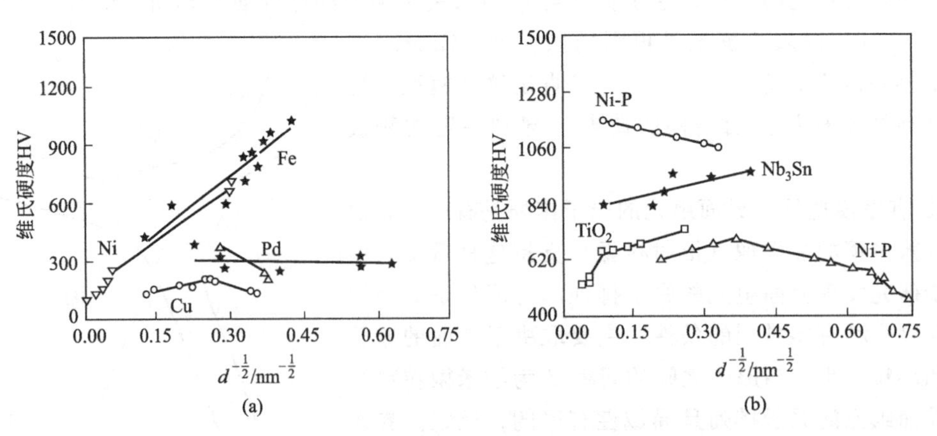

图 3-29 纳米晶材料的维氏硬度与粒径 $d^{-\frac{1}{2}}$ 关系图

③ 正-反混合 H-P 关系。硬度值不是随晶粒尺寸的变化而单调地上升或下降，而是存在一个拐点（临界晶粒尺寸 d_c）。纳米晶 Cu 块体（蒸发凝聚、原位加压制成）和非晶晶化法制成的 Ni-P 纳米晶材料，就属于这一类。

对上述现象不能用传统的位错理论去解释，这是因为常规位错理论是建立在晶粒组元基础上的，而纳米块体材料的界面组元占了体积的近一半，对几纳米大小的晶粒，其尺度与常

规粗晶粒内部位错塞积中相邻位错间距相差不多，位错源很难开动，用位错塞积理论很难解释纳米晶块体材料的力学性能。

对实验结果的理论解释都很不成熟，大约有“三叉晶界”观点（即随着纳米晶粒径的减小，三叉晶界数量增殖比界面组元体积分数的增殖快，三叉晶界处原子扩散快，动性好，三叉晶界实际上就是旋错，旋错的运动会导致界面区的软化，用这种软化现象就可使纳米晶块体屈服强度降低——延展性增加、硬度变小，这就是 $K<0$ 的反 H-P 关系）、“界面作用”观点、“临界尺寸”观点等。此外，上述的实验中，有些实验的重复性不好，纳米块体的制备工艺决定了它的结构也不能完全人为可控，这就更增添了理论探讨的难度。

（2）弹性模量

随着组成纳米块体的微粒粒径的减小，块体的弹性模量比固体材料小很多，而且微粒粒径越小，材料的弹性模量越小，表 3-9 给出了 Pd 和 CaF_2 纳米晶体与常规粗晶晶体弹性模量对比。

弹性模量的物理本质表征着原子间结合力，可以认为弹性模量 E 和原子间的距离 a 近似地存在关系

$$E=k/a^m$$

式中，k，m 为常数。

表 3-7 表明纳米晶 Pd 的弹性模量比一般晶体小许多，若认为微粒粒径为 6nm，界面厚度为 1nm，可以推断界面组元的杨氏模量 E_i 约为 40GPa，一般认为 E_i 的减小是由于界面内原子间距增大的结果。其次，界面内存在着许多配位不全的非饱和键和悬键，这就导致了反映原子间结合力的弹性模量的下降。粒径越小，界面所占比例越大，块体的弹性模量越小。

表 3-7　弹性模量和切变模量对比

材料	晶体类型	弹性模量/GPa	切变模量/GPa
Pd	一般晶体	123	43
	纳米晶体	88	25～32
CaF_2	一般晶体	111	
	纳米晶体	38	

（3）塑性

材料的塑性是指材料承受变形而不发生断裂的能力，通常用样品长度的延伸率或截面积的减小率来表征。

目前认为，纳米结构材料塑性差的原因主要有：①加工过程中的残余孔隙和缺陷；②由于晶粒尺寸小，位错不再是塑性变形的主导因素，同时晶界所占分数较大，晶界能较高，使得裂纹容易在样品内增殖；③目前制备的大部分完全密实的纳米结构材料的几何尺寸都比较小，即使内部没有孔隙和缺陷，其表面的微小缺陷甚至光洁度不够高等，都会造成裂纹的形核和长大，导致在变形早期出现塑性失稳；④在应变的早期阶段形成的剪切带导致了变形不均匀，过早引起缩颈；⑤由于晶粒尺寸小，位错直接被晶界吸收而无法在晶粒内部塞积，使得纳米结构材料缺乏应变硬化能力，产生局部应力集中，使塑性失稳，最终导致均匀延伸率低，过早发生断裂。

Ma 总结了提高纳米金属及合金块体材料拉伸塑性的几种方法：控制晶粒尺寸的分布，引入孪晶，多相复合，纳米沉淀相的弥散分布，利用孪生和相变诱导塑性，等。这些方法首先是要制备出没有缺陷的完全密实的块体纳米结构材料，其次是通过微结构设计来克服拉伸过程中的塑性失稳，提高纳米材料的应变硬化能力。

3.6.3.2 热学性能

(1) 比热容

纳米块材的比热容比常规材料高得多。图 3-30 给出了纳米微晶 Pd 与常规粗晶 Pd 的比热容对比图。

从热力学第二定律可知，体系的比热容主要来源于熵的贡献，体系熵应包括振动熵和组态熵，纳米块体内界面组元原子分布混乱，所以熵值大，因而构成纳米块体的纳米微粒粒径越小，块体的比热容越大。(当然，随着温度的升高，原子的热运动加剧，熵值越大，材料的比热容也越大。)

(2) 热膨胀

纳米晶块体的热膨胀比常规粗晶晶体大，图 3-31 就是不同微粒粒径材料的 α-Al_2O_3 的热膨胀与温度的关系，图 3-31 中我们可以发现组成块体的微粒粒径越大，在相同温度时的热膨胀值就越小，而微粒粒径越小，热膨胀值就越大。

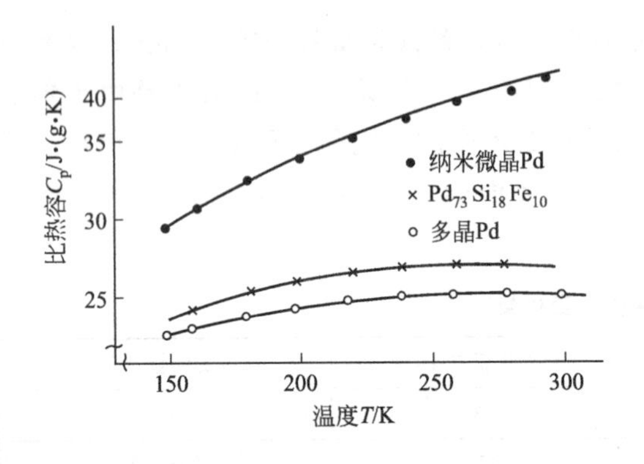

图 3-30 纳米微晶 Pd 与常规粗晶 Pd 比热容对比

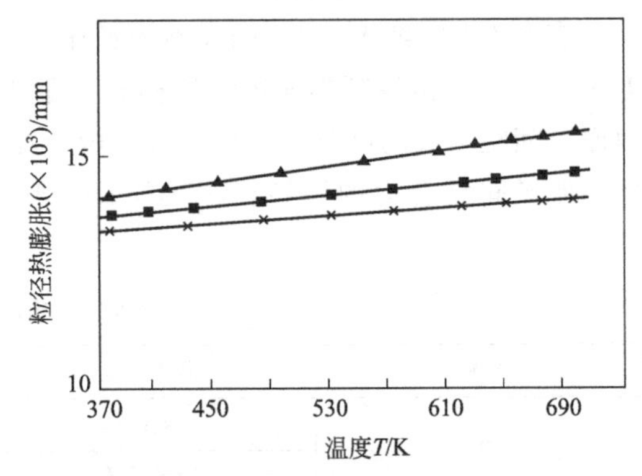

图 3-31 纳米和微米 α-Al_2O_3 晶体的热膨胀与温度关系

▲—80nm；■—105nm；×—5μm

纳米晶块体中界面原子排列较微粒内混乱，界面中的原子和键的非线性热振动比常规晶体结构中的要显著，因此对热膨胀的贡献大，纳米微粒粒径越小，纳米晶块体中的界面组元所占体积比例就越大，块体所表现出来的热膨胀越大。

(3) 热稳定性

晶体材料的结构失稳通常包括晶粒长大、第二相析出和相分离等过程，这些变化过程会导致材料微观结构的变化，特别是晶界形态和数量的变化，将会影响到材料多方面的性能。对纳米晶体材料而言，由于纳米结构材料的微观结构中存在大量的晶界结构，这将为其晶粒长大提供巨大的驱动力，晶粒的长大可使其失去纳米材料优异的机械或理化性能。因此，纳米晶体材料的热稳定性将会对其发展和应用产生巨大的影响，是对其性能进行研究最重要的方面之一。

由描述晶粒长大理论的 Gibbs-Thomson 方程可知，晶粒长大的驱动力（$\Delta\mu$）与晶粒

尺寸（d）具有如下关系

$$\Delta\mu=\frac{4\Omega\gamma}{d} \tag{3-5}$$

式中，Ω 为原子体积；γ 为界面能。

由式可知，晶粒长大的驱动力将随着晶粒尺寸的减小而升高。由此推论，当晶粒尺寸细化到纳米尺度后，晶粒长大的驱动力很高，甚至在室温下就可能长大。然而，和预测结果相矛盾，大量实验结果表明，通过各种方法制备的纳米晶体材料，无论是纯金属还是合金或化合物，它们在一定程度上都具有较高的晶粒尺寸稳定性，表现为晶粒开始长大的温度较高，有时高达 $0.6T_m$（T_m 为材料的熔点）。因此，通过研究纳米晶体材料的热稳定性可以为了解其本质的微观结构特征提供重要信息。

纳米晶体材料处于热力学的亚稳状态，其结构转变过程需克服一定的激活能，因此，从动力学角度研究纳米晶体的热稳定性很有必要。动力学研究纳米晶体材料的热稳定性通常分为两个方面：①利用动力学公式来表示晶粒尺寸与退火温度或时间的关系；②通过观察物理性能的变化得到纳米晶体材料失稳过程的一些特征参数，从而研究其动力学过程。传统多晶材料中晶粒的长大过程一般可表示为

$$d^N=d_0^N+k_Tt \tag{3-6}$$

式中，d_0^N 为初始晶粒尺寸；d^N 为经过时间 t 退火后的晶粒尺寸；N 为晶粒长大指数；k_T 为动力学常数。

该式较为准确地反映了较低温度下金属材料中晶粒长大的规律。根据经典的晶粒长大机制，不同 N 代表着不同的晶粒长大机制，N 通常为 2～4。动力学常数 k_T 和温度 T 有如下关系

$$k_T=k_{T_0}\exp\left(-\frac{Q}{RT}\right) \tag{3-7}$$

式中，k_{T_0} 为指前因子；R 为气体常数；Q 为晶粒长大激活能。

晶粒长大过程所需的激活能是晶粒尺寸稳定性的一个重要参数，代表了晶粒长大所对应的扩散过程需要克服的能量势垒。在研究晶粒长大的过程中，通常通过计算晶粒长大指数 N 和晶粒长大激活能 Q，并对比实验值和理论值来判断纳米晶粒的长大机制。

此外，利用差热分析或电阻分析，通过测量晶粒长大过程随着升温速率的变化，还可以推断此过程的激活能，即运用 Kissinger 方程

$$\ln\left(\frac{B}{T^2}\right)=-\frac{Q}{RT}+C \tag{3-8}$$

式中，B 为升温速率；Q 为激活能；R 为气体常数；T 为某一过程的特征温度（如起始温度 T_{on} 或峰值温度 T_p）；C 为常数。

一般而言，晶粒长大过程的激活能越大，晶粒的尺寸稳定性越好。实验结果表明，合金和化合物的晶粒长大激活能较高，接近相应元素的体扩散激活能，而单质纳米晶体材料的激活能较低，与晶界的扩散激活能相近，这说明纳米晶粒的长大过程不能简单沿用经典理论来描述，纳米晶体材料微观结构的一些本质因素将会影响其晶粒的稳定性。

纳米晶体材料的热稳定性对应着其微观结构的变化，通过监测样品物理性能的变化，推测其相应的结构变化过程，同时建立物理性能与微观结构的对应关系，对于研究纳米晶体材料的热稳定性及揭示其本质具有重要的意义。

3.6.3.3 光学性质

块体材料的光学性质与内部的微结构、电子态、缺陷态和能级结构有密切的关系。纳米块体在结构上与常规的晶态与非晶态有很大差别，界面组元比例大，因此具有许多新现象、新性质。

(1) 光的吸收

相对常规粗晶材料，纳米块体的光吸收带往往会出现蓝移或红移现象，这些特点与纳米粉体相类似。一般来讲，纳米块体的粒径减小、量子尺寸效应会导致光吸收的蓝移。引起红移的因素有以下几种：①电子限域在小体积中运动（这恰恰是纳米块体微粒特征）；②随粒径减小内应力增加，导致电子波函数重叠；③能级中存在附加能级，如缺陷的存在产生的附加能级，使电子跃迁能级间距减小；④外加压力使能隙减小；⑤空位、杂质使平均原子间距加大等。这样对纳米块体都同时存在蓝移和红移两种影响因素，若蓝移因素大于红移因素，会导致光吸收带蓝移，反之，红移。

除了光吸收带的蓝移和红移外，还有吸收带宽化的现象，造成这种现象的原因主要有：①小尺寸效应和量子尺寸效应；②晶场效应（指有序度的增强和对称性的提高）；③尺寸分布效应；④界面效应。但具体是哪种效应的影响，几个因素的作用，尚需具体情况具体分析。

(2) 掺杂引起的荧光现象

用紫外光激发纳米块体 Al_2O_3，在可见光范围可观察到新的荧光现象，若将三价铁离子掺杂到 η-Al_2O_3 块体，则荧光变得更强、频率更宽。

(3) 光致发光谱的变化

纳米块体微粒小，导致量子限域效应，界面结构无序性导致大量缺陷，如悬键、不饱和键和杂质等，这就使在能隙中产生了许多附加能隙，导致发光谱的改变。现以纳米非晶氮化硅块体的发光为例，常规非晶氮化硅 α-SiN_x 在紫外到可见光很宽的波长范围内，发光呈现一个很宽的发射带（是连续而不是分立的），但退火温度为 400℃的纳米非晶氮化硅块体在紫外到可见光范围出现了 6 个分立的峰值，它们分别为 3.2eV、2.8eV、2.7eV、2.4eV、2.3eV 和 2.0eV，远小于非晶体氮化硅的能隙宽度（4.5～5.5eV），表明纳米块体的发光都是能隙内的现象，从而推断出能隙态模型。同样，通过对纳米 PiO_2 发光现象的研究也得到了类似的结果，从光学性能方面又反证了我们对纳米物理性推断的正确性。

3.6.3.4 磁学性能

物质的磁性与其组分、结构和状态有关，纳米结构材料与常规多晶和非晶材料在结构上特别是磁结构上有很大差别。例如：常规晶体、非晶体 Fe 和其合金的磁结构是由许多磁畴构成，畴间由畴壁隔开，磁化是通过畴壁运动来实现的。纳米晶块体 Fe 中不存在这种畴结构，每个纳米晶微粒一般为一个单的铁磁畴。相邻晶粒的磁化是由晶粒的各向异性和相邻晶粒间磁交互作用决定的。纳米晶块体中晶粒的取向是混乱的，加上晶粒磁化的各向异性，决定了磁化交互作用仅限于几个晶粒的范围内，长程的交互作用受到障碍，这使纳米晶块体有高的磁矫顽力，低的居里温度等，这与纳米粉体的磁特性是一致的。纳米晶块体除微粒组元外还有占很大比例的界面组元，纳米微晶 Fe 块体的界面组元的居里温度更低，当然与常规粗晶块体的磁性能差别更大。不同的纳米块体在不同的磁性能方面，有不同的表现。

(1) 饱和磁化强度

纳米晶块体 Fe 的饱和磁化强度比玻璃态 Fe 和 α-Fe 常规晶体低。由于纳米晶块体 Fe 的

界面组元内短程有序与常规玻璃态 Fe 有差别，所以纳米晶块体 Fe 的饱和磁化强度低，这说明庞大界面对磁化不利。

（2）抗磁性到顺磁性的转变及顺磁到反铁磁的转变

纳米 Sb（锑）与纳米 Fe 不同，它的特点在于由常规块体（$\chi=0$）表现为抗磁性（$\chi<0$），但纳米微晶 Sb 表现出顺磁性（$\chi>0$）。

纳米 FeF_2 块体则从原来的顺磁性转变为反铁磁体，且转变的温度 T_N 是一个范围。

（3）超顺磁性

纳米 α-Fe_2O_3 粉体（7nm）与纳米块体性能有不同，在室温下粉体显示超顺磁性，块体超顺磁性就大大减小，而纳米 α-Fe_2O_3 的粉体与块体的超顺磁性基本一致。

（4）磁相变

纳米晶 Er（铒）块体是尺度为 12～70nm 的粉体压制而成的，它没能保持常规粗晶时 hcp 结构在 85K 温度下向纵向正弦磁结构（在 52K 时向基面调制结构；19K 时螺旋铁磁结构）的磁相变，样品呈超顺磁性。

（5）居里温度

纳米块体与纳米粉体类似，居里温度大大降低，这当然对应用场合和条件带来限制，是不利的。

（6）巨磁电阻效应

纳米块体与纳米薄膜同样具有巨磁电阻效应。采用液相快淬工艺及机械合金化方法制备成的纳米厚条带和块体都表现出这一特点。

3.6.3.5　电学性质

由于纳米材料中有庞大的界面组元，与常规晶块比较，晶格的周期性受到了严重破坏，而且颗粒尺寸越小，电子平均自由程越短。这种材料偏离理想周期场愈严重，那么建立在固体材料基础上的电阻、电导行为、电阻温度系数、电子散射现象有无变化？这正是我们所关心的。

（1）纳米块体的电阻（电导）

① 纳米金属与合金的直流电阻。图 3-32 给出了不同晶粒尺寸 Pd 纳米块体的比电阻与测量温度的关系。由图中可以看出纳米 Pd（钯）块体的比电阻随粒径的减小而增加。

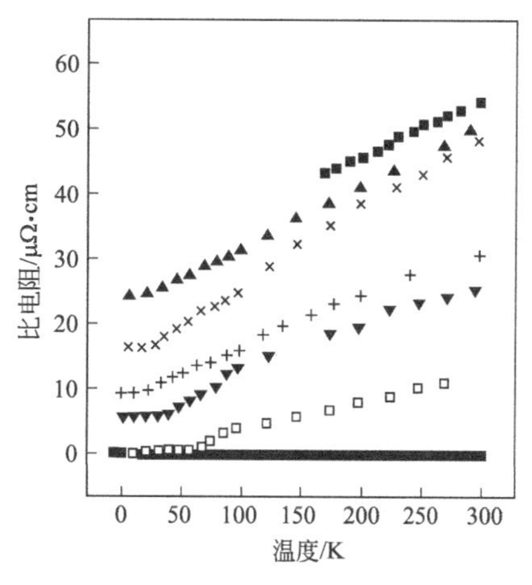

图 3-32　不同晶粒尺寸 Pd 纳米块体的比电阻与测量温度的关系

■ —10nm；▲—12nm；

× —13nm；＋—22nm；

▼ —25nm；□—粗晶Pd

所有的纳米块体的比电阻均比常规粗晶固体要高。同时，我们发现同一粒径的纳米块体比电阻随温度升高而增大。这是很容易解释的，对于理想的晶体材料，其周期势场对电子的传输没有障碍，只是热运动造成的声子、结构上实际存在的杂质和缺陷以及晶粒间晶界，使电子在实际晶体中传输时受到了阻碍，产生了电阻，纳米块体中存在大量的界面组元，大量电子的运动被局限在一个很小的颗粒范围内，界面组元排列越混乱，界面区域越厚，对电子散射能力就越强，界面的高势垒是使电阻升高的主要原因。当颗粒尺寸与电子平均自由程相当时，界面组元的散射对电阻的贡献大，而纳米晶粒尺寸大于电子平均自由程时，晶粒组元内的散射对电阻的贡献大，当颗粒尺寸接近于粗晶时，比电阻就越接近常规粗晶固体。

直流电阻温度系数与纳米块体晶粒尺寸的关系见图 3-33。从图中可以看出颗粒尺寸越大，直流电阻温度系数越大，颗粒尺寸减小，直流电阻温度系数减小，当颗粒尺寸小于某一临界尺寸时，直流电阻温度系数可能由正变为负。原因仍然是界面组元的作用，界面组元排列的无序已使电阻率趋向“饱和值”，即不再增加，即使温度上升，界面组元混乱度再增加也无法为电阻增加提供新的贡献，此时电阻随温度上升而增加的趋势减弱，直流电阻温度系数甚至出现负值。此外颗粒组元的作用也要考虑，当颗粒尺寸小到一定程度，纳米微粒的量子尺寸效应出现，也导致了颗粒组元对电阻率的贡献加大，产生了负的电阻温度系数。图 3-34 给出了纳米 Ag 块体的直流电阻随温度的变化，从图中可看出，图 3-34(a) 的曲线是纳米 Ag 块体的颗粒尺寸为 20nm，图 3-34(b) 为 18nm，图 3-34(c) 为 11nm，它们的斜率由正变为了负。

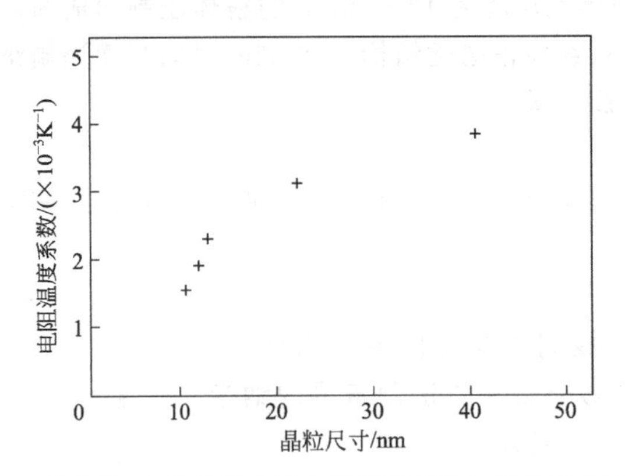

图 3-33 纳米晶 Pd 块体的直流电阻温度系数与晶粒尺寸的关系

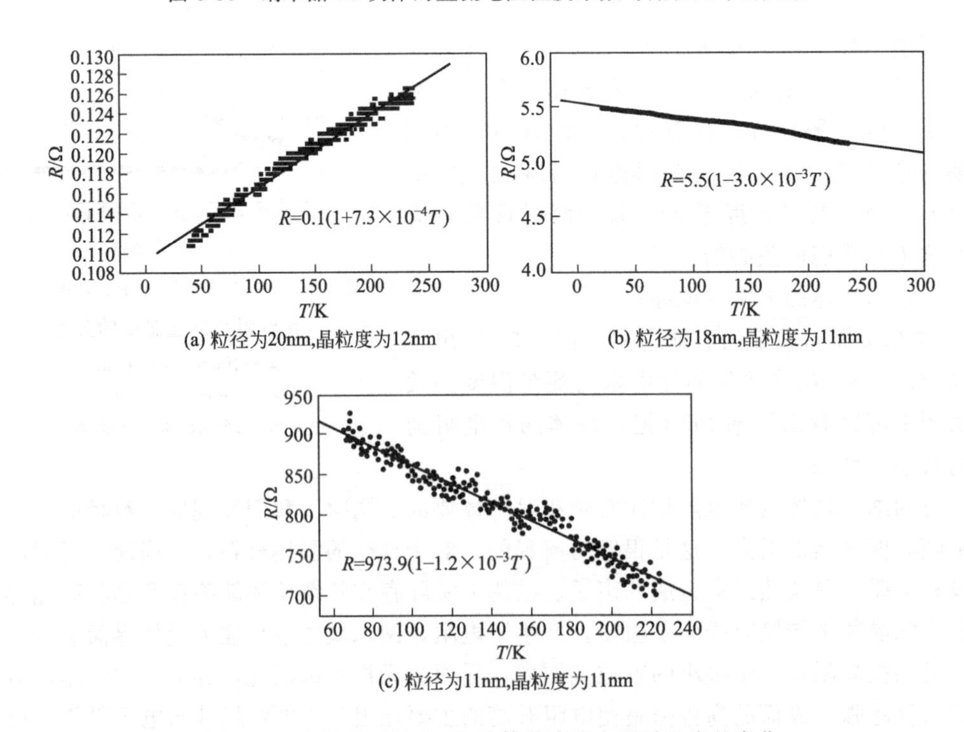

图 3-34 室温以下纳米 Ag 块体的直流电阻随温度的变化

② 交流电导。粒径为 15nm 的非晶氮化硅粉体经 130MPa 压制成纳米块体后，在不同

频率下测量其交流电导，发现交流电导值 $\sigma(\omega)$ 随温度升高而下降、而后又上升的非线性、可逆的变化。图 3-35 给出了不同频率下纳米非晶氮化硅块体的交流电导与温度的关系。

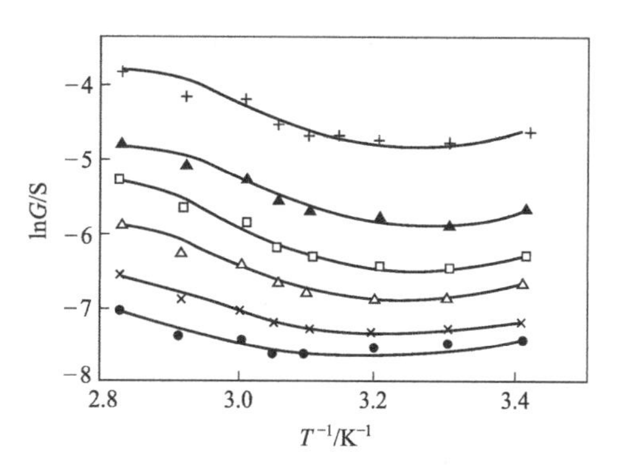

图 3-35　纳米非晶氮化硅块体的交流电导与温度的关系

+ —100kHz; ▲—25kHz; □ —10kHz; △ —5kHz; × —2kHz; ● —1kHz

(2) 纳米块体的介电特性

研究不同粒径的纳米非晶氮化硅、纳米 α-Al_2O_3、纳米 TiO_2 锐钛矿及纳米晶 Si 块体发现，它们都有下列特点。

① 纳米块材的介电常数 ε 和相对介电常数 ε_r 随频率的减小而上升。图 3-36 所示为不同粒径纳米 α-Al_2O_3 块体的粗晶试样在室温下的介电常数与频率的关系。

② 在低频范围，介电常数明显地随纳米块体微粒的粒径而变化，随粒径的增大，ε（和 ε_r）先增后降。

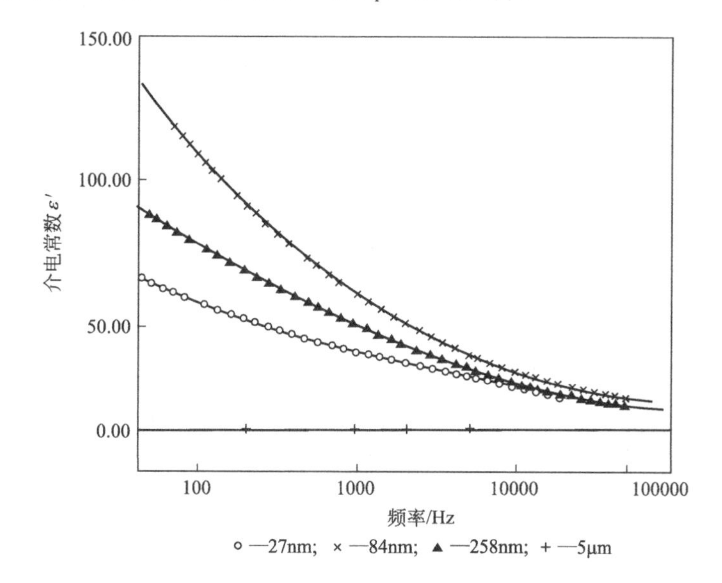

○ —27nm; × —84nm; ▲ —258nm; + —5μm

图 3-36　不同粒径纳米 α-Al_2O_3 块体的粗晶试样在室温下的介电常数与频率的关系

③ 介电损耗随频率变化存在峰值。

④ 介电常数随温度变化存在峰值。

⑤ 介电损耗随温度变化存在峰值。

⑥ 纳米非晶氮化硅的介电常数的频率特征与块体成型工艺有关，压力越大越致密，介电常数越高，这一现象在低频范围更明显。

纳米块体介电特性与材料内部的电荷极化相关。主要包括：①界面组元的极化；②转向极化（指材料中的离子键，在外电场作用下方向转化而形成的转向极化）；③松弛极化（弱束缚下的电子在外场作用下改变位置向另一结点转移，与原束缚松弛而产生的极化）。这些极化均对介电常数有很大的贡献，表现出高的介电常数。

(3) 压电效应

某些晶体受到机械作用（应力或应变）在其两端出现符号相反的束缚电荷现象，称为压电效应。具有压电效应的晶体称为压电体。该效应是因晶体的介质极化引起的。

未经热压烧结的非晶氮化硅表现出极强的压电性（在76MPa和62MPa压力下压制成块体的纳米非晶块体压电常数达PCM、PZT压电晶体的2倍以上），但经烧结退火，压电常数为0，不再呈压电效应，这是因为未经烧结退火的纳米非晶氮化硅，在界面组元中存在大量的悬键以及N—H、Si—H、Si—O、Si—OH等键，导致界面中存在许多局域性电偶极矩，在受到外部压力后，这些电偶极矩取向、分布发生了变化，在宏观上产生电荷积累，呈现很强的压电性。颗粒越小，界面组元所占比例越大，压电性越强，但是一经烧结压实和高温退火，内部的极性键，如N—H、Si—H等，因H的释放而遭破坏，高温加热使界面组元原子排列有序度增加，空位、孔洞减少，缺陷引起的偶极矩减少，因此试样不再呈现压电性。

3.6.4 纳米块体的应用

纳米块体材料的特殊结构和性能使其具有非常广泛的应用前景。在力学、光学、医学、磁学、电学等方面都有着广泛的用途。

3.6.4.1 在力学方面的应用

纳米固体材料可以作为高温、高强度、高韧性、耐磨、耐腐蚀的结构材料。高强度和高硬度的纳米Al_2O_3可作为耐磨材料、刀具材料以及纳米复合材料的增强体，如图3-37所示是纳米陶瓷刀具；利用纳米ZrO_2的相变增韧可制备高性能陶瓷，其高硬度可制作冷成型工具、拉丝模、切削刀具，其高强度和高韧性可制作发动机部件；纳米SiC和Si_3N_4因具有高模量、高强度、耐磨损等特性，可制作各种工业领域中的结构件等。

3.6.4.2 在光学方面的应用

利用某些纳米材料的光致发光现象可制作发光材料，如图3-38所示是发光纳米晶体。利用纳米非晶氮化硅块体在紫外-可见光范围内和锐钛矿型纳米TiO_2的光致发光现象可制作发光材料。另外，光纤在现代通信和光传输中占有极为重要的地位，纳米材料用作光纤材料时可降低光纤的传输损耗，并有一定的优越性。

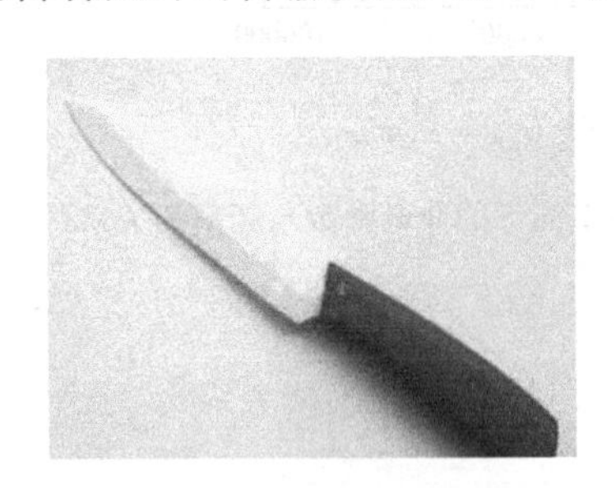

图3-37 纳米陶瓷刀具

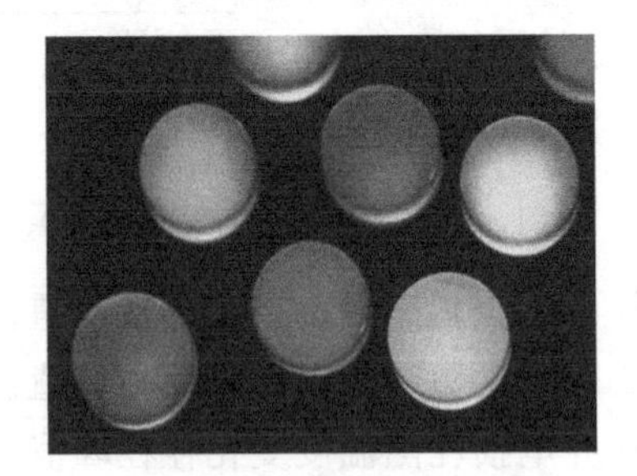

图3-38 发光纳米晶体

3.6.4.3 在医学方面的应用

有些纳米材料（纳米Al_2O_3和ZrO_2等）在医学方面可作为生物材料。除用于测量、诊断、治疗外，生物材料主要是用作生物硬组织的代用材料（包括生物惰性材料和生物活性材料）。生物活性材料是指可通过细胞活性，能部分或全部地被溶解或吸收，并与骨发生置换而形成牢固结合的一类生物材料。生物惰性材料是指化学性能稳定、生物相容性好的生物材料，即该生物材料置入人体内不会对肌体产生毒副作用、肌体也不会对该材料发生排斥反应，即该生物材料既不被组织细胞吞噬、又不被排出体外，最后被人体组织包围起来。

纳米 Al_2O_3 和 ZrO_2 就是生物惰性材料。纳米 Al_2O_3 的生物相容性好、耐磨损、强度高、韧性比常规材料高，可制作人工关节、人工骨、人工齿根等，如图 3-39 所示是纳米人工骨颗粒；纳米 ZrO_2 可制作人工关节、人工齿根等。

图 3-39　纳米人工骨颗粒

3.6.4.4　在磁学方面的应用

具有铁磁性的纳米材料（如纳米晶 Ni、Fe、Fe_2O_3、Fe_3O_4 等）可作为磁性材料。铁磁材料可分为软磁材料（既容易磁化，也容易去磁）和硬磁材料（即磁化和去磁都很困难）。此外，除可作为软磁材料和硬磁材料，纳米铁氧体磁性材料还可用作旋磁材料、矩磁材料和压磁材料等，如图 3-40 所示是纳米旋磁材料和纳米软磁材料。

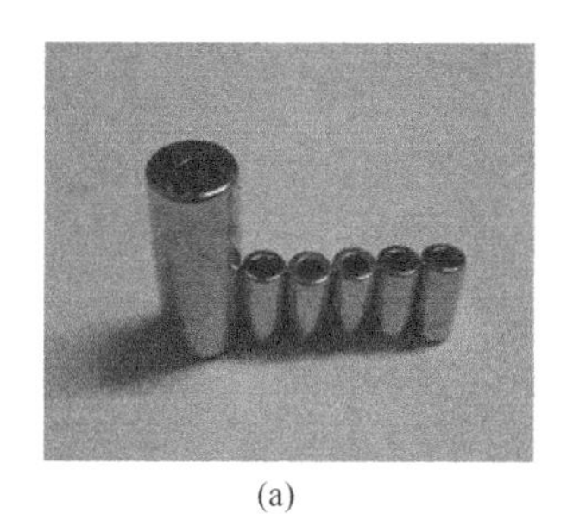

(a)

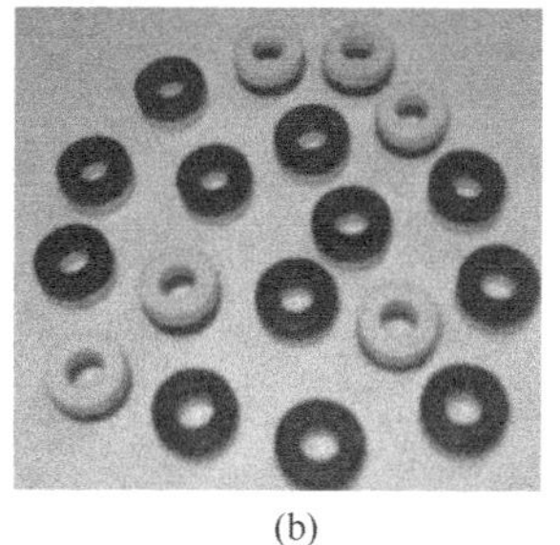

(b)

图 3-40　纳米旋磁材料（a）和纳米软磁材料（b）

（1）软磁材料

主要特点是磁导率高、饱和磁化强度大、电阻高、损耗低、热稳定性好。可制作电感线圈、小型变压器、脉冲变压器、中频变压器、天线棒的磁芯、电视偏转磁轭、录音磁头、磁放大器等。

（2）硬磁材料

对硬磁材料的主要要求是剩磁要大、矫顽力也要大，这样才不容易去磁。此外，对温度、时间、振动等干扰的稳定性要好。可制作磁路系统的永磁体（以产生恒定的磁场）：扬声器、微音器、拾音器、助听器、录音磁头、各种磁电式的仪表、磁通计、磁强计、示波器以及各种控制设备等。

（3）旋磁材料

有些纳米铁氧体会对作用于它的电磁波产生一定偏转，这就是磁旋效应。利用它制作回相器、环行器、隔离器和移项器等非倒易性器件；衰减器、调制器、调谐器等倒易性器件。利用旋磁铁氧体的非线性可制作混频器、振荡器、放大器、雷达、通信、电视、测量、人造卫星、导弹系统的微波器件。

（4）矩磁材料

有些纳米铁氧体的磁滞回线为矩形（称为矩磁材料）。它广泛用于电子计算机、自动控制和远程控制等科技中，可制作记忆元件、开关元件和逻辑元件、磁放大器、磁光存储器等。

（5）压磁材料

有些纳米铁氧体具有磁致伸缩效应（指磁性材料在磁化过程中几何尺寸与形状发生变化

的现象)。以该效应为应用原理的铁氧体材料称为压磁材料。其优点是电阻率高、频率响应好、电声效率高。可制作超声波器件(如超声波探伤)、水声器件(如声呐)、机械滤波器、混频器、压力传感器等。

3.6.4.5 在电学方面的应用

纳米材料在电学方面主要可以用来作为一些电导材料、超导材料、电介质/电容器材料、压电材料等。

(1) 电导材料

所有纳米金属材料都导电。这类材料大多属于电解质,也称为块离子体。按导电离子的类型,块离子体材料可分为阳离子导体和阴离子导体。纳米 β-Al_2O_3(掺 Na^+、Li^+、H^+ 等)为阳离子导电材料,ZrO_2(掺 CaO、Y_2O_3 等)为阴离子导电材料。

纳米 Na-β-Al_2O_3 可作钠-硫电池和钠-溴电池的隔膜材料。这两种电池广泛应用于电子手表、电子照相机、听诊器和心脏起搏器等方面。导电、导热性好的纳米 ZrO_2(掺 CaO、Y_2O_3 等)可制作发热材料(在空气中发热温度可达 2100~2200℃)和高温电极材料(磁流体发电机装置中的电极)。在一定条件下具有传递氧离子特性的纳米 ZrO_2 可制作固体氧浓差电池、氧传感器等,以进行氧浓度的测定。

(2) 超导材料

有些纳米金属材料(如 Ni、Ti 等)和合金(如 Nb-Zr、Nb-Ti 等)具有超导电性(目前这类材料超导临界温度最高只有 23K)。而纳米氧化物超导材料的临界温度可达 100K 以上。

(3) 电介质/电容器材料

一般地,把电阻率大于 $10^8 \Omega \cdot m$ 的陶瓷材料称为电介质材料(包括电绝缘材料和电容器材料),它能承受较强的电场而不被击穿。纳米 α-Al_2O_3 陶瓷具有很高的强度、良好的导热性和耐电强度高、绝缘电阻大、介电损耗小、电性能随温度及频率的变化比较稳定等优点,被广泛用作电绝缘材料;金红石型 TiO_2 纳米陶瓷属于非铁电电容器材料,可作高频温度补偿电容器;$BaTiO_3$ 为典型的铁电电容器材料,$PbZrO_3$ 为典型的反铁电电容器材料。

(4) 压电材料

压电材料是一种可把电能转化为机械能,或把机械能转化为电能的功能材料。如 $BaTiO_3$、$PbZrO_3$ 和纳米非晶氮化硅即为典型的压电材料,它在超声、水声、电声、微声、高压、激光、导航、医疗、生物、通信等技术领域有着广泛的应用,可制作换能器、拾音器、仿声器、扬声器、滤波器、振荡器等。

3.7 纳米复合材料

复合材料是由两种或两种以上物理、化学性质不同的物质组合而成的一种多相固体的材料。在复合材料中,通常有一相为连续相,称为基体;另一相为分散相,称为增强材料。分散相是以独立的形态分布在整个连续相中的,两相之间存在相界面。分散相可以是增强纤维,也可以是颗粒状或弥散的填料。纳米复合材料是指其中任一相的任一维尺寸在 100nm 以下的多相复合材料。本节将只介绍纳米复合材料的分类,将在第 8 章具体介绍一些典型纳米复合材料的性能、制备和应用。

纳米复合材料分散相组成可以是无机化合物，也可以是有机化合物。当基体为金属时，称为金属基纳米复合材料。当基体为陶瓷时，称为陶瓷基纳米复合材料。当基体为聚合物时，称为聚合物基纳米复合材料。

3.7.1　金属基纳米复合材料

金属基纳米复合材料以其高比强度，高比韧性，耐高温，耐腐蚀，抗疲劳及电、热等功能特性广泛应用在航天航空、汽车、机械、化工和电子等领域。

纳米增强体主要有金属间化合物、金属氧化物、碳化物、氮化物等，比如纳米管作为增强相，与一种金属复合，这种金属基纳米复合材料的力学和耐腐蚀性能都可以显著提高。金属基复合材料的性能可以通过调整增强相的含量来控制，碳纳米管作为增强相在铁基、铝基、铜基、镁基和镍基等复合材料中已经取得了一定的成绩。但是由于碳纳米管之间存在很强的范德华力，容易团聚，导致其很难在复合材料中均匀分散；碳纳米管的尺寸与金属晶格相差较大，在制备金属基纳米复合材料时，碳纳米管无法进入金属中，被排斥在晶界上，碳纳米管很难与金属基体形成有效的界面结合。只有采取适当的方法使碳纳米管在金属基体中均匀分散并且与金属基体形成有效的界面结合，碳纳米管作为增强相才能够显著提高金属基复合材料的性能。

3.7.2　聚合物基纳米复合材料

聚合物基复合材料就是纳米级分散相与聚合物基体复合所得到的材料。如鲍久圣通过在摩擦材料基体中添加微纳米级的磁性颗粒，成功研制了能用作矿井提升机闸瓦和汽车刹车片等纳米磁性摩擦材料（图 3-41），具有比传统的复合摩擦材料更加优异的摩擦磨损性能。表 3-8 给出了部分纳米微粒对聚合物基纳米复合材料性能的改善与应用。

图 3-41　纳米磁性刹车片

表 3-8　部分纳米微粒对聚合物基纳米复合材料性能的改善与应用

纳米微粒	性能的增强	应用
纳米黏土	阻燃性、阻隔性、相容性	包装、建筑、电子行业
碳纳米管	导电性、电荷转移	电力、电子行业、光电转换
Ag	抗菌	医药用品
ZnO	紫外吸收	紫外防护
SiO_2	黏度控制	涂料、黏结剂
CdSe、CdTe	电荷转移	光伏电池
石墨	导电性、阻隔性、电荷转移	电力、电子行业
多面低聚倍半硅氧烷(POSS)	热稳定性、阻燃性	传感器、LED

3.7.3　陶瓷基纳米复合材料

如果定义纳米尺度仅仅是小于 100nm，微米尺度为 100nm～100μm，那么在陶瓷材料中早已存在纳米结构，比如很多黏土烧结的陶瓷材料。图 3-42 所示为人们早已熟悉的一种电学陶瓷的扫描电镜图片，大的晶粒是石英，它们之间是包含在玻璃相中的针状多铝红柱

图 3-42 电学陶瓷的扫描电镜图片

石。尽管我们在利用黏土烧制陶瓷的时候，没有采取各种控制手段去特意实现纳米结构，但矿物质根据自然界的法则，自动形成了纳米尺度的微结构。与一般复合陶瓷不同的是，纳米复合陶瓷的弥散相晶粒很小，直径一般小于 100nm，分布在直径为微米的母相晶粒内和晶界之间。这种纳米结构对材料的性能有很大的提高，比如 Al_2O_3-SiC 纳米复合陶瓷的抗弯强度比 Al_2O_3 单体提高近三倍。

以上是按基体类型分类的，纳米复合材料也可按其用途、性能、形态等方式进行分类。总之，任何一种纳米复合材料的分类都应有利于对纳米复合材料组成与机理的分析，同时也应符合人们已经形成的表达习惯。

思 考 题

① 纳米材料按结构可分为几种？按性质能分成几种？

② 纳米粉体为什么存在团聚问题？如何解决？

③ 表面物理修饰有哪几种主要方法？原理是什么？适用于哪些纳米材料？

④ 表面化学修饰有哪几种主要方法？原理是什么？适用于哪些纳米材料？

⑤ 纳米粉体的物理制备方法主要有哪些？

⑥ 纳米粉体的化学制备方法主要有哪些？

⑦ 以 TiO_2 为例说明纳米材料表面改性方法及其应用。

⑧ 何谓超分子体系？有何功能？

⑨ 何谓分子组装技术？

⑩ 何谓富勒烯？

⑪ 富勒烯的主要物理性能和化学性能有哪些？

⑫ 碳纳米管纯化方法有哪些？

⑬ 碳纳米管生产方法有几种？有哪些主要应用？

⑭ 纳米粉体材料发生团聚的情况有哪些？分别如何解决？

⑮ 简述纳米薄膜的主要制备方法：溶胶-凝胶法、真空蒸发法、磁控溅射法、分子束外延镀膜法及其特点。

⑯ 试指出纳米薄膜的主要用途。

⑰ 何谓 LB 膜？LB 膜的制备原理是什么？主要用途有哪些？

⑱ 何谓纳米块体材料？有何结构特点？

⑲ 简述纳米块体材料的奇异特性：①力学性能（硬度、模量、超塑性）；②热学性能（比热容、热膨胀、热稳定性）；③光学性能（光吸收、荧光）；④磁学性能（饱和磁化强度、居里温度、巨磁阻效应）；⑤电学性能（电导、介电特性、压电效应）。

⑳ 简述纳米块体材料的应用场合。

㉑ 简述金属基纳米复合材料、聚合物基纳米复合材料和陶瓷基纳米复合材料。

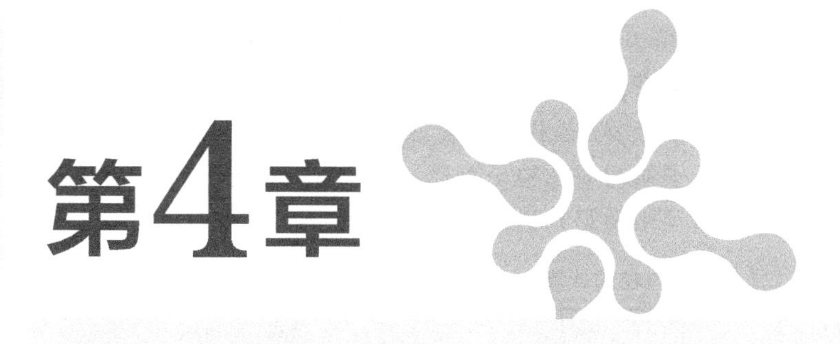

第4章 纳米测量与加工技术

纳米科技研究的飞速发展，对纳米测量提出了更加迫切的要求，如何评价纳米材料的颗粒度？如何评价超薄薄膜表面的平整度和起伏？如何对纳米材料的结构进行表征？都是摆在纳米测量学面前的任务。为了在纳米尺度上研究材料和器件的结构及性能、发现新现象、发展新方法、创造新技术，必须建立纳米尺度的检测与表征手段。目前，发展纳米测量有两个重要的途径：①对常规技术进行改造和拓展；②创造新原理、新方法。

本章一方面从材料性能的角度出发，对纳米尺度进行了表征，另一方面从仪器的角度出发，将现有用于纳米测量的仪器进行了分类介绍。最后对常见的微纳加工技术进行了简要地介绍。

4.1 纳米粒子的表征及测量

我们知道，纳米材料的化学组成及其结构是决定其性能和应用的关键因素，而要探讨纳米材料的结构与性能之间的关系，就需要对包括晶粒尺寸、尺寸分布等一系列性质进行准确表征，下面将从材料的主要性质出发，对纳米材料进行表征。

4.1.1 纳米粉体粒度的表征

人们称纳米颗粒为物质的第四态。粒度是指粉体粒子大小的量度，粒度的表征是对粒子大小的表征，包括平均直径和粒度分布的表征。

4.1.1.1 粒度的平均粒径

粒子的尺寸是用粒径来表示的，如果粒子是球形，球形直径就是粒径，若粒子不是球形的，就用等效球体的直径来表示。若纳米颗粒是由粒径为 d_1，d_2，d_3，…，d_n 的粒子所组成的集合体，表征粒度的物理量应为体系平均粒径。表 4-1 给出了 9 种平均粒径的计算公式及其物理意义。

4.1.1.2 粒度分布的表征

用于描述粒度分布的参量是众数直径、中位径等，众数直径是指颗粒出现最多的粒度值，即相对百分率曲线的最高峰值，百分率曲线又称频率曲线，是指在颗粒群中，颗粒的当量直径为某一直径数值出现的概率。中位径 d_{50} 是指占颗粒总量 50％的粒子所对应的粒子直径，当然 d_{90} 是指占颗粒总量 90％的粒子所对应的粒子直径，这两种表征方法可用相对百分率曲线（众数直径）和累积百分率曲线（中位径）表示。

表 4-1 常用平均粒径的计算公式及其物理意义

序号	平均直径	公式
1	个数、长度平均直径(个数平均径)	$D_1=\dfrac{\sum nd_i}{\sum n}$
2	个数、表面积平均直径(平均表面积径)	$D_s=\sqrt{\dfrac{\sum nd_i^2}{\sum n}}$
3	个数、体积平均直径(平均体积径)	$D_v=\sqrt[3]{\dfrac{\sum nd_i^3}{\sum n}}$
4	个数、质量矩平均直径	$D_\omega=\sqrt[4]{\dfrac{\sum nd_i^4}{\sum n}}$
5	长度、表面积平均直径(长度平均径)	$D_2=\dfrac{\sum nd_i^2}{\sum nd_i}$
6	长度、体积平均直径	$D_{vd}=\sqrt{\dfrac{\sum nd_i^3}{\sum nd_i}}$
7	表面积、体积平均直径(面积平均径)	$D_3=\dfrac{\sum nd_i^3}{\sum nd_i^2}$
8	体积、矩平均直径(体积平均径)	$D_4=\dfrac{\sum nd_i^4}{nd_i^3}$
9	调和平均直径	$D_h=\dfrac{\sum n}{\sum \dfrac{n}{d_i}}$

注：d_i 为某一微分区间的粒径；n 为相对该粒径的粒子数。

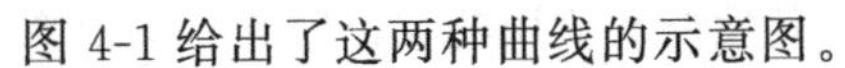
图 4-1 给出了这两种曲线的示意图。

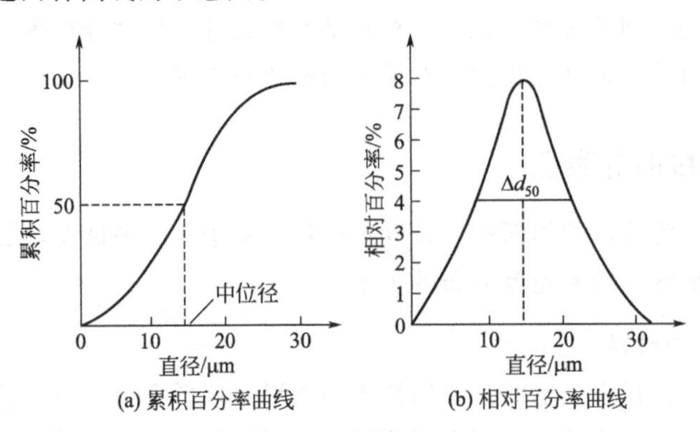

图 4-1 粒度分布曲线

粒度分布可用正态分布方程来表示

$$f(d)=\frac{1}{\sqrt{2\pi}\sigma}e^{-\frac{(d-d_{50})^2}{2\sigma^2}} \tag{4-1}$$

式中，σ 为标准偏差，且

$$\sigma=\frac{\sqrt{\sum n(d_i-d_{50})^2}}{\sum n} \tag{4-2}$$

正态分布曲线就是图 4-1(b) 所示曲线。

4.1.2 纳米粉体粒度及形状测量

纳米颗粒粒度的测试有许多方法，图 4-2 给出了不同测试技术适用的测试范围。下面将对主要测量方法进行简要介绍。

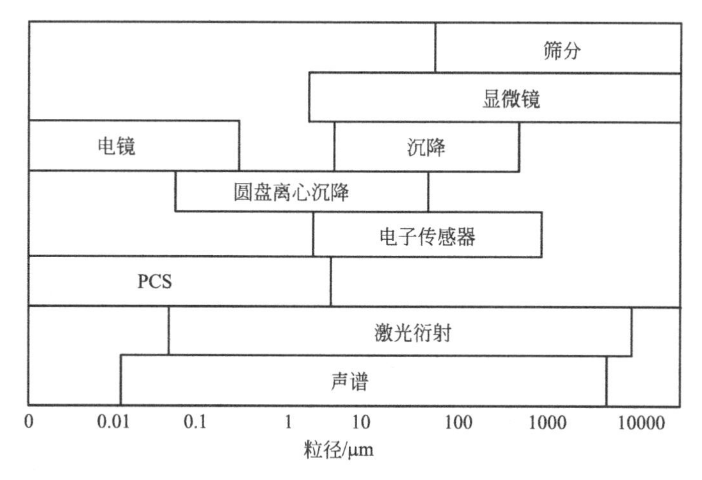

图 4-2 不同测试技术适用的测试范围

4.1.2.1 电子显微镜测试

光的衍射现象严重地限制了光学显微镜的分辨本领，以可见光照明的显微镜的最大分辨率约为 300nm，其放大倍数设计为 1000～1500 倍已是极限，再提高已无意义。利用在真空中高速运动的电子流代替光线来作为显微镜的照明，其波长约为可见光的十万分之一，分辨率大大提高。

电子显微镜包括扫描电镜和透射电镜，特别是透射电镜测试范围已经达到 1nm（最高达 0.2nm）。测试方法的核心在于制出电镜适用的样品，具体说就是支持膜和粉末（或颗粒）样品的制备。首先在样品承载铜网上黏附一层连续的、很薄的支持膜（如 10nm 厚的火棉胶膜），把待测的纳米粉末均匀地分散到支持膜上（把纳米粉末制成分散性很好的悬浮液，滴在支持膜上，静置干燥后即可供观察）。图 4-3 给出了 Fe_3O_4 的透射电子显微像，测量照片上微粒的粒径就达到了粉体粒度测试的目的，测量球体粒径的个数，参考表 4-1 所列情况而定。扫描电镜制样复杂一些，且分辨率较透射电镜低，但扫描电镜显微像立体性更好一些，便于观察分析。图 4-4 给出了扫描电镜的 TiO_2 显微像。

4.1.2.2 光散射法

光散射法作为一种快速的粒子尺寸测试技术是微电子工业革命的直接产物，完全可以拓展到纳米颗粒粒子尺寸的测试。对于大多数粉体而言，光散射粒子尺寸分析取决于所测粒子尺寸的范围或入射光的波长。当单色光通过以超细粉体为分散相的悬浮液时，粉体粒子对单

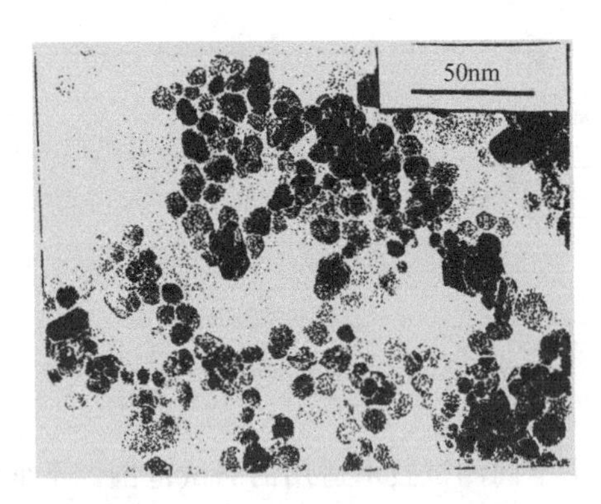

图 4-3　Fe_3O_4 透射电子显微像

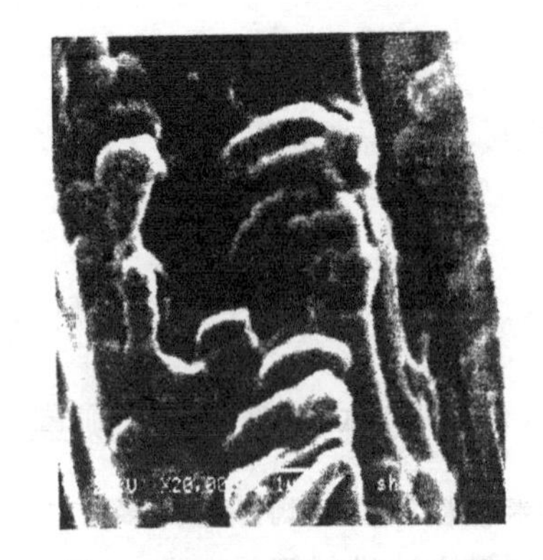

图 4-4　TiO_2 纳米结构显微像

色光会产生散射，光散射的模式由粒子尺寸 d 和单色入射光的波长 λ 所决定。

光散射法的研究分为静态和动态两种，静态光散射法测量散射光的空间分布规律，动态光散射法则研究散射光在某固定空间位置的强度随时间变化的规律。成熟的光散射理论主要有夫琅禾费衍射理论、菲涅耳衍射理论、米散射理论和瑞利散射理论等。

（1）静态光散射法

① 当 $d \gg \lambda$ 时，属于夫琅禾费衍射，如果把所测颗粒都等效为球体，当激光照射到粒子表面时发生散射，粒子越小，散射角越大，通过对散射角的测量，即可得到粒子的平均粒径、粒度分布及比表面积。

1976 年首次提出了基于夫琅禾费衍射理论的激光颗粒测量方法，其原理是激光通过被测颗粒将出现夫琅禾费衍射，不同粒径的颗粒产生的衍射光，随着角度的分布而不同，根据激光通过颗粒后的衍射能量分布及其相应的衍射角可以计算出颗粒样品的粒径分布。

② 当 $d \approx \lambda$ 时，属于米散射，采用光子相关谱测量粒子尺寸。因为悬浮液中粒子处于不断的热运动（布朗运动），散射光的强度会随着粒子的运动而形成运动斑纹，通过测量光强随时间的变化可以了解热运动的情况。悬浮液内分散相的粒子大，则移动慢，散射光光强的波动速率也慢；反之，小粒子移动得快，光强变化的速率也快。

（2）动态光散射法

当 $d \ll \lambda$ 时，属瑞利散射理论，散射光相对强度的角分布与粒子大小无关，不能够通过对散射光强度的空间分布（即上述的静态光散射法）来确定颗粒粒度，动态光散射法正好弥补了在此粒度范围内其他光散射测量手段不足的问题。

该方法的原理是当光束通过产生布朗运动的颗粒时，会散射出一定频移的散射光，散射光在空间某点形成干涉，该点光强的时间相关函数的衰减与颗粒粒度大小有一一对应的关系。通过检测散射光的光强随时间变化的关系，并进行相关运算可以得出颗粒粒度大小。尽管如此，动态光散射获得的是颗粒的平均粒径，难以得出粒径分布参数。动态光散射法的测量范围为 1nm～5μm。

4.1.2.3　沉降法

沉降法的原理是基于颗粒处于悬浮体系时，颗粒本身重力（或所受离心力）、所受浮力和黏滞阻力三者平衡，并且黏滞力是服从斯托克斯原理来实施测定的，此时颗粒在悬浮体系中以恒定速度沉降，而且沉降速度与粒度大小的平方成正比。值得注意的是，只有满足下述条件才能采用沉降法测定颗粒粒度：①颗粒形状应当接近于球形，并且完全被液体润湿；②

颗粒在悬浮体系的沉降速度是缓慢而恒定的，而且达到恒定速度所需时间很短；③颗粒在悬浮体系中的布朗运动不会干扰其沉降速度；④颗粒间的相互作用不影响沉降过程。

测定颗粒粒度的沉降法分为重力沉降法和离心沉降法两种。重力沉降法适用于粒度为2～100μm的颗粒，而离心沉降法适用于粒度为1nm～20μm的颗粒。由于离心式粒度分析仪采用斯托克斯原理，所以分析得到的是一种等效球粒径，粒度分布为等效球重均粒度分布。一般高速离心沉降法适合于纳米材料的粒度分析。

目前常用的方法就是消光沉降法，由于不同粒度的颗粒在悬浮体系中沉降速度不同，同一时间颗粒沉降的深度也就不同，因此，在不同深度处悬浮液的密度将表现出不同变化，根据测量光束通过悬浮体系的光密度变化便可计算出颗粒粒度分布。其优点是测量质量分布代表性强，测试结果与仪器的对比性好，价格比较便宜。其缺点是对于小粒子的测试速率慢，重复性差；对非球形粒子的误差大，不适合于混合物料。

4.1.3 纳米粒子表面电性能测量

将纳米微粒表面修饰后溶解于水中，形成极性液体，所有在极性液体内的粒子都会由于表面分子的离子化、离子的选择性吸附、解离与交换而产生表面电荷。大部分物质的粒子在水中带负表面电荷，但整个溶液是电中性的，故还应当有等量的反离子存在。粒子表面吸附的离子和溶液中的反离子构成了双电层。距粒子表面越近，反离子的浓度越高，直到带负电荷的粒子的负电荷电场力所不及的距离时，反离子的浓度为0，这样粒子的表面及那些反离子就构成了扩散双电层。如果施加一个外电场，带电粒子就会向极性相反的电极移动，此时不单单是这个纳米粒子，同时还有一层牢牢地附在粒子表面的液体随其运动，这个过程称为电泳。此滑动界面（粒子外吸附着液体与溶液间的界面）与溶液内部的电位差称为动电电势或ξ电势（Zeta电势）。Zeta电势ξ与溶液内的电解质的浓度、粒子吸附的离子的浓度均有关系。带电粒子在外电场作用下移动速度与Zeta电势密切相关，设粒子为球形质点，Henry给出了粒子电泳速度的一般公式

$$v=\frac{1}{1.5\,\eta}\varepsilon\xi E f(ka) \tag{4-3}$$

式中，v为粒子移动的速度；ε为相对介电常数；ξ为Zeta电势；E为外加电场强度；η为溶液黏度；k为双电层厚度的倒数（k^{-1}为双电层厚度）；a为粒子半径；$f(ka)$为粒子的形状函数。

对于球形粒子，如果$ka \ll 1$，(即粒子半径≪双电层的厚度)，则$f(ka)\approx 1$；如果$ka \gg 1$则$f(ka)=1.5$。

所以，我们可以通过测量粒子在外加电场中的移动速度而得到Zeta电势。目前常用的Zeta电泳仪都是用这个方法设计的，它不仅可以测得Zeta电势值，还可以通过粒子移动的方向判断粒子所带电性，这对研究纳米粒子分散性很重要。添加表面改性剂是使Zeta电势绝对值增大，从而使粒子在水中分散稳定性更强。通过电泳的方法可以判断和表征纳米粒子在溶液中的电性。

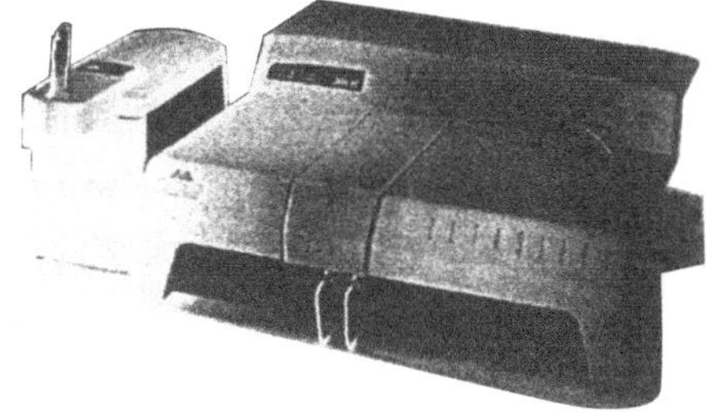

图4-5 Zeta电泳仪

Zeta电泳仪就是测试纳米粒子溶液的Zeta电势的仪器，如图4-5所示。在恒定温度下，通过光

子相关光谱可得到粒子的移动速度，通过公式(4-3) 可以求得有关粒子吸附层厚度、溶解率和颗粒形状等附加信息。

4.2 纳米测量技术

纳米测量技术是纳米科学技术的重要研究方向之一，纳米科学技术的快速发展，不但给纳米测量技术提出了挑战，同时也给纳米测量技术提供了一个全新的发展机遇。

目前纳米测量的仪器和技术一方面是基于新原理和新方法，并于最近几十年内发明出来的，例如扫描探针显微镜；而另一个途径则是为了适应纳米测量的需要，对常规技术或原有测量方法和技术进行升级改造或发展对应的理论而形成的，例如紫外-可见吸收光谱和红外光谱等。虽然新仪器和新方法的发展很快，但是常规技术在纳米测量中，至少在目前仍然具有不可忽略的作用。

纳米测量技术方法可以粗略地分为电子显微技术、扫描探针显微技术、衍射技术、谱学技术以及热分析技术等。本节将从以上方面对测量方法进行介绍。

4.2.1 电子显微技术

电子显微镜的工作原理与光学显微镜类似，它是根据电子光学原理，用电子束和电子透镜代替光束和光学透镜使物质成像，能分辨的最小极限可达 0.2nm。电子显微镜主要包括透射电子显微镜（TEM）和扫描电子显微镜（SEM）两种类型。

4.2.1.1 透射电子显微镜（TEM）

1931 年德国工程师 Knoll 和 Ruska 制造了世界上第一台透射电子显微镜，1938 年第一台商业电子显微镜在西门子公司研制成功。目前，TEM 的分辨率可以达到 0.2nm 左右，因此，无论是对于纳米粒子的粒径、形貌还是团聚情况都可以进行很好的观察。此外，高分辨 TEM 也可以得到原子的样品图像，不过由于其分辨率勉强达到原子级，因此在这方面的测试并不理想。

TEM 技术已经成为纳米材料研究中一种广泛应用的手段，并扮演着重要的角色，例如日本科学家 Iijima 通过高分辨率的透射电子显微镜技术，第一次展示了单壁碳纳米管的结构，并使这一领域引起了人们的广泛关注，从而引发了一场碳纳米管研究和应用的热潮。透射电子显微镜技术可以配合能谱仪、电子能量损失谱使用，因此可以同时进行样品表面微区的成分分析；而 X 射线结合电子衍射或中子衍射可以给出这些微区的晶体结构，这一点对于表面成分分布不均匀的样品尤其重要。

4.2.1.2 扫描电子显微镜（SEM）

1935 年，克诺尔试制出简单型的 SEM，分辨率仅有 100μm。1938 年，Ardenne 等制造出“真正”的 SEM。1942 年，Zworykin、Hillier 和 Snyder 对此进行改进，使其分辨率达到 50nm。1953 年以后，剑桥大学的 Oatly 等对扫描电镜的发展做出了很大的贡献。1965 年，世界上第一台商品扫描电镜由英国剑桥仪器公司完成了设计和组装，当时的分辨率达到了 25nm。

扫描电子显微镜是继透射电子显微镜之后发展起来的一种电子显微镜技术，与其他分析

附属装置（如能谱仪、波谱仪）相结合，能够满足表面微区形貌、组织结构和化学成分三位一体同位分析的需要，在冶金、地质、矿物、半导体、医学、生物学、材料学等领域得到了广泛的应用。

扫描电子显微镜的成像原理与一般的光学显微镜明显不同，而与电视成像的原理有一定的相似之处，都是在显像管的荧光屏上成像。如图 4-6 所示，简单地说，当电子束从阴极电子枪（灯丝）发出后，经过聚焦成为很细的电子束，并在扫描线圈的控制下，在样品表面逐点扫描。在扫描过程中，由于这些高能电子束对样品表面的轰击作用，导致后者产生各种物理信号，如二次电子、背散射电子、X 射线等，其中二次电子或背散射电子的信号经相应的检测器接收并经放大器作用后，同步调制到显像管的荧光屏上，就可以得到样品的放大像；而 X 射线由于具有显著的元素特征，有时亦称作元素的特征 X 射线，因此可以用于样品的成分分析。

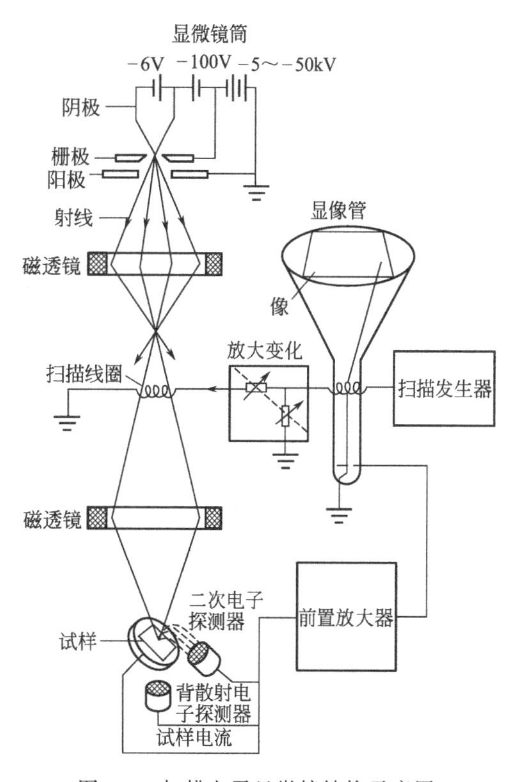

图 4-6 扫描电子显微镜结构示意图

扫描电子显微镜具有视场大、成像景深大、试样制备简单、对样品损伤小等特点，而且可以同时进行样品形貌、尺寸观察以及微区成分分析和晶体结构的分析等。与透射电子显微镜相比其优点在于：在满足分辨率的情况下，可以进行较厚样品的检测。例如，对于在硅基底上形成的嵌段高分子薄膜，无需进行减薄处理或将薄膜取下即可进行观察，从而保证了薄膜的完整性。扫描电子显微镜不能分析挥发性样品，特别是液体样品。此外，对于样品的制备具有一些要求，例如样品必须是化学上和物理上稳定的固体（块体、粉末等）、具有良好的导电性（对于不导电的，需要进行喷金或碳膜处理）等。

4.2.2 扫描探针显微技术

扫描探针显微技术是 20 世纪 80 年代发展起来的新型显微技术，现在已经发展出包括扫描隧道电子显微镜、原子力显微镜、扫描力显微镜、弹道电子发射显微镜、近场扫描光学显微镜等在内的二十多种显微镜技术，这些显微技术的共同之处在于都是利用探针与样品之间的不同种类的局部相互作用来测量物质表面的原子结构和电子结构，扫描探针显微镜的分辨率可以达到 0.01nm。电子显微镜和扫描隧道显微镜的发明，使科学家有了一双能直接看见微观世界的“眼睛”，为人类探索微观世界做出了巨大贡献，正因为如此，这两类显微镜的发明者共同获得了 1986 年的诺贝尔物理学奖。

4.2.2.1 扫描隧道电子显微镜（STM）

1982 年 Binnig 和 Rohrer 发布扫描隧道电子显微镜研究成功。STM 不但空间分辨率高，横向可达 0.1nm，纵向小于 0.01nm，成为揭示原子、分子尺度的观察手段，而且是在纳米尺度上对表面进行改性和排布原子的工具。

扫描隧道电子显微镜是表面科学最有力的研究手段，通过观察表面形貌，测定表面原子结构；通过观测表面电子态和电荷密度波以及研究表面物理化学变化的动态过程，揭示催化、腐蚀、摩擦磨损等表面现象及微观机理。

(1) 工作原理和基本结构

扫描隧道电子显微镜的工作原理基于量子隧道效应。由于电子具有波粒二象性，遵从量子力学运动规律，在其总能量低于势垒壁高时，也有一定的概率穿透势垒。金属的表面存在着阻止内部电子外逸的势垒，但在任一金属表面之外仍然存在着一定密度的“电子云”。也就是说，电子波函数的概率密度并不是在表面边界上突然降为 0 的，而是在表面边界以外按指数规律衰减的，衰减长度约为 1nm。若两金属表面相互靠近到间隙为 1nm 左右时，它们表面的电子云将发生重叠。如果以极细的探针（针尖达到原子尺度）为一极，以待研究的表面为另一极，当探针与试样表面间的距离达到 1nm 以内，在两极之间施加一电压，那么在这个外加电场的作用下，电子就会穿过两个电极之间的绝缘层流向另一电极，形成隧道电流。隧道电流的大小与两极间的距离和电子云的衰减常数有关。

隧道电流的大小对于探针和试样表面的距离非常敏感，如果距离减小 0.1nm，则隧道电流增加 10 倍。如果通过电子反馈电路使隧道电流保持恒定，并采用压电陶瓷材料控制探针沿试样表面扫描，这样探针在垂直于试样表面方向上高低的变化就反映出试样表面的形貌分布和原子排列的图像。

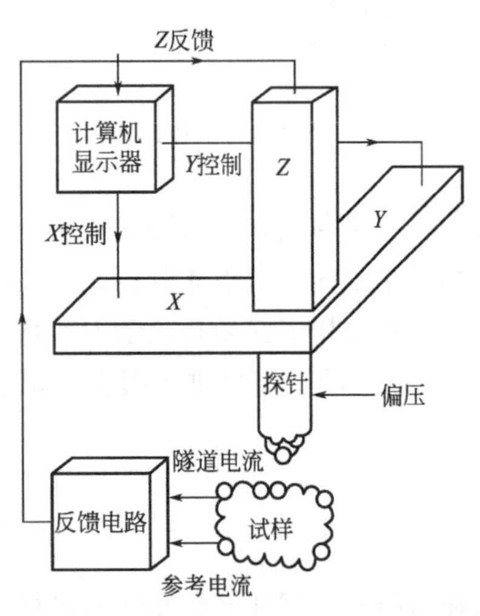

图 4-7　扫描隧道显微镜结构示意图

图 4-7 是 STM 的结构示意图。它的基本结构包括：探针与试样表面的逼近装置，保持隧道电流恒定的电子反馈电路，显示探针在 z 方向位置变化的显示器，操纵探针沿试样表面 x 方向和 y 方向运动的压电陶瓷扫描控制器及位置显示器，数据采集系统和图像处理系统。

(2) 主要应用和优、缺点

与其他表面分析技术相比，扫描隧道电子显微镜具有一系列独特的优点。

①它有原子量级的极高分辨率，其垂直和平行于表面方向的分辨率分别为 0.01nm 和 0.1nm，即能够分辨出单个原子。因此，STM 可以直接观测到单原子层表面的局部结构，比如表面缺陷、表面重构、表面吸附体的形态和位置等；②STM 能够实时地给出表面的三维图像，可以测量具有周期性或不具备周期性的表面结构。③STM 可在不同环境条件下工作，包括真空、大气、低温，甚至将试样浸在水中或电解液中，所以非常适用于研究环境因素对试样表面的影响；④可以研究纳米薄膜的分子结构等。

但是 STM 也有它的局限性，它的缺点主要表现在以下几个方面。

①由于 STM 是通过隧道电流的作用而设计的，因此这种仪器仅能用于导体和半导体的表面形貌测量，对于非导体来说就必须给试样镀上导电膜，这就掩盖了试样表面的真实性，降低了 STM 的精确度。②即使是导电体材料的试样，当表面存在非单一电子态时，扫描隧道电子显微镜观察的并不是真实的表面形貌图像，而是表面形貌和表面电子性能的综合

表现。

为了弥补 STM 的不足，Binnig 等又发明了原子力显微镜。

4.2.2.2 原子力显微镜（AFM）

原子力显微镜是在扫描隧道电子显微镜的基础上发展起来的。现介绍 AFM 的特点和应用。

（1）工作原理和基本结构

图 4-8 是原子力显微镜的结构示意图。由图中我们发现仪器的针尖是装在一个对微弱力非常敏感的“微悬臂”上，使探针的针尖与试样表面仅有轻微的接触，通过与试样相连的 X、Y 压电陶瓷，控制试样（或探针）在 X、Y 方向扫描运动。使探针在试样表面上的相对位置改变。由于试样表面的高低变化，微悬臂自由端上的针尖也将随之有上下的运动，通过激光束可检测出微悬臂自由端在试样表面垂直方向的变形和位移情况。从而得到试样表面的形貌图像。同时，根据微悬臂的弹簧刚度实现对探针尖端原子与试样表面原子之间作用力的测量。

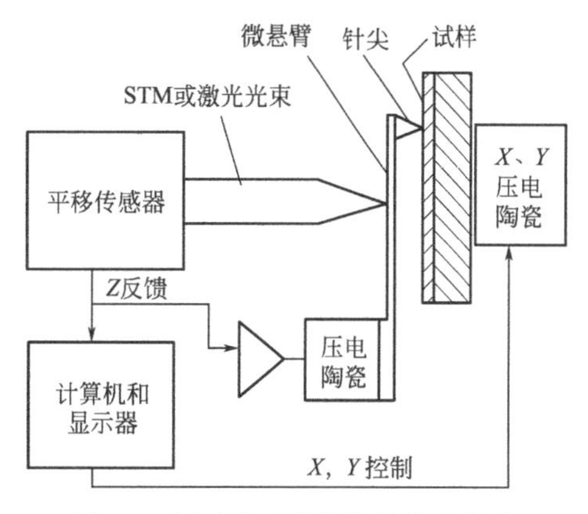

图 4-8 原子力显微镜的结构示意图

AFM 包括：装有探针的力敏元件、力敏元件的位移或变形的检测装置、电子反馈电路、压电陶瓷扫描控制器、图像处理和显示系统。

由微悬臂和探针组成的力敏元件是仪器的核心。测量微悬臂受力时的弯曲位移的方法不同，通常采用隧道电流法、电容检测法和光学检测法三种。

① 隧道电流法。隧道电流法基本上与 STM 类似，灵敏度可达到纳米级，但当微悬臂上产生隧道电流的部位被污染后将降低测量精度。

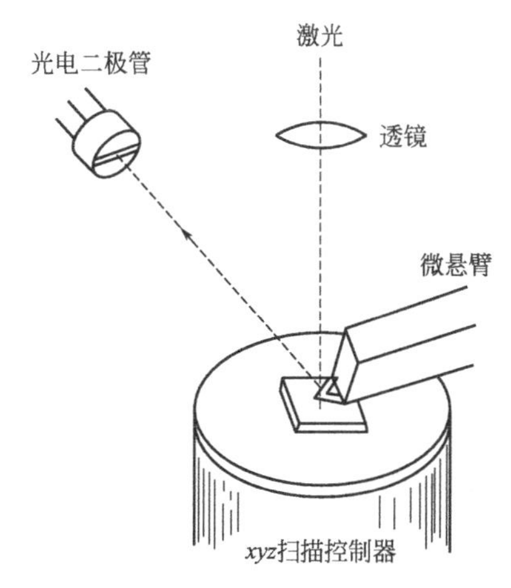

图 4-9 激光束反射法示意图

② 电容检测法。将微悬臂与电容极板相连，微悬臂产生的位移变化使电容器极间距离变化，从而改变电容值，测出电容值的改变即可测出微悬臂纳米级的位移量。

③ 光学检测法。利用光干涉法和激光束反射法，使光束射到微悬臂的背面，当针尖与试样表面产生了位移和变形时，反射光必然要偏转，据此就可以测出微悬臂的位移和形变。图 4-9 为激光束反射法示意图。

（2）主要应用

利用 AFM 观察材料的三维微观形貌可以达到纳米级的分辨率，因此 AFM 是观察表面的有效手段，其应用范围可以是导体、半导体，也可以是细胞生物等样品。AFM 还能够探测样品表面的纳米机械性质和其他的表面力，如样品的定域黏附力或弹力等。

微观黏附性对许多物质有影响，从油漆、胶水、陶瓷和复合材料等，到 DNA 的复制和药物在人体中的作用。弹力性质也很重要，无论是一般材料、复合材料，还是人体血球、细胞体系等，测量 AFM 探针尖在接近和离开表面过程中作用力大小，恰好为在纳米尺度上研究这些重要参数提供了新的工具。

图 4-10 给出了力-距离曲线（或称力曲线），表示 AFM 微悬臂固定端垂直接近样品，之后又离开样品表面的过程中，微悬臂自由端形变的情况，从而可以提供表面上方电磁场的详细信息和样品表面黏弹性方面的信息。

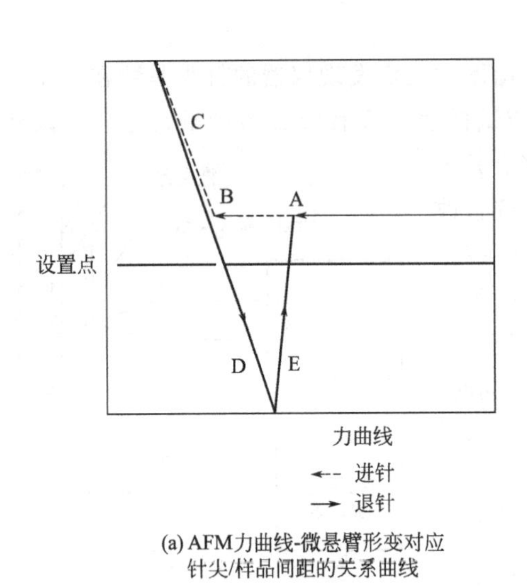

(a) AFM力曲线-微悬臂形变对应针尖/样品间距的关系曲线

(b) 力曲线上几个特征点处的针尖-样品相互作用图示

图 4-10　力-距离曲线示意图

A—接近，但未接触；B—跳跃接触；C—接触；D—黏附；E—脱离

除了原子力显微镜之外，磁力显微镜（MFM）、静电力显微镜（EFM）等都在纳米尺度的测量及纳米材料的性能表征方面起着重要的作用。

4.2.2.3　近场光学显微镜

近场光学显微镜是与扫描隧道电子显微镜同时发展起来的超高分辨率的观察手段。这两种高空间分辨率技术的基本原理很相似，STM 是基于隧道电子的探测，而近场光学显微镜［又称扫描近场光学显微镜（NSOM）］是探测隧道光子的。由于光子具有一些特殊的性质，如没有质量、电中性、波长比电子波要长、容易改变偏振特性、可以在空气及许多介电材料中传播等，NSOM 在纳米尺度的光学观察上起到 STM、AFM 所不能取代的作用。

（1）工作原理和基本结构

由于光波的衍射效应，传统光学显微镜的分辨率不能超过光波长的一半。人们处理的光学问题，一般只涉及观察者与光源的距离远远大于光波自身尺度的远场情况，即观察距离$\gg\lambda$。在距物体表面一个波长的范围内，照明光源的光波及物体表面间的精细结构（或称空间起伏）有什么关系呢？这就是近场光学所要回答的问题。

经典电磁场理论告诉我们，若将原子看作一个偶极子，则可将由众多原子构成的实际物体表面看作偶极子的集合。当外加光波照射物体表面时，尺寸小于照明波长的振荡电偶极子除产生向外辐射的传播场外，还同时产生非辐射的隐失场。物体表面的精细结构在小于照明光波的波长时，对光波的衍射除了存在传导波之外，还存在隐失波。隐失场是离开物体表面在空间急剧衰减的电磁场。任一材料的表面都存在一种“依附”于表面、强度随离表面距离的增加而迅速衰减、不能单独在自由空间存在的隐失波。由隐失波构成的非传播场（又称非

辐射场)，其特点是可沿表面（x-y）方向传播，而在垂直于表面方向（z 方向）迅速消失，并以光的频率振荡。在非辐射场内包含有物质结构的细节（$\ll\lambda$）信息，且用常规光学观察方法在远离（$\gg\lambda$）表面处观察不到。在光的传播中存在着衍射过程，此时传播波和隐失波是共存的，只不过隐失波沿 z 方向衰减得很快。要克服衍射极限就要探测非辐射场，即把探头放在距离样品表面一个 λ（波长）以内，也就是说在非辐射场尚未传播之前用探头捕捉到它。这就要求：探头必须放在样品表面上方的纳米尺度但又不碰到样品；由于距离太近，传统的成像方法均不适用，只能采用逐点成像的方法，即首先将逐点的光信号收集起来，转化成电信号，再逐点扫描，合成为二维图像。

由于非辐射场具有隐失波特点，唯一的探测方法是利用光学隧道效应。将探头引入非辐射场内，产生光学扰动，因而可以把局限在样品表面近邻的信息转换出来，称为光学隧道效应或光子隧道效应。近场光学探测应由下列过程完成。

①当用传播波或隐失波照射高空间频率的样品表面时，将产生隐失波；②此隐失波不服从光衍射产生的瑞利判据；在小于照射波一个波长的尺度范围内隐失波变化很大（衰减得很快）；③根据互易原理，这些过去用常规方法不可探测的高频局域场可以通过微小物体的转换将隐失场转换为新的隐失场或传播场；④传播场被适当的远距离探头所记录。当用一个微小物体（如光纤探头尖端）进行平面扫描时，我们就可以得到二维图像。如图 4-11 所示为近场光学显微镜原理示意图。

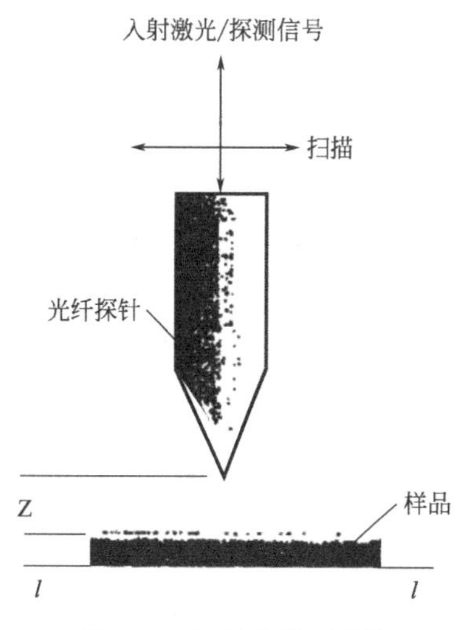

图 4-11　近场光学显微镜原理示意图

（2）基本构成

扫描近场光学显微镜不是以二维同时的方式成像的，而是以逐点扫描、采集数据而成像的。因而它主要包括以下几个主要部分。

① 微探针。一般采用介电材料制成，可以发射和接受光子，尖端尺度在 1～100nm，可以将收集到的光子送到探测器。探针材料可以是拉伸光纤、四方玻璃尖端、石英晶体等。

② 光信号采集及处理。由于光子信息来源于纳米尺度区域，信号强度一般很低（nW/cm^2），因而需经光电倍增管（PMT）或光二极管等将光信号转换为电信号，用调制-锁相放大技术抑制噪声，提高信噪比。

③ 探针-样品间距控制。理论上应与光信号完全独立，以免相互干扰。常用的方法有以下两种。

a. 隐失场调控。将探针放到隐失场里，控制范围在 0～λ/(30～40)，这时探测光信号与调控信号有较强的相互作用；

b. 切变力调控。用以本征频率振荡的探针靠近样品表面（间距<50nm），由于振荡的针尖与样品间作用力（如范德华力、毛细管力、表面张力等），其振荡幅度及相位均会有较大变化，利用这个变化可将探针控制在 5～20nm 范围（指垂直于样品表面方向）。

首先，与 STM 的电子隧道效应相比，光子易受样品表面以外的信息的干扰，因此必须找到一种完全独立的探针-样品间距控制方法。其次，光子是玻色子，易于聚焦和改变光束的偏振性，同时光与物质相互作用较小，除了一些光敏材料外，样品表面在用光分析后，一般没有改变。

(3) 近场光学显微镜的应用

近场光学显微镜在纳米尺度光学观察上起到扫描隧道电子显微镜、原子力显微镜所不能取代的作用。

近场光刻技术可以使信息存储密度达到10～100GB/in^2（1in＝25.4mm）的超高密度；NSOM与近场光谱结合，在低温条件下观察到量子限域条件下的半导体量子点、量子线的本征发光光谱；在生命科学中对单个染色体的观察，荧光光谱的获得，DNA的排序以及一些生物体系的原位、动态观察；激光诱导的近场区域介电探针的样品之间的吸引力和相互作用；单一分子的荧光光谱及其随时间的动态变化；可以得到纳米尺度（10^{-9}m)-飞秒时间尺度（10^{-15}s）相结合的介观体系信息。

近场光子显微镜近年来发展很快，但商品化的仪器还不多，大都属于结合纳米性能测量和表征的具体要求，开发出的相应仪器。

4.2.3 衍射测量技术

在伦琴发现X射线之后，1912年德国物理学家劳厄理论预测了X射线与晶体作用时的衍射现象，布拉格父子则在实验上用X射线衍射测定了晶体的结构。X射线衍射技术能够精确测定原子在晶体中的空间位置，目前该技术已经广泛地应用于材料晶体结构的检测方面。对于纳米材料，该技术同样具有重要的应用价值。此外，电子衍射和中子衍射技术已经发展成为X射线衍射技术的有效补充。

4.2.3.1 X射线衍射（XRD）

X射线衍射是人类用来研究物质微观结构的第一种方法，纳米材料的晶体结构测定以X射线衍射为主，该方法不但可以确定材料的物相，而且还可以得到粒径的数值，其中样品的物相根据特征峰的位置来鉴定，根据峰面积确定相的相对含量；而晶体的颗粒度则利用X射线衍射线半高宽法（谢乐公式）来测算。不过，需要说明的是，只有当颗粒为单晶时，该法测得的才是颗粒度；当颗粒为多晶时，测得的则是平均晶粒度。而且，这种方法只适用于晶态的纳米粉晶粒度的评估，因为当晶粒度≤50nm时，测量值与实际值基本一致；否则，两者不相符，测量值往往小于实际值。尽管如此，该方法仍然是一种确定材料，特别是无机材料物相的简单可行的方法。

自1912年劳厄等发现硫酸铜晶体的衍射现象以来的100年间，X射线衍射这一重要探测手段在人们认识自然、探索自然方面，特别在凝聚态物理、材料科学、生命医学、化学化工、地学、矿物学、环境科学、考古学、历史学等众多领域发挥了积极作用，新的领域不断开拓、新的方法层出不穷，特别是同步辐射光源和自由电子激光的兴起，X射线衍射研究方法仍在不断拓展，如超快X射线衍射、软X射线显微术、X射线吸收结构、共振非弹性X射线衍射、同步辐射X射线色谱显微技术等。这些新型X射线衍射探测技术必将给各个学科领域注入新的活力。

4.2.3.2 低能电子衍射

图4-12是低能电子衍射实验装置示意图。

初级电子由电子枪及电子聚焦装置，入射到样品表面，经散射后可由法拉第圆筒直接测量衍射电子束强度或让它打到荧光屏上，使荧光屏发光，然后再用光度计或摄像管测量光

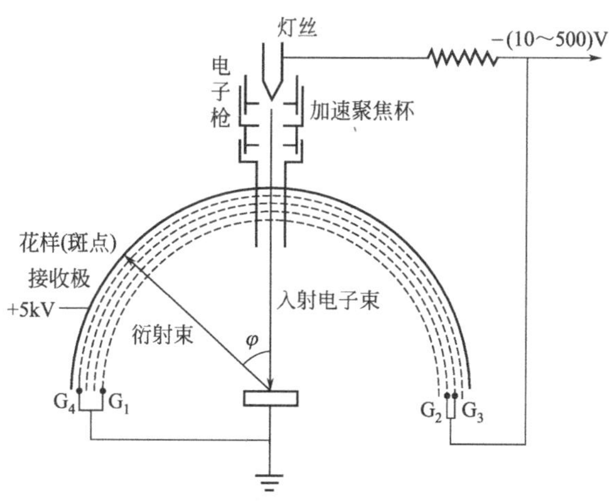

图 4-12　低能电子衍射实验装置示意图

强。样品处于半球形接收极（荧光屏）的中心，从电子枪发射的热电子经三级聚焦杯加速、聚焦、准直，照射到样品表面，束斑的直径一般为 0.4～1mm，发散度为 1°，可见被测试到的信息一定是直径大于 400μm 的区域中的综合信息。仪器中有四道栅，一栅（G_1）与样品同电位，使样品与 G_1 间为无电场区，使入射和衍射电子束不发生畸变；二栅（G_2）和三栅（G_3）相连并具有负电位（略高于灯丝），用来排除损失了部分能量的非弹性散射电子抵达屏幕；四栅（G_4）接地，主要起着对接收极（荧光屏）的屏蔽作用。

LEED 谱仪要求 10^{-6}Pa 的超高真空，以保证样品表面不被沾污。

低能电子衍射在晶体表面二维结构的分析上有独到的作用。①在纳米晶薄膜的结构分析方面起着重要的作用；②对于研究表面薄膜的生长过程十分合适，可以探索纳米薄膜与基底结构、缺陷和杂质的关系；③可探索氧化膜的形成，物理吸附、化学吸附的基本特点，特别是在催化过程中的纳米薄膜的状况。

4.2.3.3　中子衍射

中子衍射也是研究物质微观结构的重要手段之一，该方法同样适用于布拉格公式，不过该技术用于晶体结构的分析比 X 射线衍射和电子衍射要晚一些。中子与物质原子的相互作用具有一定的特点。

① 中子主要与原子核相互作用，其散射因素与角度基本无关，这与 X 射线的散射因素角分布大不相同，而且散射本领和物质的原子系数无一定的关系；

② 中子的磁矩和原子磁矩有相互作用，其散射振幅随原子磁矩的大小和取向而变化。

上述两个特点使得中子衍射与 X 射线衍射和电子衍射能够互补。例如，在测定同时含有重元素（如铅、金等）和轻元素（如氢、锂和碳等）的化合物时，由于重元素电子的衍射明显高于轻元素的，因此，X 射线衍射和电子衍射难以确定轻元素在晶胞中的位置，而中子衍射可以成功解决这一问题。此外，对于原子序数相近的原子相对位置的确定，例如 Fe-Co 合金，利用中子衍射可以得到清晰的超点阵线条。还有，根据磁散射的强度可以判定原子磁矩的数值，从而测定磁的超结构。中子衍射的缺点在于实验所需样品量过大（10g 左右），因此限制了其在纳米材料研究中的应用。

4.2.4　谱学测量技术

谱学技术在纳米材料中的应用，往往是利用原有的传统仪器，在对相关理论和公式进行

修正或更新后实现的，因此，测量所采用的仪器甚至测试过程和方法并无明显的不同。

可应用于纳米测量中的谱学技术，主要包括紫外-可见光谱、红外光谱、X 射线荧光光谱、拉曼光谱、俄歇电子能谱、X 射线光电子能谱等。此外，还有一类基于材料受激产生发射谱的谱学仪器，如核磁共振仪、电子自旋共振谱仪、穆斯堡尔谱仪、正电子湮灭等。由于纳米材料的特殊性，往往会显示出不同于常规材料的性质，依据这些变化和变化量，结合相应的理论计算，可以检测出纳米材料对应的性质，此处主要针对纳米材料引起的性质变化进行讨论。

4.2.4.1　紫外-可见光谱（UV-Vis）

紫外-可见光谱（UV-Vis）是纳米材料谱学分析的基本手段，它分为吸收光谱、发射光谱和荧光光谱。

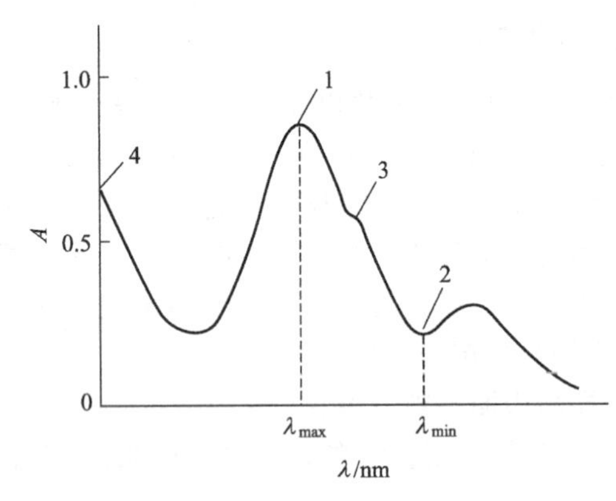

图 4-13　紫外-可见吸收光谱示意图

1—吸收峰；2—谷；3—肩峰；4—末端吸收

通过 UV-Vis 中吸收峰位置的变化可以了解纳米材料的相关能级结构变化（图 4-13）。与常规尺寸材料相比，纳米材料的吸收阈值或吸收峰往往发生蓝移，如纳米 ZnS 半导体粒子的吸收谱显示它的吸收阈值与体相 ZnS 相比发生蓝移，颗粒尺寸越小，吸收波长则越短；此外，材料的纳米化会引起一些新的吸收谱带的出现。引起这种吸收特性产生的原因一方面归因于小尺寸效应，另一方面则是由界面效应引起的。此外，对于一些一维纳米粒子的分布情况，以及由于长径比和颗粒尺寸变化对光吸收性质的影响，都可以通过 UV-Vis 吸收光谱来表征和研究。还有，通过 UV-Vis 吸收光谱，并结合相关的理论计算，可以获得关于粒子颗粒度、结构等方面的许多重要信息。

与常规尺寸材料相比，由于量子尺寸效应等的影响，纳米材料的发射光谱可能会发生显著的变化，例如，对于常规尺寸发光很弱的 Si 来说，当其尺寸小到一定数值（5nm 或更小）时，则可以发射很强的可见光；此外，纳米化同样可以导致材料的新发光带的产生；而纳米化还会引起材料发射峰的蓝移，如 CdS 纳米粒子的发射光波长随粒径减小而蓝移。

纳米材料的荧光光谱与常规尺寸材料相比，也会在荧光强度或寿命方面发生一些变化，例如 4nm 的硫化锌锰晶体的荧光寿命与常规尺寸材料相比有很大的变化。

4.2.4.2　红外光谱（IR）

在纳米材料研究中，红外光谱可提供纳米材料中的空位、间隙原子、位错、晶界和相界等方面的信息。目前，最常用的是傅里叶变换红外光谱（FTIR），主要用于研究纳米氧化物、氮化物和纳米半导体等材料。FTIR 还常用来研究纳米材料与一般材料表面性质的差别。

利用有机小分子本身能给出较强的红外信号，又对所处的环境十分敏感的特点，研究它们在纳米材料和一般固体材料上吸附时红外吸收频率和强度的变化来探测它们表面性质的差异。傅里叶变换红外光谱还可用于检验金属离子与非金属离子成键、金属离子的配位等化学环境及变化。

4.2.4.3 俄歇电子能谱（AES）

当电子探针作用于纳米薄膜或纳米晶块体表面时，在深度为0.5～2nm的区域会有俄歇电子发射。所谓俄歇电子是俄歇跃迁过程发射出的电子。图4-14表示俄歇电子发射原理。当一个具有足够能量的入射电子使内层K轨道能级电子电离，该空穴立即就被L_2轨道能级上的电子跃迁所填充，这个跃迁产生的多余能量$E_k-E_{L_2}$可能由两种形式释放：①以特征X射线形式释放；②多余能量被L_2轨道能级上的另一个电子吸收并从L_2轨道能级发射出来，成为俄歇电子。

俄歇电子能谱分析在机械工业中主要用于金属材料的氧化、腐蚀、摩擦、磨损和润滑特性等的研究和合金元素及杂质元素的扩散或偏析、表面处理工艺及复合材料的黏结性等问题的研究。

检测俄歇电子的能量和强度，可以获得有关表面层化学成分的定性和定量信息。在纳米薄膜的纵向分析、三维分析、多层膜的组分剖面分析等方面有突出的作用。但在空间分辨率上有缺点，因为俄歇电子的反应直径在1000nm（1μm），近期有望达到0.3μm。所以从纵向考虑，能反映0.5～2nm范围内的材料特征（成分分析），但表面范围还比较大，达不到纳米尺度的要求。

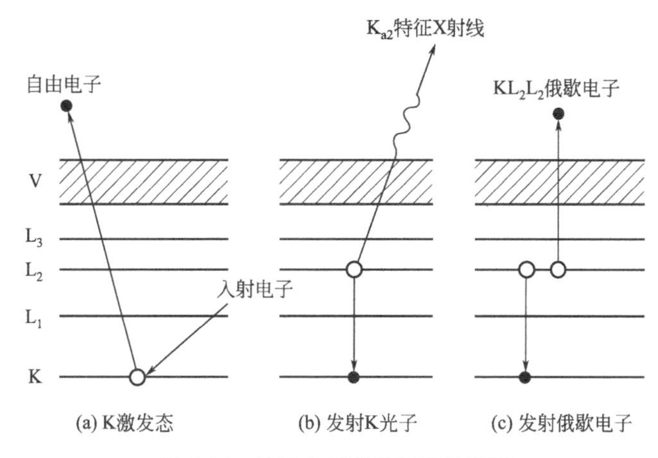

图4-14 俄歇电子发射原理示意图

4.2.5 热分析测量技术

热分析技术是研究物质的物理、化学性质与温度之间的关系，或者说研究物质的热态随温度进行变化的技术。温度本身是一种度量，它几乎影响物质的所有物理常数和化学常数。概括地说，整个热分析内容应包括热转变机理和物理化学变化的热动力学过程的研究。

国际热分析联合会（international confernce on thermal analysis，ICTA）规定的热分析定义为：热分析法是在控制温度下测定一种物质及其加热反应产物的物理性质随温度变化的一组技术。根据所测定物理性质种类的不同，热分析技术分类如表4-2所示。

热分析是一类多学科的通用技术，应用范围极广。在纳米测量中，差热分析法（DTA）、示差扫描量热法（DSC）以及热重分析法（TG）三种方法常常相互结合，并与X射线衍射法（XRD）、红外光谱法（IR）等方法结合用于研究纳米材料或纳米粒子，以了解材料纳米化引起材料热学性质的变化特征。

表 4-2　热分析技术分类

物理性质	技术名称	简称	物理性质	技术名称	简称
质量	热重法	TG	机械特性	机械热分析	TMA
	热导率法	DTG		动态热	
	逸出气检测法	EGD		机械热	
	逸出气分析法	EGA	声学特性	热发声法	
温度	差热分析	DTA		热传声法	
焓	差示扫描量热法	DSC	光学特性	热光学法	
尺度	热膨胀法	TD	电学特性	热电学法	
			磁学特性	热磁学法	

4.3　微纳加工技术

纳米技术的无穷魅力是源于纳米效应（如量子效应、巨大的表面和界面效应等）能使得物质的许多性能发生质变，而实现纳米效应的关键是具有纳米结构。因此，纳米结构的加工技术是整个纳米技术的核心。以下介绍几种常用的纳米加工技术。

4.3.1　光学曝光技术

光学曝光也称为光刻，是指利用特定波长的光进行辐照，将掩模板上的图形转移到光刻胶上的过程。光学曝光是一个复杂的物理化学过程，具有大面积、重复性好、易操作以及低成本的特点，是半导体器件与大规模集成电路制造的核心步骤。

光学曝光模式大体可分为掩模对准式曝光和投影式曝光两种。掩模对准式曝光又可分为接触式（硬接触、软接触、真空接触、低真空接触）和接近式曝光；投影式曝光包括 1∶1 投影和缩小投影（步进投影曝光和扫描投影曝光）。图 4-15 为几种常用的基本光学曝光模式示意图。

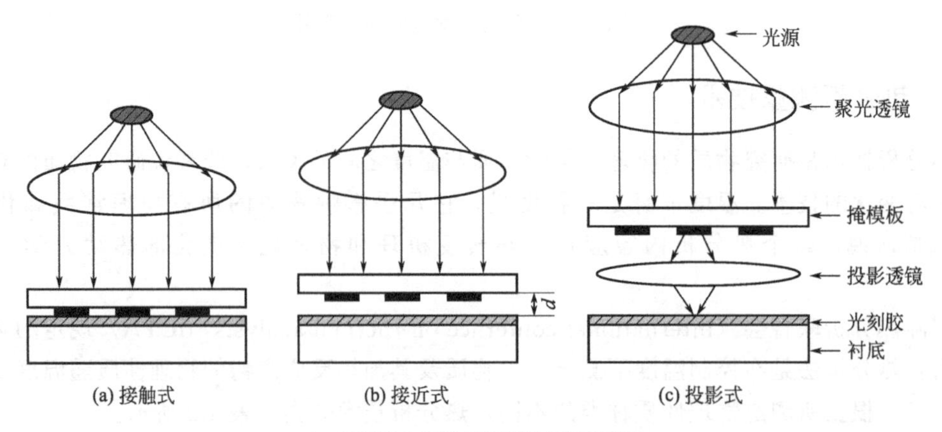

d—光刻胶上表面与掩模板之间的间隙

图 4-15　基本光学曝光模式示意图

4.3.1.1　接触式曝光

接触式和接近式曝光是在掩模对准式曝光机上完成的，设备结构简单，易于操作。接触

式曝光制备的图形具有较高的保真性与分辨率，通过先进的对准系统，可实现约 1μm 的层与层之间的精确套刻。但其不足在于衬底和掩模板需要直接接触，会加速掩模板失效，缩短其寿命。

硬接触是指通过施加一定的压力，掩模板的下表面与光刻胶层的上表面完全接触；软接触与硬接触相似，但施加的压力比硬接触要小，因此，对掩模板的损伤也较小；真空接触是通过抽真空的方式使掩模板与胶表面紧密接触，达到提高分辨率的目的；低真空接触是通过调整真空度到比真空接触更低的条件下实现曝光的一种方式。

目前紫外曝光系统在硬接触模式与真空接触模式下能分别获得 1μm 与 0.5μm 的图形分辨率。接触式曝光一般只适于分立元件和中、小规模集成电路的生产，但在科学研究中发挥着重要作用。

4.3.1.2 接近式曝光

接近式曝光可以克服硬接触曝光对掩模板的损伤，但曝光分辨率有所降低。另外，光强分布的不均匀性会随着间距的增加而增强，从而影响到实际获得图形的形貌，在衬底平整度起伏较大时，光强的不均匀分布更为显著。而接触式曝光中接触应力可一定程度上消除衬底表面的不平整度，降低光强的不均匀分布对衬底上不同区域分辨率不一致的影响。

4.3.1.3 投影式曝光

在投影式曝光系统中，掩模图形经光学系统成像在光刻胶上，掩模板与衬底上的光刻胶不接触，从而不会引起掩模板的损伤和沾污，成品率和对准精度都比较高。但投影曝光设备复杂，技术难度高，因而还不适于实验室研究与低产量产品的加工。

目前应用较广泛的是 1∶1 倍的全反射扫描曝光系统（利用透镜或反射镜将掩模板上的图形投影到衬底上）和 x∶1 倍的分步重复投影式曝光系统。采用分步重复投影式曝光，可以将衬底图形缩小为掩模图形尺寸的 $1/x$，大大减小了对掩模板制备精度的要求，曝光时通过重复多个这样的图形场，从而在整个衬底上实现图形的制备。

光学曝光在微纳加工技术中的主要应用有以下几点。

① 用于大规模集成电路芯片的制作。一个晶体管面积仅仅为百万分之一平方毫米，是当今超大规模集成电路制造生产线上应用最广、技术进步最快、生命力最强的光刻技术。

② 用于大批量生产微机械或微机电系统（MEMS）器件，尤其是信息 MEMS 和生物 MEMS。美国采用光学投影光刻工艺已在硅片上加工出纳米级微型静电马达，微流量控制泵，可注入人的血管的医用微型机器人和实验、演示用的微型机器人。

③ 用于微光机电系统制作，即在芯片上同时集成微光学、微机械和微电子。

目前，先进的光学曝光设备使用非常复杂的技术去提高分辨率，包括曝光波长向短波方向发展、采用大数值孔径以及浸没式曝光、进行光学邻近效应校正以及采用移相掩模等，然而这些都需要非常昂贵的代价。因此，为满足纳米科技的发展，通过工艺与技术手段，充分利用光的波动性特点，如光学曝光中存在的衍射与驻波效应等，提高光学曝光的加工精度，用于微纳米结构与器件的制备，已成为科研与产业界共同关注的问题，并取得了长足的进步。

4.3.2 电子束刻蚀技术

电子束光刻是利用某些高分子聚合物对电子敏感而形成曝光图形的，称其为曝光，完全是将电子束辐照与光照类比而来的。聚焦电子束的应用实际上从20世纪初就开始了，最早是阴极射线管在显示器件方面的应用。在20世纪60年代出现了扫描电子显微镜（简称扫描电镜）。扫描电镜的结构已经与电子束曝光无本质性的差别。但真正用扫描电子束来制作微细图形是由于电子束抗蚀剂的发现，这里使用抗蚀剂这一名称是为了避免与光刻胶混淆，实际上两者是同一类的高分子聚合物。电子束对抗蚀剂的曝光与光学曝光本质上是一样的，但电子束可以获得非常高的分辨率。

电子束曝光技术至今已经有五十多年的历史。人们早已发现在电子显微镜中经常会出现由高能电子辐照引起的碳污染。1958年美国麻省理工学院的研究人员首次利用这种电子引起的碳污染形成刻蚀掩模，制作出高分辨率的二维图形结构。到1965年已经能利用电子诱导产生的碳掩模制作出100nm的微细结构。1968年一种聚甲基丙烯酸甲酯PMMA被首次用来作为电子束抗蚀剂。1970年利用电子束曝光与PMMA抗蚀剂已经制作出0.15μm的声表面波器件。1972年已能在硅材料表面制作出横截面为60nm×360nm的金属铝线条。上述这些工作都是在扫描电镜上完成的。1977年第一台商业电子束即高斯束曝光机问世，1978年第一台商业电子束即变形束曝光机问世。

20世纪80年代初，当有人预言光学曝光技术已到末路时，电子束曝光就被作为取代光学曝光的新一代技术。但直到今天，电子束曝光仍没有进入大规模生产领域，这主要是因为电子束曝光的效率远远低于光学曝光的效率。虽然电子束曝光技术没有直接运用于大规模集成电路的生产，但这一技术却广泛用于其他微纳米加工领域。

光学曝光必须通过掩模实现；电子束曝光可以直接在抗蚀剂层写出图形，也是制作光学掩模的主要工具之一。在今天纳米技术的时代，电子束曝光更是不可或缺的加工手段。利用现代电子束曝光设备和特殊的抗蚀剂工艺已经能够制作小于10nm的精细结构，电子束直写的灵活性和高分辨率使它成为当今微纳米科学研究与技术开发的重要工具。

4.3.3 聚焦离子束技术

聚焦离子束技术（FIB）是在电场和磁场的作用下，将离子束聚焦到亚微米甚至纳米量级，通过偏转系统及加速系统控制离子束，实现微细图形的检测分析和纳米结构的无掩模加工。FIB技术的主要特点在于离子束可在几个平方微米到近1mm^{2}的区域内进行数字光栅扫描，可以实现通过微通道板或通道电子倍增器收集二次带电粒子来采集图样；通过高能或化学增强溅射去除多余的材料；沉积金属、碳或类电介质薄膜的亚微米图形。近年来，FIB技术取得了长足的进步，下面介绍几种FIB技术的应用实例。

4.3.3.1 掩模修补

FIB技术不仅可以修补普通的光学工艺掩模，而且还可以修补X射线掩模及先进的光学移相掩模。FIB修补工艺具有很高的空间分辨率（分辨尺寸可小于25nm），可以修补包括相位缺陷在内的各类缺陷。

4.3.3.2 电路修改

利用FIB技术的刻蚀及沉积功能可以对失效或需要改进的集成电路进行修改，达到显著缩短设计和生产周期的目的，如利用FIB技术可以断开电路之间一些不应有的连接或者形成电路之间的纳米级连接，连接的线宽仅为几十纳米，而线长可达几十微米。

4.3.3.3 在三维微结构及微系统中的应用

FIB 沉积可以实现复杂的三维微结构的制备。由于沉积是一层接着一层进行的，并且上面一层都比下面一层伸出一点，这就使得这种技术可以沉积成具有悬挂支出特征的微结构。此外，通过局部表面的 FIB 离子掺杂及离子铣，结合 KOH 湿法腐蚀，还能实现纳米机械结构的制备，FIB 离子铣还可用于 MEMS 和传感器中。

总之，FIB 技术的主要优点是以很高的精度实现复杂的微结构，不足之处是加工速度较慢。因此，FIB 技术主要用于那些尺寸相对较小耗时相对较少的微结构，并且最适合小尺度结构的后加工及原型制备。

4.3.4 纳米压印技术

无论用光子束、电子束还是离子束曝光制作微纳米结构，都是基于高分子聚合物材料的光敏化学作用，改变高分子聚合物材料在特定显影溶液中的可溶性，使曝光部分或未曝光部分溶解形成表面微纳米浮雕图形。自 20 世纪 90 年代中期诞生的一类新的技术则是基于物理成型方法形成表面浮雕图形，即纳米压印技术（NIL），被国外称为“将改变世界的十大新兴技术”之一。

4.3.4.1 纳米压印技术的过程和特点

纳米压印技术的概念可以说是源自我们日常生活中的盖印章，此动作可将原来在印章上的图形压印到另外一件物体表面上。

纳米压印技术分为三个步骤，如图 4-16 所示。

第一步是模板的加工。一般使用电子束刻蚀等手段，在硅或其他衬底上加工出所需要的结构作为模板。由于电子的衍射极限远小于光子，因此可以达到远高于光刻的分辨率。

第二步是图样的转移。在待加工的材料表面涂上光刻胶，然后将模板压在其表面，采用加压的方式使图案转移到光刻胶上。注意光刻胶不能被全部去除，防止模板与材料直接接触，损坏模板。

第三步是衬底的加工。用紫外光使光刻胶固化，移开模板后，用刻蚀液将上一步未完全去除的光刻胶刻蚀掉，露出待加工材料表面，然后用化学刻蚀的方法进行加工，完成后去除全部光刻胶，最终得到高精度加工的材料。

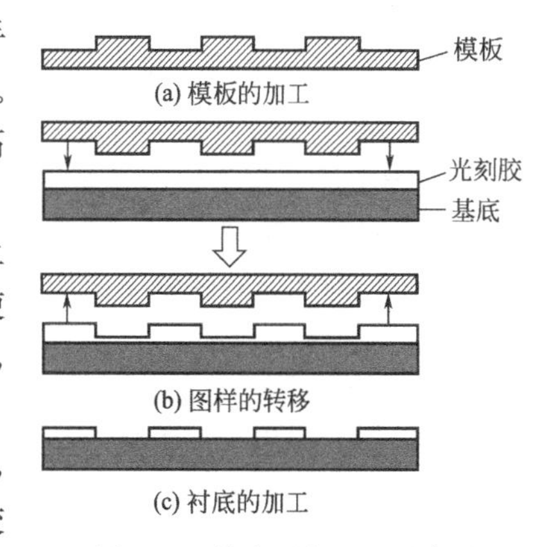

图 4-16 纳米压印过程示意图

最初提出的纳米压印方式为热压纳米压印（HEL）。但塑料或高分子聚合物材料热压成型需要高温高压。高温加热和冷却会延长压印周期，降低产出率。高压成型会增加印模的损耗，同时限制了那些不能承受高压的衬底材料的应用。

随着对纳米压印技术的深入研究，基于纳米压印的原理派生出一系列低温低压或常温常压的纳米压印技术，例如多种形式的紫外（UV）固化纳米压印技术。聚合物材料不再被压印成型，而是被紫外光辐照固化成型。另外一些派生技术已经不再是直接意义上的压印技术，例如微接触印刷技术和软光刻技术等。

这些技术不再是通过压印形成表面浮雕图形，而是通过印章与衬底表面接触实现液体材料向衬底表面的转移或固体薄膜材料向衬底表面的转移，它们更应该被称为印刷而不是压印。但这些派生技术的共同点都是将印模图形复制到衬底材料上。

纳米压印技术和其他光刻技术相比优势明显。由于纳米压印技术的加工过程不使用可见光或紫外光加工图案，而是使用机械手段进行图案转移，这种方法能达到很高的分辨率。目前报道的最高分辨率可达 2nm。此外，模板可以反复使用，无疑大大降低了加工成本，也有效缩短了加工时间。因此，纳米压印技术具有超高分辨率、易量产、低成本、一致性高的技术优点，被认为是一种有望代替现有光刻技术的加工手段。

4.3.4.2 纳米压印技术的发展

纳米压印技术自开发以来就成为微纳米加工技术方面一个活跃的研究领域。过去十多年中有大量的文章发表。这一技术本身已经展示了广阔的应用领域。已报道的应用包括制作量子磁碟、DNA 电泳芯片、GaAs 光检测器、波导起偏器、硅场效应管、高密度磁结构、GaAs 量子器件、微波器件等。凡是用传统光刻的微纳加工应用领域理论上都可以用纳米压印代替，但必须是需要大批量复制微纳米结构的应用领域，采用纳米压印技术才有实际意义。

纳米压印光刻技术从原理上回避了昂贵的投影镜组和光学系统固有的物理限制，但因其属于接触式图形转移过程，又衍生了许多新的技术问题，其中 1∶1 压印模具的制作、套印精度、模具的使用寿命、生产率和缺陷控制被认为是当前最大的技术挑战。

现在纳米压印的发展主要表现在以下三方面。

① 超大规模集成电路图形化纳米压印光刻。针对纳米压印光刻成为下一代光刻技术的前景，研发其工业化的核心工艺技术和装备关键技术。目前的该领域研究人员正致力于解决高分辨率压印模板制造、模板寿命保障、图形转移缺陷控制、多层套印精度保证等核心问题。

② 将纳米压印技术引入聚合物太阳能电池的制备，通过异质结结构的纳米图形化，提高光电转换效率。将纳米晶、纳米线等纳米结构引入有机-无机复合太阳能电池制造，实现其机械柔性和高光电转换效率。该领域研究人员期望在目前常规的硅系太阳能电池之外，探索新一代太阳能电池的结构和大规模制造技术。

③ 将微结构图形化技术和碳纳米管生长技术相结合，探索新型场发射显示技术。将纳米结构成型技术应用于平板显示技术（SED）显示器阴极结构的制造，相关研究将面向下一代（后等离子体显示器时代和后液晶显示器时代）的显示器，期待发展创新的制造工艺方法和装备实现技术。

思 考 题

① 何谓纳米颗粒粒度的表征？有何物理含义？

② 怎样用电子显微镜法测试纳米粉体的粒度？为什么？

③ 试述激光光散射法测粉体粒度的原理。

④ 试述沉降法测纳米粉体粒度的原理及其满足条件。

⑤ 试述扩散双电层的物理含义和 Zeta 电势的含义。

⑥ Zeta 电泳仪是做什么用的？是何原理？

⑦ 何谓纳米测量？它与常规测量有何不同？纳米测量技术的主要内容有哪些？

⑧ 常见的电子显微测量技术、衍射测量技术和谱学技术各有哪些？其测量原理的主要区别是什么？

⑨ 试述扫描隧道显微镜（STM）的工作原理。

⑩ STM 的基本结构包括哪些部分？

⑪ STM 有何优缺点？

⑫ 何谓原子力显微镜？与 STM 有何异同？

⑬ 试述近场光学显微镜的工作原理。

⑭ 在应用方面近场光学显微镜与 STM 有何异同？

⑮ 何谓低能电子衍射？它怎样用于纳米测量？

⑯ 为什么说中子衍射和电子衍射技术是 X 射线衍射技术的补充和发展？

⑰ 为什么说紫外-可见光谱是表征液相中金属纳米粒子的最常用技术？

⑱ 何谓俄歇谱仪？它怎样用于纳米测量？

⑲ 何谓离子探针？它怎样用于纳米测量？

⑳ 热分析技术与 XRD、IR 等方法结合可以研究纳米材料或纳米粒子的哪些特征？

㉑ 试述几种光学曝光模式的应用及其优缺点。

㉒ 试述电子束曝光技术的发展。

㉓ 试述聚焦离子束技术的应用。

㉔ 试述纳米压印技术的过程和特点。

第5章

微纳机电系统

微机电系统（MEMS，micro electro mechanical system）将处理热、光、磁、化学、生物等结构器件通过微电子工艺及其他一些微加工工艺制造在芯片上，并通过与电路的集成甚至相互间的集成来构筑复杂微型系统。所以，更准确地说，今天的MEMS包括感知外界信息（力、热、光、生、磁、化等）的传感器和控制外界信息的执行器，以及进行信号处理和控制的电路，已经远远超越了“机”和“电”的概念。而当微机电系统的特征尺寸缩小到100nm以下时，又被称为微纳机电系统（NEMS，nano electro mechanical system）。

本章将从微纳机械的发展历程、基本特性及其超微加工技术以及纳米摩擦学等方面进行介绍，通过宏观与微观的比较介绍微纳机械的特殊性，最后对一些微纳机械器件进行了简要的介绍。

5.1 微机械发展历程

为了满足现代科技发展的需要，从20世纪70年代开始，在机械装置小型化过程中产生了微机械的研究。此项研究最初是由美国开始的，斯坦福大学于1965年接受斯坦福医学院的要求，开始利用硅片腐蚀方法制作脑电极阵列的探针，并取得成果。图5-1所示为用光刻技术做成的微机械。后来，又相继研制出直径210μm、长度150μm的铰链连杆结构，

图5-1 用光刻技术做成的微机械

210μm×100μm 的滑块机构，转子直径 100μm 的微型马达（图 5-2）和流量为 20mL/min 的液体泵。1987 年美国投入大量经费资助微机械开发。随后日本和西欧也相继将微机械研究列为重要发展领域，促进了微机械的迅速发展。

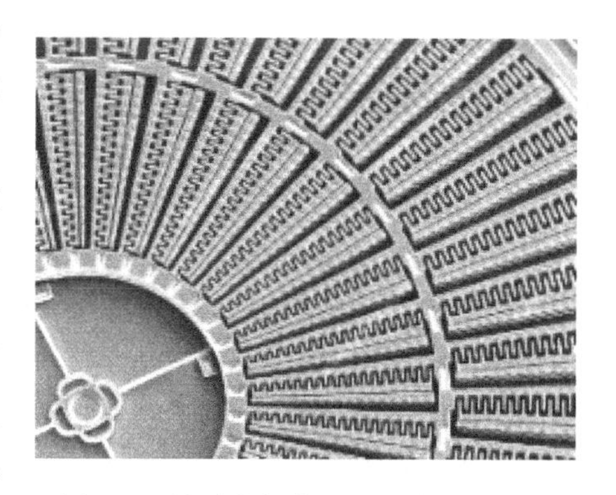

图 5-2　转子直径为 100μm 的微型马达

我国微型机械研究起步并不算晚。1998 年国家自然科学基金委批准东南大学静电马达方面的基金申请，从此开始了微型机械领域的研究。上海冶金技术研究所、清华大学、长春光学精密机械研究所、上海光学精密机械研究所等单位在微型齿轮刻蚀、微型汽轮机、静电微型马达、压电微型马达等方面都取得了可喜的成果。中国科学院和国家自然科学基金委已为微型机械的研究立项，还设立两个重点研究项目。最近，国家科委已把微型机械列为“攀登计划”，作为国家重点支持的应用基础研究项目之一，投入资金 500 万元用于此项目的研究。长春光学精密机械研究所成立了中国第一个微型机械研究室，清华大学成立了微米、纳米技术研究中心。虽然目前我国在微型机械方面的投资、技术基础方面与经济发达国家相比差距还很大，但在微型机械方面的研究正在形成自己的力量和技术方向，有望在微型机械领域的国际竞争中占有一席之地。

微机械学的发展经历了两个阶段。最初，人们按照传统机械学的原理和方法开发小型机械。通常小型机械是传统机械简单的缩小，它在工作原理、结构材料和设计理论等方面大体上可以沿袭传统机械学。然而，在研制过程中发现，随着机械结构尺寸的不断缩小，构件所受到的外载荷和体积力变得次要，而构件间的摩擦力和其他表面力成为影响力学性能的主要因素。

因此，微型机械的力学系统特征与传统机械不同。此外，制造机械的原材料小型化之后的物理性质及对环境变化对其的影响也将有很大变化。所有这些都促使人们认识到传统机械学的理论和观点对于小型化机械已不适应，必须从新的构思出发，借助于纳米科技开发出与传统机械的结构、材料、功能和原理不同的机械装置。自然而然，微机械学的发展进入了第二阶段，即建立纳米机械学研究的阶段。

近年来，有的学者提出按照尺度将微小机械分成三类，即 1～100mm 为小型机械（small machine）；10μm～1mm 为微型机械（micro machine）；而 10nm～10μm 为超微型机械（submicro machine）。表 5-1 简略地表明了小型机械与微型机械的差异。

表 5-1　小型机械与微型机械的差异

项目	小型机械	微型机械
尺度	100μm～100mm	1μm～1mm
材料	金属、高分子聚合物、陶瓷	硅、金属薄膜、高分子聚合物、陶瓷
构造	三维立体	多层的二维平面、三维立体
驱动	小型电机、压电晶体、SMA 薄膜	静电电机、压电晶体、SMA 薄膜、微驱动器
加工方法	超精密加工、电火花加工、激光加工、湿式腐蚀、粒子束加工	腐蚀、表面显微加工

5.2 纳米机械学基础

在微机械研究中，随着纳米加工、材料处理和微测控技术等的发展，人们已制造出各种微型机械零件、微型电机与微能源、微驱动器、微传感器等器件，并利用这些器件组合而成了微型机器人。然而，要将各种器件有效地组合成具有一定功能的机械系统，就需要开展纳米机械学研究来支撑。

所谓纳米机械学，就是研究纳米尺度对象的机械结构、特性及其测量分析，以及进行相关微系统设计的学科。通常，机械工程包含机械学和机械制造学两大学科，它们分别对应于机械系统从构思到实现所经历的设计和制造两个阶段。清华大学的温诗铸教授认为，纳米机械学就是以微型机械及其系统的设计为目标，研究各组成单元的工作原理、特性和设计理论与方法，并对系统进行功能综合和定量描述性能的学科；它是通过创造新思维过程，规划出符合社会、生产和科学技术发展所需要的微型机电系统组合结构的探索性学科。作为微型机械设计、制造和评价基础的纳米机械学是一门具有独特科学体系的新兴学科，它在学科基础、研究内容和研究方法等方面都与传统机械学截然不同。应当指出，随着微型机械的发展，纳米机械学将会不断扩充其研究内容而出现更多的学科分支。

5.2.1 微机械的基本特性

与传统机械相比，微纳机械在许多方面都具有自身特色，这是因为微小尺寸和微小尺度空间内，许多宏观状态下的物理量和机械量都发生了变化，并在微观领域状态下呈现出特有规律，由此决定了微纳机械具有自身特有的基本特性。

尺寸效应是微机械系统中许多性能不同于宏观传统机械系统的非常重要的原因，使微机械系统具有以下几个主要特性。

① 由于尺寸的影响，重力的影响被表面力所取代。在宏观机械系统的加工与装配中，需要克服的主要作用力是重力，由于微机械的尺寸很小，其重力的影响作用大大削弱，表面黏滞力的影响大大增强。表面黏滞力主要包括：范德华力、静电力和表面张力。随着机械尺度的减小，当球半径小于 1mm 时，表面张力总是大于重力；当球的半径小于 0.1mm 时，范德华力总是大于重力；而当球的半径小于 0.01mm 时，静电力要大于重力。在三种力中表面张力的影响最大，表面张力主要受环境湿度和互相接触物体的表面材料影响，干燥或真空的环境、不吸水的表面涂层都可减小表面张力。静电力主要产生于摩擦和物体的碰撞，带不同电荷的物体将产生静电力，静电力的大小可用公式(5-1) 计算

$$p=\frac{1}{2}\varepsilon|E|^2=\frac{\sigma^2}{2\varepsilon} \tag{5-1}$$

式中，ε 为电解质的电容率；E 为电场强度；σ 为表面的电荷密度。

范德华力是分子之间的力，为：

$$F=\frac{Hr}{6z} \tag{5-2}$$

式中，H 为常数；r 为物体半径；z 为表面距离，$z \ll r$。

② 材料强度增加。由于尺寸减小，没有了作为物理缺陷的晶体边界的存在，致使微机械结构零件的材料强度可达到普通材料的数倍甚至数百倍，不能按照普通机械的强度计算公

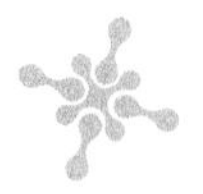

式来设计微型机械，否则将会带来很大的误差。

③ 表面零件的强度变化。由于表面积与体积之比增大，化学和热现象非常活跃，热传导与化学反应增快，接触或滑动部分会出现微摩擦学方面的独特现象。但是，对热驱动执行器的机械-化学加工是非常有利的。

④ 制造精度降低。由于微型机械的尺寸缩小，在一定的加工误差情况下，其相对误差就自然增大，有研究发现，目前在微型机械中很难实现 $e<10^{-3}$。

⑤ 有源驱动。微型机械难以从外部连续获取能量，要求实现长时间的有源驱动。通常用微电机或微驱动器作为动力源，以提供旋转或直线运动。

⑥ 机电一体化系统。微机械系统应尽可能缩短运动链和构件数量，设计具有多种功能的组合结构。通常是将能量传送、运动传递和执行结构集成一体，有的还包括传感器、测控回路等装置，有时将膜片、弹性梁、铰链、弹簧等组合，利用集成电路制作技术将他们集成在一块硅片上，组成完整的微机电系统。

5.2.2 微机械的基础材料

MEMS 发源于微电子技术，因此，其材料仍以硅材料为主。微型机械所用的材料按性质来划分可以分为结构材料和功能材料两大类。结构材料是指具有一定机械强度用于构造微型机械结构基体的材料，功能材料是指具有能量变换能力的材料。

目前，最常用的结构材料是硅，一方面是因为硅具有优良的力学性能和电性能，另一方面是硅的加工工艺和手段比较完善。早在 1982 年，Petersen 就对硅的优越性能进行了总结。结构用硅材料按其微观晶体组成可分为单晶硅和多晶硅。单晶硅的机械品质因数高，滞后和蠕变极小，它的断裂强度和 Knoop's 硬度比不锈钢要高，弹性模量与不锈钢相近，密度只有不锈钢的 1/3，因而机械稳定性特别好。多晶硅是由许多取向和排列无序的单晶颗粒组成的，力学性能与单晶硅相近，但受工艺的影响较大。硅材料的导热性好，还有多种传感特性，是一种十分优良的微型机械材料。由于硅材料呈现一定的脆性，容易断裂，在加工中应尽量减少硅表面、边缘和体内缺陷的形成，尽量少用切、磨、抛光等机械工艺。在高温工艺、多重薄膜的沉积过程中，要尽量减少内应力的产生，可采用一定的表面钝化和保护措施来防止和消除内应力。

除了硅材料外，其他半导体、石英（晶态 SiO_2）、玻璃、陶瓷、金属薄膜等材料也可作为微型机械结构材料。

功能材料是指具有能量变换能力，可以实现敏感和制动（actuation，也称为执行）功能的材料。这些材料包括各种压电材料、光敏材料、磁致伸缩材料、形状记忆材料、电流变体材料、气敏材料和生物敏材料等多种材料。

5.2.3 微机械的加工方法

微机械由于尺寸的减小，其尺寸效应使微机械显现出许多新的特性，使得制造和装配都非常困难。“宏”机械原有的加工方法（切削、磨、冲压、铸、锻等）远远不能满足需要，应该使用许多新的加工方法。在微机械的研究探索中，全部由机械结构组成的微型机械几乎不存在，通常是机械与电子技术组合而成的机电一体化系统（MEMS），就是将各种器件集成在一块多晶硅片上组成功能完整的系统。不仅尺寸小，而且具有惯性小、热容低，容易获得高灵敏度和高响应性的特点。因此，像激光束、电子束、化学蚀刻等是常用的加工方法。

（1）腐蚀法

这种工艺用腐蚀方法从硅衬底材料上有选择地除去大量材料，从而形成所需要的膜片、沟、槽等结构，这种方法获得的结构几何尺寸较大，力学性能较好。但是对硅材料的浪费也较大，且做成集成电路的兼容性不好，这些是这种方法的缺陷。

根据腐蚀剂的相态，可以将腐蚀方法划分为三种。采用液相腐蚀剂的腐蚀工艺称为湿法腐蚀，采用气相和等离子态腐蚀剂的腐蚀工艺称为干法腐蚀。三种腐蚀方法的反应机理、反应速度、腐蚀剂和其他特性都各不相同。

（2）表面沉积法

利用硅片表面薄膜的沉积法获得机械结构的方法叫做表面沉积法，这是一种表面微机械加工工艺。这种工艺用了大量与集成电路兼容的材料和工艺，便于集成和批量生产。这种方法沉积的薄膜不能过厚，得到的结构尺寸和质量都比较小，如果用电容作为检测方法，其绝对值和变化量也很小，检测到的信号弱。但是，所得到的机械结构可以和电路集成于同一芯片内，检测电路受噪声和寄生效应的影响小，弥补了灵敏度低的缺陷。

除了常用的硅材料以外，表面微机械加工中还可以采用其他结构材料，以获得可控的残余应力值、杨氏模量、薄膜形态、硬度、电导率和折射率。第一类这样的材料是金属。包括Al和CVD-W（化学气相沉积钨）、电镀镍、铜等。特别是Al，它具有良好的反光特性，可用于构成微光学系统的结构（如tcxas instrumcnt的DMD，digital micromirror dcvicc）。这时，牺牲层材料可采用spin-on或气相沉积的有机物，如光刻胶、聚酰亚胺、聚对二甲苯等。第二类这样的材料包括CMOS（complementary metal oxide semiconductor）工艺中制作互联所用的二氧化硅、氮化硅和Al层等。这些材料的应用可以简化机械结构和电路的集成，但机械特性有一定的限制。第三类这样的材料是氮化硅，这种薄膜的表面比多晶硅表面光滑，可以直接作为点激光发射材料，其张力可以通过让薄膜富硅化和在氧化气氛中退火的办法予以减小。

（3）LIGA技术

LIGA是德语光刻（lithographie）、电铸（galvanoformung）和成型（abformung）三个单词的缩写，是一种由深度X射线光刻、微电铸成型和塑料铸模技术结合而成的综合性加工技术。LIGA技术最初的目的是批量生产微机械部件，目前是进行三维立体微细加工成批量生产微型机械部件的方法。这种技术的步骤是：①用同步辐射X射线光刻技术光刻出所要求的图形；②利用电铸方法制作出与光刻胶图形相反的图形；③利用微塑铸方法制备各种材料的结构。这种技术由于需要的同步辐射X射线源设备价格昂贵，而且掩模制作工艺复杂，目前还难以推广。

为了克服这种技术同步辐射X射线源昂贵的缺点，人们开发了具有代表性的借用常规的紫外线光刻设备和掩模板进行厚光刻胶光刻技术。利用这种办法虽不能达到LIGA工艺的水平，但也能满足MEMS微机械制作中的要求。另外也可以利用高深宽比刻蚀技术（DRIE）在硅片或塑料上刻蚀出高深宽比结构，以此作为模具用电镀或沉积+牺牲层腐蚀的办法获得金属或硅元件，如HexSil工艺和DEM工艺等。

（4）MEMS封装技术

集成电路的封装技术目前已经十分成熟，相应的设备也很完善。MEMS的封装技术的研究却大大落后于器件的研究。虽然两者的封装有相同之处，但又有很大的差别。由于

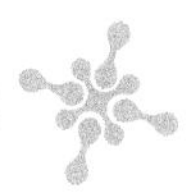

MEMS 含有各种微机械结构，并需要与电信号以外的其他物理量相互作用，因而微型机械的封装问题比较复杂，需要根据不同的器件、不同的要求来解决，不可能有统一的、标准化的封装方法，这是要在器件设计时就应充分考虑的问题。这一问题已经被人们重视，有多种形式的封装技术出现，并能大大降低封装成本。其中引人注目的是芯片级或硅片级封装的研究。

（5）CAD 技术

对微型机械来说，CAD 技术可以优化微型机械的结构和工艺，减少试制成本；缩短设计周期，增强市场竞争能力；有助于发现处理微小范围内的力、热、电磁等能量之间的相互作用，具有十分重要的意义。MEMS 所需要的建模和仿真可以分为以下几个不同的层次。

① 工艺模拟。工艺模拟的目的是通过建立每一步的物理模型，采用合适的数值算法，模拟出 MEMS 的拓扑结构。对标准 IC 工艺，可以采用 SUPREM；对 MEMS 特有的体型和表面加工工艺，则需要开发专用的模拟程序。专用工艺的模型一般分为几何模型和物理模型两类，一般牺牲层腐蚀和键合工艺采用几何模型以简化分析，薄膜沉积和刻蚀工艺则采用物理模型。IntelliSuite 和 MEMCAD 中都集成有这类功能。

② 器件模拟。经工艺模拟得到的 MEMS 器件结构，根据其工作原理，建立相应的方程，通过有限元、边界源和差分方法就可以模拟出 MEMS 器件的性能，这就是器件模拟。在这类模拟中，需要有合适的边界条件和材料特性数据库（包括机械、电学、热学和磁学特性）。这类模拟往往涉及静态和动态的不同能量域的耦合分析，比较复杂，但是，器件模拟可以采用现成的商用软件，如 ANSYS。

③ 宏模型与系统级模拟。系统级模拟要求 MEMS 器件的模型简单，而且能反映器件的材料特性和几何特征，这样的器件模型称为宏模型。建立宏模型的方法主要有：a. 把器件级模拟结果转化成等效的宏模型，但要经过一定的简化；b. 解析法；c. 集总参数法，把连续的 MEMS 器件分解为集总参数的网络，从而描述器件的工作特性。一旦建立起宏模型，就可以采用 SPICE 或 MATLAB 等成熟软件进行系统模拟。

目前商业化的专用 MEMS 模拟软件 MEMCAD、IntelliSuite 和 MEMS Pro（MEMSCAP）已经实现了上述三种模拟和建模功能的集成，具有一定的设计能力，并能与常用的电路版图设计软件和有限元分析的软件进行接口。下一步的发展应该是功能的完善和增强（如加入封装工艺的模拟等），并能方便器件级的研究（FEM/BEM 模拟）、系统/概念/行为级研究（VHDL-AMS）和物理级（版图）之间的数据交换。

（6）扫描隧道显微加工技术

扫描隧道显微加工技术是纳米加工技术中最新发展，可实现原子、分子的迁移，去除、增添和排列重组，是实现极限加工或原子级精加工的最新技术。近年来扫描隧道显微加工技术，即原子级加工技术获得了迅速的发展，取得了多项重要成果。

将 STM 用于纳米级光刻加工时，它具有极细的光斑直径，可以达到原子级，这样可使加工特征和加工工具处于同一尺度。其次是所产生的二次电子对线宽影响很小，而且成本较低，可以在大气甚至液体介质中工作。美国 IBM 公司的 M. A. Mocord 等，在 Si 片上均匀覆盖一层厚 20nm 的聚甲基丙烯酸甲酯（PMMA），然后用扫描隧道显微镜（STM）进行光刻，得到 10nm 宽线条的图案。其后，M. A. Mcocord 等又相继研制成功 13.5nm 厚的 Au-Pd 合金薄膜电阻。北京真空物理研究所报道了用 STM 于 Si（111）7×7 重构表面在直流偏压作用下获得原子级平直沟的成果。

（7）微型机械测试技术

测试技术是微型机械加工技术的重要组成部分，因为微型结构以及整个微型机械系统的各项参数的获得，是保证加工质量、研究加工规律的基础。在微型机械加工过程中，需要测试的参数包括几何量、力学量、电磁量、光学量和声学量。令人遗憾的是目前在线测试技术还不完备，缺乏专用和自动化的测试设备与系统，成为微型机械发展的一个瓶颈。

加工过程中的测试技术主要包括：微型机械用材料测试、微型机械产品加工过程参数测试、微型机械器件与芯片基本功能测试三个主要方面。

① MEMS 用材料性能测试。材料性能测试包括 MEMS 用结构材料和功能材料性能的测试。应该研究的方向是：评估方法与标准、功能材料专项性能测试技术、关键功能材料性能测试仪器与手段等。

② MEMS 产品加工过程参数测试。产品加工过程参数测试包括相关的电路测试技术研究，三维结构形貌与尺寸测试技术，微观机械特性测试技术，表面膜结构与性能测试技术。以后发展的重点应该是研发关键工艺的在线测试与分析手段，为稳定的 MEMS 产品批量生产提供工艺支持。

③ MEMS 芯片基本功能测试。主要是研究芯片级微机械动态特性测试技术、微机械光学测试技术、微机械力学特性测试技术、微机械结构分析技术等专用测试技术。结合研制的 RF MEMS 芯片、Bio MEMS 等不同类型的芯片，开发标准化、低成本的系统级系列监测仪器，提高测试的自动化与效率。

加工过程测试技术的关键技术主要是产品加工过程中的测试通用性、测试结构设计技术和测试参数数据库。

（8）微型机械装配技术

由于微型机械器件尺寸小、质量小、要求精度高，一般传统机械的装配技术不适用于微型机械的装配。也就是说微型机械不能用人工直接操作来装配，而需要研究采用特殊的装配技术和系统。目前主要是主从装配系统、自动化装配系统和使用微机械手装配。

主从装配系统分主、从两个操作部分，主操作部分由操作者控制，该系统将操作者的大范围运动按比例缩小传递给从动部分，以适应微操作的精确定位；从动部分在操作器件时，将接触力和夹持力按比例进行放大后传递给主动部分的操作者，这样就实现了系统的力反馈，其不足之处是存在力反馈的延迟。

自动化装配是减小操作者的劳动强度，降低微型机械的制造成本的合适选择。Zhou Y，B. Vikramaditya 与 J. T. Feddema，R. W. Simon 等都使用了不同类型的自动化装配系统，使用自动化装配系统一次可以装配几个、十几个甚至上百个相同器件，降低装配成本，具有广泛的前途，应该是微型机械装配的发展目标。

由于机械手操作灵活，有很好的柔性，能适应各种作业，在现代工业中被广泛应用。在微型机械的装配中，由于要求的定位精度高，必须使得微机械手有很高的制造精度，不仅零件的公差要控制在纳米范围内，还必须控制振动、摩擦、热膨胀等在传统机械装配中可以忽略的因素。S. Fatikow 设计出 50mm 和 80mm 大小的机械手，运动速度可达 30mm/s，具有 3 个自由度（两个平面，一个旋转）在一个平台上移动，能达到工作空间的任一点，一个固定摄像机被用来控制机械手的精确定位，另一个摄像机和激光测距仪被用来控制机械手的粗定位。

5.3 纳米摩擦学

微机电系统的学科基础、研究内容和研究手段等不同于传统机械电子系统，它不仅涉及机械制造、电子学科，还广泛涉及化学、物理、控制等许多边缘学科领域，同时还能涌现许多新的学科，纳米摩擦学就是这样产生的一个新的学科领域。纳米摩擦学（nanotribology），或称微观摩擦学（micro-tribology）、分子摩擦学（molecular-tribology），是在纳米尺度上研究摩擦界面上的行为、变化、损伤及其控制的科学。其主要研究内容包括纳米薄膜润滑和微观摩擦磨损机理，以及表面和界面分子工程，即通过材料表面微观改性或分子涂层，抑或建立有序分子膜的润滑状态，以获得优异的减摩耐磨性能。纳米摩擦学不同于普通的摩擦学，传统的以连续介质力学为基础的摩擦理论和研究方法不适用于解决纳米摩擦学范畴的摩擦问题，其研究技术自然也不同于普通摩擦学的研究技术。为了深入了解摩擦副在接触、分离以及相对滑动时的黏着、摩擦和磨损过程，必须了解材料间相互作用时的原子机制和动力学。一般纳米摩擦学研究技术主要有两种：一种是以实验技术为突破口，进行纳米现象研究；另一种是采用计算机进行数值模拟研究。

5.3.1 零摩擦

由于微机械的动力源很小，因此对于作为运动阻力的摩擦，应尽可能地降低摩擦能耗，甚至实现零摩擦；另一方面，微机械往往利用摩擦作为牵引或驱动力，此时则要求摩擦力具有稳定的数值而且可以适时控制。

零摩擦，又称超低摩擦、超滑。它最早在1990年由日本学者Hirano和Shinjo根据宏观力学的理论通过计算而提出。目前关于超滑的提法不一致。一种认为超滑是摩擦系数为0的状况；另一种则认为超滑是由于润滑分子的结构变化而导致摩擦系数的急剧降低；还有一种观点认为超滑是摩擦系数下降到具有较大的工程价值工况（小于0.001）。由低温超流的原理可见，要实现摩擦力为零的工况非常困难，而作为纳米摩擦学研究而言，目标应该是在摩擦界面实现摩擦力趋于零。

传统的摩擦学观点认为摩擦过程是能量转换和耗散的过程。对于粗糙的表面，摩擦功消耗于粗糙峰的碰撞和变形，最终转换为热能而随之散失。光滑表面的摩擦，机械能转换为原子的碰撞和振动，最后也以热能的形式而散失。因此，能量消耗就成为固体摩擦的固有特性。Tomlinson的研究提供了从原子运动角度来描述摩擦机理的方法。在他之后，人们对于摩擦中原子运动的能量转换又提出了新的观点。其中最突出的是超滑（superlubricity）概念的提出，从理论上讲，超滑是实现摩擦系数为0的润滑状态，但在实际研究中，一般认为摩擦系数在0.001量级或更低的润滑状态即为超滑态。目前工业技术的各行各业，特别是高新技术装备和纳米技术的发展通常受到摩擦和磨损的严重困扰。超滑技术研究不仅可以大幅度降低摩擦功耗，还具有零磨损的特征，随着超滑机理的研究发展和超滑材料的研制成功，人们对于摆脱摩擦和磨损的束缚有了希望。

Hirano和Shinjo指出，原子在滑动中的多维运动是实现超滑现象的基本条件，原子运动的自由度越高，则运动的柔性就越大。分析说明，三维摩擦系统的转变点k_c的理论值超过实际摩擦副表面黏着强度的计算值，从而理论上可以说，超滑现象可以存在于任何洁净而光滑的金属摩擦副。

随后，Hirano 和 Shinjo 通过实验进一步考察了超滑现象。他们利用刚劈开的白云母表面在弹性接触下进行摩擦实验。在水的蒸气压 $p/p_0=9\times10^{-5}$ 和温度 130℃，大气环境 $p/p_0=1$ 和温度 20℃条件下，测量不同角度时的摩擦力，测量结果如图 5-3 所示。

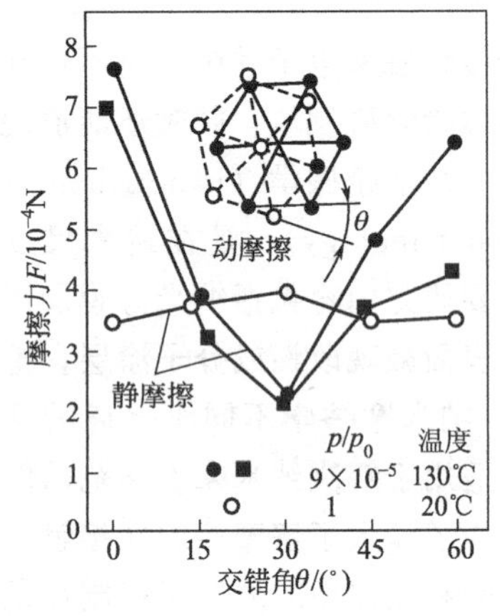

图 5-3 超滑与摩擦各向异性

在干燥环境下的实验表明，当两表面相称接触(commensurate contact) 即 $\theta=0°$或 $\theta=60°$时，摩擦力最高，而非相称接触摩擦力较低，当 $\theta=30°$时，摩擦力最低。从而表明，滑动摩擦具有显著的各向异性。交错角在 0°～60°之间时，摩擦系数变化范围为 0.16～0.63。其变化曲线基本上以 $\theta=30°$为对称点，反映出白云母表面对称六边晶体结构，由图还可看出，在大气环境下摩擦不出现各向异性，摩擦力几乎与交错角无关。其原因是大气中水分对表面的污染。

通过理论计算，推算出按照一定规律排列的两个晶体表面作相对运动时，由于分子间的弱作用力和时效作用，在特定匹配对偶面和滑动方向条件下，其摩擦力为 0，即处于超滑态。随后，用隧道扫描显微镜观察到洁净表面的超滑现象。目前，已做出超滑态的材料主要有两类：一类是固体润滑剂，像高真空下特定滑移方向的二硫化钼，高取向热解石墨（HOPG)；另一类是端吸附的高分子材料，如 PE-PEO（聚乙烯-聚氧乙烯)。

总的来说，超滑研究仍处于起步阶段，对于超滑现象的机理研究尚处于探索阶段。经过科学家的集体探索和研究，结构超滑很可能正处于产生颠覆性关键技术和源头创新技术的前期，这些技术的产生和应用将为根本性解决摩擦、磨损问题带来希望。

5.3.2 零磨损

最大限度地降低磨损是保证微机械功能和寿命的关键。例如：计算机重大容量高密度磁盘与磁头间隙小于 50nm，要求软磁盘每滑动 10～100km 的磨损量小于一个原子层，而对硬磁盘要求磨损率为 0。微观磨损研究是在原子、分子尺度上揭示摩擦过程中表面相互作用、物理化学变化以及损伤，旨在控制材料剥落甚至实现无磨损的摩擦。

Bhushan 等研究了磁头与磁盘、磁头与磁带的微观磨损情况，得出的规律是：由于材料表面在纳米范围内的力学性能是高于体相的力学性能的，因而抗微观磨损能力高于抗宏观磨损能力。此外，微观磨损集中发生在表面划痕处，而划痕又会萌生表面缺陷。因此无缺陷和初始划痕的地方抗磨损能力高，由此可知，微观磨损分布是极不均匀的。

Belak、Landman、Pharr 等用 AFM 的探针对材料表面作微压痕实验，根据压下载荷和压痕投影面积测量纳米尺度的微硬度与塑性变形机理及其压痕过程的加载与卸载曲线可以研究弹性模量和材料转移规律。

Blarr 等对于纳米切削加工过程的分子动力学模拟表明，金刚石刀具正交切削 Cu 时，切屑仍保持晶态，切削时的塑性变形机理是产生位错，刀刃构成直线位错源。而金刚石刀具切削 Si 时，Si 原子黏附在刀具表面上，切削中的应力引起 Si 非晶化，切屑为非晶态。

5.3.3 薄膜润滑

经超精密加工的微机械，摩擦副间隙常处于纳米量级，必须采用以分子膜为基础的薄膜润滑技术以达到减摩耐磨目的。自从 Reynolds 在 1886 年提出流体润滑理论以后，相继出现了边界润滑、弹性流体动力润滑和混合润滑。混合润滑只是描述各种润滑状态共存时的摩擦状态，不是具备独特机理的润滑。因此，无论从膜厚还是摩擦特性来看，在弹性流体动力润滑和边界润滑之间存在着一个空白带。一般情况下，随着润滑膜厚度的减薄，润滑状态可有以下变化过程：

①流体动力润滑⟶②弹流润滑⟶③？⟶④边界润滑⟶⑤干摩擦

由此可以看出，弹流润滑如何转变为边界润滑。其过渡状态的物理本质是什么？这些还并不清楚，这是润滑理论上的遗留问题。以前，人们认为边界润滑膜薄到一定程度时，润滑状态将由边界润滑转变为混合润滑。1992～1996 年，雒建斌等研制出纳米级润滑膜厚度测量仪并进一步深入地研究了这一阶段的润滑特性与弹流润滑转变关系，提出了超薄膜润滑的概念，并以薄膜润滑状态填补弹流润滑与边界润滑之间的空白。1995 年，Tichy 等用数值计算方法探讨了薄膜润滑的特性，提出了方向黏度问题。1996 年，胡元中等用分子动力学模拟探讨了薄膜润滑的流动特性以及分子有序排列问题。当间隙处于纳米量级时，流体的黏度与它的表观黏度有很大的差异，雒建斌等观察到在同等工况条件下实测的润滑膜厚度远高于弹流润滑理论（Hamrock-Dowson 点接触膜厚公式）的计算值，即说明此时的等效黏度远高于弹流润滑时的黏度。Demirel 和 Granick 等发现润滑剂的黏度在薄膜润滑状态下随剪切应变率的增加而迅速降低。

当润滑膜厚达到纳米量级时，基体表面的物理特性对润滑膜的影响就非常显著而不能忽视，特别是对于金属、金属氧化物等高能表面，其表面能对润滑分子的作用就更加显著。由于基体表面对润滑膜影响的研究涉及到基体表面的物理、化学特性，因此，在摩擦学领域基本上主要考虑基体表面形貌以及润滑添加剂与表面的化学作用对润滑效果的影响，很少涉及固体表面力学特性对润滑分子的影响。1994 年，Dyakowski 等用数值计算的方法分析了固体表面张力对非牛顿体流动特性的影响，同年，Thompson 等用分子动力学模拟的办法探讨了固体表面对润滑分子行为的影响。1996 年，雒建斌和温诗铸在实验中观察到基体表面张力对润滑膜厚度和实践效应的影响。随着纳米技术的迅速发展以及纳米测量仪器的不断改进和更新，摩擦学领域已经完全可以在纳米尺度上研究问题。

纳米级薄膜润滑研究的关键问题是如何有效并稳定地制备和控制低摩擦系数的超薄润滑膜。随着纳米技术的迅速发展，有序分子膜技术的出现为解决这一难题提供了可能。有序分子膜具有性能稳定、摩擦系数低、厚度可控、与基体结合性能好等特点，特别是一些高分子或具有极性端头的大分子优点更为突出。目前有序分子超薄膜主要有六种类型：Langmuir-Blodgett（LB）膜、自组装膜、分子沉积膜、分子束外延生长膜、高取向固体有序膜以及剪切诱导有序膜。其中 LB 膜技术提出最早、研究较为广泛。特别是最近几年，随着 LB 膜的力学性能不断提高，再加上其高度有序、极端可控、厚度从一个分子层到多层均可精确控制等优点，越来越受到纳米摩擦学研究的重视，但是其牢固性尚需进一步提高。自 1980 年提出来的由化学吸附作用而“自发”生成的自组装膜，目前已经可以在 Au、Ag、Cu、Al_2O_3 以及玻璃等基体上制作单层脂肪酸膜或其他有机膜，只是在厚度控制、质量稳定性及其基体与分子结构的匹配关系方面尚需进一步研究。

除以上的成膜技术以外，其他的薄膜技术也在微机电系统润滑中得到了应用。不同的化合物分子膜和分子沉积膜都能够降低摩擦系数，有望解决微机电系统的润滑问题。

5.4 微纳机电器件

微型机械是可以成批制作的集合微结构、微驱动器、微能源以及微传感器和控制电路、信号处理装置等于一体的微型机械系统，是高集成度和高智能化的微型机械。近年来国内外在微纳器件关键设计与加工技术装备上持续投入，并且突破了若干关键技术，加工能力和成品率得到很大的提高，为微纳器件研发提供了良好的服务平台。下面将具体介绍几种微纳机电器件。

5.4.1 微传感器

微型传感器在武器装备、石油化工、汽车等领域有广泛需求，而许多应用场合要求传感器体积小，灵敏度高，能工作在恶劣的高温、高湿、高冲击环境中，与传统传感器结构相比，采用微纳技术制造的物理量微传感器更容易满足上述需求。

5.4.1.1 微传感器发展现状

我国重点开展了压力微传感器、惯性微传感器和微流体传感器等方面研究。西安交通大学利用单晶硅压阻效应，研制出系列化耐瞬时高温冲击高温压力传感器、硅杯结构耐高温压力传感器（图 5-4）和电容式差压传感器，并实现了小批量生产，在胜利油田等 30 多家公司应用近万只；上海飞恩公司等单位联合研制出一系列用于监测汽车运行状态的传感器（图 5-5），部分器件在奇瑞汽车上进行了整车测试和台架测试；清华大学研制的铁电微麦克风和超声频段声传感器达到实用化（图 5-6），并实现了小批量生产和应用示范。

直径15mm

图 5-4 压力微传感器

图 5-5 汽车用 MEMS 传感器

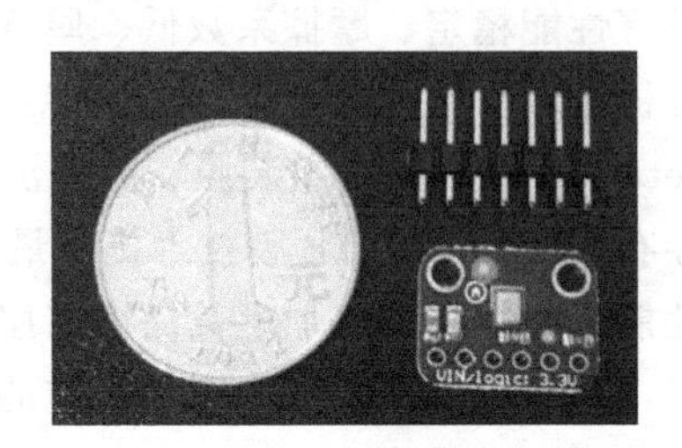

图 5-6 微麦克风

气象传感器及其便携式仪器、电场传感器在环境检测方面有广阔的应用前景。东南大学

采用 CMOS 工艺和 MEMS 后处理技术，研制出 30 套便携式气象检测仪，包括风速、风向、温度、湿度和气压微传感器等芯片；中科院电子所研制出静电梳齿式和热激励式微型电场传感器，实现了较低电压下的大振幅振动测定，并已在探空系统中试用；上海微系统研究所等单位，对微加速度计进行了研究（图 5-7），开发了基于微加速度计原理的地震勘探检波器，与石油勘探部门联合进行多次野外试验，在精细勘探方面具有良好的应用前景。另外，上海微系统研究所研制的高冲击微加速度传感器，其阻尼特性、频响和抗冲击也均达到实用化程度，在武器系统应用上取得突破，对加快我国武器装备更新换代具有重要意义。

图 5-7 加速度微传感器

5.4.1.2 光纤微纳传感器

由于具有体积小、抗干扰能力强、灵敏度高等诸多优势，光纤微纳传感器自问世以来受到各领域的广泛关注，被应用于温度、压力、位移、折射率等多方面的测量，对世界的飞速发展起到了巨大的推进作用。光纤微纳传感器属于微传感器。

（1）光纤薄膜温度传感器

光纤温度传感器是一种新型的温度传感器，具有长距离低损耗、易弯曲、体积小、防水、防火、耐腐蚀、抗电磁干扰、耐高压、防爆防燃等突出优点。常见的光纤温度传感器有以下几种：①分布式光纤温度传感器；②干涉型光纤温度传感器；③光纤光栅温度传感器。

相比于其他光学温度传感器，光纤薄膜温度传感器主要是在光纤端面制备纳米或微米级别的薄膜，传感器件具有结构简单、热响应速率快、集成度高、制作方法可控、稳定性好等特点，受到国内外的广泛关注。如 2011 年，Wang 等利用电子束蒸发技术制作了基于 Ta_2O_5 薄膜的高温传感器，测温范围从 200℃到 1000℃，灵敏度可达 1.75×10^{-5}℃。2012 年，Li 等通过在单模光纤上镀金薄膜和镍薄膜，制作了薄膜温度传感器，测得灵敏度为 70pm/℃，分辨率为 0.014℃。2013 年，Liao 等利用氧化还原法制作了基于石墨烯的温度传感器，测温范围从−7.8℃到 77℃，灵敏度达 0.134dB/℃，分辨率为 0.03℃等，如图 5-8 所示。基于上述优势及特点，使得光纤薄膜温度传感器在航天航空、生物化学、医疗、电子工业等特殊环境和领域有着卓越的应用前景，成为众多学者的研究热点。

（2）光纤微结构传感器

光纤微结构传感器是通过在光纤上加工微型结构实现特定传感特性的光纤微纳传感器，具有易操作、体积小、抗干扰等特点，赢得各领域的广泛关注。目前，主要的光纤微结构传感器类型包括：光纤光栅传感器、纳米光纤传感器及光子晶体微结构光纤传感器等。

目前，常见的设计在光纤端面上的微结构包括：基于紫外纳米压印光刻技术将具有周期性的亚微米金光栅制备在单模光纤端面上，形成一种新型的金属光纤光栅探针，应用于光集成电路的检测；将具有周期性的金属点阵列及纳米结构制备在光纤末端，从而获得新型的表面增强拉曼探针及折射率传感器。此外，还有制备了光纤端面上的半导体微腔传感器和水凝

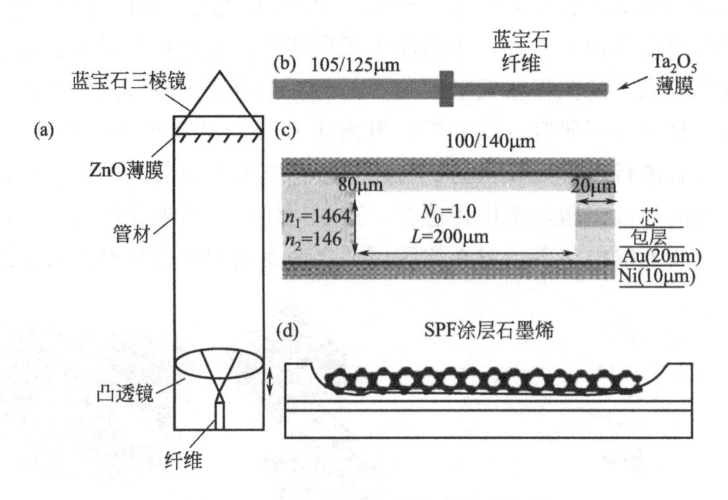

图 5-8 光纤薄膜温度传感器示意图

胶将石墨烯沉积于侧抛光纤上制成的偏振控制器等。

5.4.2 微执行器件

对微执行器的研究是微纳系统的重要方向，它涵盖了微射频器件、微机器人、微飞行器、微流体驱动器件和微光学器件等微射频器件，在军事和民用方面有着巨大潜力。

5.4.2.1 微执行器发展现状

清华大学制作了螺旋式射频（radio frequency，RF）MEMS 开关和斜拉梁式 RF MEMS 开关，有效降低了开关的“关”态谐振频率；中国科学院电子学研究所研制了高电容率的电容式 RF MEMS 开关，利用在绝缘层上覆盖金属板技术，降低“开”状态电容值，提高了 RF MEMS 开关电容率在微机器人方面的电容率；哈尔滨工业大学研制了一种面向微操作的无线控制的微型机器人，机器人所有驱动电路均集成到本体内，采用锂电池供电。通过蓝牙模块和图像处理系统通信，可以用于全方位的精密移动，还研制了纳米操作机器人。在微型飞行器方面，清华大学成功研制了直径为 25cm 内燃机驱动的盘形飞机；西北工业大学根据飞行动物扑翼飞行规律，研究了扑翼飞行器设计方法，并制造了质量约 16g 的可飞微扑翼飞行器；西北工业大学还研制成功了一种四旋翼微型飞行器，通过调整电动机转速控制飞行姿态。

南京理工大学基于微流体数字化技术研制的数字化微流体器件既无可动件又无嵌入式微电路，集驱动、控制、扰动三功能于一体（图 5-9），能实现各种液体和粉体的数字化微流动，流动稳定性好、分辨率达飞升级，有望在此基础上发展出数字化微流体器件；吉林大学研制了一种微型薄膜阀宽频压电驱动微型泵，适用于内置式或便携式药品输送系统；清华大学研制出了三明治结构的介质上电润湿（electrowetting-on-eielectrics，EWOD）液滴发生器，在 35V 电压下实现了包围在硅油中的水液滴。

5.4.2.2 微泵

微泵是微机电系统中的重要组成部分，属于微执行器，其主要作用是传输液流和分配液流。微泵可分为机械式微泵和非机械式微泵。在微型传感器、微生物化学分析以及各种涉及

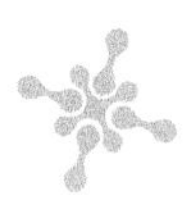

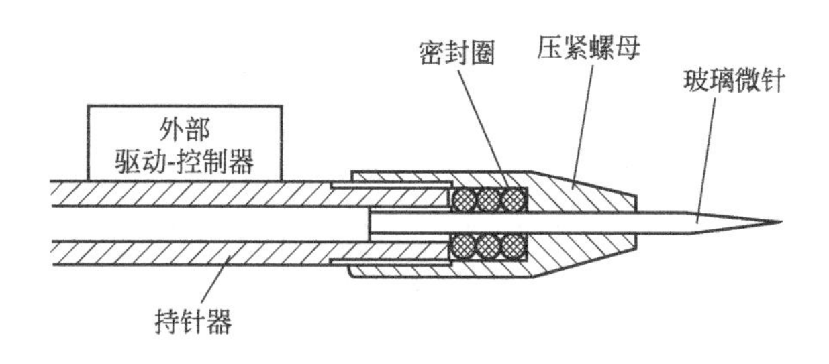

图 5-9 数字化微流体器件

微流体运输的场合中均有广泛应用。近些年，随着生物芯片技术的快速发展，对实现微泵的自动精确的驱动要求更加迫切，同时微泵的发展也影响着微流体器件的进一步集成和性能的提升，是 MEMS 研究中的一个热点。

(1) 机械式微泵

机械式微泵分类及其特点见表 5-2。

表 5-2 机械式微泵分类及其特点

种类	特点
压电驱动微泵	响应快、驱动力大、驱动功率低、工作频率宽，但驱动电压较高、制作工艺比较复杂
静电驱动微泵	结构简单、控制方便、功耗小、响应速率较快，但驱动电压高、驱动效率低
气动驱动微泵	控制方便、性能稳定、效率高，压缩空气作动力，需要外接气动设备，体积大、成本高
电磁驱动微泵	原理简单，但结构复杂制作困难

随着芯片集成化的快速发展，Kim 等在 2015 年研制了一种集成的多级静电驱动微泵，其样件如图 5-10 所示。该微泵主要由一系列的多级微驱动器单元串联组成，大小为 25.1mm×19.1mm×1mm。每级微泵单元主要由顶部泵腔、底部泵腔、入口阀和出口阀等组成。上下两泵腔间夹有柔性聚合物（聚对二甲苯）薄膜，微泵工作时薄膜上下凹凸变形，泵腔体积改变，进而微泵实现泵送。该微泵采用多级（18 级）式静电驱动来积累产生较高的驱动压力。当驱动电压为 100V，驱动频率为 17Hz，总功耗为 57mW 时，最大流量可达 4.0mL/min。

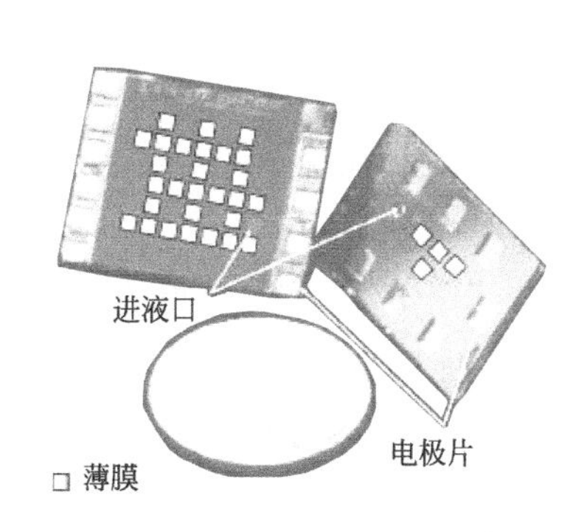

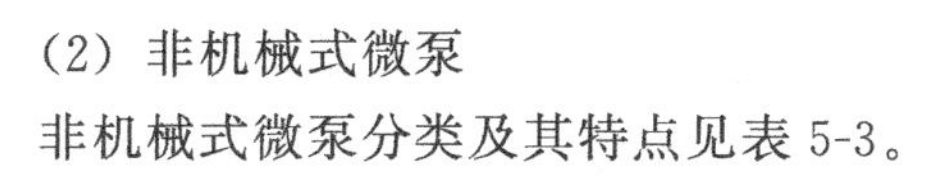

图 5-10 集成的多级静电驱动微泵

图 5-11 铂电阻加热的气泡驱动微泵

(2) 非机械式微泵

非机械式微泵分类及其特点见表 5-3。

表 5-3 非机械式微泵分类及其特点

种类	特点
电渗驱动微泵	可连续输液、流速均匀、无可移动部件、无机械磨损、避免微渗漏，但驱动电压较高
表面张力驱动微泵	成本低廉、工艺简单和不需要外接能源，但还处于试验阶段
热气泡驱动微泵	可靠性高、结构简单和易于制作，但需要加热实现驱动
磁流体驱动微泵	工作电压低，过程简单，没有机械形变，使用寿命较长，可以进行长时间的泵送

2011 年 Wang 等研制了一种基于铂电阻加热的气泡驱动微泵，其样件如图 5-11 所示。该微泵主要由两个进液口、一个出液口、铂电阻微加热器、微流道、泵腔等组成。其中铂电阻微加热器沉积在玻璃基底上，铂电阻的长度为 1500μm，宽度为 180μm，厚度为 200nm。进液口、出液口、泵腔和微流道采用 ICP 和湿法腐蚀的方法刻蚀在硅片上。液体驱动的效率随着加热脉冲频率的增加而提高。

5.4.2.3 仿昆虫扑翼微飞行器

目前广泛研究的飞行器主要包括固定翼、旋翼和扑翼飞行器三种。在大飞机领域，固定翼和旋翼飞行器已经完美地展现了各自的应用价值。

而随着尺度的缩小（特别是接近昆虫尺度时）、雷诺数的降低，扑翼飞行则因为稳定性、灵活性和机动性，拥有比固定翼和旋翼更多的优势。仿昆虫扑翼微型飞行器普遍采用的静电驱动、压电驱动、电机驱动、电磁驱动等驱动方式见表 5-4。

表 5-4 扑翼微飞行器各驱动方式的特点

驱动方式	特点
静电驱动（最早）	转化效率很高、响应速率很快，但是驱动位移和驱动力往往较小、所需电压很高
压电驱动	响应速率快，驱动位移和驱动力较大，能量转化高，结构简单，但驱动电压过大
电机驱动（传统）	传统电机驱动技术成熟，负载能力大，但尺寸比较大，难以达到“昆虫尺寸”
电磁驱动	传统电机的缩小和简化

接下来主要介绍压电驱动、电机驱动以及电磁驱动等驱动形式的扑翼式微型飞行器 FMAV（flying micro aerial vehicle）的应用。

（1）压电驱动

上海交通大学从 2009 年开始 MEMS 仿昆虫 FMAV 的研究，2015 年基于 SCM 和 MEMS 加工工艺成功研制出压电驱动仿昆虫 FMAV，样机质量 84mg，翼展 35mm，拍打角度 120°，共振频率 100Hz，实现了毫克级压电驱动仿昆虫 FMAV 国内首次成功起飞。图 5-12 所示是一种毫克级压电驱动仿昆虫 FMAV 的实物照片。

（2）电机驱动

2017 年，Roshanbin A 等成功研制了一款电机驱动的双翼仿昆虫 FMAV，如图 5-13 所示。样机总质量 22g，翼展 21cm，拍翅频率 22Hz，其通过一种被称为“翅膀扭转调节”（wing twist modulation）的结构改变翅膀翼面弯曲，进而实现俯仰和翻滚两个自由度的稳定，目前并未对被动稳定的偏航轴进行主动控制。该样机通过调整拍翅频率来控制垂直高度，并基于 PD 反馈控制成功实现了机载电源下的 15～20s 的自主悬飞。

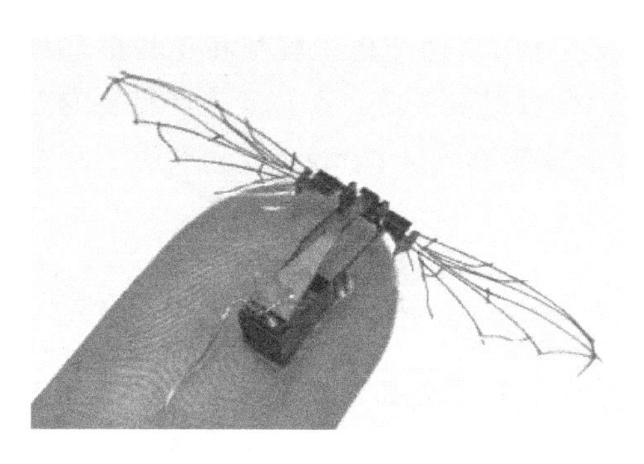

图 5-12 毫克级压电驱动仿昆虫 FMAV

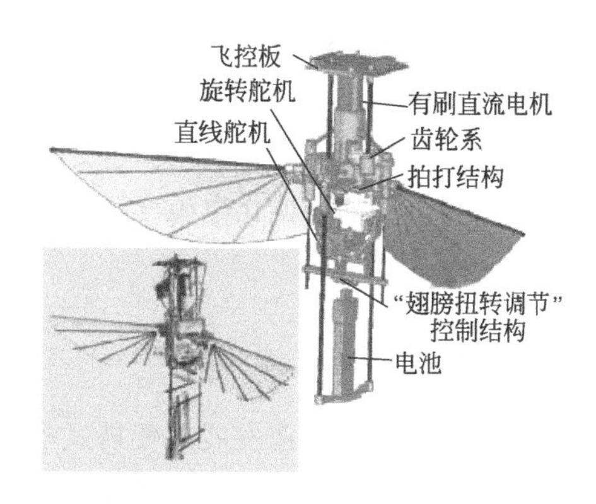

图 5-13 双翼仿昆虫 FMAV

(3) 电磁驱动

以传统电机作为驱动方式的 FMAV 往往体积和质量都比较大，很难做到真正意义上的"仿昆虫"。因此一些研究机构开始研究电磁驱动原理，设计出了各种微型的电磁驱动器，并成功应用于 FMAV 研究之中。

2012 年，上海交通大学研制了一种基于 MEMS 工艺和电磁驱动原理的仿昆虫 FMAV。该飞行器采用超静定梁结构，如图 5-14 所示，线圈中通入交流电，磁铁会受到交替的电磁力，从而带动翅膀实现往复拍打运动。基于 SU-8 材料和准 LIGA 技术制作了仿昆虫 FMAV 的背甲、胸腔、翅膜和机身结构，翅膜采用 Parylene-C 制作。最终的原理样机如图 5-15 所示，质量 144mg，翼展 3.5cm，拍打频率 120～150Hz，最大拍打角度约 27°。但是，由于拍打角度较小，且翅膀几乎没有扭转运动，最终的样机并没有实现起飞。

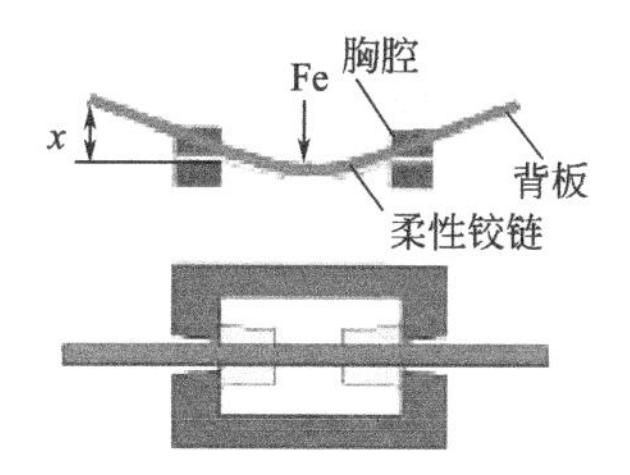

图 5-14 仿昆虫 FMAV 胸腔的示意图

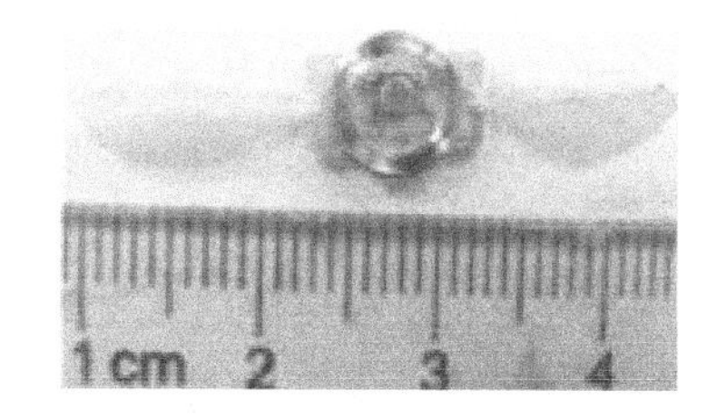

图 5-15 仿昆虫 FMAV 的实物样机

2015 年，上海交通大学基于 SCM 和 MEMS 加工工艺成功研制出如图 5-16 所示的毫克级电磁驱动仿昆虫 FMAV 实物样机，样机质量 80mg，翼展 35mm，拍打角度 140°，拍打频率 80Hz，实现了毫克级电磁驱动仿昆虫 FMAV 世界范围内首次起飞。

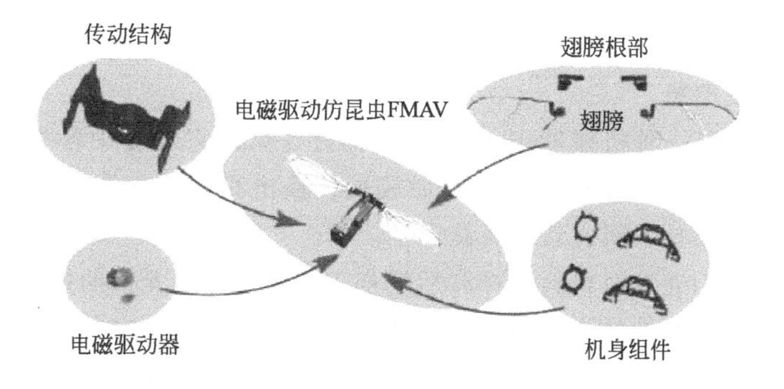

图 5-16 毫克级电磁驱动仿昆虫 FMAV 实物样机

为解决仿昆虫FMAV尺度微小、装配难度大等问题，上海交通大学在2017年提出了一种一体化的设计和制造方法。将电磁驱动仿昆虫FMAV的传动结构、机身和翅膀根部集成到了单个部件之中，经过精确的折叠之后，一体化部件可以从平面状态转变为所需要的三维结构，并获得最终的一体化电磁驱动仿昆虫FMAV。该样机质量80mg，成功实现了克服重力起飞。

5.4.3 微能源装置

便携电子设备的飞速发展对便携式电源的能量密度提出了更高要求。采用了微细加工技术制造微能源装置，可以大幅度减小供能装置尺寸，为发展高能量密度便携电源提供了有力工具，是目前能源领域与微纳领域的交叉研究热点。

5.4.3.1 微能源发展现状

近年有望在实用化方面取得重大突破，我国清华大学、大连化学物理研究所、上海交通大学、上海微系统所、大连理工大学、重庆大学和西北工业大学等正积极研制各种可用于各类便携设备的微型燃料电池，已开发出直接甲醇微型燃料电池、微型质子交换膜燃料电池等微能源样机。放射性同位素电池是利用放射性同位素在衰变时释放的能量而制备的电池，其具备自身功率小、寿命长、稳定性好等特点，使得微纳系统技术的应用成为可能。西北工业大学和大连理工大学等研究单位已经开始着手这方面研究；浙江大学和江苏大学则从燃烧的角度出发，研究了微型燃烧发动机机理和实现技术。最近，环境振动能的利用也引起了人们的兴趣。

5.4.3.2 纳米发电机

纳米发电机的发明可以被视为从科学现象到实际应用发展过程中的一个重大里程碑，可取代传统的蓄电池技术作为多种便携电子器件和微纳器件的自驱动电源设备。纳米发电机属于微能源，比起当前的蓄电池技术，纳米发电机有多项优点。

① 纳米发电机不需要使用重金属，其非常环保，不易造成环境污染；

② 纳米发电机可以由与生物体兼容的材料制备而成，嵌入到人体内也不会对健康造成危害，可作为将来纳米生物器件的组成部分；

③ 纳米发电机加工能耗非常低。

机械能作为生活中“产能”最大、分布最广的能源类型，不受天气、光照条件、气候条件和使用场合等环境因素影响。故机械式纳米发电机是当前研究的热门方向，相关研究成果颇多。机械式纳米发电机可以分为压电纳米发电机和摩擦纳米发电机，下面将对这两类纳米发电机作简要介绍。

(1) 压电纳米发电机

压电纳米发电机是一种机械能-电能转换的器件，可以将环境中各类形式的机械能转换成电能，具有结构简单、体积小、使用寿命较长、输出相对稳定和受外界环境影响小的优点，受到很多能源采集技术研究者的青睐。

近年来，研究者们通过对材料选择和后续加工如进行金属元素的掺杂、多种材料进行复合等，以及对材料形貌结构的设计与控制，如纳米阵列的生长、定向纳米纤维的制备等，都明显地提高了压电纳米发电机的输出功率和稳定性，同时也进一步向柔性、生物相容性等方向发展。但是作为一个新兴的研究领域，同样还面临很多挑战：压电式纳米发电机大多是实

验室制备的，大规模的商业化前景尚不明朗。相信通过不断发展，一种自供电式的自给自足的压电式纳米发电机能够从根源上改变人们对能源的认知，使人们的生活更加便捷。

（2）摩擦纳米发电机

摩擦纳米发电机可分为两个部分：摩擦部分、电流部分。摩擦部分由电负性相差很大的两层高分子薄膜组成，两层高分子薄膜附着在两个电极上实现发电。

摩擦纳米发电机（图 5-17）可应用于自驱动系统上，如自供能手表、计步器等。2014年，中国科学院北京纳米能源与系统研究所王中林院士和李舟副教授领导研究小组，将自驱动能源系统植入大鼠体内，成功收集并转化大鼠呼吸运动所产生的能量，研究人员将这些能量以电能的形式储存起来，能驱动外接的心脏起搏器原型机工作。根据理论计算，大鼠每呼吸 5 次，即可成功驱动心脏起搏器工作 1 次。若应用到人体，就能依靠呼吸驱动心脏起搏器正常工作。

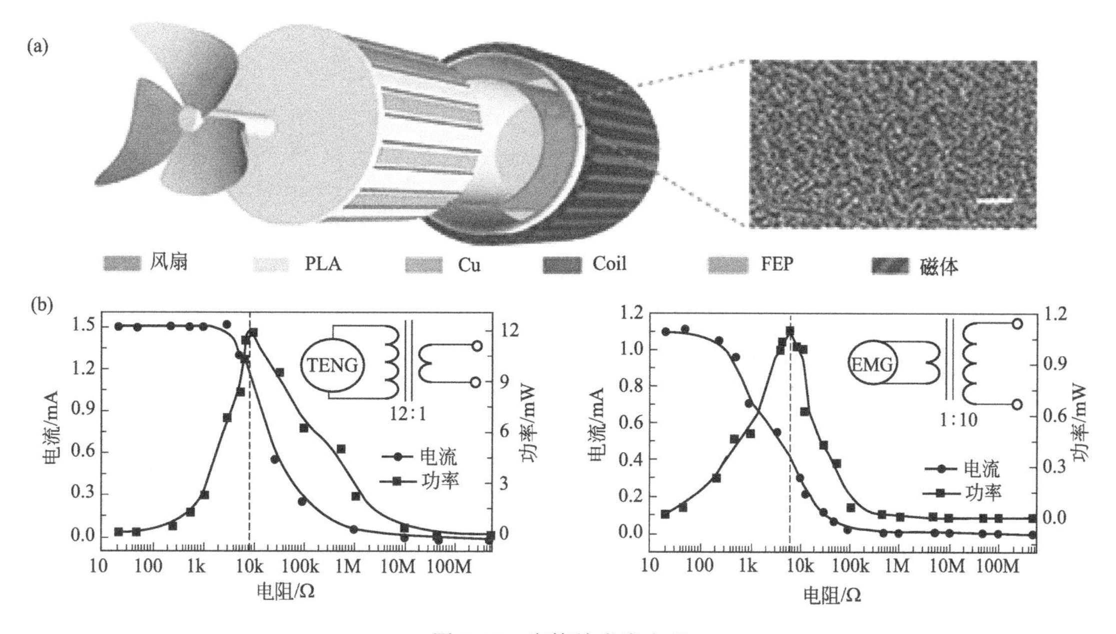

图 5-17 摩擦纳米发电机

摩擦纳米发电机开辟了收集机械能新的途径，与太阳能电池和电磁感应发电机相比，摩擦纳米发电机不受昼夜、天气等因素影响，结构简单，具有很好的宽频特性，适用于人体运动和环境中低频机械能的转化。因此，研究基于摩擦纳米发电机的微机械能采集器，实现对宽频多模式环境微机械能的收集、管理与利用，进而制造出摩擦电自驱动智能微系统，将是解决目前物联网、智能终端对微能源装备、智能化传感迫切需求的最佳方案。

思考题

① 小型机械和微型机械有何区别？

② 目前微型机械的现状如何？

③ 何谓纳米机械学？它与传统机械有何本质区别？

④ 与传统机械比较，微型机械系统有哪些特性？

⑤ 目前有哪些主要超微加工技术？
⑥ 什么是纳米摩擦学？
⑦ 何谓零摩擦状态？
⑧ 超滑有什么主要特性？
⑨ 简述薄膜润滑状态。
⑩ 现阶段用于薄膜润滑的薄膜有哪些？
⑪ 举例说明微纳机械器件的实际应用？与传统机械比较，请简述其特点。

第6章

纳米电子学

纳米电子学是指以纳米尺度材料为基础的器件制备、研究和应用的电子学领域。由于量子尺寸效应等量子力学机制，纳米材料和器件中电子的形态具有许多新的特征。纳米电子学是当前科学界极为重视的研究领域，被广泛认为未来数十年将取代微电子学成为信息技术的主体，将对人类的工作和生活产生革命性影响。

6.1 微电子技术的发展限制

微电子技术是在电子电路和电子系统的超小型化及微型化过程中逐渐形成和发展起来的、以集成电路为核心的电子技术。该技术由电路设计、工艺技术、检测技术、材料制备及物理组装等构成，其特点是体积小、质量小、可靠性高和工作速率快等。微电子技术对电子信息的发展产生了巨大的影响，但是其自身的发展也受到了许多限制。

6.1.1 微电子技术发展的摩尔定律

1947年12月23日，巴丁（J. Bardeen）、布拉顿（W. Brattain）和肖克莱（W. Shockley）成功地观察到世界上第一种点接触式晶体管的放大特性，从而拉开了微电子技术与产业的序幕。早在1926年，Lilienfield就提出场效应晶体管的概念。不过，这一概念在相当长一段时间内没有得到实际应用。直到1960年，Kahny和Attala才把这一概念成功地应用于Si-SiO_2系统，发明出了场效应晶体管（MOSFET）。从此，金属氧化物半导体（MOS）晶体管进入集成电路制造业，并逐步成为微电子科学技术和产业中最重要的电子器件。目前，MOS集成电路已经占到整个集成电路产值的90%以上。随着20世纪70年代初英特尔（Intel）公司利用1kB DRAM（动态随机存取存储器）和采用8～10μm沟长的P沟道金属氧化物半导体（PMOS）技术制造的750kHz微处理器4004的研制成功，微电子技术进入到MOS大规模集成电路（LSI）时代。在过去的30多年中，大规模MOS集成电路在性能和功能上均获得了突飞猛进的发展。超大规模集成电路技术取得快速发展的动力主要源于不断缩小的器件尺寸和不断增大的芯片面积。器件尺寸的不断缩小，导致电路性能的不断改善以及电路密度的不断增加；芯片面积的不断扩大，促使电路功能不断增多，成本不断降低。正是由于这两个方面的作用，集成电路芯片的发展基本上遵循摩尔定律，即集成度大体每隔 3 年增长 4 倍，性能随之提高约 40%，集成电路的特征尺寸缩小为原来的 1/2。图 6-1是根据摩尔定律所给出的 CPU 和存储器发展情况。

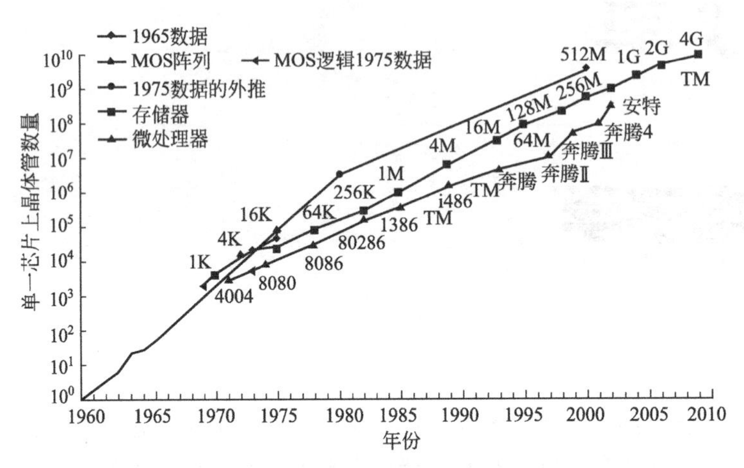

图 6-1　根据摩尔定律所给出的 CPU 和存储器发展情况

集成电路自发明以来，其性价比的提高及功能增加的有效途径之一就是不断缩小集成电路的特征尺寸。作为集成电路的基本单元——MOS 器件仍将在未来相当长的时间内作为主流器件。但是沿着由上而下的途径，即随着器件尺寸缩小到纳米尺度，短沟效应、强场效应、量子效应、寄生电阻/寄生电容的影响、工艺参数引起的涨落问题、热耗散问题等对器件泄漏电流、亚阈斜率、开态电流等性能的影响愈来愈突出，器件关不断以及带来的泄漏电流已成为尺寸缩小后一个关键的问题；驱动电流增大受到限制，器件的电流驱动能力并不随器件尺寸缩小以预测的程度提高。常规的互补金属氧化物半导体（CMOS）技术必须针对功耗、密度、性能提高、不同功能应用及集成等方面的问题，在器件结构、材料选用和加工技术等方面寻求解决方案。针对上述问题，人们从新材料、新工艺（新型栅介质/栅电极材料、沟道工程、源漏工程）以及新器件结构等方面提出一些可能的解决方案。如图 6-2 所示是国际半导体技术蓝图（ITRS）预测集成电路技术节点的发展状况。

6.1.2 微电子技术发展的制约因素

6.1.2.1 物理规律的客观限制

硅基互补金属氧化物半导体是现阶段微电子技术的发展基础。现代的科学研究力求提升集成电路的集成性能，增加芯片的元件容量，而集成电路性能的提高需要对元器件进行合理的缩小，对集成电路施加合适的电源电压。芯片元器件的缩小会受到电源电压、氧化层厚度以及器件沟道长度等物理因素限制。但是，当前的微电子技术还无法通过物理学来克服这些电子、离子的反物理规律运行，因而在很大程度上阻碍了微电子技术的发展。

6.1.2.2 材料的限制

微电子技术在实际应用中一般常使用的材料为硅晶体如图 6-3 所示。硅晶体实际应用性

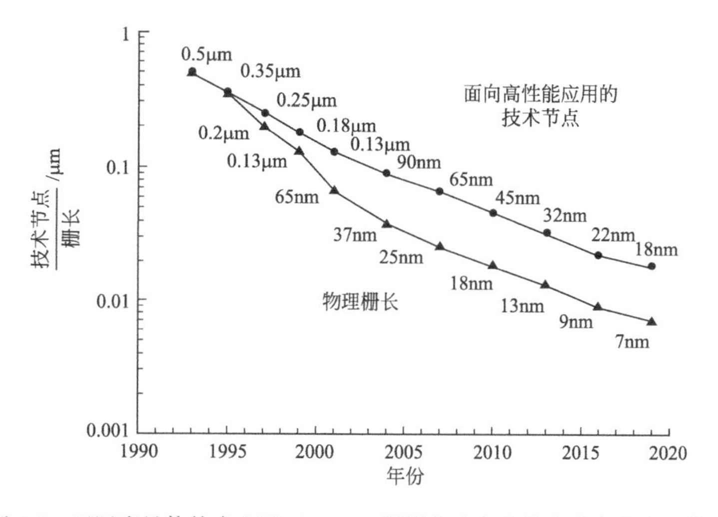

图 6-2 国际半导体技术蓝图（ITRS）预测集成电路技术节点的发展状况

能的决定性因素包括介电常数、载流子的运作率、载流子的运作速度和饱和度、热导能力和电场效力等，但是这些特性在一定程度上阻碍了微电子技术的进步。现今，研究人员开始逐渐借助氧化物半导体材料和超导体材料替代常用的硅晶体材料。此外，使用纳米管做成的晶体管更是为微电子技术的革新提供了新的思路。目前，有一些学者提出借助塑料半导体技术来制备出不易破裂的集成电路，这些为微电子技术的发展提供了新的方向。

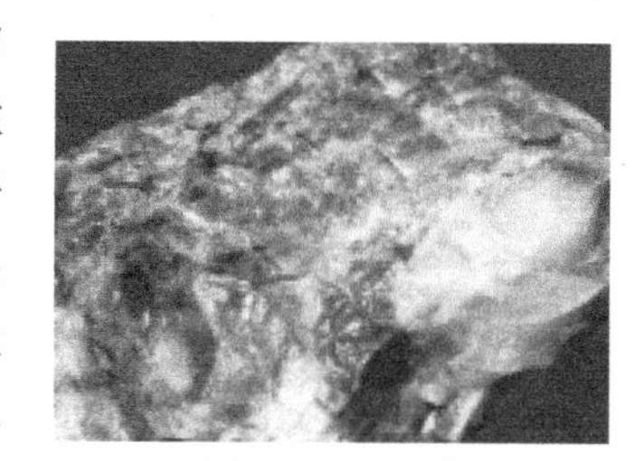

图 6-3 硅晶体

6.1.2.3 制作工艺的限制

(1) 光刻尺度问题

在微电子技术工艺中最为关键的设备为光刻机（曝光），此设备的制造过程复杂、成本高且其精密度要求较高，而设备分辨率以及焦深都会影响光刻技术的应用，尺寸推进至0.05μm 且停滞时间较长都直接导致了集成电路无法快速地进入纳米时代。

(2) 互连引线问题

集成电路板上面积过小或单位面积内晶体管数量的变多都会使得相互连线间横截面积缩小，电阻变大，进而造成整体电路反应时间的增加，从另一方面来说集成电路板尺寸的缩小虽然能提升晶体管的工作效率，但却会造成互连引线的反应时间增加，所以如何在已有集成规模条件下将互连引线进行优化是很多专家学者研究的重要课题。

(3) 可靠性问题

集成电路在逐渐向着精细加工与小规模元器件发展，但小规模元器件的使用虽然会提升整个电路系统运行的效率，但却降低了电子器件的使用寿命，尤其在制造工艺方面出现的可靠性问题更是影响着微电子技术的发展。

(4) 散热问题

散热问题最终由封装技术决定。在集成度不断提高、集成功能越来越复杂的情况下，在整个设计中必须要考虑电路的总功耗与封装技术之间的关系，所以散热问题成为限制芯片集成度的一个因素。以色列某公司开发了一种微电子科技封装技术，称为 ALOX（纳米分裂技术)，该技术提供了卓越而又低成本的热传导的封装技术。

综上所述，微电子技术经历了晶体管、集成电路的发展，现在各种制约因素的出现导致了微电子技术进入到了发展的停滞期，而随着纳米电子技术的发展可以解决微电子技术向着集成化、小型化的各种制约，所以纳米电子学将会是接下来电子学发展的重点和方向。

6.2 纳米电子学基础

纳米电子学经过多年的基础探索研究和应用开发研究，已经取得了一些理论成果和经验。纳米电子学的基本特征主要包括：纳米电子材料中的载流子分布的量子尺寸限域效应；纳米结构中的载流子输运量子力学特征，包括量子隧道效应、弹道输运、库仑阻塞及单电子效应等。

6.2.1 纳米电子学的理论基础

如果说微电子学的理论基础是固体能带理论，那么纳米电子学的理论基础则是各种量子化效应。而在不同的纳米结构与器件中，其量子化效应的物理体现也是多种多样的。换言之，也正是各种量子化效应的出现，才导致了具有不同量子功能的纳米量子器件的诞生。

(1) 短沟道量子化效应

集成电路中 MOS 晶体管的栅氧化层厚度和沟道长度一起按比例缩小将会对器件和电路特性产生重要影响，主要反映在以下几个方面：一是对于很薄的栅氧化层，在达到本征击穿电场强度之前，会形成穿越氧化层的隧穿电流，会对其特性造成影响；二是栅氧化层的不断减薄，会由于多晶硅栅耗尽效应而导致 MOS 晶体管的有效栅电容减小，这会直接影响器件的稳定性和可靠性；三是 MOS 晶体管表面反型层的量子化将引起表面势的显著变化，从而使器件的阈值电压发生变化；四是短沟道量子效应还将导致强电场下 PN 结发生量子机制的带-带隧穿，使 PN 结泄漏电流明显增大。此外，随着沟道长度的缩小，沟道方向的电场不断增大，从而引起载流子漂移速度的饱和与迁移率的退化，这是设计和制作纳米 CMOS 器件所必须考虑的。

(2) 库仑阻塞效应

如果一个量子点与它周围外界之间的电容为 $10^{-16}\sim10^{-18}$F 量级时，则进入该量子点的单个电子引起系统静电能的增加等于 $e^2/2C$。此时就会出现一个有趣的现象：一旦有一个电子隧穿进入量子点，它所引起的静电能增加足以阻止随后第二个电子再进入到同一量子点，因为这样的过程要导致系统总能量的增加，这就是库仑阻塞现象。发生单电荷隧穿和库仑阻塞必须满足下述两个条件：第一，系统必须有导体或半导体岛，经隧道势垒与下一个金属互相连接，隧穿电阻 R_T 必须超过量子电阻 R_Q，即 $R_T \gg R_Q$；第二，库仑岛尺寸必须足够小且温度足够低，加到岛上的一个电荷载流子能量 E_C 远超过热起伏能，即 $E_C \gg k_B T$。目前人们研究的单电子件，就是基于这种物理效应而设计的。

(3) 电导呈量子化现象

电导量子化，即电导和它的倒数电阻是量子化的，量子电阻 $R_Q = h/e^2$，因此它不再像经典物理所描述的那样，即电压对电流的比例为一常数。这是发生在量子点接触中的另一种单电子输运行为。所谓量子点接触，是指两个导体之间的距离等于或小于电子的弹性散射平

均自由程的纳米结构。如对于由 AlGaAs/GaAs 形成的分裂栅二维电子气结构，当在分裂门电极上施加负偏压时，便在源-漏之间形成纳米尺寸的电子气通道。随着所加门电压的不同，通道的尺寸也在改变。当电子气通道达到纳米尺度时，便可以测量到电子输运的电导行为，这个量子电导对温度极为敏感。温度较高时，由于热噪声的存在，将会使量子化的台阶行为逐渐减弱。

（4）量子尺寸效应

量子尺寸效应是设计量子点光电子器件，如发光二极管和激光器的重要物理基础。它所表述的物理事实是，当半导体材料由体相转变为纳米结构后，会导致其带隙的加宽和量子化能级的出现，从而晶体中平移对称性的丧失使得动量守恒定律要求的禁戒跃迁放松约束，其结果是无声子参与的直接跃迁概率大大增加，因而有效地改善了其发光特性。随着结构尺寸地进一步减小，带隙宽度会继续增加，而且量子化能级分裂会越显著，此时不仅材料的发光强度进一步增加，还会发生谱峰蓝移现象，这在具有强三维量子限域效应的纳米微粒和纳米量子点中的表现尤为突出。此外，量子尺寸效应还体现在，低维纳米体系具有较大的激子束缚能和锐化的态密度，这对量子点激光器的设计十分有利。

（5）自旋极化电子输运

1988 年发现的巨磁电阻效应和其后发现的室温隧道磁电阻效应，开辟了自旋电子学研究的新领域，它所研究的物理对象是自旋向上和自旋向下的载流子。利用电子的自旋特性，如自旋与磁性杂质的相互作用、自旋极化电子注入和输运、自旋操纵和检测、电子态的塞曼分裂等与半导体微电子技术相结合，从而为新一代纳米量子器件的设计与制作提供了极好的机会。所谓自旋极化的电子输运，是指在铁磁金属中费米面附近的电子，在外场作用下的输运过程表现为与自旋取向相关。如费米面附近很高的电子状态密度会造成两种自旋电子的子能带交换分裂，并且传导电子（s 电子）与局域电子（d 电子）的散射过程为电导的主要机制。自旋电子学中的另一个重要进展，是光学抽运产生的自旋极化相干态，可用于光学相干器件的制作。

（6）纳米体系中的光子控制

通过人为控制纳米半导体结构中电子的运动，可以制作出具有各种量子功能的纳米电子器件。而由于电子自身的物理属性和微细加工技术的限制，使得微电子器件在速度、容量和功能等方面均面临巨大的挑战。相比之下，由于光子的静止质量为 0，并且具有很好的空间相容性，因此以光子作为能量和信息的载体制作光子器件有着巨大的优越性，这就需要对纳米结构中的光子行为进行很好的控制并加以合理利用。近年发展起来的单光子效应、光子带隙晶体以及近场光学效应就是三个典型范例。所谓单光子效应是利用特殊光激发或电注入方式产生单光子，并进而制成单光子器件以用于量子暗号通信系统。光子带隙晶体则是通过对由两种不同介电常数材料组成的一维、二维或三维空间周期结构的尺寸加以控制以形成光子能带和禁带，从而产生一系列新的物理现象，如极化子、拉比振荡以及无阈值激射等。近场光学现象在超高密度光存储、纳米光开关器件以及纳米光加工中都有重要的应用。

6.2.2　纳米电子学的技术途径

纵观半导体集成电路的整个发展历程可以看出，微电子器件特征尺寸的按比例缩小原理起到至关重要的作用，也正是这种器件尺寸日渐小型化的发展趋势，促使人们所研究的对象由宏观体系进入到纳米体系。从这个意义上说，纳米电子学是微电子学发展的必然结果。下面是纳米电子学发展过程中最主要的三种研究途径。

（1）自上而下方法

在摩尔定律的发展规律下，微电子器件达到超深亚微米的精确工艺技术，那么可在这个技术基础之上开始新的工艺方法，即以 Si、GaAs 等为主的无机半导体材料上利用薄膜生长技术和纳米光刻技术制造纳米固态电子器件及其集成电路。这个研究纳米电子器件的途径被称为自上而下方法。这个制造过程是从基片开始，通过平面印制和刻蚀工艺来转移电路图形，获得大面积上长成的有序的纳米电路系统。

（2）自底向上方法

从原子、分子出发，在一定人为控制条件下自组织生长出所需要的纳米材料，并进一步组装成纳米功能器件，最终形成电路系统，这个构想被称为自底向上方法。

（3）有效的混合途径

为了避免单纯的自上而下方法或者自底向上方法两者的缺点，常常将两种方法结合起来，也就是利用一些自上而下的方法形成基本的互连图形，然后在设计的位置上利用自底向上的方法制备纳米结构，这种方法称为混合途径。

6.3 纳米电子材料及其组装技术

人类社会发展的历史证明，材料和工具是人类赖以生存和发展去征服自然的物质基础，一定历史时期的材料及其工具是人类历史的里程碑。电子材料是与现代电子工业相关的，在电子学与微电子学中使用的材料，是制作电子元器件、集成电路以及电子设备的物理基础。在电子设备中所涉及电子器件主要包括分立电子元器件（电阻器、电容器、电位器、电感器、真空电子管、晶体管、传感元器件等）、单片集成电路和混合集成电路。

6.3.1 纳米电子材料

6.3.1.1 纳米电子材料的分类

传统的微电子工艺利用外延生长和横向图形的方法所制备的半导体器件显著特征就是对载流子限制，也就是电荷载流子不能够在空间各个方向运动，而是被限制在不同材料界面所构成的势垒中运动，如果这个限域效应发生在纳米尺度，则半导体表现为一个低维系统。根据势垒限制发生在一维空间方向、二维空间方向或者三维空间方向，载流子的运动仅仅被允许在二维、一维或者零维方向上进行，这三种纳米结构分别被称为量子阱、量子线和量子点。广义的纳米材料就是指三维方向上至少有一个方向上材料尺度处于纳米尺度的材料。因此可以把纳米电子材料分为：①零维纳米电子材料，包括纳米颗粒和纳米粉体材料；②一维纳米电子材料，包括纳米线、纳米管、纳米带和纳米粒子链状聚集体等；③二维纳米电子材料，包括纳米薄膜、超晶格或量子阱等；④纳米中孔材料，包括纳米级孔洞和细孔的多孔质材料等。随着纳米材料合成技术的发展，以纳米粒子、纳米线（管）、纳米薄膜、纳米中孔等纳米尺度物质单元为基础，按一定规律生成的新的功能或结构体系，也称为纳米结构。对于纳米电子材料的应用研究来说，功能纳米结构的制备及其在外场（包括电、光、热等）作用下来实现所需要性能似乎更为重要。

6.3.1.2　纳米电子材料的特性

纳米电子材料除了拥有纳米材料所具有的小尺寸效应、量子隧道效应、表面效应和量子尺寸效应性质外，还具有特殊的电性能。

（1）电导电阻是常规金属和合金材料的重要性能

纳米材料的出现颠覆了研究者对电阻的认知，纳米金属和合金材料的电阻温度变化的规律与常规粗晶基本相似，其差别在于纳米材料的电阻高于常规材料，电阻温度系数强烈依赖于晶粒尺寸。当纳米颗粒小于某一临界尺寸（电子平均自由程）时，电阻的温度系数可能由正变为负。例如，Ag 粒径和构成粒子的晶粒直径分别减小至等于或者小于 18nm 和 11nm 时，室温以下的电阻随温度上升呈线性下降，即电阻温度系数 α 由正变负，而常规金属与合金的 α 仍为正值。

（2）介电和介电特性是纳米电子材料的基本特性之一

纳米半导体的介电行为（介电常数、介电损耗）及压电特性同常规的半导体材料有很大的不同，主要表现在：①纳米半导体材料的介电常数随测量频率的减小呈现明显上升的趋势，而相应的常规半导体材料的介电常数较低，在低频范围内上升趋势远低于纳米半导体材料；②在低频范围内，纳米半导体材料的介电常数呈现尺寸效应，即粒径很小，其介电常数较低，随粒径增大，介电常数先增加然后下降，在某一临界尺寸呈极大值；③介电常数温度谱及介电常数损耗谱特征：纳米 TiO_2 半导体的二节点常数温度谱上存在一个峰，而在其相应的介电常数损耗谱上呈现一损耗峰。一般认为前者是由于离子转向极化造成的，而后者是由于离子弛豫极化造成的；④压电特性：对某些纳米半导体而言，其界面存在大量的悬键，导致其界面电荷分布发生变化，形成局域电偶极矩。若受外加压力使偶极矩取向分布等发生变化，在宏观上产生电荷的积累，从而产生强的压电效应，而相应的粗晶体半导体材料的粒径可达微米数量级，因此其界面急剧减小（小于 0.01%），从而导致压电效应的消失。

6.3.2　纳米结构组装技术

纳米结构指的是以纳米尺度的物质单元为基础，按一定规律构筑或营造的一种新体系，包括一维、二维、三维体系。这些物质单元主要包括纳米微粒、稳定的团簇、纳米管、纳米棒、纳米丝以及纳米尺寸的孔洞等。纳米结构的合成和组装即指构筑纳米结构的过程。

6.3.2.1　人工组装体系

人工纳米结构组装体系是按人类的意志，利用物理和化学的方法，人为地将纳米尺度的物质单元组装和排列构成零维、一维、二维、三维、分维和多重分维的纳米结构体系，其包括纳米有序系列体系和纳米介孔复合体系等。人的设计和参与制造起到决定性的作用，人们可以构筑各种具有对称性和周期性的固体，也可以用物理和化学的办法生长出各种各样的超晶格和量子线。它不仅具有纳米微粒的特征，如量子尺寸效应、小尺寸效应和表面效应等特点，还具有由纳米结构组合引起的新的效应，如量子耦合效应和协同效应等。

1987 年美国的 Bell 实验室正式为人工组装拉开了序幕，他们首次利用扫描隧道显微镜（STM）成功实现了在 Ge 表面原子尺寸的加工。McCarley 等利用 STM 在高度有序的热解石墨上成功制备了纳米尺寸结构，从而为人工组装纳米结构开辟了新的天地。由于纳米结构材料尺度上的特殊性，因此对人工组装纳米结构的装配工具也非常苛刻。但是近年来随着一系列以探针作为工具探测表面仪器的发明，如扫描探针显微镜（SPM），其不仅是表面分析的有力工具，也是进行纳米加工、原子操纵、制造纳米器件的有力武器。近年来，人们在探索超高密度信息的读写方法和有关材料结构性能分析、表征时也借助于 SPM。SPM 有多种衍生结构，其中用于信息读写研究的主要有：扫描隧道显微镜（STM）、原子力显微镜（ASM）、扫描隧道谱（STS）、扫描近场光学显微镜（SNOM）、磁力显微镜（MFM）等。用 SPM 技术可以实现样品的纳米尺度观测、加工，同时可以利用针尖与样品之间的电压、电流、近场光束和磁极作用，进行信号的写入、读出和擦除。近年来原子力显微镜（ASM）由于其自身的优越性能而越来越受到广泛应用。

6.3.2.2 纳米结构自组装体系

纳米结构的自组装体系是指通过弱的和较小方向性的非共价键，如氢键、范德华键和弱的离子键的协同作用把原子、离子或分子连接在一起构筑一个纳米结构或纳米结构体系。自组装过程的关键不是大量原子、离子、分子之间弱作用力的简单叠加，而是一种整体的、复杂的协同作用。纳米结构自组装体系的形成有两个重要的条件：一是有足够数量的非共价键或氢键存在，通过协同作用构筑成稳定的纳米结构体系；二是自组装体系能量较低，这样才能形成稳定的自组装体系。目前纳米结构自组装方法主要有两类。

（1）模板法

模板法是指在修饰化的基材上通过分子识别形成微粒或者微结构。依据模板的自身特性可分为硬模板和软模板。常用的硬模板包括碳纳米管与无机纳米线等。在硬模板引导自组装过程中，纳米颗粒可以通过各种方式定位到硬模板上：①范德华力或静电力作用下的物理吸附；②纳米颗粒表面配体与硬模板之间由于堆积而产生的化学吸附；③纳米颗粒表面配体与硬模板上化学活性点之间的共价键作用。虽然硬模板能够严格控制纳米材料的体积和尺寸，但是其后处理过程一般比较麻烦，往往需要用强酸、强碱或有机溶剂除去模板，不仅增加了工艺流程，而且很可能破坏模板内纳米材料的结构。相比之下，软模板的后处理比较简单，而且软模板的种类更为丰富，化学活性点更多，应用广泛的软模板包括小分子（一般为交联剂）、聚合物、生物大分子等。其中，聚合物模板又可以大致分为线性聚合物分子、嵌段聚合物分子。生物大分子模板中，最常见的则是结构上基于碱基配对原理的 DNA 分子。

（2）胶态晶体法

胶态晶体法是指利用胶体材料自组装成纳米材料，主要有胶体晶体的自组装、金属微粒的自组装、量子点阵列自组装和多孔纳米材料的自组装。

① 胶体晶体的自组装。根据胶体化学知识可以知道纳米团簇很容易在溶剂中分散形成胶体溶液，胶体具有自组装的特性。因此，只要具备合适的条件就可以将纳米团簇组装成有规则排布的纳米结构材料。胶体中纳米团簇自组装的条件是：硬球排斥、粒径一致、粒子间为范德华力连接和体系逐渐的去稳定。硬球排斥和粒子间为范德华力连接是纳米团簇胶体溶液体系本身固有的性质，粒径一致可以通过纳米团簇制备条件的控制和适当的分离方法来实现。影响体系稳定性的因素包括粒径、团簇包覆分子的性质、溶剂的种类和纳米团簇的“浓度”等，因此实际上组装过程中的可操作因素主要是胶体溶液体系稳定性的控制。

②金属微粒的自组装。金属微粒以金属胶体的形式进行自组装，金属胶体经表面处理后嫁接上官能团，然后在有机环境下形成自组装纳米结构。美国普度大学研究人员把表面包有硫醇的纳米金微粒制成悬浮液，这种含有十二烷基硫醇表面包覆的金团簇的有机溶剂被滴在

光滑的、高度取向的热解石墨和 SiO_2 衬底上，有机试剂蒸发后金团簇之间的长程力使它们形成密排堆垛的自组装体，在衬底上构筑成为密排的、长程有序的单层阵列结构。金颗粒之间通过有机分子链连接起来（图 6-4）。该体系的物性可以通过金纳米粒子尺寸、悬浮液浓度来进行控制。密苏里州立大学的研究人员将稀的 Au 或 Ag 胶体粒子悬浮液沉积在含有官能团 CN、NH_2 或 SH 等的有机薄膜覆盖的衬底上，通过胶体金属粒子与有机膜中官能团之间的协同作用，形成了具有多重键的纳米单层膜结构。这里所用的有机膜有水解的甲氧基硅烷、二甲氧基硅烷及三甲氧基硅烷等，衬底可以是导体，也可以是绝缘体，例如 Pt、氧化铟锡、玻璃、石英、等离子处理过的尼龙等。这种胶体 Au 的自组装体具有很高表面活性，增强拉曼散射效应。

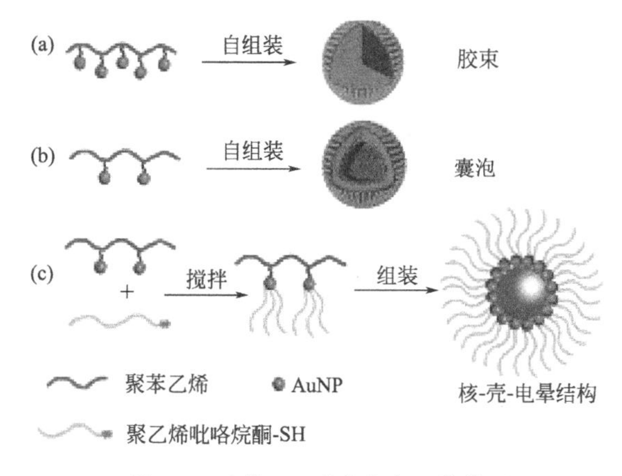

图 6-4 胶体 Au 形成的自组装体系

③ 量子点阵列自组装。用分子束外延和电子束刻蚀来合成半导体量子点阵列是比较成熟的技术，但所需要的设备价格昂贵。可以通过自组装技术进行半导体量子点阵列体系（膜）的合成，它的优点是工艺简单，价格便宜，无需昂贵的仪器设备。CdSe 量子点阵列的自组装将含有表面包覆了三烷基膦硅族化合物的 CdSe 量子点的辛烷和辛醇的混合溶液（配比为 9∶1）沉积在固体衬底面上，或在与溶液不互混的液体（例如甘油）的表面上，经低压蒸发辛烷，这样可以降低无极性的辛烷与有极性的辛醇的比例，经量子点包覆层与辛醇的协同作用，在固体表面上形成 CdSe 量子点的有序取向薄膜，在自由表面上形成的是 CdSe 量子点的自由悬浮有序岛屿。

④ 多孔纳米材料的自组装。可利用自组装技术合成多孔纳米结构的文石，如图 6-5 所示。微乳剂中含有表面活性的二甲基二十二烷基溴化铵、十四烷和饱和碱式碳酸钙水溶液。将几滴双连续微浮剂喷洒在 Cu 的金属衬底上，然后将含有微乳剂的衬底水平地浸泡在 55℃的热氯仿或 65℃的己烷中，停留 1～3s 后取出，放在空气中蒸发掉残余的热溶剂，可以获得白色的纳米结构空心的介孔文石。

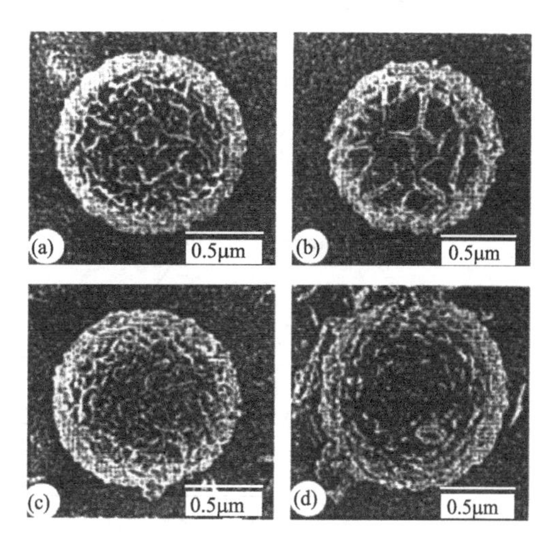

图 6-5 介孔文石的完整空心壳体图

6.4 纳米电子器件

纳米电子器件指利用纳米级加工和制备技术，如光刻、外延、微细加工、自组装生长及分子合成技术等，设计制备而成的具有纳米级尺度和特定功能的电子器件。纳米电子学的核心是设计和制造纳米电子器件，纳米电子器件是电子器件发展的现代化产物，其目前较为广泛地应用在各种场合。

6.4.1 电子器件的发展历程

电子器件是20世纪的伟大发明之一，它的诞生给人类带来了巨大的影响，其发展过程可分为三个阶段，即真空电子管、晶体电子管和单电子管，器件的尺寸越来越小。纳米电子器件的发展路径如图6-6所示。

真空电子管主要是将电子引入真空环境，成为自由电子，它具有较长的自由程。通过栅极控制由阴极流向阳极的电子流，从而实现电流放大。放大器是电子电路中最基本的非线性元件，它是运算器和逻辑加工的基础。随着电子管的出现，雷达、无线电和遥测遥控等也陆续产生，促进了电子工业的发展。晶体电子管是利用固体中自由载流子通过相对的两个PN结，同时由基极注入结中的少数载流子与多数载流子复合来实现信号大小的控制，从而实现电信号的放大。金属-氧化物-半导体晶体管是利用门极（g）电压来控制源极（s）和漏极（d）间的电流，实现信号的放大。为了获得足够长的载流子自由程，要求所用材料是晶体，缺陷杂质少。与真空电子管相比，晶体电子管功耗低，体积小，能够制成大规模集成电路，称为微电子器件，成为计算机的基础。但是微电子器件的发展会遇到信号能量为一个信号光子的能量、信号电荷为一个电子电荷、器件尺寸达到电子波长及器件加工公差逼近一个原子的限制，因此，以量子效应为基础的新型单电子器件将成为下一代电子器件发展的主流。单电子管是微电子器件发展的下一代电子管，其运行机理、构成材料和加工技术都将不同于微电子，所以是新一代器件，它将构成超高密度集成，是未来个人计算机、高性能计算机的基础，是信息社会智能工具的主要组件。

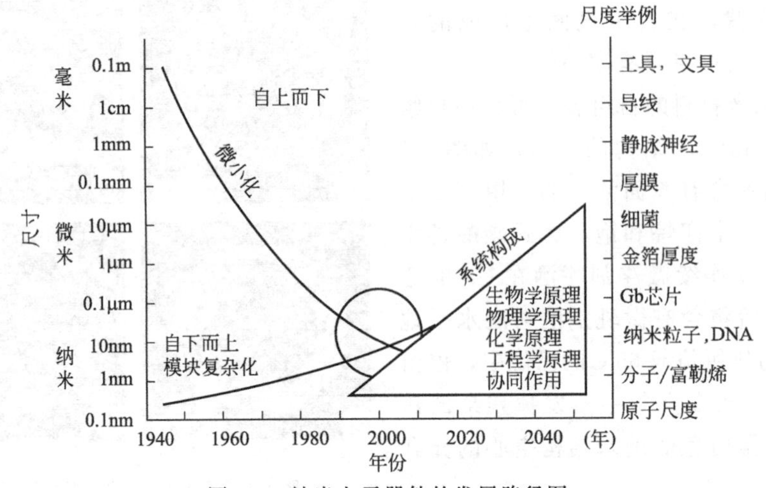

图6-6 纳米电子器件的发展路径图

纳米电子学的发展很大程度上依赖于纳米制造学的发展，未来纳米电子器件的制备有两条可能的技术路线：自上而下和自下而上，两者的交叠构成21世纪初期新型电子和光电子器件。

6.4.2 纳米电子器件的分类

（1）根据纳米电子器件的属性分类

根据David等对纳米电子器件范畴提出的两个基本条件，即器件的工作原理基于量子效应和具有隧穿势垒包围的“岛”的典型结构。根据这两个属性又可将纳米电子器件分为两大类：①固体纳米电子器件：共振隧穿器件（共振隧穿二极管和共振隧穿晶体管）、量子点（QD）器件和单电子器件（SED）；②分子电子器件：量子效应分子器件和电机械分子电子器件。

（2）根据纳米电子器件特征分类

电子在纳米结构中具有量子力学的波粒二象性，表现的波动性或粒子性取决于它所处的环境。从量子的状态特征考虑，可以把具有各种量子功能的纳米电子器件分为两类。①单电子器件。单电子器件的电子处于点结构上，而其行为以粒子性为主，这类器件包括单电子晶体管和单电子开关等。②量子波器件。量子波器件的电子处于相位相干结构中，其行为以波动性为主，这类器件包括量子线晶体管、量子干涉器件、共振隧穿二极管和共振隧穿晶体管等。

（3）根据纳米电子器件中电子的受限程度分类

根据电子的受限程度，纳米电子器件可分为三个基本种类。①量子点（QD）。量子点是由三个方向上尺寸都很小的“岛”组成的，从而限定了电子具有零维自由度，电子态在三个方向上都是量子化的，像点似的“岛”可由金属或半导体制成，它可由小的积淀或光刻限定的区域、小的自组装微滴、纳米微晶原位生长或掺杂薄膜等方法制成。②共振隧穿器件（RTD）。电子受限在一维或二维自由度，共振隧穿器件包括共振隧穿二极管和共振隧穿晶体管，常常具有最小尺寸为5～10nm的长而窄的“岛”（即“量子线”），岛由含有许多移动电子的半导体所组成。③单电子晶体管（SET）。单电子晶体管常常是一个具有栅极、源极和漏极的三端器件，而不像量子点和共振隧穿器件那样是无栅极的两端器件。栅上一个单电子或更小电荷的微小变化能够开启或关断源极-漏极电流。单电子晶体管器件具有功耗低、高灵敏度和易于集成等突出优点，被认为是继传统的微电子器件之后最有发展前途的新型纳米电子器件之一。

（4）根据尺寸分类

根据纳米电子器件的尺寸可分为以下三种。①亚纳米电子器件。特征尺寸为0.1～1.0nm，实质上是原子和分子尺度的电子器件。②纳米电子器件。特征尺寸为1.0～10nm，主要属于量子点（人造原子）、量子线等人造结构的电子器件。③准纳米电子器件。特征尺寸为10～100nm，主要是目前的纳米CMOS器件和Ⅲ～Ⅴ族化合物半导体（由元素周期表ⅢA族和ⅤA族元素组成的一类半导体材料）的共振隧穿效应器件等。

6.4.3 典型纳米电子器件

6.4.3.1 单电子晶体管

单电子晶体管是微电子科学发展进程中的重要发现。由于可以在纳米尺度的隧道结中控制单个电子的隧穿过程，因而利用它可以设计出多种功能器件，如超高速、微功耗、大规模逻辑功能器件，极微弱电流的测量仪和超高灵敏度的静电计等。但是，由于结构上的特殊性，单电子晶体管通常只能在低温下正常工作，该特性限制了其实用化进程。因此研究在室温下工作的单电子晶体管具有重要意义，并已成为集成电路制造领域的研究热点。

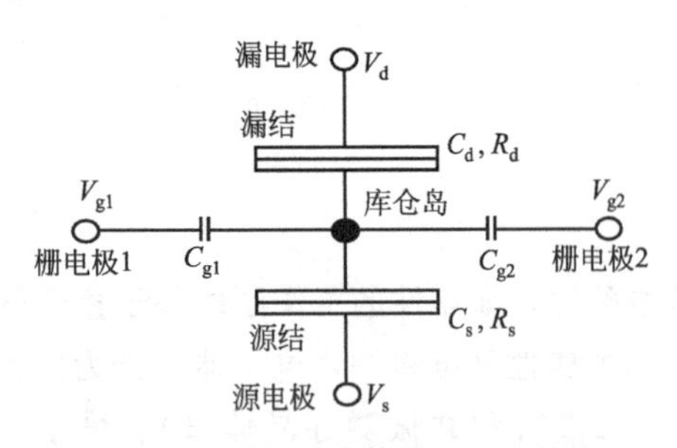

图 6-7　单电子晶体管的基本结构

(1) 单电子晶体管的基本结构和工作原理

单电子晶体管（SET）由源电极、漏电极、与源漏极耦合的量子点（库仑岛）、两个隧穿结（漏结、源结）和栅电极组成。栅电极通过电容与量子点耦合，用来调节量子点化学势即控制量子点中的电子数。在逻辑应用中，双栅极单电子晶体管得到越来越多的重视，其电路模型如图6-7所示。C_d 和 R_d 分别为漏结的结电容和隧道电阻，C_s 和 R_s 分别为源结的结电容和隧道电阻，C_{g1} 和 C_{g2} 分别是两个栅电极与库仑岛之间的电容。

单电子晶体管是基于量子隧穿效应和库仑阻塞效应工作的，下面简要说明其工作原理。图6-8显示单电子晶体管不同工作状态时的能级示意。左右两边分别为漏极和源极的电子势能。由于源漏极连接外部宏观电路，其电子势能可连续变化且受外部电压控制，库仑岛通过隧穿势垒分别与漏极耦合。由于尺寸极小，其静电势能（即电子充电能）分裂为离散的能级。栅极与库仑岛电容耦合，能够通过栅电压的大小控制库仑岛中的电子充电能级移动。单电子晶体管所处的状态有以下四种。

① 如果没有库仑岛上离散的电子能级处在源漏极的费米能级之间，则单电子晶体管处于阻塞状态，如图6-8(a) 所示。

② 如果有库仑岛上离散的电子能级处在源漏极的费米能级之间，则电子就能够隧穿通过库仑岛，如图6-8(b) 所示。

③ 如果一方面处在源漏极的费米能级之间的电子能级数目不相同（可以通过在源漏极之间加上足够大的电压实现），另一方面源漏极的隧穿势垒不对称，则由于同时隧穿的电子数目增加，电子从源极隧穿进入库仑岛的特性与电子从库仑岛隧穿进入漏极的特性会不相同，各自的隧穿概率也不同。每增加一个电子能级，隧穿电流就会出现跳跃性的上升，形成库仑台阶。

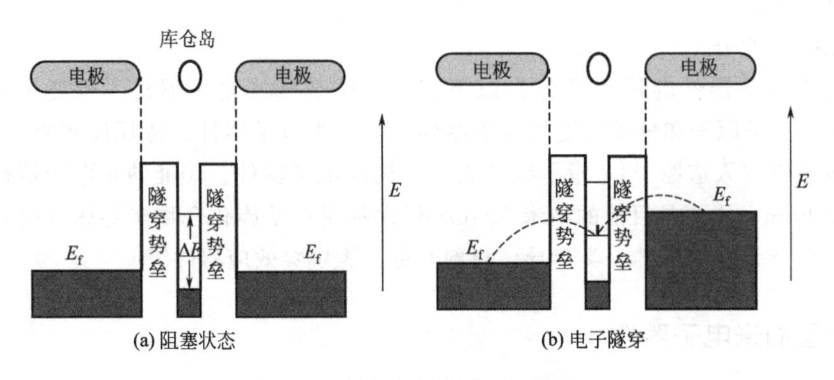

图 6-8　单电子晶体管工作原理

④ 如果给源漏极之间加上很小的电压，使源漏极的费米能级不等，但并没有库仑岛中

电子能级处于两者之间，则单电子晶体管仍然处于阻塞状态。此时，当对栅极施加偏置电压时会使库仑岛中的电子能级降低。当有电子能级降到处于源漏极的费米能级之间时，隧穿电流会明显增加。而当栅极电压继续增加时，电子能级会降到能级区间之外，这样单电子晶体管再次处于阻塞状态。这就意味着如果栅电压持续增加，就会不断地有库仑岛上离散的电子能级处在源漏极的费米能级之间，这样阻塞和隧穿两种状态就会交替出现，形成库仑振荡。

单电子效应产生的两个必备条件可总结为以下两点。一点是量子点的静电势能应该显著大于电子本身的热运动能量，这样才能将电子能量因随机热涨落造成的电子随机隧穿现象减弱到可以忽略的水平，即 $E_c=e^2/2C\gg k_BT$。该条件可通过降低工作温度 T 或减少量子点电容来达到。若希望 SET 在室温工作，则需要减少量子点电容，即减小量子点尺寸。另一点为隧穿结电阻应该足够大，使隧穿过程引起的量子随机能量涨落减弱到可以忽略的水平，设量子点的隧穿电阻为 R_T，即：$R_T\gg h/e^2\approx 25.8\text{k}\Omega$。该条件可通过制备合适的隧道结实现。由第一个条件可知，在室温时（$T=300\text{K}$），C 应该满足：$C\ll e^2/2K_BT=3.1\times10^{-18}$F。因此单电子晶体管要在室温下正常工作，其量子点的电容必须远小于 3.1×10^{-18}F。根据 3D 球形电容公式可以推导出，岛的直径应当在 7.1nm 以下，单电子晶体管才能在室温下正常工作。由此可见，小尺寸岛（<7.1nm）的可控制备技术是相当重要的。

（2）单电子晶体管的类型和器件特性

最近几年围绕使器件实用化所面临的各种问题，如提高器件的工作温度，改进器件的各种参数，发展与常规集成电路兼容的工艺等，已经开发多种结构类型的单电子晶体管。按库仑岛的数目分类为单岛和多岛两种；按所用材料可分为金属单电子晶体管和半导体单电子晶体管以及碳纳米管单电子晶体管；按制造类型可以分为用光刻工艺制造的单电子晶体管和用光刻工艺与其他工艺结合制造的单电子晶体管等。目前半导体单电子晶体管研究较多的是 Si 单电子晶体管和 GaAs 单电子晶体管。GaAs 基材料的表面态密度大，对单电子的输运也具有很大的影响，到目前为止，GaAs 基的单电子器件仍只能在低温下工作。硅基的单电子器件依赖硅材料可氧化等特性和成熟的工艺优势，获得直径小于 10nm 的晶体硅量子点而实现室温工作，并且大多数硅基单电子晶体管的制备方法能够与现有的硅 CMOS 工艺更好兼容。由此看来，硅基单电子晶体管是一种极具潜力、可实现大规模应用的新型半导体器件。因此，这里主要介绍硅基单电子晶体管。

第一支用半导体作为库仑岛的单电子晶体管由麻省理工大学（MIT）的 Scott Thomas 等采用 X 射线光刻的方法于 1988 年制成，其硅库仑岛由宽 70nm、长 1μm 的硅纳米线受两边偏置栅约束形成。由于硅纳米线尺寸比铝纳米线更大，制成的单电子晶体管工作温度也更低。1994 年，Y. Takahashi 等用 PADOX（pattern-dependent oxidation）方法在绝缘硅（SOI）上首次制备了单电子晶体管，并在室温下观察到了库仑振荡。1998 年，B. H. Choi 等制备出硅上自组装量子点（self-assembled quantum dots，SAQDS）器件，其中用到的 SAQDS 是在传统的低压化学气相沉积（LPCVD）反应器中生长得到的。2003 年，M. Saitoh 等用湿法刻蚀和轻微热氧化法制成极窄量子线上的多量子点。

由上面的一些硅基单电子晶体管的典型制备方法可以看出，它们的制备方法一般都与现有硅 CMOS 工艺相兼容，这也是这类单电子晶体管最突出的优点。当然，以现有工艺条件和方法制备出来的硅基单电子晶体管还存在工作温度较低，工艺可重复性和可控性较差等缺点。随着半导体微纳加工技术的不断进步，以上缺点都可以得到改善和克服。因此，硅基单电子晶体管仍然是一种很有应用前景的半导体纳米器件。

6.4.3.2 共振隧穿器件

共振隧穿器件是利用量子共振隧穿效应而构成的一种新型高速器件，包括两端的共振隧穿二极管（RTD）和三端的共振隧穿三极管（RTT）。共振隧穿器件是纳米电子器件家族的重要成员。在当前各种纳米电子器件中，较其他纳米器件（如单电子器件和量子点器件）发展更快和更为成熟，并已经开始进入应用阶段，因而备受人们的关注。

共振隧穿器件具有以下几个特点：高频、高速工作；低工作电压和低功耗；负阻、双稳和自锁特性；多种逻辑功能和用少量器件完成一定逻辑功能的特性。共振隧穿器件可以应用于三个方面：一个是用于模拟电路，做成微波和毫米波振荡器等；另一个是用于高速数字电路，金属半导体场效应晶体管（MESFET）、异质结双极晶体管（HBT）、高电子迁移率晶体管（HEMT）等进行集成构成高速数字电路；还可以用常规光电探测器件构成高速光电集成电路基于量子隧穿效应的 RTD 器件，是当前纳米电子学中最负期望的器件之一。近二十多年来，发达国家在 RTD 器件研究方面投入了很多精力。美国空军资助的林肯实验室、NTT 实验室、贝尔实验室、日本新能源和工业技术发展组织以及世界著名的大学和研究所纷纷展开 RTD 及其应用电路的研究。主要研究范围包括：共振隧穿二极管器件物理模型、高频高速共振隧穿二极管设计与制作、新型共振隧穿器件的制作、共振隧穿器件振荡频率和开关时间测量、多峰负阻共振隧穿二极管数字电路设计与制作、神经晶体管电路、RTD 静态随机存储器电路、RTD 静态分频器电路、RTD A/D 转换器电路、RTD 与 CMOS 混合集成技术和 RTD 在微波技术中的应用。目前 RTD 已用于微波振荡器、微波频器、高速数字电路和光电集成电路等。国外已推出含 2000 个以上 RTD 的高速数字电路。RTD 电路具有速度快、功耗低、实现相同逻辑功能所需元器件少的优点，所以发展迅速已可与场效应晶体管（FET）、高电子迁移率晶体管（HEMT）、异质结双极晶体管（HBT）、金属氧化物半导体场效应晶体管（MOSFET）等集成组构成各种门电路、双稳态分频器、静态存储器和加法器等电路，如图 6-9 所示。

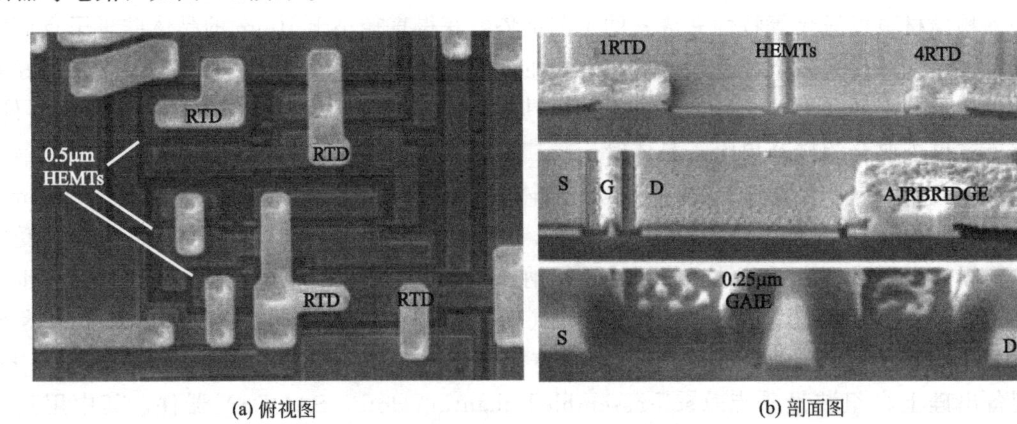

(a) 俯视图　　(b) 剖面图

图 6-9　RTD 与 HEMT 集成电路的扫描电镜俯视图及剖面图

这里仅介绍共振隧穿二极管（RTD），它分为两类，包括带内共振隧穿二极管（RTD）和带间共振隧穿二极管（RITD）。

（1）带内共振隧穿二极管（RTD）

依照载流子类型，带内共振隧穿二极管（resonant tunneling diode，RTD）可以分为空穴型共振隧穿二极管和电子型共振隧穿二极管。空穴型共振隧穿二极管以空穴为载流子，其

赖以工作的双势垒单量子阱结构位于价带；电子型共振隧穿二极管以电子为载流子，其赖以工作的双势垒单量子阱结构位于导带。现今，得到较为广泛使用的共振隧穿二极管（RTD）器件研究工作多限于Ⅲ～Ⅴ族化合物材料（由元素周期表ⅢA族和ⅤA族元素组成的一类半导体材料），难与Si基CMOS VLSI（超大规模集成电路）技术相结合。近年来Si基RTD和RITD的研究工作有很大发展，为今后将RTD器件与以CMOS为基础的VLSI相结合提供有利条件。

(2) 带间共振隧穿二极管（RITD）

RTD与RITD都属于共振隧穿器件，但与RTD带内（导带⟶势垒⟶导带）隧穿的机理不同，RITD的隧穿是载流子从价带（或导带）隧穿过禁带势垒至导带（或价带）中，即载流子在隧穿过程中所经能带会发生变化。RITD的起始电压U_T和峰值电压U_P比RTD低；谷值电流I_V较低且有一段较为平坦的区域。这些特点使RITD在各类隧穿器件中具有特殊的地位。RITD器件可分为3种：PN结Ⅰ类异质结单势垒双势RITD、Ⅱ类异质结RITD和δ掺杂同质结（或基本上为同质结）RITD。如图6-10所示为GeSi/Si RITD能带结构。

图6-10 Ge Si/Si RITD能带结构图

6.4.3.3 量子线

在二维系统的基础上进一步减小它的维数，就会得到量子线。到现在为止，研制了很多种量子线，主要用于半导体异质结或金属-氧化物半导体结构中二维电子气的栅类门。加负门偏压，系统能够从二维变到一维，实现静电势约束电子。Aharonov-Bohm（A-B）相干仪是典型的量子器件。在平面二维电子器件的面上布置纳米尺度的线，在外加电场作用下，可以产生一维特性的量子效应；也可以是一维的线，其中载流子的输运距离小于相位相干长度，将会具有各种量子效应。利用其中的A-B效应可制成A-B相干仪，它是用外加电势调制电流，使在相近邻的通道中的电子发生相干。另外，这种器件开关的阈值电压也是很低的，假设总电路电容为1fp，其固有开关时间为3ps。A-B量子器件的另一个优点是可达0.45ms高的跨导。

6.4.3.4 量子点器件

量子点是一种亚微观结构，根据其几何形状分成箱形、球形、四面体形、柱形和外场（电场和磁场）诱导量子点；按材料分为元素半导体量子点、化合物半导体量子点、异质结量子点。另外，原子团簇和超微粒子也属于量子点范畴。半导体量子点是基于二维电子气结构基础，采用分裂栅和刻蚀技术两种方法制造的量子点，可分为横向量子点和竖直量子点。量子点的能级为分立结构，与量子点的尺寸、形状和应变等密切相关，通过精确控制生长条件和加工工艺，控制量子点的尺寸、形状和应变，实现对量子点光电性质的剪裁。另外，也可通过外加电场、磁场等调控量子点光电性质。目前量子点光电器件研究可分两个方面：一是对传统光电子器件的应用研究，如量子点激光器、量子点红外探测器和量子点传感器等，其中量子点激光器研究得最多。另一方面是量子点在量子计算、量子通信等全新领域中的应用，包括单电子器件、量子点原胞自动机、单光子探测器和光存储器等。

(1) 量子点激光器（QDLD）

自从1976年提出设想到第一次做出真正的量子点激光器经历了大约20年，而突破点则是应变自组装量子点的出现。量子点激光器简单地说是由一个激光母体材料和组装在其中的量子点以及一个激发并使量子点中粒子数反转的泵源组成。图 6-11 所示一种量子点激光器的结构示意图。一个理想的量子点激光器，第一，要求量子点的尺寸、形状相同，其变化范围应小于 10%。即量子点应只有单一电子能级和一个空穴能级，以利于 QDLD 的基态激射，否则就无法实现 QDLD 的无啁啾工作。所谓啁啾是指激光器在直流电流的调制下量子点 LD 发射波长的改变（Δλ），波长改变是远距离光纤通信中一个亟待解决的关键问题。第二，要求尽量高的量子点面密度和体密度，以保证量子点器件（QD）材料有尽可能大的增益和防止增益饱和，这将有利于 QDLD 的低阈值基态工作。第三，要正确选择量子点的尺寸，因为量子点的临界尺寸同选用材料体系导带阶（ΔE_c）紧密相关。若选用 QD 的尺寸不适当（如太小），量子点中第一电子能级（基态）与势垒层连续能量差很小，那么在有限的温度下，量子点中的载流子耗尽而无法实现基态激射。第四，量子点激光器工作波长可通过选择材料体系，控制量子点组分、尺寸等实现。

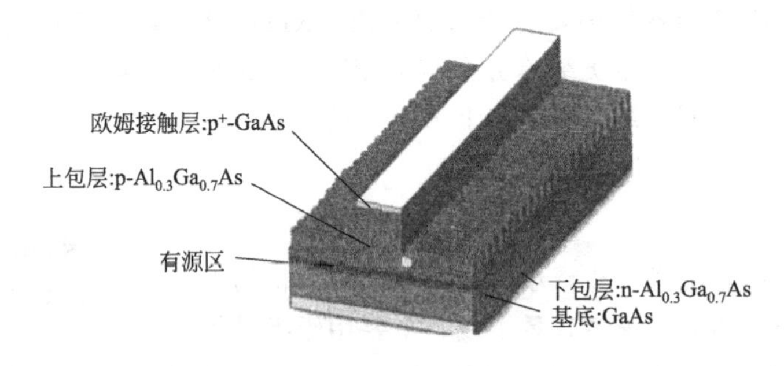

图 6-11　浅刻蚀量子点 LC-DFB 激光器结构示意图

(2) 量子点超辐射发射管

这是近十几年发展起来的一种光学特性介于半导体激光器和发光二极管之间的半导体光电器件，其特点是一种具有内增益的相干光源、光谱宽、相干长度短、噪声低、温度特性好、功率高等，弥补了半导体激光器件与一般发光二极管的不足。

(3) 量子点红外探测器

红外探测器广泛应用于夜视、跟踪、医学诊断、环境监测和空间科学等方面，目前，HgCdTe（MCT）红外探测器在技术应用上占主导地位，具有非常好的探测率和响应率，主要缺点是 HgCdTe 晶片均匀性很差，不易制造红外焦平面阵列探测器。但是随着自组装生长量子点技术的发展，量子点红外探测器迅速成为研究的热点，并取得了较大进展。

量子点红外探测器有垂直和横向两种结构，比较量子阱红外探测器，具有以下几个优点。①量子点中正入射的光可以检测，免除了量子阱的耦合光栅工艺，降低了成本。②量子点中分立能级的三维限制降低了暗电流和热发射，提高了信噪比。③探测器可在室温下工作，减少了阵列和成像系统的尺寸和成本。现如今，量子点红外探测器的结构基本有两种，如图 6-12 所示，分为垂直输运和横向输运。

(4) 量子点单光子光源

与经典光源不同的是，量子点发射源可以稳定地发出单个光子流，即在很短的时间间隔内只包括一个光子，而且振子强度高，谱线宽度窄，不会发生光褪色的现象。在量子密码、量子通信、量子计算等多种应用方案中，单光子光源是一种重要器件。目前，每个脉冲产生一个光子的器件已经研制成功，存在的问题是需要一种机制或方法实现对单量子点发光过程

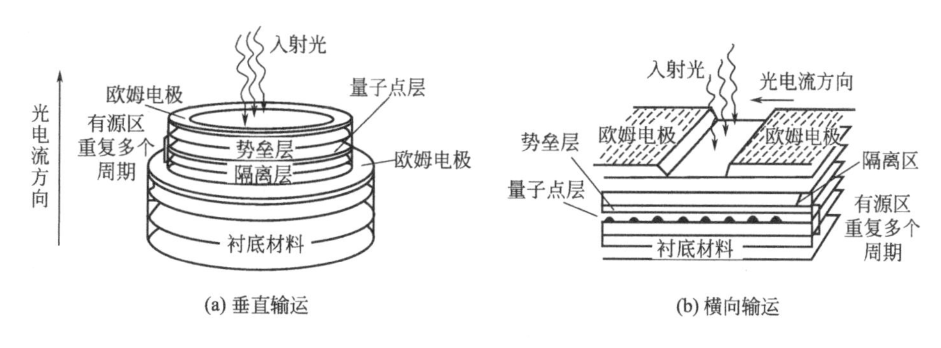

图 6-12 量子点红外探测器两种基本结构示意图

的控制。将量子点放入微腔中，利用量子点发射和微腔的腔膜共振来提高效率，或者利用电驱动单光子光源在这方面的研究均取得了一定成功。

(5) 量子点网络自动机

量子点网络自动机是基于量子点的数字逻辑电路，是目前代替传统 CMOS 超大规模集成电路的可能方案。这种电路具有无导线、功耗低、超速、集成度高等优点。量子点网络自动机改变状态只需要两个电子信息依靠单元间的库仑相互作用在单元之间传递，即无导线、无电流、多个量子点网络自动机在空间的不同组合，就可实现各种逻辑功能，但是目前还处于研发阶段。

6.4.3.5 原子继电器

原子继电器类似于一个分子闸门式开关。在原子继电器中，一个可动的原子不是固定地贴附在衬底上，而是在两个电极间，向前或向后移动。两个原子导线借助一个可动的开关原子连接起来构成一个继电器。如果开关原子位于原位上，则整个继电器能够导电；假若开关原子脱离原位，则造成的空隙骤然降低了流过原子导线的电流，使整个器件变为断路。原子继电器的实际实验是在扫描隧道显微镜（STM）帮助下完成的，在 STM 探针尖与衬底之间放置一氙原子，当氙原子在探针尖和衬底间向前或向后传输时便完成了器件的开关动作。单个继电器非常小，约为 $10nm^2$。

6.4.3.6 精确分子继电器

更精确、更可靠的基于原子移动的双稳态器件，可以用一组转动的分子影响电流的传导来完成。开关原子可以贴附在一个“转子”上，此“转子”可以通过摆动使“开关”原子填充原子导线的空隙，而使原子继电器通电；或者是“开关”原子通过摆动，脱离原子导线而使电流关断。转子的方向是通过调节栅分子上电荷的极性来控制的。

6.4.3.7 量子比特构造和量子计算机

随着计算机技术的日新月异，计算机的计算速度以摩尔定律迅猛增长从而使得硅片上的集成电路最终缩小到不能再缩小的极限，也就是说，那些独立的组件将只有几个原子这么大，进而打破了经典的物理定律因此有关量子计算机的研究被提到议事日程。量子计算机是以量子力学为理论基础，以原子量子态为记忆单元开关电路和信息储存形式，以量子动力学演化为信息传递与加工基础的量子通讯与量子计算，是指组成计算机硬件的各种元件达到原子级尺寸，其体积不到现在同类元件的1%。量子计算机（图 6-13）是一物理系统，它能存储和处理关于量子力学变量的信息，可以在量子计算机上运行的算法称为量子算法。

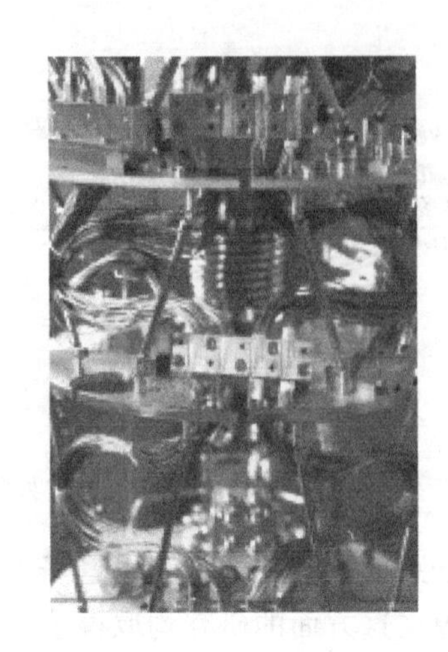

图 6-13　量子计算机

基于硅微电子技术的传统计算机计算速度的极限，如要完成 64 位数字的因式分解要花比宇宙年龄还要长的时间，原则上量子计算机可以在相当短的时间内完成。构造实际的量子计算机可以归结为建立一个由量子逻辑门构成的网络，即由提供处于标准态的量子比特的“源”和能够实现单位变换，把量子态由一处传递到另一处的“线”以及能对输入的量子比特进行操作（量子信息处理）的“量子逻辑门”三部分构成。实现量子比特构造和量子计算机的设想方案很多，主要有离子阱量子计算机、腔量子电动力学量子计算机、核磁共振量子计算机等，其中最引人注目的是 Kana 提出的一个实现大规模量子计算机的方案。这个方案的核心是利用硅纳电子器件中磷施主核自旋进行信息编码，通过外加电场控制核自旋间相互作用实现其逻辑运算，自旋测量是由自旋极化电子电流来完成。量子态在传输、处理和存储过程中可能因环境的耦合（干扰）而从量子叠加态演化成经典的混合态，即所谓失去相干，特别是在大规模计算机中能否始终保持量子态间的相干是量子计算机走向实用化前所必须克服的难题。随着量子理论与信息科学的结合，为计算机能否实现不可破译、不可窃听的保密通信等问题的解开开辟了新的方向，从而也使得量子计算机成为了当今科研的热点之一。

（1）保密通信

由于量子态具有事先不可确定的特性，而量子信息是用量子态编码的信息，同时量子信息满足“量子态不可完全克隆（no-cloning）定理”，也就是说当量子信息在量子信道上传输时，假如窃听者截获了用量子态表示的密钥，也不可能恢复原本的密钥信息，从而不能破译秘密信息。因此，在量子信道上可以实现量子信息的保密通信。目前，美国和英国已实现在 46km 的光纤中进行点对点的量子密钥传送，而且美国还实现了在 1km 以上的自由空间内传送量子密钥，瑞士则实现了在水底光缆传送量子密钥。

（2）量子算法

对于一个足够大的整数，即使是高性能超级并行计算机，要在现实可接受的有限时间内分解出它是由哪两个素数相乘也是一件十分困难的工作，所以多年来人们一直认为 RSA 密码系统在计算机上是安全的。Shor 算法的大整数素因子分解量子算法表明在量子计算机上只要花费多项式的时间即可以接近 1 的概率成功分解出任意大整数，这使得 RSA 密码系统安全性受到极大的威胁。因此，Shor 算法的发现给量子计算机的研究注入了新活力，并引发了量子计算研究的热潮。

思　考　题

① 简述当前微电子技术发展的限制。
② 纳米电子学发展的理论基础有哪些？
③ 简述纳米电子材料与组装技术的含义与发展。
④ 简述纳米电子器件的发展概况。
⑤ 简述单电子晶体管的工作原理及其应用。
⑥ 纳米电子器件有哪些领域？发展状况如何？

第7章

纳米生物医学

21世纪以来，纳米技术基于其材料独特的尺寸效应和卓越的光电磁性能，得以迅猛发展并被广泛应用于各产业研究领域中。目前，纳米技术的主要发展方向之一就是医学生物技术领域，随着交叉学科研究的渐渐兴起，纳米技术和医学生物技术也慢慢在跨学科的研究中不断进行交织和融合，慢慢衍生出一个发展非常迅速的交叉学科——纳米生物医学技术。

纳米生物医学技术研究纳米尺度的人造结构与细胞及分子之间的相互作用，利用纳米尺度物质所特有的物理、化学性能开发针对疾病诊断和治疗的新型功能生物材料，医疗器件以及高效和高灵敏度的检测、诊断和治疗技术，提高疾病的诊治和预防、预警水平，促进人民健康。纳米生物医学是纳米科学与生命科学、医学的前沿交叉领域，有着广泛的发展前景。

本章将主要对纳米生物医学领域进行介绍，首先从生物领域的生物大分子和纳米医学两方面展开，然后对各种纳米生物产品和机械装置的特点，以及它们在生物医学上的应用进行介绍，如纳米生物芯片与计算机、纳米生物机械等，最后对纳米技术所产生的伦理问题进行了简单的论述。

7.1 分子生物学

分子生物学是当今生命科学发展的主流和带头学科，其研究的焦点正是生物大分子，尤其是蛋白质和核酸的结构与功能。蛋白质、核酸、多糖及复合脂类等都属于体内的大分子有机化合物，简称生物大分子。

纳米向分子生物学的渗透使得21世纪的分子生物学有了以下两个特点：①对生物大分子的结构、功能及其相互关系的研究，由静态转向动态，进而诞生了基于同步辐射（SR）和原子力显微镜（AFM）基础上的揭示生化反应过程的所谓“分子电影”这一新技术；②对生物大分子的研究由单纯的观察进而发展为在单个分子水平上，即在纳米尺度上的直接对生物大分子的改性和操纵，在今后几年内将发展出一种所谓“纳米操纵器”的崭新工具。

7.1.1 脱氧核糖核酸（DNA）

核酸是重要的生物大分子，是一类线形多聚核苷酸，它的基本单元是核苷酸。DNA 是由脱氧核糖核苷酸组成的长链多聚物。作为遗传的物质基础，它必须具有下列特点。

① 具有稳定的特定结构，能进行复制；

② 携带生命的遗传信息，以决定生命的产生、生长和发育；

③ 能产生遗传的变异，使进化永不枯竭。

1953 年，生物化学家 James Watson 和 Francis Crick 首次发现了 DNA（脱氧核糖核酸）的双螺旋结构，之后涌现了许多前所未有的 DNA 生物技术，广泛用于造福于人类的伟大事业。近年来，高分辨的扫描隧道显微镜和原子力显微镜的应用，使得人类已经能够成功地观察到 DNA 分子的双螺旋结构，如图 7-1 所示，DNA 分子的直径为 2nm，双螺旋的螺距为 3.4nm。因此，DNA 的特征尺寸是在纳米技术的尺度范围之内，属于纳米生物学的研究内容之一。

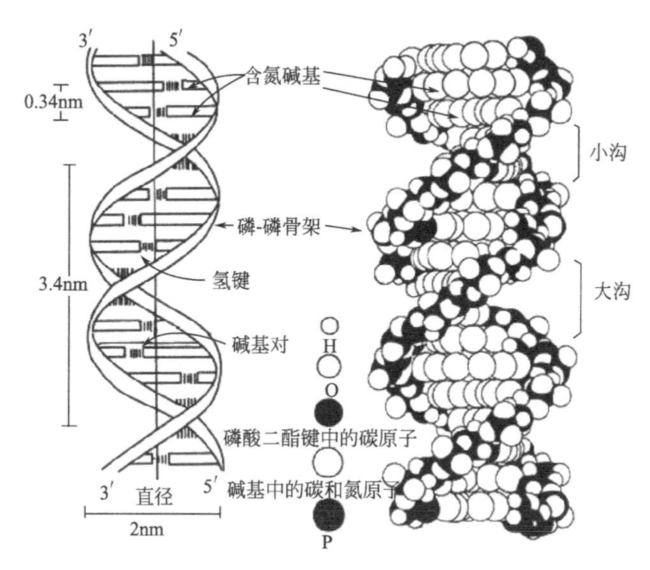

图 7-1 DNA 分子的双螺旋结构尺寸

（1）DNA 的组成特点和结构

DNA 分子的双螺旋结构模型如图 7-2 所示。DNA 分子的双螺旋结构是由两条磷酸核糖主链相互缠绕形成。在 DNA 分子中，总共有 4 种碱基，分别为 A（腺嘌呤碱基，adenine），T（胸嘧啶碱基，thymine），C（胞嘧啶碱基，cytosine）和 G（鸟嘌呤碱基，guanine）。这 4 种碱基通过严格配对后构成了 DNA 分子中的两种不同的碱基对，其中 A 和 T 由两个氢键相连配对，C 和 G 则由三个氢键相连配对（图 7-3），十分严密。在一个 DNA 双螺距内共有 10 个碱基对，相邻两个碱基对之间的间距为 0.34nm，相互旋转 36°，10 个碱基对共旋转 360°，正好为一个螺距。

（2）DNA 的复制

DNA 分子在复制时，先断开 A-T 和 C-G 碱基对的氢键，使两条磷酸核糖主链解开。然后，用解开的两条磷酸核糖主链作为模板，分别复制出新的 DNA 分子（图 7-4）。这就使在两条新复制的 DNA 分子中都含有一条复制前的磷酸核糖主链（称为父辈主链），它们的遗

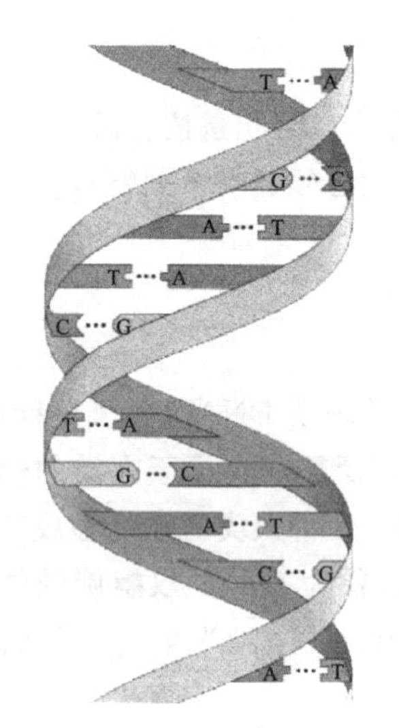

图 7-2　DNA 分子的双螺旋结构模型

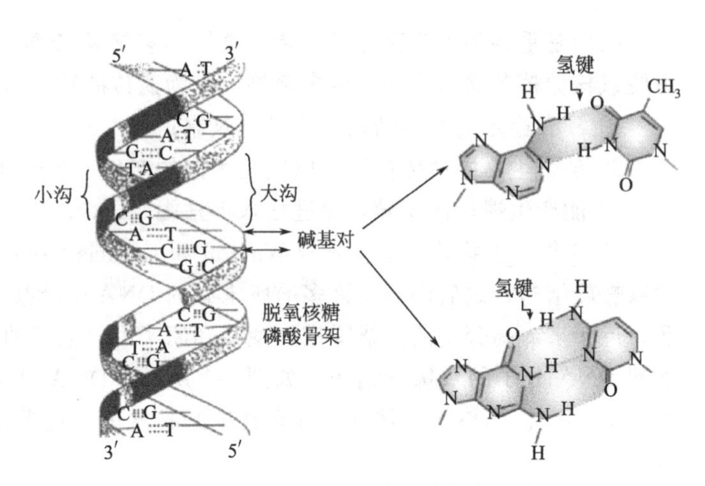

图 7-3　DNA 的两种不同的碱基对

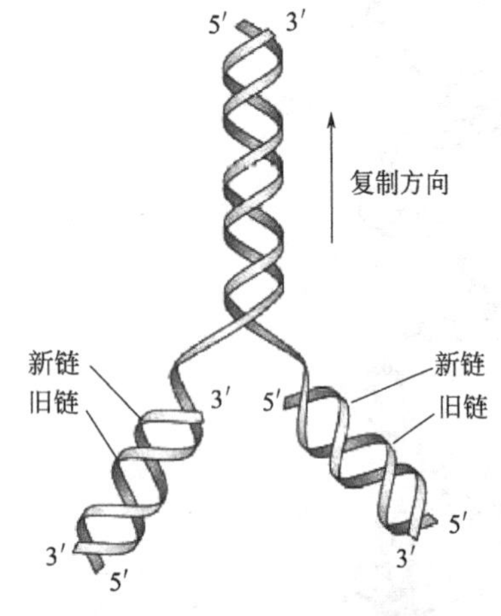

图 7-4　DNA 的复制过程

传密码与复制前的 DNA 分子的遗传密码完全相同，这也就是为什么 DNA 分子可以通过复制把遗传信息传给下一代。由于 DNA 分子的复制率很高，一小段 DNA 在数小时内可以完成数百万次的复制过程，并始终保持它的遗传信息不变。

(3) DNA 精细结构的 STM 研究

国际上第一张 DNA 分子的 STM 直观图像于 1989 年 1 月问世，被评为当年美国第一号科技成果。同年 4 月，我国获得了鱼精子 B 型 DNA 的直观图像，清晰地显示了其右手螺旋的特征。这一成果也被美国《大众科学》年终评论评为 1989 年重大进展。探索 DNA 新构型可能是 STM 对 DNA 结构研究做出的第一个重要贡献。

7.1.2　基因工程

基因工程是人类在生物大分子的基础之上，对生命本质更进一步的探索，其相关领域的研究对于疾病治疗及促进人类健康来说，意义非凡。

7.1.2.1　基因工程的概念

一般认为遗传工程的定义可以分为狭义和广义两种。狭义的遗传工程就是重组 DNA 技术，又称分子克隆或基因工程；广义的遗传工程包括细胞工程、染色体工程、细胞器工程等。习惯上所讲的遗传工程多指基因工程。

基因工程实施过程如下。

① 用一种“手术刀”——限制性核酸内切酶（简称内切酶），从一种生物细胞的核酸分子上切取所需要的遗传基因。从某种生物中分离得来的基因，含有一种或几种遗传信息。这种基因是外来基因，称为外源性 DNA 分子或外源性基因。

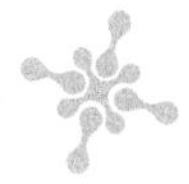

② 选择适宜的基因运载体，它经内切酶处理后，与外源性基因结合，形成重组 DNA。

③ 带着新基因的运载体进入一种生物细胞里。

④ 新的基因在该细胞里定居下来并不断进行复制、繁殖，产生无性生殖系，即细胞分裂后产生的新细胞仍然含有外源性基因或 DNA 分子，基因工程是生物工程的核心技术，它的研究水平最能代表一个国家生物工程研究与开发的实力。

7.1.2.2 基因工程的应用

基因工程是一种按人们的构思和设计在试管内操作遗传物质，最终实现改造生物的新技术。

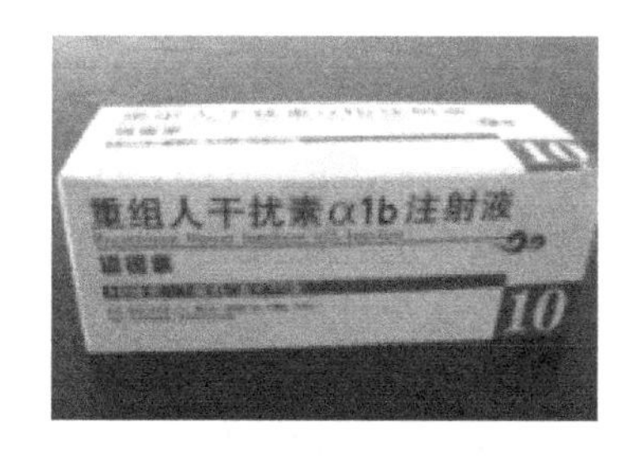

图 7-5 重组人干扰素

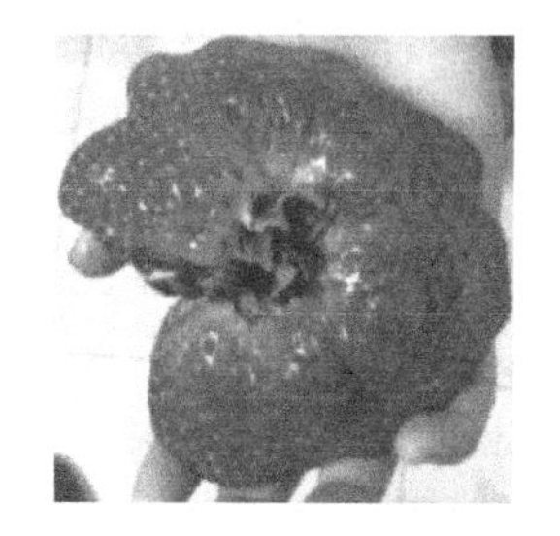

图 7-6 转基因草莓

(1) 基因工程在医药业中的应用

利用基因工程生产蛋白类药物，如图 7-5 所示，可提高产量，降低成本。如：干扰素是一种蛋白质，能抑制癌细胞增殖，增强身体的防御功能，日本的前田进博士采用基因工程技术，使蚕生产人干扰素获得成功，是人类的福音。

基因疗法是基因工程的又一重大应用。它是通过向人体细胞的基因组置换“坏了的”基因，或引入外源的正常基因来治疗疾病的方法。如血友病的病根在于血液中缺乏凝血因子Ⅷ，它是一种化学结构不很稳定的蛋白质。如今，可用人工的方法将凝血因子Ⅷ的基因提取出来，然后将其转移到患者的细胞基因组中，弥补遗传缺损，从而能够产生正常的凝血因子，使体内血液循环正常。

(2) 基因工程在农业上的应用

基因工程在农业上的应用（图 7-6)，使得玉米、大豆、棉花、马铃薯、油菜等作物的转基因品种相继进入商业化，其中玉米的转基因产品最多，其他主要为大豆、油菜、棉花、番茄等作物。

从性状上来看，目前商品化的转基因作物主要是与抗除草剂、抗虫剂有关，但从目前的研究趋势，除了应用基因工程使作物获得抗真菌、细菌和线虫的能力外，还正在试图提高作物的抗逆性和营养价值，如：改进油料作物脂肪的组成，增加必需氨基酸和蛋白质的含量，改变农产品的淀粉质量和含量等。预计更长期的发展将是面对多基因控制的非生物情况，如：抗旱、抗盐和耐酸性土壤等。另外，对不同目的基因进行多基因的叠加也是基因工程产品发展的一个方向。

(3) 基因工程在工业方面的应用

美国科学家用基因工程的方法，把降解不同石油化合物的基因移植到一个菌株内，产生了一种超级细菌，它能快速分解石油，可用于清除被石油污染的海域。

氢气被视为理想、清洁的燃料。日本一研究所以提高光合作用微生物生产氢的效率为目标，利用基因重组技术改良微生物，以大幅度地提高其生产氢气的能力，为利用微生物生产氢气尽早投入实际生产和应用创造条件。

总之，基因工程的发展将会给人类社会带来巨大的变化。

7.1.2.3　人类基因组计划

(1) 基因、基因组的概念

基因：是遗传的基本物质和功能单位，DNA 序列中的一段脱氧核苷酸序列是 DNA 分子中最小的功能单位。或者说，基因是决定一个生物物种的所有生命现象的最基本的因子。

基因组：一个生物体的染色体上完整的一套遗传物质（DNA 上所有基因序列的总和）称为基因组。人类基因组就是在人类细胞核内 23 对染色体上整套的 DNA。

(2) 人类基因组计划（HGP）的提出及背景

1990 年，国际人类基因组织（The Human Genome Organization，HUGO）和美国国家卫生研究院（National Institute of Health，NIH）向美国国会提交了美国“人类基因组计划（human genome project，HGP）”联合项目的 5 年计划，这个计划也被称为“生命科学阿波罗登月计划”。美国国会随即批准了这个计划，并拨款 30 亿美元，计划用 15 年的时间来完成这项庞大的人类基因组计划，以确定人类基因中约 32 亿个碱基对（base pairs）的 DNA 排列顺序，并希望寻找出人体 10 万个或更多的基因。与此同时，日本、德国、英国、法国等发达国家也先后投入巨款加入到这项研究计划中来。

(3) 人类基因组计划（HGP）的目的、任务及意义

人类基因组计划是一项国际性的研究计划，目标是通过以美国为主的全球性的国际合作，在大约 15 年的时间里完成人类 24 条染色体的基因组作图和 DNA 全长序列分析，进行基因的鉴定和功能分析，其最终目标是确定人类基因组所携带的全部遗传信息并确定、阐明和记录组成人类基因组的全部 DNA 序列。HGP 的目的是解码生命、了解生命的起源、了解生命体生长发育的规律、认识种属之间和个体之间存在差异的起因、认识疾病产生的机制以及长寿与衰老等生命现象、为疾病的诊治提供科学依据。

HGP 的主要任务是人类基因组的基因图的构建和序列分析，遗传图、物理图、序列图是最优先考虑的目标，必须保质保量完成的是 DNA 序列图。在人类基因组计划中，还包括对五种生物基因组的研究：大肠埃希菌、酵母、线虫、果蝇和小鼠，称为人类的五种“模式生物”。

在 20 世纪人类科学历程中，90 年代的人类基因组计划和 40 年代的“曼哈顿原子弹计划”、60 年代的“阿波罗登月计划”一起被誉为 20 世纪科学史上的三个里程碑，如图 7-7 所示。人类基因组计划的重大意义还在于它可以支持和推动生命科学中一系列重大基础研究，如基因组遗传语言的破译、基因的结构与功能关系、生命的起源和进化、细胞发育的分子机理、疾病发生的机理等。同时，该项计划的实施还可以促进信息科学、材料科学与生命科学的更加紧密的结合，激发相关科学与技术的发展。

(4) 人类基因组计划（HGP）的研究大事件

1990 年 10 月被誉为生命科学“阿波罗登月计划”的基因组计划启动。

1999 年 9 月，中国获准加入人类基因组计划，负责测定人类基因组全部序列的 1%，也就是 3 号染色体上的 3000 万个碱基对。中国是继美国、英国、日本、德国、法国之后第六个国际人类基因组计划参与国，也是参与这一计划的唯一的发展中国家。

1999 年 12 月 1 日，国际人类基因组计划联合研究小组宣布，他们完整地译出人体第 22

对染色体的遗传密码，这是人类首次成功地完成人体染色体基因完整排序的测定。

2000 年 4 月底，中国科学家按照国际人类基因组计划的部署，完成了 1%人类基因组的工作框架图（图 7-8）。

图 7-7 20 世纪科学史上的三个里程碑

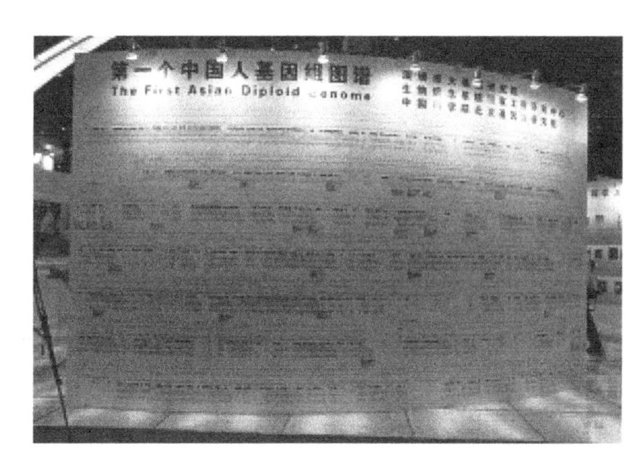

图 7-8 第一个中国人基因组图谱

2000 年 5 月，国际人类基因组计划预定从原来的 2003 年 6 月提前至 2001 年 6 月。

2000 年 5 月 8 日，由德国和日本等国科学家组成的国际科研小组宣布，他们已经基本完成了人体第 21 对染色体的测序工作。

2000 年 6 月 26 日，美、日、德、法、英等 6 国科学家和美国塞莱拉公司达成协议，联合公布人类基因组草图及初步分析结果。

2001 年 2 月，人类基因组精细图谱绘制完成，并进行了初步解读。

2001 年，包括小鼠、果蝇、线虫、拟南芥、酵母、大肠埃希菌、枯草杆菌等在内的模式生物基因组测序也已完成。

7.2 纳米医学

所谓纳米医学，就是利用分子器具和人体分子的知识，进行诊断、治疗和预防疾病与创伤，减轻疼痛，促进和保持健康的科学和技术。它是采用分子机械系统来处理医疗问题，并将用分子的知识在分子水平上维持人体的健康。毋庸赘言，纳米医学的主要技术基础自然是纳米技术，并且是分子纳米技术和分子操作技术。

纳米医学是多学科的融合，其发展任重而道远。因此，医学科学家必须与各学科的专家共同合作来探讨这个 21 世纪的前沿学科。下面，仅就纳米技术在临床医学、医用纳米材料、医用仪器以及医用机器人等方面的研究进展进行介绍。

7.2.1 纳米医学领域

多少世纪以来，医学主要依赖于外科手术及药物来修复和治疗病变机体，但即使依靠现代医学精巧的手术刀，也无法修复毛细血管、细胞和分子水平的缺陷。抗生素的临床应用，虽然可以干扰和破坏致病菌在体内的生长和繁殖，然而在大多数情况下，机体的痊愈仍需依靠自身免疫功能。从这个角度看，调整和重新组建人体自身组织细胞的结构和功能，使其进入最佳的健康状态，是当代医学的一个重要任务，而纳米技术有望在诊断、治疗疾病，药品，医学检查等临床医学领域发挥重要作用。

7.2.1.1 纳米药品

（1）纳米抗菌药物

有关广谱速效纳米颗粒的应用：安信纳米生物科技（深圳）有限公司以“广谱速效纳米抗菌颗粒”为基础原料开发了第一代纳米产品，如创伤贴、溃疡贴和烧烫伤敷料等。经多家权威机构的检测和验证，证明“广谱速效纳米抗菌颗粒”具有高效、广谱杀菌、无毒、无刺激、无过敏、无耐药性以及剂量小遇水杀菌力更强等特点，是理想的安全抗菌、杀菌及抗感染产品。纳米抗生素的研究正在进行中，认为纯天然的基础材料在纳米技术的改造下，可发挥明显的杀菌效果，它能使菌体变性沉淀而不会使细菌产生耐药性。因此专家预测，纳米医药产品有可能会成为某些抗生素的替代产品。

（2）治疗糖尿病药

自动调控、适时准确地释放药物以治疗疾病，是纳米医学中一个很活跃的领域。如科学家正在为糖尿病患者研制超小型的模仿健康人体内的葡萄糖水平监控系统，它能够被植入皮下，监测血糖水平，在必要的时候释放出胰岛素，使患者体内的血糖和胰岛素含量总是处于正常状态。

7.2.1.2 治疗疾病

（1）器官移植

在器官移植领域，若人工器官外面涂上纳米粒子，则可预防人工器官移植的排异反应。

（2）基因治疗

首先要找到病变细胞的DNA链，并进一步明确有病的DNA片段，然后利用纳米技术，将用于治疗的DNA片段送到病变细胞内，替换有病的DNA片段，用于治疗的DNA插入细胞核内有病的DNA的准确位点，取决于纳米粒子的大小和结构。

（3）纳米机器人开发与治疗疾病

科学家已制造出纳米机器人，其可进入人体微观世界，随时清除人体内的一切有害物质，激活细胞能量，使人保持健康，延长寿命，还可治疗疾病，如动脉粥样硬化栓和栓塞、肾结石、惊厥等，并进行自身组织的构建和修复。

（4）肿瘤治疗

研究人员将极其细小的氧化铁纳米颗粒注入患者的癌瘤里，然后将患者置于可变的磁场中，使患者癌瘤里的氧化铁纳米颗粒升温到45～47℃，此温度足以烧毁癌瘤细胞，而周围健康组织不会受到伤害。当然，采用这种治疗技术必须定位十分精确，应注意不要伤害健康组织。另外，将磁性纳米颗粒与药物结合注入到人体内，在外磁场作用下，药物向病变部位集中，从而达到定向治疗的目的，这将大大提高肿瘤的药物治疗效果。

7.2.1.3 纳米技术与诊断

（1）影像学诊断

纳米影像学诊断工具“光学相干层析术”已由清华大学研制成功，它的分辨率可达1个微米级，较CT和核磁共振的精密度高出上千倍。它不会像X射线、CT核磁共振那样杀死活细胞，并且有办法把疾病控制在萌芽状态，而不必等到生命的尾声才被CT或核磁共振检查出癌组织病变。

（2）植入传感器诊断

利用纳米级微小探针技术植入体内，根据不同的诊断和监测目的，可定位于体内的不同部位，并随血液在体内运行，随时将体内的各种生物信息反馈于体外记录装置。

（3）实验室诊断

利用超高灵敏度激光单原子分子探测术，可通过人的唾液、血液、粪便以及呼出的气体，及时发现人体中哪怕只有亿万分之一的各种致病或带病游离分子。

（4）癌症的早期诊断

中国医科大学完成了超顺磁性氧化铁超微颗粒脂质体的研究，该技术可以发现直径3mm以下的肝肿瘤，这对于肝癌早期诊断、早期治疗有着十分重要的意义。

（5）遗传病诊断

采用纳米技术可简便安全地判断胎儿是否具有遗传缺陷。孕妇怀孕8周左右，在血液中开始出现非常少量的胎儿细胞，用纳米微粒很容易将这些胎儿细胞分离出来进行诊断。

（6）病理诊断

目前肿瘤诊断最可靠的手段是建立在组织细胞水平上的病理学方法，但存在良、恶性及细胞来源判断不准确的问题。利用原子力显微镜可以在纳米水平上揭示肿瘤细胞的形态特点，通过寻找特异性的异常纳米结构，以解决肿瘤诊断的难题。

7.2.2　纳米医用材料

纳米技术在医用材料方面的应用极其广泛，下面主要对纳米材料石墨烯、黑磷及纳米纤维素的特点，以及他们在医学上的应用进行简要介绍。

7.2.2.1　石墨烯与黑磷

新型二维纳米材料因其特有的物理、化学及生物学特性，成为近年来材料科学及生物医学领域研究的焦点。作为其中的典型代表——石墨烯，如图7-9所示，因其水溶性好、比表面积大等优点而在肿瘤治疗的应用领域发展迅速。2014年，复旦大学Li等首次利用胶带机械剥离法制得厚度仅7.5nm的二维黑磷纳米材料（black phosphorus，BP），其结构如图7-10所示。黑磷的成功制备使其成为继石墨烯之后的二维材料新宠，因其展现出更大的比表面积及卓越的光电特性，被视为新的超级材料，尤其是在生物医药领域具有巨大的应用价值。相对传统材料，黑磷主要在药物载体、肿瘤的光声成像、光热和光动力疗法三大方面体现了它的潜力。

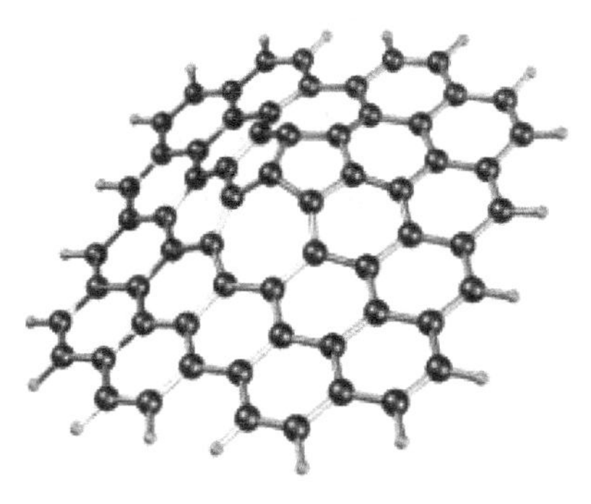

图7-9　石墨烯

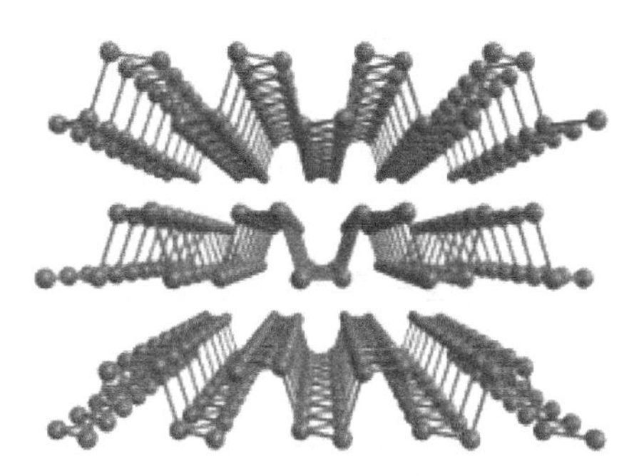

图7-10　黑磷

目前有学者认为利用纳米材料及技术研制生物相容性更好，能同时装载抗肿瘤药物及基因，且具有良好的控释功能，可实现肿瘤定点靶向治疗，在提高药物生物利用度的同时减少药物的毒副作用。最佳的药物载体应具备安全可靠、转染能力高、药物与载体的良好协同作用以及靶向性好等特点。由于比表面积大、易于修饰等特点，石墨烯、黑磷等新型二维纳米材料作为药物载体在生物医学领域受到了极大关注，现已成为国际上新型药物载体的研究热点。新型二维纳米材料与超声相关生物医学技术结合，展现出的良好生物医学特性使其成为肿瘤治疗学领域新的研究方向。但新型二维纳米材料的研究仍处于初步阶段，要在人体中应用仍然面临着一些挑战。

7.2.2.2 纳米纤维素

如图 7-11 所示，德国联邦材料测试和研究所（Empa）利用木质纳米纤维素，通过 3D 打印技术制成移植用的人造耳朵，如图 7-12 所示，可以作为先天性耳廓畸形儿童的移植物。含有纳米纤维素的水凝胶还可用作膝关节植入物，用于修补慢性关节炎造成的关节磨损。

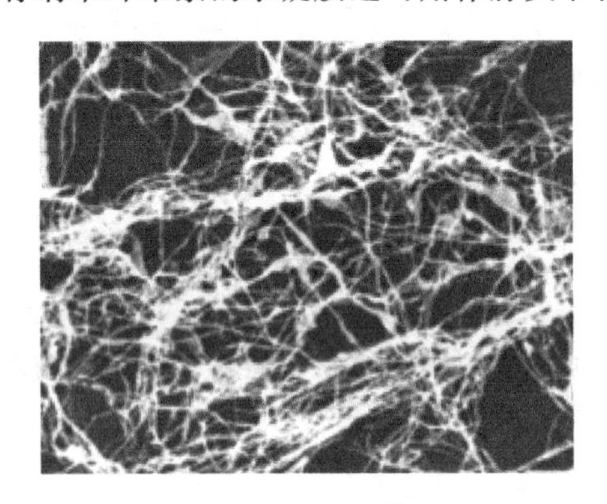

图 7-11 纳米纤维素

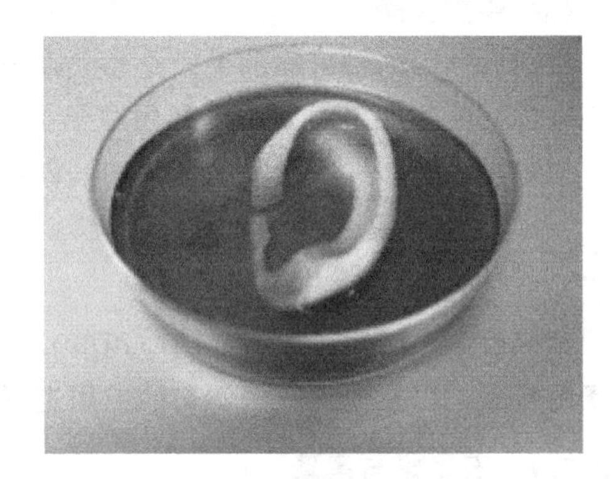

图 7-12 3D 打印的人造耳

豪斯曼表示，下一个目标是用骨骼填充人体自身的细胞和活性成分，以制成生物医学植入物。一旦将植入物植入体内，一些材料可能随着时间的推移而生物降解，并溶解在体内。尽管纳米纤维素本身不会降解，但它仍然非常适合作为生物相容性材料，用作植入物支架。此外，选择纳米纤维素作为候选材料，还因为其力学性能微小，但稳定的纤维可以非常好地吸收拉伸力，且纳米纤维素允许通过不同的化学修饰，将功能结合到黏性水凝胶中，通过结构、力学性能和纳米纤维素与其环境的相互作用，可以获得需要的复杂形状产品。这项研究的意义还在于纤维素是地球上最丰富的天然聚合物，结晶纳米纤维素的使用方法简便且成本低廉。

纳米材料在生物医药领域中的用途越来越广泛。近年来的研究结果提示，纳米材料可通过直接与 DNA 或染色体作用或借助氧化应激效应，诱导 DNA 损伤、染色体畸变和细胞周期紊乱，而纳米颗粒的尺寸、形状和表面修饰的差异则决定了其潜在遗传毒性的强弱。2018 年，中山大学药学院郭雅娟等，在《生物医用纳米材料的遗传毒性及其致毒机制研究进展》一文中以常见医药用纳米材料纳米银和氧化铁纳米颗粒为例，就遗传毒性的类型、遗传毒性机制以及影响因素等方面的研究进展进行综述，为生物医用纳米材料的安全性评价及开发提供参考。

7.2.3 纳米医用仪器

将纳米技术应用到医用仪器中，制造出结构精巧、动作灵活的医用纳米仪器，对于未来

医学领域手术操作方面来说，具有重大意义。

美国 Oho 州大学生物工程中心内科学和机械工程教授 Ferran 制作了细小的硅容器，这个容器可以携带健康的细胞，从而用它来替换丧失功能的细胞。例如糖尿病患者的胰岛细胞丧失了功能，可将携带正常胰岛细胞的硅容器植入患者皮下，从而取代失去功能的胰岛细胞。这种方法尤其对于由某种酶或激素的缺陷而引起的疾病是非常有用的，然而值得注意的是，机体会对外来新细胞产生强大的免疫反应，从而使这种提供新细胞的方法以失败而告终。因此 Ferrari 提出了一个利用纳米技术方法来蒙骗免疫系统的设想。

Ferran 提出让新的胰岛细胞住进“小房子”内，而“房子”的四壁是一层具有纳米孔径的半透膜，这个膜将允许糖分子流进去，激活新的胰岛细胞，而细胞内的胰岛素能慢慢从膜中移出，以维持正常的血糖代谢水平。Ferrari 指出，他们已具有此技术水平，并已在小动物身上取得实验成功。他们将在狗身上进行类似的实验，预计不久后，此项实验将能在人体中正式展开。当然，这仅仅是医用纳米仪器的初步设想及开端。

在美国的 Comell 大学，Montemagno 正在研究将在人体细胞内进行工作的机械装置——发动机、油泵等所谓化学制造工厂所需要的仪器精密到纳米尺度，这些仪器比细胞小得多。当这些微型的纳米发动机在细胞内启动时，可使搅拌器释放出微量的药物，进而由“泵”系统将药物直接送入靶细胞。Come 大学的研究者们做了一个实验，他们将光学合成的集光器与生物发动机连结在一起，从而制造了由太阳能操作的纳米机器即光能制造 ATP，然后 ATP 释放能量到纳米发动机上，由此完成了无需外来能源制造自动纳米仪器的第一步。目前科学家们正在为制作细胞内的纳米发动机而努力，相信医用纳米仪器在不远的将来也会实现。

7.2.4　纳米医用机器人

近年来，随着精准医疗概念的引入，利用纳米医学机器人实现对人类重大疾病的精准诊断和治疗是我们追逐的一个伟大目标，其在医学领域具有广泛的应用前景。下面对纳米机器人的工作原理、应用及不足之处进行简要分析和介绍。

7.2.4.1　纳米医用机器人的工作原理及应用

纳米机器人（图 7-13、图 7-14）由纳米传感器、纳米处理器与纳米执行器等组成。首先，纳米传感器探测疾病的性质和位置；然后，纳米处理器考虑采取什么措施来治疗；最后，由纳米执行器去治疗疾病。例如胸血管阻塞，纳米机器人就可以像疏通管道的工人一样去疏通血管，以达到治疗脑血管阻塞的目的。纳米机器人的设计是基于分子水平的生物学原理。事实上，细胞本身就是一个活生生的纳米机器，细胞中的生物大分子也就是一个个活生生的纳米机器人。

瑞典已经开始制造微型医用机器人。这种机器人由多层聚合物和黄金制成，外形类似人的手臂，其肘部和腕部很灵活，有 2～4 个手指，实验已进入能让机器人捡起和移动肉眼看不见的玻璃珠的阶段。科学家希望这种微型医用机器人能在血液、尿液和细胞介质中工作，捕捉和移动单个细胞，成为微型手术器械。

纳米技术与仿生学的结合可以制造出各种各样的微型机器人。利用纳米技术可以制造在血管中游走的机器人，以专门清除管壁上的沉积物，减少心血管疾病的发病率；利用纳米技术还可以制造能进入组织间隙、专门清除癌细胞的机器人，所有这些都已不再是天方液谭。

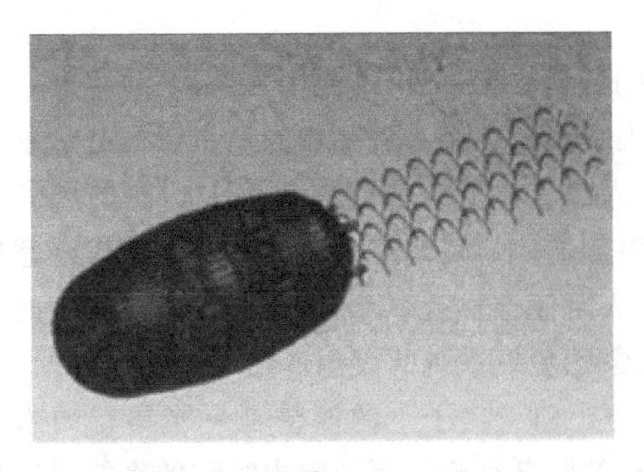

图 7-13 精子涌动型血管机器人

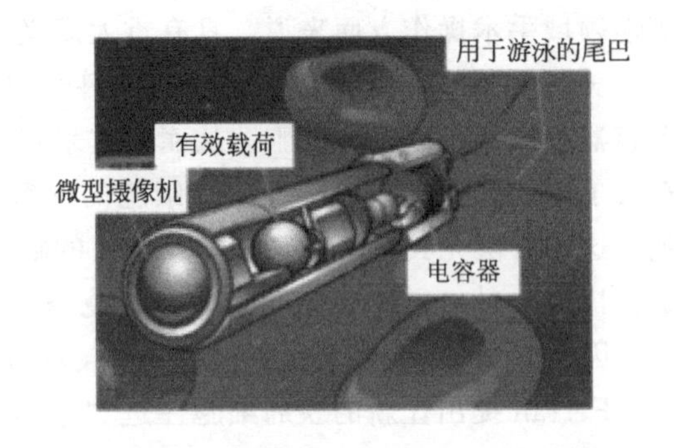

图 7-14 输送致癌药物的纳米机器人

7.2.4.2 DNA 纳米机器人

2019 年 2 月 27 日，科技部基础研究管理中心召开“2018 年度中国科学十大进展专家解读会”，发布了 2018 年度中国科学十大进展，“用于肿瘤治疗的智能型 DNA 纳米机器人”成功入选。

国家纳米科学中心聂广军、丁宝全和赵宇亮研究组与美国亚利桑那州立大学颜灏研究组等合作，在活体内可定点输运药物的纳米机器人研究方面取得突破，实现了纳米机器人在活体（小鼠和猪）血管内稳定工作并高效完成定点药物输运的功能。研究人员基于 DNA 纳米技术构建了自动化 DNA 机器人，在机器人内装载了凝血蛋白酶——凝血酶。该纳米机器人通过特异性 DNA 适配体功能化，可以与特异表达在肿瘤相关内皮细胞上的核仁素结合，精确靶向定位肿瘤血管内皮细胞，并作为响应性的分子开关，打开 DNA 纳米机器人，在肿瘤位点释放凝血酶，激活其凝血功能，诱导肿瘤血管栓塞和肿瘤组织坏死。这种创新方法的治疗效果在乳腺癌、黑色素瘤、卵巢癌及原发肺癌等多种肿瘤中都得到了验证。并且小鼠和 Bama 小型猪实验显示，这种纳米机器人具有良好的安全性和免疫惰性。该研究表明，DNA 纳米机器人代表了未来人类精准药物设计的全新模式，为恶性肿瘤等疾病的治疗提供了全新的智能化策略。Nature Reviews Cancer、Nature Biotechnology 等评论认为该工作为里程碑式的工作；美国 The Scientist 期刊将该工作与同性繁殖、液体活检、人工智能一起，评选为 2018 年度世界四大技术进步。

纳米机器人的成功构建预示着一种未来人类精准药物设计的全新模式，为恶性肿瘤等疾病的治疗提供了全新的治疗策略，虽然该体系在动物水平取得了很好的治疗效果，但是该研究依旧属于基础研究领域，距离临床应用还有很长的路要走，比如 DNA 纳米材料的免疫原性问题，纳米机器人体内代谢的机制研究以及是否会引起机体代谢通路的变化，规模化生产等。作为智能化药物运输平台，该体系能否用于其他效应分子（如毒素蛋白）的高效递送，能否用于其他疾病模型的精准诊断和治疗，这些问题都需要后续进一步研究来解答。未来的纳米机器人也必然是向着更加精准的结构和响应性设计发展的。

7.3 纳米生物计算机

纳米技术与分子生物学技术相结合不仅有助于生物大分子各级结构与功能的破译，另

外，由纳米技术推动的分子生物学发展也将促进分子仿生学的发展，并回馈其他相关学科的发展，如生物芯片、生物计算机等，它们的应用领域也越来越广泛。

7.3.1 纳米生物芯片

生物芯片技术是指通过微加工技术和微电子技术在固体芯片表面构建的微型生物化学分析系统，实现对细胞、蛋白质、DNA以及其他生物组分的准确、快速、大信息量检测的相关技术。生物芯片的主要特点是高通量、微型化和自动化。芯片上集成的成千上万的密集排列的分子微阵列能够在短时间内分析大量的生物分子，使人们快速准确地获取样品中的生物信息，其效率是传统检测手段的成百上千倍。通过设计不同的探针阵列、使用特定的分析方法可使该技术具有多种不同的应用价值，如基因表达谱测定、突变检测、多态性分析、基因组文库作图及杂交测序等。基因芯片用途广泛，在生命科学研究及实践、医学科研及临床、药物设计、环境保护、农业、军事等各个领域有着广泛的用武之地。

7.3.1.1 生物芯片的概念

生物芯片（图7-15）是指采用光导（激光诱导）原位合成或微量点样等方法将大量生物大分子如核酸片段、多肽分子甚至组织切片、细胞等生物样品有序地固化于支持物（如玻璃片、硅片、聚丙烯酰胺凝胶、尼龙膜等载体）的表面，组成密集二维分子排列，然后与已标记的待测生物样品中的靶分子杂交，通过特定的仪器（如激光共聚焦扫描或电荷偶联摄像机）对杂交信号的强度进行快速、并行、高效地检测分析，从而判断样品中靶分子的数量。由于其常用玻片、硅片作为固相支持物，且制备过程类似计算机芯片的制备，所以称为生物芯片技术。

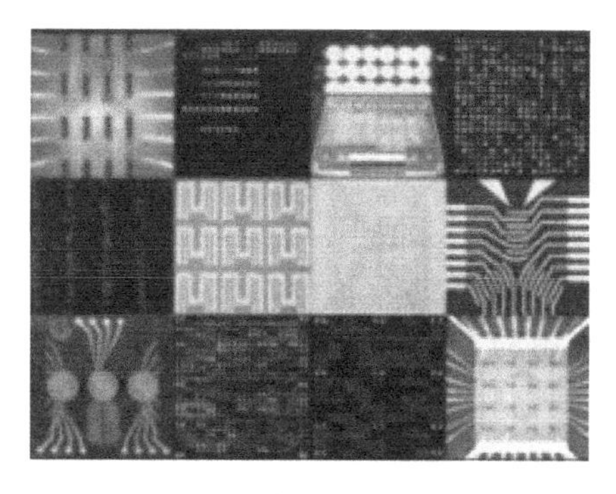

图7-15 五彩斑斓的生物芯片

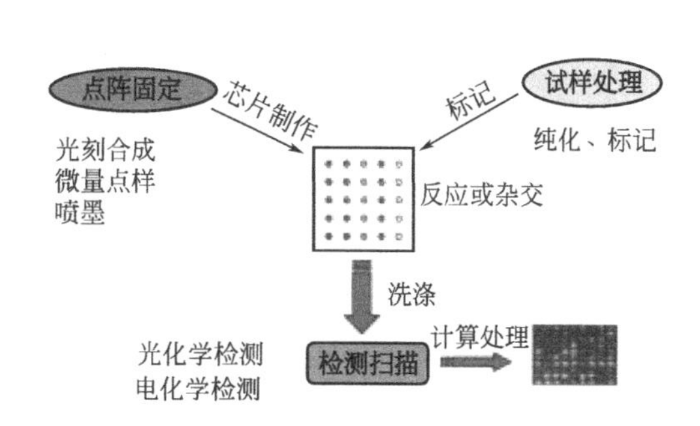

图7-16 生物芯片分析过程

生物芯片反应主要包括4个基本步骤，如图7-16所示。①芯片制备。采用原位合成法或直接点样法将DNA片段、蛋白质分子等高密度地固着在芯片上。②样品制备。生物样品一般不能直接与芯片反应，需先将样品进行生物处理，获取其中的DNA、RNA、蛋白质等，并加以荧光等标记，以提高检测的灵敏度。③生物分子反应。它是芯片检测的关键步骤，通过选择合适的反应条件使生物分子间的反应处于最佳状况，以减少分子之间的错配。④芯片信号检测和分析。用激光共聚焦扫描原理进行荧光信号采集，由计算机处理荧光信号，再经相关软件分析图像摄取生物信息。

7.3.1.2 生物芯片的分类

根据芯片上固定的探针不同，生物芯片包括基因芯片、蛋白质芯片、细胞芯片、组织芯

片。根据其设计原理、制备方法和用途的不同分为元件型微阵列芯片、通道型阵列芯片、生物传感芯片等新型生物芯片。如果芯片上固定的是肽或蛋白，则称为肽芯片或蛋白芯片；如果芯片上固定的分子是 DNA，就是 DNA 芯片。目前常用的生物芯片主要有 3 类：基因芯片、蛋白质芯片和芯片实验室。

① 基因芯片（genechip），又称 DNA 芯片（DNAchip），是生物芯片中最基础的，研究开发最早最为成熟，也是应用最广的生物芯片。基因芯片像计算机芯片一样能够存储大量的信息，只是基因芯片中传递信息的信使是 DNA 分子。基因芯片是由基因探针构成，每个基因探针是一段人工合成的碱基序列。当在探针上接有被检测的物质后，根据碱基互补原理就可以识别被测物质的特定基因。当前，世界各国已经开发出很多种基因芯片，像检测 HIV（艾滋病）基因和肿瘤基因的芯片以及研究药物新陈代谢时基因变化的细胞色素芯片等都已应用于临床。

② 蛋白质芯片与基因芯片的原理基本相同，但是，蛋白质芯片利用的不是基因的碱基对而是抗体与抗原结合的特异性，亦即免疫反应，从而实现蛋白质的检测。因为蛋白质芯片是以蛋白质为检测对象，更接近生命活动的物质层面。

③ 芯片实验室是基因芯片技术和蛋白质芯片技术的进一步完善和向整个生化系统领域拓展的结果。芯片实验室是一个高度集成化的生物分析系统，集样品制备、基因扩增、核酸标记与检测等功能于一体，将生化分析的全部过程集成在一个芯片上完成。美国普杜大学开发的一种芯片实验室技术，将生化实验室的专用仪器微缩在一个芯片上，其大小不到常规仪器的千分之一。这项成果使得在一个小小的硅片上堆积几十个甚至几百个生化“实验室”，每个“实验室”都能进行复杂的生化检测和分析。芯片实验室的应用可以大大减少研究和分析费用，同时也提高了效率。

7.3.1.3 基因芯片的应用

（1）医学诊断及治疗

生物芯片在治疗方面可发挥巨大作用，可帮助医生及患者从“系统、血管、组织和细胞层次（通常称为“第二阶段医学”）转变到“DNA、RNA、蛋白质及其相互作用层次（第三阶段医学）”上了解疾病的发生、发展过程，以便采取预防及治疗措施。如 Affymetrix 公司正在研制一种检测 p53 基因功能失常的芯片，据分析，人类的癌症约有 60%主要是由这种基因功能失常引起的。

（2）医疗保健业与司法鉴定

在婴儿出生前，可用生物芯片进行有效的产前筛查和诊断，以防止患有先天性疾病的婴儿出生。而在婴儿出生后，即可采用基因芯片技术来分析其基因图谱，不仅可预测出他以后可以长多高，还可预测其患心脏病或糖尿病等疾病的潜在可能性有多大，以便采取预防措施。此外，利用基因芯片还可以进行亲子鉴定及其他亲属关系的鉴定、嫌疑犯及遇难者身份的确定等。

（3）制药业

生物芯片对于药物靶标的发现、多靶同步高通量药物筛选、药物作用的分子机制、药物活性及毒性评价方面都具有其他方法无可比拟的优越性，可大大节省新药开发经费，并且可对由于不良反应而放弃的药物进行重新评价，选取可适用的患者群，实现个性化治疗。相信在不久的将来，药品说明上的适应证和禁忌证都会改为适用基因型和禁忌基因型，使得药品更加针对不同个体的不同疾病，达到疗效更佳、副作用更小的目的。

（4）农业与环保

高产种（株）的选育、改良优良品种、抗性品种及转基因生物的开发等都可用生物芯片技术取得大量重要的信息。目前，生物芯片技术已在环境监测如食品饮用水的监测、大气微生物、重金属及其化合物的监测等环保领域广泛使用。

（5）生物武器

大规模研制生物武器始于20世纪40年代，由于科学技术水平的限制，仅以细菌为主要研究对象。70年代后期，随着基因工程的兴起和发展，一种杀伤力更强、性能更加独特的生物武器——基因武器应运而生。它是运用基因工程技术，按照人们的设计，通过基因重组，在一些致病细菌、病毒或本来不会致病的微生物中植入高致病性、高传染性、能抵抗普通疫苗或毒物的基因而培育出的一种新型生物武器。要查明它们的基因来源，唯一的可能就是依靠基因分析手段。目前，有些国家已计划将基因芯片技术应用于空气中生物战的快速侦检，通过构建DNA探针来识别特定细菌或病毒的互补DNA片段，开发早期报警系统。

7.3.2 纳米生物计算机

纳米生物计算机的工作过程必然涉及到生物分子计算，其工作原理更是与DNA分子的生物及化学反应过程密切联系。

7.3.2.1 生物分子计算

生物计算是伴随着分子生物学的兴起和发展而出现的。在过去的半个世纪中，分子生物学已将生命现象分解成大量的基因和蛋白质问题的组合。目前，人们已经发现在生物大分子之间的化学和物理过程中存在着类似于计算机信息传输和处理的现象，甚至发现了具有逻辑运算功能的“生物电路”，并且认为，一些蛋白质的主要功能不是构成生物体的某种结构，而是用于传输和处理信息。另外，在生物的糖酵解过程中也发现了逻辑运算现象，并找到了有关的逻辑门。

分子计算机一般是利用核酸分子DNA或RNA的分子特性和生化反应来实现计算的。如：在某个具体问题的生物分子计算过程中，先依靠聚合酶合成能反映特殊编码方案的DNA分子，然后利用核酸分子互补配对的性质和连接反应生成代表问题所有可能解的分子，再采用限制酶破坏非答案分子，并借助聚合酶链式反应和电泳技术排除错误答案，最后获得正确答案。

生物分子计算一般可概括为三个基本步骤：

① 分析要解决的问题，采用特定的编码方式，将该问题反映到DNA链上，并根据需要合成DNA链；

② 根据碱基互补配对的原则进行DNA链的杂交，有杂交或连接反应执行核心处理过程；

③ 得到的产物即为含有答案的DNA分子混合物，用提取法或破坏法得到产物DNA。

如果待计算的问题比较复杂，经一轮的核心处理和提取分析只能得到中间结果，可重复②、③直到得到满意的结果为止。生物分子计算可应用于哈密顿路径问题（Hamiltonian path problem）、最大集合问题（maxiamal clique problem）、满意问题（SAT satisfiability）和矩阵乘法等问题的解答。

1994年，Adleman用DNA计算方法解决了Hamiltonian路径问题，这一实验揭示了用分子生物学技术在分子水平上进行计算的可能性，成果令人振奋。DNA 计算本质上就是利用大量不同的核酸分子杂交，产生类似某种数学过程的一种组合的结果，DNA 计算是一种关于计算的新的思维方式，同时也是关于化学和生物的一种新的思维方式。

7.3.2.2 DNA 生物计算机

① DNA 计算机的基本原理是以 DNA 分子中的密码作为存储的数据。当 DNA 分子间在某种酶的作用下瞬间完成某种生物化学反应时，可以从一种基因代码变为另一种基因代码。如果将反应前的基因代码作为输入数据，那么反应后的基因代码就可以作为运算结果。这样，通过对 DNA 双螺旋进行丰富的精确可控的化学反应，包括标记、扩增或者破坏原有链来完成各种不同的运算过程，就可能研制成一种以 DNA 作为芯片的新型的计算机。由于它采用的是一种完全不同于传统计算机的运算逻辑和存储方式，在解决某些复杂问题时将具有传统计算机所无法比拟的优势。

② DNA 生物计算机的发展方向。作为生物计算的一个成功而最具代表性的例子，DNA 计算机正以不断发展的生物技术为基础，开始向以集成电路为核心的传统"无机"计算机进行挑战。传统计算机由于集成电路的复杂性、无机硅芯片储存极限，以及本身计算方法的局限，难以实现超微结构、超大存储量和提高运算速度数量级。而生物技术的发展所带来的生物芯片，即 DNA 芯片，则恰恰在以上方面大大优于传统计算机，使人们所追求的数据并行处理和芯片自修复功能有可能在 DNA 计算机上得以实现。

7.4 纳米生物机械

纳米生物机械是纳米生物学不断发展后所催生的产物，如纳米马达、纳米轴承、纳米齿轮、分子电机、生物分子泵、多自由度分子机器人等，这些分子机械若被应用到生物医学领域，将会有惊人的效果。

7.4.1 纳米马达

7.4.1.1 纳米马达的概念

受到自然界中高效生物马达的启发，研究人员提出了人工微纳米马达的概念，即人工微纳米动力装置。目前，通过结合化学与其他交叉学科的先进技术，研究人员已制备出具有不同结构、驱动方式以及控制方式的人工微纳米马达。如图 7-17 所示，分子马达是由生物大分子构成，利用化学能进行机械做功的纳米系统，其工作原理如图 7-18 所示。

7.4.1.2 纳米马达的应用

近年来，科学家们对人工微纳米马达的研究愈加火热，这种能够在微纳米以及宏观尺寸上高速运动的马达已应用于多个领域，包括水质监测、环境治理、生物传感以及药物递送等。随着研究的深入，科学家们研制出了多种形貌与特性的微纳米马达，例如具有大容量运载能力的聚合物囊泡微纳米马达，为药物递送提供了强有力的工具；针对微纳米马达的运动控制手段也在日益发展，如利用电场、磁场以及近红外（NIR）光照射等方式可以实现马达对药物的靶向运输。这一领域的发展与化学、物理、生物医学等多个交叉学科的合作是分不开的。

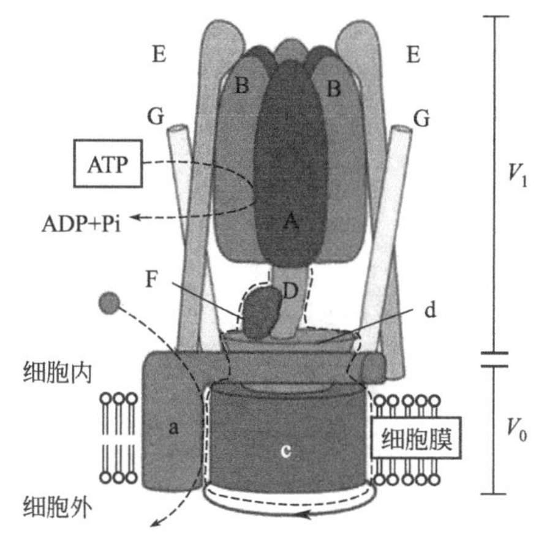

图 7-17　生物分子马达

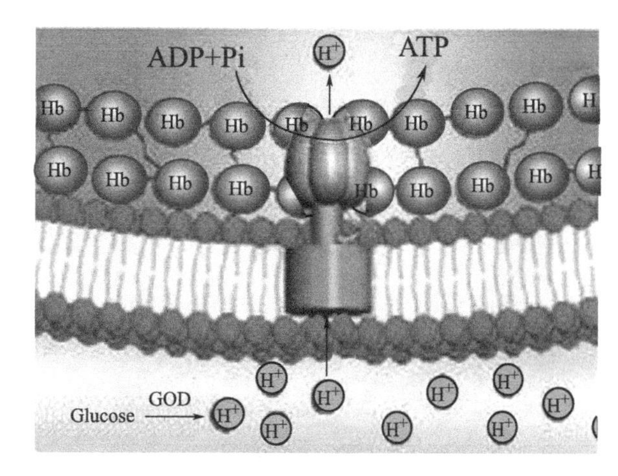

图 7-18　分子马达工作原理图

微纳米马达在传感、环境治理、生物医用等方面已展现出了广阔的应用前景。其中，药物递送是生物医用领域的重要方向。在这一方面，利用微纳米马达可以实现药物的有效递送，给癌症等疾病的治疗带来新的可能。2019 年，中山大学材料科学与工程学院苏沛锋等在《微纳米马达在药物递送中的应用》一文中，针对用于药物递送的微纳米马达的驱动机理、基本结构、运动控制这几个方面进行了详述，其意义重大。

7.4.1.3　纳米马达的特点及不足

微纳米马达领域是化学与材料学、物理学、医学等其他学科的交叉领域。微纳米马达的驱动机理多种多样，总的来说分为自场驱动和外场驱动这两种。微纳米马达的结构多样、用途广泛，比如用于药物递送的微纳米马达，常用的结构有囊泡、空心管、纳米线等。除了驱动机理和结构的多样化以外，微纳米马达的运动控制也有多种，如光、电、磁控制。不同的微纳米马达各有优缺点，可以根据具体的应用进行选择。

尽管在微纳米马达药物递送的研究上有很大的进展，但是仍然存在一些需要改进的方面。

① 难以实现多个微纳米马达的协调工作，在对微纳米马达进行远程控制时，难以做到单个/多个马达的控制切换。

② 在生物相容性方面还有待提高，比如多数微纳米马达需依赖过氧化氢等有生物毒性的燃料、不能在体内长时间工作、较难生物降解等。

③ 目前的微纳米马达大多数需要通过人工外界控制，不能自主进行工作，并且在复杂环境中工作时，容易受到环境因素影响。

④ 装载和释放药物时，微纳米马达难以工作自如或者需要用到较为复杂的控制手段。

7.4.2　纳米轴承

7.4.2.1　纳米陶瓷轴承风扇

纳米陶瓷轴承在本质上仍然是一种含油轴承，是由富士康在其产品中首先引入的。传统含油轴承风扇在使用过程中磨损严重，长时间使用将导致其可靠性降低。纳米陶瓷轴承（图 7-19）与普通风扇用轴承的最大区别在于它采用了纳米级氧化锆粉作为主材料来制造，并且搭配了特殊的纳米级粒子润滑剂。

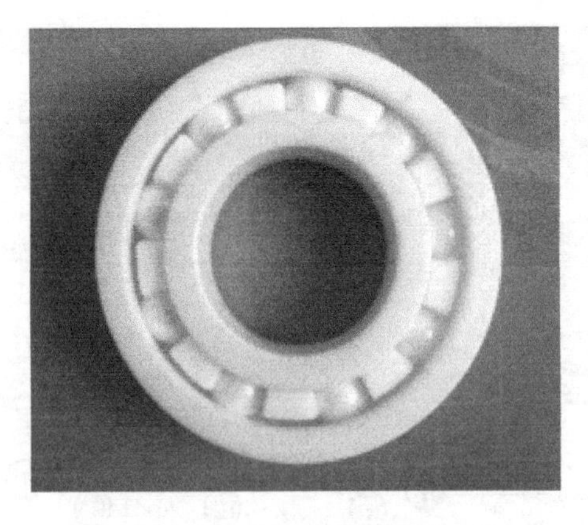

图 7-19　纳米陶瓷轴承

图 7-20　纳米级氧化锆粉

如图 7-20 所示，纳米级氧化锆粉具有大幅降低烧结温度、高硬度、高强度的特点。在热膨胀系数、摩擦系数、密度、硬度等方面的参数要远远高于油封轴承及滚珠轴承所使用的青铜以及轴承钢，甚至于有些参数已达到可与钻石系数相媲美的程度。利用这些特点使纳米陶瓷轴承本身密度做到很小，使耐高温程度得以提升，并且具有了极强的绝缘性及抗压、抗氧化、耐腐蚀的特性，大幅领先传统工艺风扇生产，因此使用纳米陶瓷轴承的风扇具有以下优点。

(1) 提高机械可靠性

纳米轴承具有坚固、光滑、耐磨等特性。此外，其在耐高温、耐寒、湿度和耐冲击等方面也都表现出了极佳的性能，这大大提高了机械装置的可靠性。

(2) 延长使用寿命

纳米陶瓷轴承 (NCB) 具有很强的耐高温能力，不易挥发，这大大延长了风扇的使用寿命。据测试，采用纳米陶瓷轴承的风扇平均使用寿命都在 15 万小时以上。

(3) 降低噪声及制造成本

纳米陶瓷轴承风扇所产生的噪声比传统的双滚珠轴承风扇低 2～3dB，其组装的工序也更简单，实现了低成本。

7.4.2.2　可控纳米轴承

(1) 世界首个可控纳米轴承问世

2009 年，新加坡科学技术研究局材料研究与工程研究所的科学家研制出世界首个附在原子轴上的分子级齿轮，其大小仅为 1.2nm，旋转也能受到精确控制。这一研究标志着分子级机械研究的重大突破，相关文章发表在《自然材料学》(*Nature Materials*) 杂志上。

研究人员通过对分子设计和操控，成功地控制了单分子大小齿轮的旋转，可谓是纳米技术领域的一项重大突破。在此之前，分子级齿轮和螺桨的移动通常由旋转和横向位移混合构成，以无序的方式进行运动，而克里斯汀·乔基姆教授及其团队通过对位于原子轴上的纳米齿轮及扫描隧道显微镜尖端间的电子连接进行操控，实现了对齿轮旋转的良好控制，从而解决了无序运动这一科学难题。该研究为未来制造更复杂的分子机械奠定基础，使有朝一日制造和操控分子级的机械装置成为可能。

(2) 可控纳米轴承应用的展望

截至目前，虽然并未实现分子级机械可游走于 DNA 之中，准确到达患处，促进患者的

快速痊愈的梦想，但关于DNA纳米机器人在医学领域的研究已取得丰硕成果，许多国家早已把研制此种具有生产价值的纳米系统列为了发展目标。

随着业界对纳米前沿技术发展的推进，人们对新出现的纳米级现象的理解也将日益加深。可控纳米轴承的研究是纳米技术应用中极具价值的一步，在未来的研究中，科学家将把对纳米现象的理解融入实际的纳米研究和技术突破之中，科幻电影中经常出现的纳米机器人和纳米机械装置也将不再是遐想，在不远的将来必将成为现实。

7.4.3　其他纳米生物机械

人们仍在探索，希望能够利用生物分子的某些特殊运动机制来实现纳米生物机械的生产制造，这是纳米生物学的另一重要研究内容。在人类已经能够进行单个原子和分子任意操纵的今天，研制出具有特殊运动机制的纳米生物机械将不再是可望而不可及的了。美国加州硅谷的人造分子研究所（Institute for Molecular Manufacturing，IMM）已设计出各种不同用途的人造分子及由这些分子构成的运动结构，像纳米齿轮、分子电机、生物分子泵、多自由度分子机器人等。美国国家宇航局（NASA）Ames研究中心专门研究设计了用纳米碳管和C_{60}分子构成的分子机械，如纳米齿轮传动系统和纳米直线位移结构。运用这些人造分子及纳米生物机械，今后就有望制造便于进入微小空间的微型系统，对人体进行疾病探查、抢救、修复、治疗和保健。

7.5　纳米生物伦理问题

纳米技术是一把双刃剑，虽然它给人类的生产生活带来诸多便利，但若使用不当，也会引发许多麻烦的伦理问题。本节主要探讨了纳米技术所引发的各种伦理问题，然后对人们应对生物伦理问题的反思及行动进行了简要介绍。

7.5.1　纳米技术的双面性

7.5.1.1　纳米技术的正面及负面效应

（1）正面效应

纳米材料由于具有特异的光、电、磁、热、声、力、化学和生物学性能，而被广泛地应用于航天、国防、工业磁记录设备、计算机工程、环境保护、化工、医药生物工程和核工业等领域。在未来，纳米技术的应用将远远超过计算机工业，并成为未来信息时代的核心。如图7-21所示，2019年10月23—25日，第十届纳博会在苏州举行。

（2）负面效应

纳米技术广泛地渗透在各个领域，应用不当产生的负价值也会引发诸多领域的伦理问题。国际上把纳米技术发展带来的环境、健康、安全、伦理、教育以及其他社会问题统称为纳米技术的社会和伦理问题。这主要包括两方面的内容：一是纳米技术的环境、健康和安全问题，主要指纳米技术对人类健康和环境的毒性及风险，包括纳米微粒的危害与暴露风险两个焦点；二是纳米技术的伦理、法律和其他社会问题。例如，纳米研究材料的制造和检验应该遵守什么样的准则、其应用是否符合人类社会的道德标准、如何更安全地使用纳米材料、

图 7-21　第十届纳博会现场图

如何让消费者获得充分的信息并赢得消费者的信任、纳米技术有关的实验室和劳动场所应采取哪些安全措施等。

目前这些纳米技术的社会和伦理问题已受到世界各国的广泛重视，美国、欧盟各国及日本都对该领域的研究投入了大量经费。

7.5.1.2　纳米技术的影响

随着纳米技术的发展以及带来的不确定性后果，很多学者开始探讨纳米技术可能引起的伦理问题。这些伦理问题都对人类的安全产生威胁，引起了很多国家的重视。

① 在人体健康方面，纳米颗粒进入人体可能损害人体器官；

② 在个人隐私方面，利用纳米器件捕捉隐私信息，个人隐私信息能够更易于被窥探；

③ 在环境方面，生产、运输过程中所排放的纳米废物和垃圾可能导致环境污染，破坏生态平衡；

④ 在医学方面，纳米技术在疾病的筛选和检查、靶向药物的输送和治疗中的应用，所产生的影响难以预测；

⑤ 在军事方面，纳米武器可能产生巨大的破坏力，甚至被恐怖分子掌握，进行恐怖活动，对人类的生命安全造成巨大威胁。

纳米技术在纳米的尺度上研究和运用物质，涉及物理学、化学、生物学、神经科学等领域，呈现出广阔的发展空间，而纳米技术的不确定性以及引起的伦理问题也使人们产生忧虑。对于这样一种新兴技术的发展，如果完全限制会阻碍人类的进步，造成人类社会发展的重大损失，如果无所作为，放任技术的发展，可能会危及人类的生存安全，其产生的后果难以估量。传统技术伦理学只是考虑到现阶段技术发展的状况，以及对产生的后果进行相应的补救措施，已经无法全面解决新技术带来的伦理问题。一方面，由于技术本身的不可预测性，许多技术伦理问题在现阶段仍然是基于想象和可能，增加了技术产生风险的可能性；另一方面，责任的主体已经转移，个人在现代技术中所能起到的作用非常有限。因此，对纳米技术所引发的一系列纳米伦理问题进行深入研究，其意义也就显得尤为重要。

7.5.2　纳米技术伦理问题

随着转基因技术、胚胎干细胞技术、合成生物学的发展，人类已经可以制造出人工生命体，纳米技术在这些领域也得到了应用。如利用纳米技术可以在微小尺度里重新排列遗传密

码，则人类可以利用纳米基因芯片查出自己遗传密码中的错误，并迅速利用纳米技术进行修正，使各种遗传性疾病或缺陷得以改善；如纳米技术可以对发生在纳米尺度上的细胞中的核酸、蛋白质组织结构的作用造成影响，从而开辟人工干预、控制生命自组织过程和使人工自然物质结构具备生命自组织的道路，因此引发了一些生命伦理问题。

通过纳米基因技术可以抑制有缺陷的基因表达，达到优化基因的作用，会造成基因优生的人与基因自然人的差距，出生前得到基因改进的人出生后身体会更强壮，智商会更高，在社会中会处于更有利的地位。于是“生前的不平等”将会进一步加大后天的不平等。通过使用纳米技术人为干预实现基因优生的人群并非是通过进化自然形成的结构过于单一，反而会形成人种的退化，容易造成疾病迅速蔓延，也影响了生物多样性。利用纳米技术能够改变基因和细胞结构，那么人类就可以根据自己的想法和目标去生育后代，这样将改变人类传统的繁衍方式，也剥夺了后代人自由选择发展路径和生活方式的权力。对于利用纳米技术进行基因优生而出生的人来说，这意味着一种外来的设计与决定，剥夺了他所应享有的某种自由。纳米技术手段的应用违背了人具有的伦理意义上的自决权原则，优生出来的人成为不是以自身为目的，而是以他人为目的的工具。

利用纳米技术好像生产工业产品一样来复制人，则会使得婚姻、生育不再是维系家庭不可或缺的纽带，势必导致家庭解体，威胁社会稳定。这不仅使人们的遗传隐私权受到威胁，同时，世代概念也将失去作为父母子女关系规范的意义。世代概念模糊了，那么，基于其之上的诸多法律（如继承）关系等也将不复有效，社会不得不为之失去平衡，造成紊乱，人类不得不为寻找新的规范而进行种种尝试。此外，纳米技术可延长人们的寿命，人口的死亡率大大低于人口的出生率，由此将引发世界人口的急剧增长，这些都会引发一系列的社会伦理问题。

7.5.3 纳米伦理问题研究

7.5.3.1 研究及发展

纳米技术的伦理问题受到很多学者的关注，主要有隐私侵犯、人类的健康以及生存环境等方面的伦理问题。关于是否将纳米伦理作为一门独立学科，很多学者都进行了研究与讨论。

2001年美国国家科学基金会出版的《纳米技术的社会影响》报告引起了哲学家、伦理学家和社会学家等许多学者的关注。2003年美国的加利福尼亚州立大学成立了“纳米伦理研究组”，以纳米技术和新兴技术的伦理问题为研究对象的专业学术期刊《纳米伦理学》以及纳米技术和新兴技术研究协会也随之诞生。2005年，在美国科学基金会（NSF）620万美元的资助下，美国亚利桑那州立大学成立了“社会中的纳米技术研究中心”，成为当前全球最大的纳米技术社会方面的研究、教育中心。

7.5.3.2 各国学者研究成果

莫尔（I Moor）和维克尔特（L. Weckert）在《纳米伦理：从伦理的视角来评价纳米尺度》一文中探讨了对于纳米技术的理解和定义以及纳米技术在未来可能引起的伦理问题。他们认为不仅科学家要考虑纳米技术带来的风险，每个人都应该重视纳米技术可能产生的风险。如果人类的隐私被侵犯，人的寿命可以延长，甚至纳米机器人也变成现实，每个人就都会置于危险之中。他们还指出纳米伦理是随着纳米技术的发展而不断丰富的，目的就是为了使纳米技术在伦理允许的范围内不断发展，最终造福于人类社会。

里顿（P. Litton）探讨了关于纳米技术发展的狂热追求和担忧，还有纳米技术引起的新的伦理问题对现有的伦理形成的挑战，呼吁人们关注安全和生存环境。

舒默（J. Schummer）在《识别纳米技术的伦理问题》中指出纳米技术的发展主要面临三个困难：第一是媒体的宣传夸大了纳米技术的力量和危险，引起了公众的担忧；第二就是纳米技术的定义还不确定；第三是纳米技术的研究还处于初期阶段，还需要继续研究得出最终引发的伦理问题。由于这三个困难的存在，舒默认为应该批判地看待纳米技术的发展。舒默还把纳米技术引起的伦理问题划分为具体的和一般的两种类型。具体的伦理问题发生在纳米技术的研究过程中、纳米产品的研发和应用以及在工厂制造的过程中。一般的伦理问题在于纳米技术项目的启动、控制、管理以及给科学界带来的影响中。

最后舒默提出了一些建议，主要是将纳米技术发展在社会中引起的冲突最小化，具体的方法有制定法律来保护人们远离风险、继续深入研究、普及纳米技术方面的知识、让公众了解纳米技术的利益和风险，并参与其中交流意见。

7.5.3.3 对伦理问题的反思及行动

一些批评者断言纳米技术潜在的危险超过了它可能带来的任何好处。然而，这些好处有着不可限量的潜力，以致纳米技术甚至会超过计算机或基因医学成为 21 世纪的决定性技术。也许，世界最终将需要一种纳米技术免疫系统，由纳米机器警察不断地与破坏性的马胃蝇蛆展开战争。每一次科技革命都会给人类的文明带来巨大的冲击，我们要及时总结经验和教训，克服不利因素，充分利用人类的文明成果为人类服务，那么不管纳米时代来得急促与否，人类追求健康、美好、文明的生活方式都不会逆转。

为应对纳米技术带来的生物伦理问题，国家及社会也采取了相应的措施来加强对生物伦理问题的监督，主要内容包括内部监管和外部监管。

（1）内部监督

纳米材料的内部监管主要包括自愿的报告制度和行为规范，用以指导和规范有关纳米技术的科学研究。为了从内部对纳米实现监管，英国启动了许多职业性的规范和申报计划，最值得注意的行动就是由英国皇家学会、英国纳米工业协会、一家私人投资公司发起的“责任纳米规范”（responsible nano code），以及英国环境、食品及农村事务部的自愿报告计划，该计划旨在向英国政府提供纳米材料监管的信息考察。

考虑到缺乏严格的立法，代表德国化工业的德国化学工业协会率先采用了自我监管的方法，这项计划得到了多家公司的支持，包括巴斯夫、赢创和拜耳。此外，德国化学工业协会还针对职业卫生措施和材料安全表格公布了两项指导意见，这对于促进使用纳米材料具有重要的意义。

（2）外部监管

纳米技术的发展和纳米材料的广泛推广使用，离不开对纳米材料的充分认识和监管法规、标准的制定。国际标准化组织成立了纳米材料的相关技术委员会 SO/C229，已成立下列 4 个工作组：术语和名称组，计量与表征组，纳米技术的健康、安全和环境问题组以及材料规格组，已出版《ISO/TR 12852008 纳米技术——纳米技术相关的职业场所健康与安全实践》等标准。而经济合作与发展组织（Organisation for Economic Cooperation and Development，OECD）也建立了纳米材料制造商工作组，致力于研究纳米材料特性和风险的诸多项目，如建立环境健康和安全（environment，health and safety，EHS）研究的数据库，编

写纳米材料制造和测试指南等。

思 考 题

① 简述DNA分子的结构和复制过程。
② 我国何时被批准参与国际人类基因组基因测试任务？我国承担的测试任务是什么？
③ 人类基因组计划的目的及意义是什么？
④ 什么是纳米医学？纳米技术可以在哪些医学领域发挥作用？
⑤ 目前常用的纳米生物芯片主要包含哪几种？并简述其特点。
⑥ 纳米生物计算机的原理是什么？
⑦ 目前有哪些纳米生物分子机械装置？它们可以在哪些方面发挥作用？
⑧ 纳米技术会带来哪些伦理问题？

第8章 纳米科技典型应用实例

通过前面章节的学习，我们已经对纳米材料的基本理论和制备方法有了比较深刻的理解，纳米科技推动了各传统领域的科技进步和技术革命，也同时引发了一场新的产业革命，对全球经济、资源、环境和健康等多个领域产生了深远影响。本章我们将通过一些典型应用实例来探讨纳米科技作为一门新兴前沿科学技术对我们的生活带来的影响。例如，当我们生活中常见的塑料、陶瓷、纤维等材料被制备成纳米材料时，是否会产生出人意料的物理和化学性质？当纳米科技被用来解决能源、环境等棘手的问题时，又是否能够得心应手？甚至，当纳米科技被应用在军事领域时，会不会给世界带来翻天覆地的变化？

8.1 纳米塑料

塑料是以单体为原料，通过加聚或缩聚反应聚合而成的高分子化合物（macromolecules），其抗形变能力中等，介于纤维和橡胶之间，由合成树脂及填料、增塑剂、稳定剂、润滑剂、色料等添加剂组成。

纳米塑料是指金属、非金属和有机填充物以纳米尺寸（一般指 1～100nm）分散于聚合物基体中形成的聚合物基纳米复合材料。在聚合物基纳米复合材料中，加入的填料分散相为纳米材料。

由于纳米粒子尺寸小，彼此距离非常小，因此，具有独特的量子尺寸效应、表面效应、界面效应、体积效应、宏观量子隧道效应、小尺寸效应和超塑性，从而使纳米塑料具有独特的物理力学性能，成为复合材料发展的前端产品之一。

8.1.1 纳米塑料的制备方法

纳米塑料的生产方法主要分为 4 种：插层复合法、原位复合法、共混法和分子复合法。其中插层复合法是目前制备纳米塑料的主要方法，插层法工艺简单，原料来源丰富、价廉，由于纳米粒子的片层结构在复合材料中高度有序，复合材料有很好的阻隔性和各向异性。

8.1.1.1　插层复合法

插层复合法是指将单体或聚合物插入经插层剂处理后的层状硅酸盐（如蒙脱土）之间，破坏片层硅酸盐紧密有序的堆积结构，使其剥离成厚度为1nm左右，长、宽为30～100nm的层状基本单元，均匀分散于聚合物基体中，实现聚合物高分子与层状硅酸盐片层在纳米尺度上的复合。

插层复合法可分为插层聚合法和聚合物插层法，由两种方法可分别制成插入复合型和层离复合型两种纳米塑料结构类型。插层聚合法是先将聚合物单体分散、插层进入层状硅酸盐片层中，然后原位聚合，利用聚合时放出的大量热克服硅酸盐片层间的作用力，并使其剥离，从而使硅酸盐片层与塑料基体以纳米尺度复合。聚环氧乙烷（PEO）/蒙脱土纳米复合体系等许多插层复合体系均属于这种结构。用X射线衍射对熔体插层制备的PEO/蒙脱土塑料测试发现，当PEO质量分数达到约0.3时，复合材料中蒙脱土夹层的层间距由原来的0.96nm增大到1.77nm，增加了0.81nm。这可能是PEO单分子插入蒙脱土的层间所致，也可认为是由于聚合物链以单分子层螺旋形构象或双分子层锯齿形构象平行地置于蒙脱土的夹层间的基面上[图8-1(a)]。

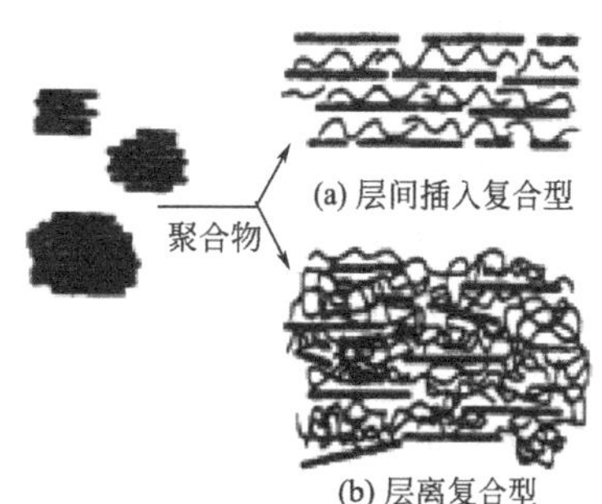

图8-1　插层纳米复合物结构示意图

聚合物插层法是将聚合物熔体或溶液与层状硅酸盐混合利用化学和热力学作用使层状硅酸盐剥离成纳米尺度的片层并均匀地分散于聚合物基体中。该法的优点是易于实现无机纳米材料以纳米尺寸均匀地分散到塑料基体中。在层离结构中，有机单体在受限空间原位聚合或聚合物直接嵌入导致蒙脱土层崩塌剥离成单层，使蒙脱土以约1nm厚的片层分散于连续相的聚合物基质中，形成更加均一的纳米塑料[图8-1(b)]。熔体插层制备的尼龙6/蒙脱土复合体系属于这种结构。X射线衍射测试显示，在复合材料中蒙脱土浓度小于10%时，蒙脱土衍射峰由熔体插层前的5.7°大大减小，接近消失，说明蒙脱土已被撑开，解离成纳米片层而无规分散。高分辨透射电镜观测也清楚显示出蒙脱土已剥离成十几纳米的片层，均匀分散于尼龙6基质中。

8.1.1.2　原位复合法

原位复合法包括原位聚合法和原位形成填料法。原位聚合法是先使纳米粒子在单体中均匀分散，然后进行聚合反应。采用种子乳液聚合来制备纳米塑料是将纳米粒子作种子进行乳液聚合。在乳化剂存在的情况下，一方面可防止粒子团聚，另一方面又可使每一粒子均匀分散于胶束中。采用纳米Al_2O_3为种子进行乙酸乙酯的乳液聚合，可得到PVAc/Al_2O_3纳米复合体系。该法同共混法一样，要对纳米粒子进行表面处理，但其效果要强于共混法。该方法既可实现粒子均匀分散，同时又可保持纳米粒子特性，可一次聚合成型，避免加热产生的降解，从而保持各性能的稳定。

原位形成填料法也叫溶胶-凝胶法，是近年研究比较活跃和前景较好的方法。该法一般分两步，首先将金属或硅的硅氧基化合物有控制地水解使其生成溶胶，水解后的化合物再与聚合物共缩聚，形成凝胶，然后对凝胶进行高温处理，除去溶剂等小分子即可得到纳米塑料。

溶胶-凝胶法广泛用于制备纳米粒子和纳米薄膜，如果在聚合物或聚合物单体的存在下进行溶胶-凝胶过程则可以制备纳米塑料。用溶胶-凝胶法合成纳米塑料的特点：无机、有机分子混合均匀，可精密控制产物材料的成分，工艺过程温度低，材料纯度高、高度透明，有机相与无机相可以通过分子间作用力、共价键结合，甚至因聚合物交联而形成互穿网络。其缺点在于：溶剂挥发，常使材料收缩而易脆裂；前驱物价格昂贵且有毒；无机组分局限于 SiO_2 和 TiO_2；因找不到合适的共溶剂，制备 PS、PE、PP 等常见品种的纳米塑料困难。

溶胶-凝胶过程制备的纳米塑料的结构较为复杂，主要有如下四种结构形式。

（1）有机相包埋在无机网络中

用有机酸作共溶剂，将聚乙烯基吡啶和硅酸乙酯水溶液一起溶解于共溶剂中，经溶胶-凝胶过程可制得具有优良光学透明的无机纳米塑料。该材料具有有机聚合物均匀地包埋在三维 SiO_2 网络中的结构特征［图 8-2(a)］。

（2）无机相包埋在有机网络中

用含有 γ-缩水甘油丙基醚三甲氧基硅烷的水解物、苯乙烯、马来酸酐和少量引发剂的混合物经溶胶-凝胶过程制成浅黄色透明的无机纳米塑料，模量比纯共聚物明显增大，玻璃化温度显著升高，无机相以约 2nm 的尺寸均匀地分散于有机聚合物基体中［图 8-2(b)］。

（3）有机相-无机相互穿网络结构

采用环氧化合物液相开环易位聚合进行有机聚合反应，将可聚合单体、$Si(OR)_4$（甲酯或乙酯）和催化剂在共溶剂中混合。可聚合单体开环易位聚合反应和 $Si(OR)_4$ 的水解缩合同步进行，形成互穿网络结构［图 8-2(c)］。电镜测定表明，与无机相中用预先形成的聚合物组合而得到的复合物相比，形成互穿网络结构的塑料具有更好的均一性和更小的尺寸。

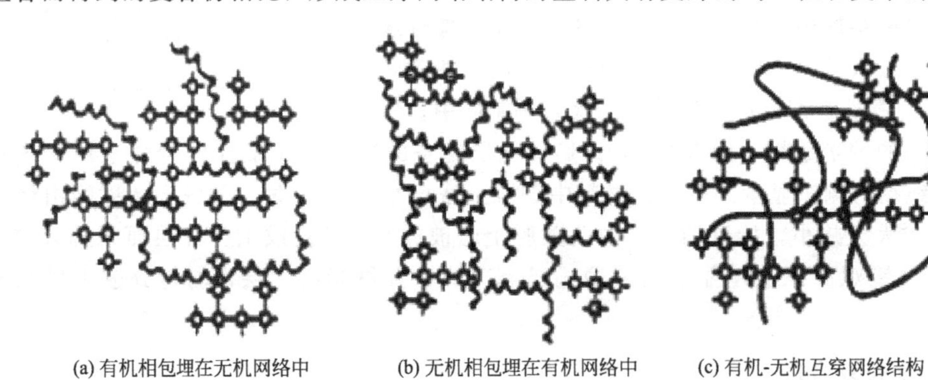
(a) 有机相包埋在无机网络中　(b) 无机相包埋在有机网络中　(c) 有机-无机互穿网络结构

图 8-2　溶胶-凝胶法制备的纳米塑料的结构

（4）共价键交联的结构

采用在有机聚合物的侧基或末端引入像三甲氧基硅基一类的基团作前驱物，当含有三烷基硅基的聚合物进行溶胶-凝胶反应时，由于 C—Si 键不会断裂，也不影响 R—O—Si 键的水解，待溶胶-凝胶反应完成后，聚合物通过悬挂的 C—Si 键与无机相互相交联，均匀分散在无机相中。用两个末端带三乙氧基硅基的聚环氧乙烷作前驱物，溶解于乙醇中，用 NH_4F 作催化剂经溶胶-凝胶过程制得均一透明的纳米塑料。测定表明，其有机相和无机相之间是通过化学键连接的。

8.1.1.3　共混法

共混法也叫超微粒子直接分散法，包括乳溶共混法、溶液共混法、机械共混法、熔融共混法等，有实际意义的为熔融共混法，其他方法难以达到理想的分散效果。例如，机械共混

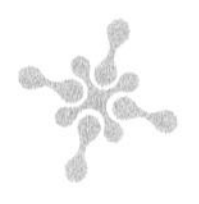

法虽然简单，但很难使易团聚的无机纳米粒子在塑料基体中以纳米尺寸均匀分散。用捏合机、双螺杆挤出配混机将塑料与纳米粒子在塑料熔点以上熔融，混合的难点和关键是要防止纳米粒子团聚，故一般要对纳米粒子进行表面处理。

目前采用的表面处理方法有表面覆盖改性、局部活性改性、外膜层改性、机械化学改性等，表面处理剂有兼容剂、分散剂、偶联剂，并经常使用两种以上表面处理剂，另外，要优化熔融共混装置结构参数以达到最佳分散效果。该法工艺简单，纳米粒子与复合材料制备分步进行易于控制纳米粒子的形态和尺寸。在共混时，除采用分散剂、偶联剂、表面功能改性剂等综合处理外，还应采用超声波辅助分散，方可达到均匀分散的目的。

8.1.1.4 分子复合法

分子复合法代表性的产品是液晶聚合物（LCP）系纳米塑料。液晶可分为溶致液晶聚合物和热致液晶聚合物，可分别在溶剂、温度变化过程中由固态转变成液晶态（图 8-3）。利用熔融共混或接枝共聚、嵌段共聚的方法，将 LCP 均匀地分散于柔性高分子基体中。原位生成纳米级的 LCP 微纤，其尺寸比一般纳米复合材料更小，分散程度接近分子水平，因此称为分子复合法。其优点是可大幅度提高柔性高分子基体树脂的拉伸强度、弯曲模量、耐热性和阻隔性。

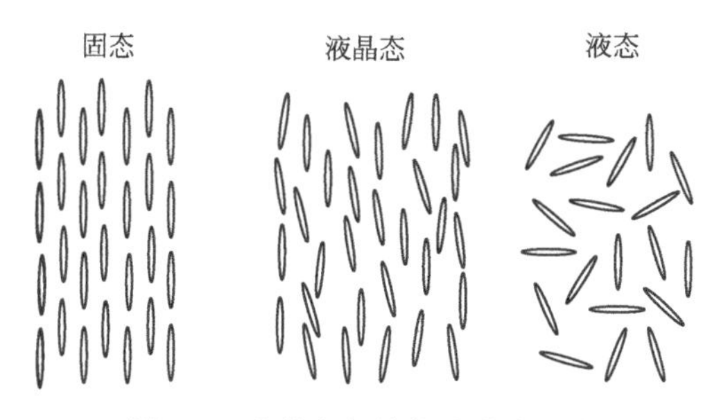

图 8-3 液晶内部结构的分布形态

8.1.2 纳米塑料的性能

如今，纳米塑料由于其高强度、耐热性、高阻隔、自熄灭等优异的物理、力学性能和优良的可加工性被广泛应用于航空、通讯等领域。如飞机上的开关、熔断器、调谐器、继电器、插接件、座椅支架、仪表板、集成电路盒、空调器；程控电话交换设备的集成块、接线板、配电盘、插接件、电容器壳体、天线护套；变压器的骨架、线圈骨架、温控开关、散热器部件、节能灯座、美术灯具等。

（1）高强度、高韧性

由于单一聚合物的强度和韧性往往难以满足材料高性能化的需求，所以对塑料的增强增韧改性研究一直受到这一领域学者的重视。纳米材料的出现为塑料的增强增韧改性提供了一种全新的方法和途径。小粒径分散相表面缺陷相对较少，非配对原子多，而且纳米粒子的表面原子数与总原子数之比，随其粒径的变小而急剧增大。表面原子的晶体场环境和结合能与内部原子不同，具有很大的化学活性。晶体场的微粒化、活性表面原子的增多，使其表面能大大增加，因而可以和聚合物基体紧密结合，相容性比较好。当受外力时，粒子不易与基体脱离，能较好地传递所承受的外应力。同时在应力场的相互作用下，材料内部会产生更多的微裂纹和塑性变形，能引发基体屈服，消耗大量冲击能，从而达到同时增强、增韧的目的。例如，在环氧树脂中 SiO_2 可达到增强增韧的目的，当 SiO_2 的质量分数为 3%时，可使复合体系冲击强度提高 40%、拉伸强度提高 21%。若通过偶联剂对纳米二氧化硅进行改性，则可使其冲击韧性提高 140%、拉伸性能提高 30%。

纳米塑料中含纳米材料量较少，一般在 10%以下，通常仅 3%～5%，但其刚性、强度耐热性等性能与常规玻璃纤维或矿物填充增强复合材料（质量分数在 30%左右甚至更高）相当，因而纳米塑料的密度较低，比强度和比模量高而又不损失其冲击强度，能够有效地降低制品质量，方便运输。同时，由于纳米粒子尺寸小于可见光波长，纳米塑料可具有高的光泽、良好的透明度以及耐老化性。

（2）高耐热性能和高阻燃性能

无机纳米材料一般都具有良好的耐高温性能，将其用于纳米塑料可使其耐热性和热稳定性明显提高。例如，聚二甲基硅氧烷/黏土纳米塑料和未填充的聚合物相比，其分解温度大大提高，从 400℃提高到 500℃。这是由于聚二甲基硅氧烷分解成易挥发的环状低聚物在纳米材料上的透过性很低，从而使挥发性分解物不易扩散出去，提高了塑料的热稳定性。在聚酰亚胺/蒙脱土体系中，复合材料热稳定性也大大提高，而且随着蒙脱土质量分数的增加，纳米塑料的热膨胀系数显著降低，蒙脱土质量分数仅为 4%时就下降近一半。在纳米黏土/尼龙中，复合材料的热变形温度由纯尼龙的 65℃提高至 135～160℃，且随着黏土质量分数的增加，热变形温度也逐渐增加。

纳米复合材料本身还具有自熄性：将普通聚合物和纳米复合材料均置于火焰中 30s，火焰移走后纳米复合材料即停止燃烧而保持完整性。普通聚合物则继续燃烧直到燃尽，而且燃烧过程的热释放率及烟、一氧化碳的产率都大大下降。这可能由于燃烧时剥离或插层结构坍塌而形成焦烧层，硅酸盐的层状结构起到了良好绝缘和质量传递阻隔层的作用，阻碍燃烧产生的挥发物挥发。可以利用此性能制作各种容器、油箱及用于防火器材。

（3）高阻隔性能

由于聚合物基体与黏土片层的良好结合和黏土片层的平面取向作用，纳米塑料表现出良好的尺寸稳定性和很好的气体阻透性。纳米塑料与未填充的聚合物相比，其气体、液体的透过性显著下降，并随着黏土质量分数的增加而迅速下降，阻隔性能显著上升。纳米塑料的高阻隔性可用于包装材料上，例如药品、化妆品、生物制品和精密仪器等。在聚酰亚胺/蒙脱土纳米塑料中，其气体渗透系数（包括水蒸气、氧气和氦气）显著下降，并随着蒙脱土质量分数的增加而下降。当蒙脱土质量分数仅为 2%时，其渗透系数下降近一半；当用不同黏土来制备时，随着黏土片层长度的增加，材料的阻隔性能提高得更显著。

（4）抗紫外线性能

聚合物的抗老化性能直接影响到它的使用寿命和使用环境，尤其是对于农用塑料和塑料建材，这是非常重要的性能指标。太阳光中的紫外线波长为 200～400nm，而 280～400nm 波段的紫外线能使高聚物分子链断裂，从而使材料老化。一些纳米氧化物，如纳米氧化铝、氧化钛、氧化锌等对紫外线具有良好的吸收特性。因此将其与聚合物复合，可大量吸收紫外线，从而使材料抗老化。实验证实聚丙烯中加入质量分数为 0.3%的 TiO_2 纳米粒子，经过 700h 日光照射后，抗张强度仅损失 10%，较纯聚丙烯大大提高。

（5）纳米塑料的导电性

硅酸盐纳米塑料也可用作聚合物电解质。对于聚环氧乙烷（PEO）电解质来说，在熔

点温度以下，它的电导率从 $10^{-5}S \cdot cm^{-1}$下降到 $10^{-8}S \cdot cm^{-1}$。这种明显的下降是由于PEO形成了晶体，从而阻止了离子的运动，而插层则可以阻止晶体的生长，因此可以提高电解质的电导率。此外，由于在纳米塑料中硅酸盐片层是不能移动的，因此纳米塑料的导电为单离子传导行为。对 $LiBF_4$/PEO 和 PEO/锂蒙脱土纳米塑料（聚合物质量占 40%）的电导率研究发现：$LiBF_4$/PEO 电解质的电导率在熔化温度下降低了几个数量级；与此相反，在相同的温度范围内，温度对纳米塑料的电导率影响很小，电导率随温度降低只稍有下降。此外，在纳米塑料中的表面活化能（11.7kJ/mol）和熔融聚合物电解质的类似，这表明在纳米塑料中和在本体熔融的电解质中 Li^+ 的活动性几乎相同。另外，熔融插层的纳米塑料的电导率比溶液插层的要高，而且各向异性更明显。这可能是由于在熔融插层材料中，存在着过量的聚合物，从而提供了一条更容易的电导途径。

（6）纳米塑料的抗菌性

纳米塑料的抗菌性能是指纳米塑料本身具有抗菌性，可以在一定时间内将沾污在塑料上的细菌杀死并抑制细菌生长。抗菌性纳米塑料是通过在塑料中添加抗菌剂的方法实现的。利用纳米技术在塑料中添加少量的纳米无机抗菌剂即可制得高效的抗菌塑料。经纳米技术改性的无机抗菌剂有很好的抗菌性能是因为：颗粒的减小，单位质量的无机抗菌剂颗粒数增多，比表面积加大，而无机抗菌剂是接触式杀菌，因而增加了与细菌的接触面积，从而提高了抗菌效果；同时，抗菌剂的粒径超细，依靠库仑引力可穿透细菌的细胞壁（大肠埃希菌约为 600nm）进入细胞体内，破坏细胞合成酶的活性，细胞丧失分裂增殖能力而死亡。

抗菌性纳米复合塑料具有极其优异的性能：安全性高，无毒副作用；抗菌时效长，缓释效果良好；抗菌效率极高，对大肠埃希菌等的抗菌率达到 99%以上；抗菌谱宽，克服了一般抗菌材料的单一性；稳定性好，具有普通银系抗菌剂所不能比拟的光稳定性和热稳定性。高效的纳米抗菌塑料主要用于家用电器如电冰箱的门把手、门衬、内衬等部件，洗衣机的抗菌不锈钢筒、抗菌洗涤水泵、抗菌波轮等部件，医用电器设备的外用塑料制件等。

（7）纳米塑料的各向异性

对于层间插入复合型纳米塑料，聚合物插层进入蒙脱土片层间，蒙脱土的片层间距虽有扩大，但片层仍然具有一定的有序性。也就是说，其结构在近程仍保留层状有序（一般10～20 层），而远程则是无序的。由于高分子链输运特性在层间的受限空间与层外的自由空间有很大的差异，因此插层型纳米塑料可作为各向异性的功能材料。例如，在尼龙-层状硅酸盐纳米塑料中，热膨胀系数就是各向异性的。在注射成型时的流动方向的热膨胀系数为垂直方向的一半，而纯尼龙为各向同性的。从透射电镜照片可以看出，1nm 厚的蒙脱土片层分散在尼龙基体中，蒙脱土片层的方向与流动方向相一致，聚合物分子链也和流动方向相平行。因此，各向异性可能是蒙脱土和高分子链取向的结果。

（8）纳米塑料的加工性

某些高聚物，如黏均分子量在 150 万以上的超高分子量聚乙烯，虽然具有优良的综合使用性能，但由于其黏度极高，成型加工困难，从而限制了推广应用。利用层状硅酸盐片层间摩擦因数小的特点，将超高分子量聚乙烯与层状硅酸盐充分混合，制成纳米黏土/超高分子量聚乙烯复合材料，可有效减少聚合物分子链的缠结，降低黏度，起到良好的自润滑作用，从而大大改善了其加工性能。

8.1.3 典型纳米塑料

目前世界上产量最大的纳米塑料是纳米尼龙，其次是纳米聚烯烃。另外，还有纳米聚酯、纳米紫外固化聚丙烯酸酯树脂、纳米聚酰亚胺、纳米聚甲醛等。其应用领域主要是在包装、汽车和机电工业等方面。

8.1.3.1 纳米尼龙

美国 Eastman 化工公司和 Rancor 公司共同开发了用于与聚酯（PET）共挤多层吹塑用尼龙纳米复合材料 Imperm 用作 PET/PA/PET 三层瓶的阻隔芯层材料。该芯层的尼龙是用日本三菱瓦斯化学公司的阻隔型无定形尼龙 MXD6 为基础树脂，加纳米黏土后大幅降低材料气体透过率，比 PET 的氧透过率小 100 倍。该材料已用于不消毒塑料瓶（图 8-4），Imperm 芯层厚度占瓶层总厚的 10%，Imperm 与 PET 间不需黏结层，也不影响瓶子的透明度。

图 8-4 添加 Aegis OX 纳米尼龙材料的 PET 塑料瓶

美国 Honeywell 公司开发了商品名为 Aegis OX 的纳米尼龙材料。该材料内含未公开的吸氧剂，Aegis OX 中的纳米黏土作为钝化阻隔层适量吸氧剂作为吸氧活性剂。这种材料比尼龙 6 的氧透过率低 100 倍，氧的渗入量几乎为零。Aegis OX 作为三层聚酯（PET）瓶的阻隔层材料，使聚酯瓶达到啤酒 4 个月和果汁 6 个月的保质期要求，可以与玻璃瓶相比。这种组合技术的钝化阻隔层能防止吸氧剂过早耗尽，靠纳米粒子的均匀分散使吸氧剂指向“易出现氧”的地方，提高总的阻隔效率。

Honey well 公司表示，这种阻隔系统可与现有任何其他啤酒阻隔包装竞争，完全满足 120d 内氧的渗入量和二氧化碳泄漏量的要求，并相信通过进一步精心调节工艺可完全达到 180d 的保质要求。这将推动和加快啤酒包装从玻璃瓶转向聚酯瓶的进程，2005 年，用于这种技术的啤酒包装瓶数量超过了 15 亿个，果汁瓶数量接近 4.6 亿个。

UBE 美国公司制造了纳米尼龙 6/尼龙 66 共混物，对汽油、甲醇和有机溶剂的透过率是填充尼龙 6 的 1/3，现已用于汽车燃油系统共挤出多层燃油输送管线。

尼龙 6 纳米塑料与增强尼龙 6 纳米塑料性能见表 8-1。

8.1.3.2 纳米聚烯烃

美国通用汽车（GM）公司宣布了第一个汽车纳米聚烯烃部件上车踏板。该部件是用 GM 公司、树脂生产厂 Basell 公司、黏土生产厂 Southern 黏土产品公司三家经过 4 年合作开发的聚丙烯纳米复合材料制成的。该材料充分利用了纳米聚丙烯高刚性、质轻和低温下机

械强度基本不降低的特性，纳米黏土质量分数为2%～3%，可取代20%～30%的滑石粉填充聚丙烯，而且质量轻20%，收缩率更小低温韧性更佳。

表8-1　尼龙6纳米塑料与增强尼龙6纳米塑料性能

性能	PA6	NPA-I	NPA-E	NPA-T	NPA6G10	NPA6G30
拉伸强度/MPa	75～85	96	102	74	123	190
拉伸模量/GPa	3.1	4.2	4.7	3.5	6.5	11.9
拉断伸长率/%	30	14	10	56	3.6	3.7
弯曲强度/MPa	115	152	170	139	206	247
弯曲模量/GPa	3.0	3.4	4.1	2.9	5.1	10.2
1zod缺口冲击强度/J·m^{-1}	40	127	107	240	104	191
热变形温度(1.85MPa)/℃	65	163	166	—	190	210
熔点/℃	215～225	—	—	—	220～230	220～230

Clariant公司率先推出了用作食品包装材料的纳米聚丙烯树脂，该种树脂具有良好的阻隔性，已实现工业化生产。

比利时Kabelwerk Eupen公司以EVA（乙烯/醋酸乙烯酯共聚物）为基础树脂，通过熔融共混法加入3%～5%纳米硅酸盐，能显著降低复合材料放热量，同时能够防止材料燃烧时塑料滴落现象的发生，并具有良好的力学性能、耐化学品性和热稳定性，在电线、电缆工业上有良好的应用前景。

成都正光科技股份有限公司与中科院化学所和四川大学合作，研发成功的纳米聚丙烯管材专用料（NPP-R），被专家鉴定为“属国内首创，达到国际先进水平”。NPP-R分为普通型和抗菌型。普通型NPP-R-1特别适用于生产高质量的城市给排水用冷热水管、地板采暖管道、纯净水饮用管道和其他有杀菌要求的领域，能达到长久、可靠有效的水管理标准。抗菌型NPP-R-2是一种新型的抗菌功能材料，其最大用途是作为家电电器和电子设备的部件。

8.1.3.3　PET纳米塑料

聚对苯二甲酸乙二醇酯（PET）因其优良的综合性能而被广泛地应用于合成纤维、瓶和薄膜，但工程塑料用量只占其总量的1.6%，因此开发工程塑料级PET成为关注的焦点。PET作为工程塑料应用存在三大制约因素：熔体强度差、结晶速率较慢、尺寸稳定性差。因而不能满足工业上快速注塑成型的需要。鉴于此，世界上各大公司纷纷在快速结晶化助剂的开发上投入大量人力、物力、财力，开发出了各具特色的快速结晶助剂，并在此基础上推出了各自的商品化PET工程塑料产品，较为突出的有美国GE公司、德国BASF公司、日本三菱公司的系列玻纤/矿物增强PET工程塑料。这些产品都具有较高的结晶速率，但在加工过程中加入的成核剂价格昂贵，成为制约其大规模应用的一个瓶颈。中国科学院化学研究所的研究表明，当无机组分以纳米水平分散在PET基材中时，可显著改善PET的加工性能及制品性能，开发出了PET/蒙脱土纳米复合材料NPET。这种材料将无机材料的刚性、耐热性与PET的韧性、易加工性圆满地结合起来，使得材料的力学性能、热性能得到了提高，对气体、水蒸气的阻隔性也有很大的改善。

纳米PET的结晶速率有很大程度的提高，因而成型时可降低模具温度，加工性能优良。用作工程塑料时，可以不添加结晶成核剂、结晶促进剂和增韧剂而直接与其他填料复合。由于纳米填充粒子尺寸很小，材料仍能保持一定的透明性。实际应用中可以通过加工条件控制使其制品透明、半透明或不透明，以适应不同需要。由纳米 PET 吹制的瓶材具有良好的阻隔性，是啤酒和软饮料理想的包装材料。

结合 NPET 原料开发出的增强型阻燃 NPET 工程塑料，经工程塑料国家工程研究中心测试，结果表明该种新型 PET 工程塑料的各项性能指标均达到或超过了国内外 PET 工程塑料产品（表 8-2）。该种产品性能稳定、可靠，完全具备了批量生产的技术条件。

表 8-2 PET 纳米复合塑料性能

性能	NPETG10	NPETG20	NPETG30	测试方法
拉伸强度/MPa	90	121	140	GB/T 1040
拉伸模量/GPa	5.5	7.2	8.1	GB/T 1040
拉断伸长率/%	5.6	3	1.7	GB/T 104
弯曲强度/MPa	158	180	200	GB 8341
弯曲模量/GPa	5.1	7.5	10.2	GB 9341
1zod 缺口冲击强度/J·m^{-1}	54	69	75	GB 1843
热变形温度(1.85MPa)/℃	190	210	218	GB 1643
熔点/℃	250～260	250～260	250～260	GB/T 1040

8.1.3.4 其他

日本尤尼奇卡公司与丰田工业大学合作，结合尼龙纳米复合材料和聚乳酸树脂技术，推出注塑级聚乳酸纳米复合材料新产品。该新产品以聚乳酸和层状硅酸盐为原料，采用熔融配混法工艺。注塑级聚乳酸纳米复合塑料大幅缩短了制品成型时间，并显著改善了制品的刚性和耐热性，不仅是目前刚性和耐热性最好的生物分解塑料，甚至还超过了 PS、ABS 和 PP 等其他塑料，因此这种纳米生物分解塑料不仅可用于民用产品，也可用于电子设备外壳等工业产品。该新产品现有 3 个牌号：耐用和高刚性牌号 TE-8210、高刚性牌号 TE-7307 和低密度牌号 TE-7000。

台化公司推出了添加有纳米级抗菌剂的丙烯腈-丁二烯-苯乙烯树脂和聚丙烯。公司的研发人员说，苯乙烯树脂主要用于生产电器和资讯设备的外壳。市面上受欢迎的纳米级马桶盖也是以苯乙烯树脂为原料的。为了使产品抗菌效果更好，台化在生产塑胶粒过程中加入了纳米级的抗菌剂。

美国俄亥俄州代顿市（Dayton）的国家复合材料中心（NCC）得到了 180 万美元的拨款，启动一项开发计划，利用纳米技术改进的片状模塑料（SMC）制造零部件。这项计划将初步的应用目标定位于商用车辆与船舶市场。

8.2 纳米陶瓷

陶瓷材料具有优良的力学性能、耐高温性能、电磁方面的性能及防腐蚀的性能，但是由于其韧性较低而呈脆性，且难以加工，严重影响了它的应用范围。纳米陶瓷的出现，为这些问题的解决带来了新的希望。纳米陶瓷是纳米材料的一个分支，是指平均晶粒尺寸小于 100nm 的陶瓷材料。纳米陶瓷属于三维的纳米块体材料，其晶粒尺寸、晶界宽度、第二相

分布、缺陷尺寸等都是在纳米量级的水平。英国著名材料学家 Kahn 在《自然》杂志上撰文说："纳米陶瓷是解决陶瓷脆性的战略途径。"此后，世界各国对发展纳米陶瓷以解决陶瓷材料脆性和难加工性问题寄予厚望，并作了大量的研究，在结构、性能等方面都获得了丰硕的成果。

8.2.1 纳米陶瓷的制备工艺

纳米陶瓷材料的制备方法主要包括纳米粉体的制备、成型和烧结。解决纳米粉体的团聚、成型素坯的开裂以及烧结过程中的晶粒长大等问题，已成为提高纳米陶瓷质量的关键。为获得纳米陶瓷，必须首先制备出小尺寸的纳米级陶瓷粉末。随着世界各国对纳米材料研究的深入，它的制备方法也日新月异，出现了热化学气相反应法、激光气相法、等离子体气相合成法、化学沉淀法、高压水热法、溶胶-凝胶法等新方法。

8.2.1.1 纳米陶瓷粉体的合成

纳米陶瓷粉末的制备直接关乎最终纳米陶瓷成品的质量，影响纳米陶瓷粉末的因素包括尺寸大小、尺寸分布、形貌、表面特性和团聚度等。目前合成纳米陶瓷粉末的方法有物理方法和化学方法（表 8-3），或根据合成时的条件不同，分为固相、液相和气相法。气相法包括惰性气体冷凝法、等离子法、气体高温裂解法、电子束蒸发法等。液相法包括化学沉淀法、醇盐水解法、溶胶-凝胶法、水热法等。

表 8-3 纳米陶瓷粉体制备方法

物理法	热物理法	惰性气体冷凝法、电子束蒸发法、激光剥离法、DC 或 RF 溅射法等
	机械法	机械球磨法、SPD(severe plastic deformation)
化学法	化学气相法	化学气相沉积法、激光诱导气相沉积法、等离子气相合成法、激光热解法、激光蒸发反应法等
	湿化学法	沉淀法、溶胶-凝胶法、雾热解法、水热合成法、化学分解法等

在实验室中固相法运用较多，因为所用设备较简单，条件适宜，但是得到的纳米陶瓷粉体纯度较低，且颗粒分布较宽。通过气相法制得的粉体具有较低的团聚度，且纯度较高，烧结性能优良。但是这种方法对实验设备的要求较大，且产量较低，这极大地限制了其应用。目前，应用较广泛且合成质量较高的是液相合成法。此方法设备简单，试验中无需较高的真空度，得到的粉体较纯净，聚合度较低，因此成为当今及以后制备纳米陶瓷粉体的主流方法。

8.2.1.2 纳米陶瓷成型

纳米陶瓷粉体的成型直接影响粉体的排列和之后进行的烧结。将粉体固化的方法众多且工艺简单，但要获得致密性较高且均匀的生坯，仍是纳米陶瓷制备中的难点问题。科学家发现，用较高的成型压力可使团聚的粉体破裂，并有利于后期致密化，得到较高的生坯密度。M. Azar 和 I-Wei Chen 等发现，堆积方式若较均匀，则会降低最大致密化所对应的温度，烧结密度也会急剧提高。目前成型方法较多，可分为干法、湿法和半干法。干法可分为冷等静压成型法、超高压成型法、橡胶等静压成型法；湿法种类较多，最经典的有原位成型法、凝胶直接成型法、凝胶浇注成型法、渗透固化制备法。

干法成型速率快，所用模具的价格较低，形成的坯体较均匀，但是此方法一般暴露在空气中，很容易吸附杂质。同时其粉末较松散，装填时极易引入空气，不利于坯体的烧结。高濂等运用高压成型制备了 Y-TZP 纳米陶瓷，通过采用新的成型方法，在 5000t 六面顶压机上实现了高达 3GPa 的超高压成型，获得了相对密度达 60%的 3%（摩尔分数）Y_2O_3-ZrO_2 陶瓷素坯，比在 450MPa 下冷等静压成型所得素坯的密度高出 13%。这种超高压成型所得素坯具有极佳的烧结性能，可在 1050～1100℃下经无压烧结致密化，研究表明，这种素坯烧结性能好的主要原因是素坯的相对密度比较高，从而大大增加了物质的迁移通道。由于烧结温度极低，有利于制备 ZrO_2 晶粒尺寸小于 100nm 的纳米陶瓷。在 1050℃/5h 的条件下，可烧结得到相对密度达 99%以上的 Y-TZP 纳米陶瓷，平均晶粒仅为 80nm。

湿法成型的种类极多且衍生方法较繁杂，与干法相比，它能极大程度地减少杂质的数量和团聚程度。但是其工艺较复杂，条件苛刻，没有干法成型应用成熟。半干合成法是对干法成型方式的一种改进，其主要合成方法与干法相似，但是在成型过程中加入了少量的水分，用以减少分层开裂现象，提高成品率。

8.2.1.3 纳米陶瓷的烧结

烧结是坯体在加热条件下，实现其致密化和晶体生长的过程。在烧结过程中，纳米晶粒迅速生长，晶粒极易长大。因此，如何将颗粒粒径限制在纳米级别上，成为了一个难点问题。目前，烧结方法分无压烧结和压力烧结。无压烧结包括反应烧结和气氛烧结，压力烧结包括热压烧结、放电等离子烧结、超高压烧结、热等静压烧结和高压气相反应烧结等。

无压烧结是在常压下对材料进行烧结，温度成为唯一的因素。因此，材料最终的质量受粉体特性、素坯密度等因素的影响较多。所以，人们常用易于烧结的粉体或加入其他添加剂来实现致密化过程。此外，根据加热方法的不同，衍生出微波加热、等离子体加热等方法。因为此过程中可调控的因素不多，所以此方法设备简单，应用较为广泛，成为制备纳米陶瓷最基本的方法之一。S. Ghadami 等以微米 Al_2O_3 粉末与纳米 SiC 粉末为原料，通过无压烧结和冷等静压法制备了 Al_2O_3/SiC 纳米复合材料，分析成品的物理和力学性能，包括密度、硬度和断裂韧性以及显微结构。结果表明，通过将 SiC 的体积分数提高至 5%，硬度和断裂韧性均有所提高。扫描电子显微镜照片显示，SiC 纳米颗粒抑制 Al_2O_3 的晶粒生长，并相应地减小基体的晶粒尺寸。

压力烧结，是在烧结的同时施加一定的外压，可以提升烧结过程中的驱动力，缩短时间并降低一定的温度，同时还能抑制晶粒生长。哈尔滨工业大学研究了不同密度纳米晶陶瓷素坯的单相热压烧结行为，实现了 3Y-TZP 毛坯的半球形件的成型（成型高度达到 517mm），他们还通过这种方法烧结成型了 Si_3N_4-Si_2N_2O 纳米复合陶瓷齿轮，其烧结温度为 1600℃，超塑性锻造温度为 1550℃。成型件如图 8-5 所示。纳米晶粒大小虽然能控制在纳米范围内，大致为 300nm，如图 8-6 所示。

图 8-5 热压成型的纳米陶瓷齿轮

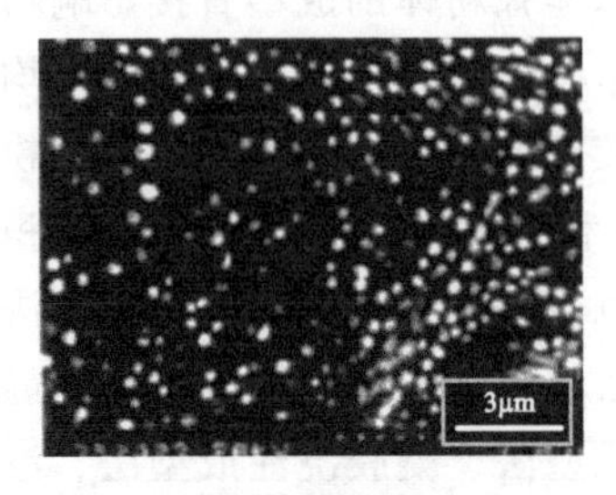

图 8-6 纳米陶瓷齿轮微观组织

8.2.2　纳米陶瓷的性能

尽管陶瓷材料具有许多金属和高分子材料所没有的优点，然而，传统的粗晶陶瓷材料本身所固有的脆性问题已经成为制约其进一步广泛应用的主要障碍。因此，人们设计了许多方法来提高陶瓷材料的韧性。试验证明，纳米晶陶瓷材料不仅保持了传统陶瓷材料的优点，而且具有良好的力学性能，在适当的条件下，甚至能够产生超塑性、铁电性等性质。

8.2.2.1　力学性能

纳米陶瓷的力学性能主要体现在硬度、弯曲强度、延展性和断裂韧度等。就硬度而言，纳米陶瓷是普通陶瓷的5倍甚至更高。在100℃下，纳米TiO_2陶瓷的硬度为1.3GPa，而普通陶瓷则为0.1GPa左右。Z. Sun等制备了Al_2O_3纳米陶瓷，具有97.6%的理论密度和1.1μm的平均粒度，其硬度高达23GPa，远远高于普通Al_2O_3陶瓷。由于纳米陶瓷具有较大的晶界界面，在界面上原子排列无序，在外界应力的作用下很容易发生迁移，因此展现出优于普通陶瓷的延展性与韧性。通常认为，颗粒增强、裂纹偏转和晶粒拔出是最主要的增韧机制。

纳米陶瓷材料力学性能的改善见表8-4。

表8-4　纳米陶瓷材料力学性能的改善

纳米陶瓷材料（基体/纳米分散相）	韧性/($MPa\cdot m^{1/2}$)	强度/MPa	最高使用温度/℃
Al_2O_3/SiC	3.5～4.8	350～1520	800～1200
Al_2O_3/Si_3N_4	3.5～4.7	350～850	800～1300
MgO/SiC	1.2～4.5	340～700	600～1400
Si_3N_4/SiC	4.5～7.5	350～1550	1200～1400

8.2.2.2　超塑性

超塑性是指在拉伸试验中，在一定的应变速率下，材料会产生较大的拉伸形变。普通陶瓷是一种脆性材料，在常温下没有超塑性，很难发生形变。原因是其内部滑移系统少，错位运动困难，错位密度小。只有达到1000℃以上，陶瓷才具有一定的塑性。一般认为，若想具有超塑性，则需要有较小的粒径和快速的扩散途径。纳米陶瓷不但粒径较小，且界面的原子排列较复杂、混乱，又含有众多的不饱和键。原子在变形作用下很容易发生移动，因此表现出较好的延展性和韧性。

W. Wananuruksa等在1300℃、300MPa下，通过放电等离子体烧结（SPS）成功地制备了致密的纳米晶氮化硅（Si_3N_4）样品。该纳米陶瓷样品在10^{-3}～$10^{-2}s^{-1}$的高应变速率下表现出超塑性变形，在变形样品中未观察到显著的显微结构变化，且在大变形后没有腔损坏。J. Zhang等经过拉伸负载分子动力学模拟，显示纳米晶SiC不仅具有韧性，在室温下，当晶粒尺寸减小到接近2nm时，会表现出超塑性变形。计算的应变速率灵敏度为0.67，说明在室温和典型应变速率（$10^{-2}s^{-1}$）下能达到1000%的应变。他们认为，超塑性的实现与在$d=2$nm时的滑移速率异常上升到10^6s^{-1}有关。

8.2.2.3　铁电性

在一些电介质晶体中，晶胞的结构使正负电荷中心不重合而出现电偶极矩，产生不等于零的电极化强度，使晶体具有自发极化，且电偶极矩方向可以因外电场而改变，呈现出类似于铁磁体的特点，晶体的这种性质叫铁电性。陶瓷的晶体尺寸直接影响其铁电性能，随着晶粒尺寸的降低，其铁电性能会逐渐降低。当其尺寸小到一定值时，材料的整个铁电性能会消失。所以，科研人员在这一临界值上做了很多的研究。

M. T. Buscaglia 等发现，当纳米晶体 $BaTiO_3$ 的尺寸为 30nm 时，虽然它是非立方晶型结构，但仍观察到较高的介电常数（1600 左右）。W. Xiaohui 等制备并研究了平均粒径为 8nm 的钛酸钡（BTO）陶瓷。拉曼光谱显示，当温度从 360K 增加到 673K 时，BTO 纳米陶瓷发生从菱形到正交、正方形和立方形的连续转变。介电测量显示，在 390K 下，得到最大介电常数（1800）。所有这些结果表明，铁电性可保留在具有直径小至 8nm 的晶粒尺寸的 BTO 陶瓷中。肖长江等在 6GPa、1000℃条件下烧结得到了 $BaTiO_3$ 陶瓷，并用介电转变峰表征了其铁电性。当频率为 1kHz 时，在 120℃附近有 1 个宽的介电转变峰，且介电常数为 1920。高压得到的钛酸钡纳米陶瓷的铁电性消失的临界尺寸小于 30nm。

8.2.2.4 烧结性能

由于纳米材料中有大量的界面，这些界面为原子提供了短程扩散途径及较高的扩散速率，并使得材料的烧结驱动力也随之剧增，这大大加速了整个烧结过程，使得烧结温度大幅度降低，纳米陶瓷烧结温度约比传统晶粒陶瓷低 600℃，烧结过程也大大缩短。纳米陶瓷的烧结温度降低，而烧结速率却增加了。不需任何添加剂，就能很好地完成烧结过程，达到高致密化，形成高密度、细晶粒的材料，这对需高温烧结的陶瓷材料的生成特别有利。

8.2.2.5 致密性

由粉末压缩体烧结加工的材料，多数希望在最终产品中有细化的显微组织，并达到完全的致密化。对纳米陶瓷而言，也希望致密性好、晶粒细，同时保持纳米晶粒的特性。但要两个目标同时实现，就出现两难推理，原因是在烧结过程中，致密化总伴随着显微组织的粗化，换言之，致密化越好，晶粒就长得越粗，最终导致失去纳米特性的结果，因此采用何种烧结工艺和烧结参数，使纳米陶瓷达到最大致密度又不失去纳米特性，为研究者所关注。

纳米陶瓷的复合材料烧结后所达到的致密度在很大程度上由二次分布相（非氧化物）的加入量及烧结条件而决定的，对于 Al_2O_3/SiC 纳米复合材料来说，当 SiC 的体积分数不超过 5%时，在 1600℃下热压烧结可以达到近 100%的致密度。

8.2.2.6 纳米陶瓷的其他性能

纳米陶瓷具有极小的热导率，因而有可能成为有价值的热阻涂层或包覆材料。

纳米陶瓷材料的光透性可以通过控制其晶粒尺寸和气孔率来控制，因此使得纳米晶陶瓷材料在传感器和过滤技术方面具有潜在用途。

电学特性，陶瓷粉体晶粒的纳米化会造成晶界数量的大大增加、晶界变得很薄，这样可大大减小晶界物质对材料的不利影响，可提高陶瓷材料的绝缘性、介电性等性能。如果生产的陶瓷材料是以晶界效应来体现其性能的，如半导体中的正温度系数（PTC）陶瓷，则纳米细化晶粒又将可能提高它的灵敏度及稳定性。

纳米陶瓷不仅具有塑性强、硬度高、耐高温、耐腐蚀、耐磨的性能，还具有高磁化率、高矫顽力、低饱和磁矩、低磁损耗和光吸收效应等性能。这些独特的性能都有待于人们的进一步研究和应用。

8.2.3 纳米陶瓷的应用

纳米陶瓷材料不仅保持了陶瓷材料在力学、电学、热学、光学和磁学等方面具备的一些特殊性能，而且克服了陶瓷材料本身存在的脆性裂纹、均匀性差，尤其室温下很低的断裂韧性和极差的抗冲击性能等缺陷。随着纳米技术的深入研究，纳米陶瓷材料的应用前景将更加广阔。

（1）防护与涂层

普通陶瓷在被用作防护材料时，由于其韧性差，受到弹丸撞击后容易在撞击区出现显微破坏、垮晶、界面破坏、裂纹扩展等一系列破坏过程，从而降低了陶瓷材料的抗弹性能。纳米陶瓷高活性和抗冲击的性能，可有效提高主战坦克复合装甲的抗弹能力；增强速射武器陶瓷衬管的抗烧蚀性和抗冲击性；由防弹陶瓷外层和碳纳米管复合材料作衬底，可制成坚硬如钢的防弹背心；在高射武器方面如火炮、鱼雷等，纳米陶瓷可提高其抗烧结冲击能力，延长使用寿命。目前，国外复合装甲已经采用高性能的高弹材料。在未来的战争中，若能把纳米陶瓷用于车辆装甲防护，会具有更好的抗弹、抗爆震、抗击穿能力，提供更为有力的保护。

纳米陶瓷还被广泛的应用在涂层与包覆材料方面。因为纳米陶瓷具有极小的热导率和特殊的电磁性能，所以人们常通过一定的物理和化学方法，将其均匀地包覆在物体表面，用作隔热、抗氧化、耐磨、生物、压电和吸波涂层。

（2）高温材料

纳米陶瓷材料具有高耐热性、良好的高温抗氧化性、低密度、高断裂韧性、抗腐蚀性和耐磨性，这对提高航空发动机的涡轮前温度，进而提高发动机的推重比和降低燃料消耗都具有重要作用，有望成为舰艇、军用涡轮发动机高温部件的理想材料，这样可以提高发动机效率、可靠性与工作寿命。

（3）生物医学材料

随着纳米材料研究的深入，纳米生物陶瓷材料的优势将逐步显现，其强度、韧性、硬度以及生物相容性都会有显著提高。要使生物陶瓷契合某些特殊的生理行为，必须满足以下要求：①对生物体友好，无毒、无刺激、无致癌等效果；②满足一定的应力要求，能起到支撑、摩擦等特殊作用；③能与人体其他组织相互结合。纳米陶瓷材料极好地满足了以上条件，这为其在生物医学方面的发展奠定了基础。

例如当羟基磷灰石粉末中添加10%～70%的 ZrO_2 粉末时，材料经1300～1350℃热压烧结，其强度和韧性随烧结温度的提高而增加。纳米SiC增强羟基磷灰石复合材料比纯羟基磷灰石陶瓷的抗弯强度提高1.6倍、断裂韧性提高2倍、抗压强度提高1.4倍，与生物硬组织的性能相当。Erbe等用纳米技术制备出纳米磷酸三钙，它不仅可以作为骨髓细胞的细胞骨架，还可以加速骨的形成。纳米胶原与羟基磷灰石陶瓷复合，其强度比羟基磷灰石陶瓷提高2～3倍，胶原膜还有利于孔隙内新生骨的长入，植入狗股骨后仅4周，新骨即已充满大的孔隙。

人工关节材料，人工关节是用于修复已失去功能的关节而设计的一种人工器官，如图8-7所示。而纳米陶瓷涂层在生物医学工程方面的应用已逐渐成熟，纳米陶瓷涂层在无机、金属和部分有机基材料上可产生牢固的化学键，形成良好的附着力，并且在韧性、硬度、耐磨性、致密性等方面已表现出明显的优势。

抗肿瘤材料，手术、放疗、化疗等方法仍是现代口腔下颌面部恶性肿瘤的主要治疗措

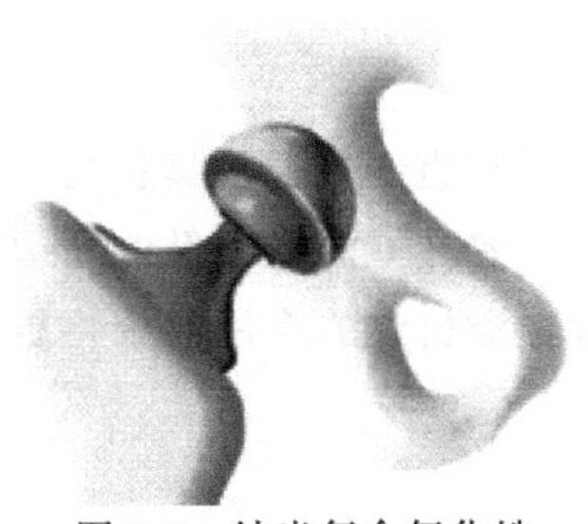
图 8-7　纳米复合氧化锆材料的人工关节

施，但这些疗法常常在消除病变细胞的同时会伤害正常细胞，给患者带来极大的痛苦。为此，有学者将纳米陶瓷粒子引入高强度聚焦超声肿瘤治疗系统中，利用聚焦于生物组织中的高强度超声产生的热效应使焦域处的组织瞬间凝固性坏死，从而达到直接杀灭肿瘤细胞又避免损伤周围正常组织的目的，这种疗法在肿瘤的综合治疗中显示出了巨大的发展前景。

（4）刀具材料

随着制造业的发展，数控机床和加工中心的加工能力获得极大提高，并不断向高速、高效率加工发展，从而对刀具材料提出了更高的要求。现有的纳米陶瓷刀具材料难以广泛应用于更高的切削速度，而新型陶瓷刀具同传统的陶瓷刀具相比拥有优异的性能，它的研制成功必将扩大现有陶瓷刀具的加工范围，提高刀具的切削速度、力学性能、切削可靠性和刀具的寿命，从而大大提高生产率，因而具有广泛的应用前景和重大的理论与实际意义。

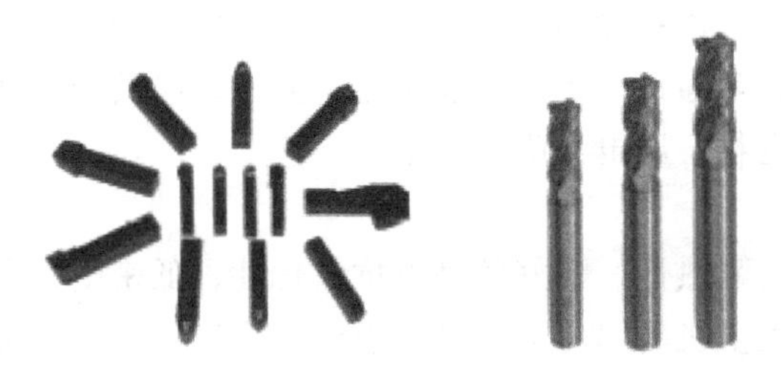
图 8-8　纳米陶瓷刀具

纳米陶瓷刀具（图 8-8）是现代陶瓷的一个重要应用领域。纳米陶瓷刀具不仅具有高硬度、高耐磨性，同时在高温下仍保持优良的力学性能，成为制造切削刀具的理想材料。

（5）压电陶瓷

压电陶瓷（图 8-9）最大的特性是具有压电性。正压电性是指某些电介质在机械外力作用下，介质内部正负电荷中心发生相对位移而引起极化，从而导致电介质两端表面内出现符号相反的束缚电荷，所以在电极表面上吸附了一层来自外界的自由电荷。当给陶瓷片施加一外界压力 F 时，片的两端会出现放电现象，相反加以拉力会出现充电现象。压电陶瓷广泛用于电子技术、激光技术、通信、生物、医学、导航、自动控制、精密加工、传感技术、计量检测、超声和水声、引燃引爆等军用、商用及民用领域。

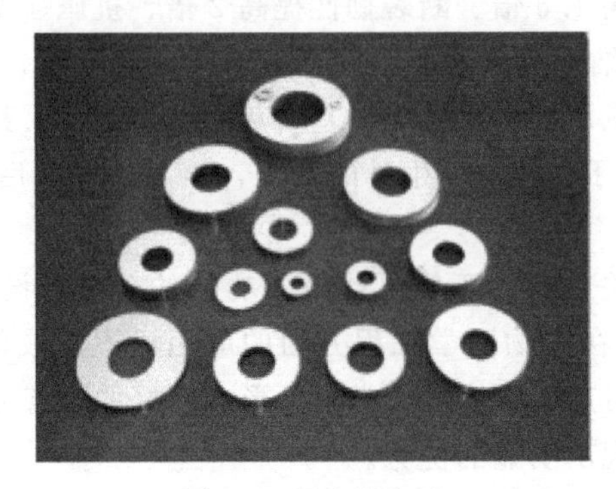
图 8-9　压电陶瓷片

8.3 纳米复合纤维

纳米复合纤维材料就是在纤维材料加工过程中通过物理、化学方法引入纳米材料或纳米结构所制备的具有特殊性能（或性能提升）和特定功能的纤维材料。其中的纤维材料加工过程包括成纤聚合物的聚合阶段、纺丝熔体或纺丝溶液的制备阶段、纤维成型的纺丝阶段、纤维（或纱线、织物）的后整理阶段。引入的纳米材料包括零维、一维或二维的纳米颗粒、纳米管、纳米片等。其主要的功效是提升和改进纤维的物理力学性能，改善和赋予纤维特殊功能。

8.3.1 纳米复合纤维的制备方法

纳米复合纤维材料的主要制备方法包括以下四种。

（1）成纤聚合物聚合过程中的复合

通过共聚、接枝、原位聚合、原位生成等方法，先将纳米材料（或纳米材料的前驱体）与聚合物单体混合，经聚合获得分散有纳米材料的成纤聚合物，或者是聚合物的合成与纳米材料原位生成同时进行，然后将所制备的成纤聚合物基纳米复合材料经纺丝加工获得纳米复合纤维材料。使用该方法，一方面纳米材料在聚合过程中可实现均匀分散，另一方面聚合物单体可以与纳米材料形成化学键连接，增强两者的界面作用力，充分体现纳米材料的性能。但因成纤聚合物的聚合过程比较复杂，同时纳米材料的加入会影响到聚合的进行及聚合产物的性能，并最终影响纺丝加工性能，所以实际应用有较大局限性。

（2）纺丝熔体或纺丝溶液制备过程中的复合

通过熔融共混或者溶液共混方式将纳米材料引入成纤聚合物基体中，再经纺丝加工获得纳米复合纤维材料。在实际应用中经常采用母粒法，即将纳米材料与成纤聚合物经双螺杆共混造粒，获得纳米材料含量较高的成纤聚合物母粒，再将该母粒与普通的成纤聚合物切片混合后进行纺丝加工。

（3）纤维纺丝成型过程中的复合

通过控制纤维成型过程中的工艺参数，使纤维内部形成纳米结构，如纳米孔结构过滤纤维；或者通过设计成纤聚合物复合体系，在纤维成型过程的外场作用下（如温度场、应力场、速度场等），使复合体系中的微米尺度分散相转变为纳米尺度原纤分散，从而获得纳米复合纤维材料。该方法突破了仅由添加纳米功能颗粒开发纳米功能纤维这一狭窄的途径，为新型纳米复合纤维的研究提供了很好的思路，但目前这方面的研究还很少。

（4）纤维后整理过程中的复合

通过涂层、浸轧、吸附、喷溅、溶胶-凝胶、表面接枝、表面处理等方法，将由纳米材料制备的整理液对纤维、纱线或者织物进行物理加工所获得的纳米复合纤维材料（织物）。该方法中纳米材料主要附着在纤维、纱线和织物表面，但一般由于两者之间不是化学键连接，所以耐洗性相对较差。目前主要应用于功能性整理。

8.3.2 纳米复合纤维的功能特性

随着经济的快速发展和物质生活水平的提高，人们对纺织品的要求已经不仅限于起初的保暖御寒、舒适、亮丽等基本特性，人们还希望纺织品具有安全、保健等多重功能，如防紫外线、远红外、负离子、磁疗、电磁波屏蔽、抗菌、抗静电等。纺织品的多功能化既是纺织技术发展的方向，也是提高产品附加值的有效途径，所以越来越多的纺织企业开始关注多功能性纺织品，甚至将同一纺织品赋予多种功能，以满足快速发展的市场需求。下面将介绍几种常见功能的纳米复合纤维。

8.3.2.1 抗紫外线纳米复合纤维

按波长区域划分，紫外线可分为三个波段：UVA（400～315nm）、UVB（315～280nm）和 UVC（280～200nm）。UVA 有引起皮肤老化、失去弹性的作用；UVB 能深入人的皮肤组织，是引起皮肤晒伤、红斑甚至皮肤癌的主要原因；UVC 被臭氧层吸收，一般不会到达地球表面对人体造成伤害。目前世界范围内大量使用含有氟利昂的产品，严重破坏了大气层中的臭氧层，导致大量紫外线辐照到地球表面，从而引起的皮肤病正以每年约 5% 的速度增长。在日常生活中，适量的紫外线照射是对人类和其他生物的一种自然营养，可以促进维生素 D 的合成和消毒、杀菌，并且还有利于人体对钙的吸收，但过强的太阳光紫外线照射对人体健康危害很大，除了常规涂抹防晒霜等护肤品外，开发有效屏蔽紫外线的功能性织物已成为国际化纤纺织业的热点。

(1) 常见抗紫外线剂的特点

传统的抗紫外线纺织品主要通过添加抗紫外线剂共混熔融纺丝或者进行织物表面整理得到。一般常见的抗紫外线添加剂多为有机化合物，如水杨酸酯类、肉桂酸类、二苯甲酮类、对氨基苯甲酸类、邻氨基苯甲酮类等，但有机化合物抗紫外线剂容易分解且副作用大，如果添加量过多，可能导致皮肤癌，产生化学性过敏，不同程度地存在毒性和刺激性等问题。相比较而言，无机纳米抗紫外线剂具有很高的化学稳定性、热稳定性、非迁移性，无毒、无味、无刺激性，使用更为安全等特点；无机纳米抗紫外线剂本身以白色为主，可以方便地加以着色；最主要的是它们具有很强的吸收紫外线的能力。目前作为抗紫外线剂的无机纳米粉体主要有纳米 TiO_2、ZnO、Fe_2O_3、ZrO_2 等，但相对制备技术较成熟、使用效果较佳，应用最广泛的属前两种，即纳米 TiO_2 和 ZnO。

(2) 纳米粉体的抗紫外线机理

纳米 TiO_2 和 ZnO 具有结晶性化合物的电子结构，由充满电子的价带和没有电子的空轨道形成的导带构成。价带和导带之间的能量值，称为禁带宽度。当固体受光照射时，仅有比禁带宽度能量大的光被吸收，价带的电子激发至导带，结果价带缺少电子，即发生空穴。这样生成的电子和空穴容易在固体内移动且有极强的化学活性。纳米 TiO_2 的禁带宽度约为 2.3eV，纳米 ZnO 的禁带宽度约为 3eV，当受到紫外线照射时，二者价带的电子可激发。激发的电子与空穴在发生各种氧化还原反应时相互之间又重新结合。重新结合时观察不到化学反应，以热和光的形式释放掉能量，同时还会将周围的细菌与病毒杀死（氧化），这也是同样的无机纳米材料又可以作为抗菌剂的原因。

另外，根据光散射理论，颗粒对光的散射能力与颗粒的折射率和粒径有很大关系，颗粒折射率越大，颗粒对光的散射能力越大；颗粒粒径越小，对光的屏蔽能力越大。而纳米 TiO_2、ZnO 折射率都很高，纳米 TiO_2（金红石型）折射率为 2.71，纳米 ZnO 折射率为 2.03，所以无机纳米抗紫外线剂有很好的紫外线屏蔽效果。将无机纳米抗紫外线剂黏附到纤维的表面，可以制成抗紫外线纤维（图 8-10），被广泛用于制造帐篷、T 恤衫、衬衫、鞋帽、遮阳伞、室外工作服、运动服、广告布、窗帘织物等，一来是对紫外线的防护，二来还可以

提高纤维及织物的耐紫外线老化性能，提高其使用寿命。

图 8-10 纳米纤维扫描电子显微镜图像

8.3.2.2 远红外发射纳米复合纤维

远红外线神奇的保健效果是在 20 世纪 70 年代被人们发现的。当时的日本科学家小室俊夫偶然发现一种怪象：在陶瓷作坊工作的人很少得病，有时有轻微感冒，将制陶瓷的泥抹在头上时病情就有好转。小室俊夫感到很奇怪，就对这种陶瓷展开研究，发现陶瓷发射出 8～15μm 的远红外线。正是这种远红外线促进了人体血液循环，增进了人体的新陈代谢，增强了人体的免疫功能，起到了保健作用。在纤维加工过程中添加能吸收不同波长远红外线进而又能辐射远红外线的远红外发射无机纳米颗粒，从而制得的远红外发射功能纤维，是兼具保温、保健功能的新型化纤原料，具有“生命纤维”之称。

(1) 远红外纤维的保温、保健机理

远红外纤维添加的远红外陶瓷可辐射的远红外线的波长范围一般为 2.5～30μm。而 4～30μm 的波段常被称为“生育光线”或“培育光线”，该波长的电磁波可提供人体细胞组织所需要的微弱能量。人体既是远红外线的辐射源，又是远红外线的吸收体。由于人体60%～70%的成分为水，因此人体对远红外线辐射的吸收近似于水的吸收。根据匹配吸收理论，远红外线辐射加热的机理是光谱匹配，即当辐射源的辐射波长与被辐射物的吸收波长相对应时，发生物体分子共振吸收，该被辐射物体就吸收红外线辐射能，从而加剧其分子的运动，达到发热升温的加热作用。也就是说远红外纤维的分子振动频率与人体组织中相同振动频率的水分子相遇，水分子吸收能量的同时激起另一次振动，从而引起共振作用。人体是一个有机生物体，具有对远红外线高吸收、快传导的特点。当将某种能够高效吸收人体红外线辐射的材料制成可服用材料，该物质分子在谐振中能够吸收人体以远红外线辐射向外释放的能量，还能吸收太阳和人体周围环境所释放的为人体所需要的波长为 4～14μm 的红外线辐射能量，同时这些能量以人体放热相同的频率反馈给人体，从而达到体感升温效果。同时该波段的远红外线具有一定的渗透力，深入皮下组织，并通过细胞内水分子的活动激活人体组织细胞，将沉淀在细胞内的废弃物质排出体外，增强新陈代谢，改善人体血液微循环和体液微循环，促进各部位获得氧和营养成分，保持人体细胞的健康，达到保健、辅助治疗、治疗疾病的目的。

(2) 远红外粉体选择

远红外功能纤维用远红外添加剂的比辐射率应该在 0.85～0.90 以上。人体最佳红外线吸收波长为 8～14μm，根据红外辐射最佳光谱匹配原则，必须选择相应波长的远红外辐射材料。综合分析资料表明，在 8～25μm 波长范围内，没有一种单一的金属或非金属氧化物材料的全辐射率能稳定在0.90左右。而采用元素周期表中第三、第五周期中的一种或多种氧化物与第四周期中的一种或多种氧化物混合而成的远红外辐射材料适合作为远红外添加剂。目前市场上主要采用的远红外添加剂为远红外陶瓷粉末，常见的有 MgO、TiO_2、SiO_2、Cr_2O_3、Fe_2O_3、MnO_2、ZrO_2、BaO、莫来石、堇青石等氧化物，以及 B_4C、SiC、TiC、ZrC 等碳化物，还包括一些氮化物（BN、Si_2N_4、TiN 等）、硅化物（$TiSi_2$、$MbSi_2$ 等）和硼化物（TiB_2、ZrB_2、CrB_2）等，往往添加两种或两种以上复配使用会达到最佳效果。

但不是所有的具有远红外辐射、吸收的物质都适合作为远红外添加剂使用，应具备一些基本条件：添加剂具有较小的粒径且能均匀分散，适合纺丝；低温时的比辐射率高；纺丝过程中高温下不分解，不腐蚀纺丝设备；对人体无毒副作用，不污染环境；成本相对较低。

8.3.2.3 抗菌纳米复合纤维

纺织品在穿着和使用过程中会吸收人体分泌的汗液、皮脂等排出物，产生异味并携带各类病菌，直接或间接地威胁着人类的身体健康。而抗菌服在消除异味、防止细菌滋生和减少皮肤传染病等方面起着关键作用。根据调查显示，由于消费者对抗菌服需求的迅速上升，服装用抗菌剂的用量将以15%的年增长率上升，成为纺织品市场上增长最快的功能添加剂之一。由于抗菌概念受到消费者认可，近年市面上现有的抗菌服，不仅从内衣类向春夏装、运动装扩展，抗菌技术也从助剂、纤维、纳米向各种原料过渡。国际一些著名公司纷纷把抗菌纺织品服装推向市场，如意大利 Texapel 公司、美国 Nipkow & Kobelt 公司、中国台湾的 Eclat Textile 公司、日本的一些高科技纺织公司，等，并争先恐后在一些展会中推出抗菌面料及织物。因此目前功能纺织品中最受消费者欢迎的大类品种之一就是抗菌纺织品。

纳米抗菌材料和抗菌整理剂按来源和材质可分为无机、有机和天然生物抗菌材料等类型。其中无机抗菌剂包括：金属元素抗菌剂（银、铜、锌、镍、铁、铝等元素及其化合物），一般与多孔、比表面积大、吸附性能好、无毒、化学性质稳定的材质，如沸石、羟基磷灰石、水溶性玻璃、硅胶等无机多孔性载体矿物以及光催化型抗菌剂，通过离子交换或吸附作用共同合成抗菌材料，抗菌机理如表8-5所示。

表 8-5 典型无机抗菌剂的抗菌机理

抗菌材料	抗菌机理
沸石	沸石化学成分是碱金属和碱土金属的结晶性硅铝酸盐，结构中存在大量微孔或介孔；由于它具有优异的阳离子交换能力，可通过交换将抗菌金属离子结合到其结构中而制成沸石抗菌材料
羟基磷灰石	羟基磷灰石抗菌材料是负载了抗菌金属离子的羟基磷灰石，羟基磷灰石是一种生物相容性很好的无机抗菌材料
水溶性玻璃、硅胶	以磷酸盐、硼酸盐、硅酸盐及硅硼酸盐、硅磷酸盐玻璃等水溶性玻璃或硅胶为载体的纳米抗菌材料，这种材料通过水溶性玻璃或硅胶吸附银离子络合物获得，具有良好的热稳定性和持久抗菌性
光催化型抗菌剂	主要有 TiO_2、ZnO、CdS 等 n 型半导体金属氧化物，其在光催化剂作用下吸附其表面的 OH^- 和 H_2O 分子，并将其氧化成具有氧化能力的·OH 自由基，从而对环境中的微生物实施抑制和杀灭，且稳定性较强，对人体无毒

有机抗菌剂材料主要有季铵盐类、双胍类、醇类、酚类、有机金属、吡啶类、咪唑类等。其抗菌机理主要是与细菌和霉菌的细胞膜表面的阴离子相结合，或与羧基反应，破坏蛋白质和细胞膜的合成系统，从而抑制细菌和霉菌的繁殖。具有速度快、加工方便、颜色稳定

性好、抗菌谱明确等优点，但存在耐热性差、使用过程中易析出、易挥发等缺点。

天然生物抗菌剂主要来自天然物质的提取物，常见的主要有壳聚糖、甘柏醇、油脂、海藻类以及来自植物或草药中的芦荟、艾蒿、苏于、茶叶、甘草等。被广泛使用的壳聚糖，是一种价廉、具有活性 NH 的天然高分子，具有广谱抗菌性，对霉菌、细菌都有很好的抗菌性能，对人体无毒、无刺激；但其抗菌性能受 pH、相对分子量、脱乙酰度的影响，而且在160～180℃就开始碳化分解，使应用范围受到很大限制。

纳米抗菌材料的抗菌机理有金属离子溶出抗菌机理、活性氧抗菌机理及接触型灭菌机理三种。金属离子溶出理论认为，纳米抗菌材料在服役过程中，具有抗菌功能的金属离子逐渐从纳米抗菌材料中所含的抗菌剂载体中溶出，以一定速率溶出的 Ag、Cu、Zn、Co、Ni、Fe、Al 等金属离子逐渐迁移到材料表面，进入与之接触的细菌的细胞内，与细菌繁殖所必需的酶结合而使之失去活性，从而破坏细菌细胞的能量代谢作用，阻止微生物的繁殖；此外，抗菌金属离子还能与生物体中的蛋白质、核酸中存在的巯基（—SH）、氨基（—NH）等官能团发生反应，或进入菌体细胞内同细胞的酶和 DNA 等反应，阻碍微生物体生理机能。

活性氧抗菌机理一种认为，纳米抗菌材料在使用过程中，在光照下，让空气中的水分和抗菌剂中的迁移电子与氧原子反应生成过氧化氢，然后释放单个氧原子而产生抗菌作用；另一种则认为在可见光照射下，被激发的电子同吸附在其面上的氧产生活性氧，同时失去带负电的 OH^-，生成羟基自由基·OH，活性氧和·OH 都具有很强的氧化性能，可与生物体发生反应而达到持久的抗菌作用。

接触型灭菌机理主要适用于一些接触型无机纳米抗菌材料，其抗菌原理既不同于传统的溶出抗菌有机纳米材料，又有别于光催化剂型的无机纳米抗菌材料。其灭菌机理是当带正电荷的抗菌成分接触到带负电荷的微生物细胞后，便相互吸附，即有效地利用电荷转移来击穿细菌的细胞膜，使其蛋白质变性，无法呼吸、代谢和繁殖，最后甚至死亡。同时，抗菌成分却并不消耗，仍保持原有的抗菌活性，因此具有长期有效性。

8.3.2.4　负离子发射纳米复合纤维

当空气中的分子或原子失去或得到电子后，便形成带电荷的粒子，称为离子；带正电荷的叫正离子，带负电荷的叫负离子；空气中的负离子多为负氧离子、水化羟基负离子等。负离子对人的健康、长寿及生态的重要意义已被国内外医学实践所证明，负离子被誉为“长寿素”或“空气维生素”，国际评价室内空气的质量第一指标便是空气负离子的含量。当您在森林、海滨、瀑布、郊外等污染少的地方，由于空气中的负离子浓度高，您会感到空气清新、沁人心脾、呼吸舒畅、轻松愉快，令人心旷神怡。这就是负离子，一种看不见摸不着的“空气维生素”所起的作用。这是因为负离子能调节中枢神经系统，改善肺的换气功能、提高氧气转化能力，加速新陈代谢，强化细胞机能。然而，现代工业环境的污染，使空气的洁净度遭受到极大的损害，空气中正负离子的平衡被破坏，日益增多的微粒粉尘和污染物、各种机械及电器产生的正离子，使能够给我们舒适生活环境的空气负离子数目急剧减少，人类的健康受到莫大的威胁。因此，世界各国科学家、工程技术人员积极开展了负离子与健康、释放负离子材料开发、负离子环境评价等方面的课题研究，如图 8-11 所示为生态负离子生成机。

（1）负离子的产生机理及作用机理

空气中的分子和原子在机械、光、静电、化学或生物能作用下会发生空气电离，其外层电子脱离原子核，失去电子的分子或原子带有正电荷我们称为正离子或阳离子。而脱离出来的电子再与其他中性分子或原子结合，使其带有负电荷，称为负离子或阴离子。得到电子的气体分子带负电，称为空气负离子。由于空气中离子的生存期较短，不断有离子被中和，也不断有新的离子产生，因此空气中的正、负离子的浓度不断变化，保持某一动态平衡。而负离子粉末具有热电性和压电性，在有温度和压力的变化下能引起负离子晶体之间的电势差，这种静电高达千万电子伏特从而形成微型电场，使接触的空气中的分子发生电离，电离出来的电子附着在附近的水分子和氧分子上成为空气负离子，这就是负离子的产生机理。

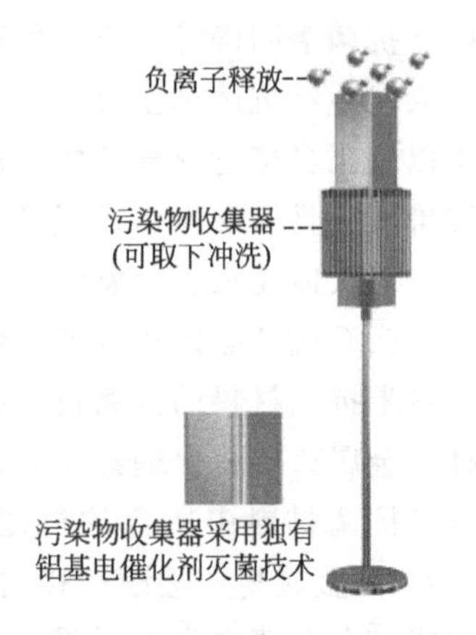

图 8-11 具有污染物收集器的生态负离子生成机

负离子纤维及其纺织品能够释放负离子归功于负离子添加剂。负离子添加剂中含有负离子素，它是一种依靠纯天然矿物自身的特性通过与空气、水汽等介质接触而不间断地产生负离子的环保功能材料。负离子添加剂粉末两端具有永久正负极性，形成微型电场；当空气中的水分子、其他分子或皮肤表层的水分进入负离子素电场空间内时（一般为半径 10～15μm 的球形），就会产生瞬间放电电离效应，立即被永久电极电离，产生 OH^- 和 H^+。由于 H^+ 移动速度很快（H^+ 的移动速度是 OH^- 的 1.8 倍），迅速移向永久电极的负极，吸收一个电子变为 H_2 进而逸散到空气中；而 OH^- 则与另外一个水分子形成 $H_3O_2^-$。这种变化只要空气湿度不为 0 就会不间断地进行，而不会产生有毒物质引起其他副作用，这就是负离子的作用机理。

(2) 负离子发生材料

目前研究负离子发射纤维和负离子发射纺织品主要是通过添加负离子发生材料来实现的，这些负离子发生材料主要有以下四种。

① 含有微量放射性物质的稀土类矿石。这些含天然钍、铀的放射性矿石所释放的微弱放射线不断将空气中的微粒离子化，产生负离子。同时这种微量放射线的辐射作用对人体有益，有微量放射线刺激效果。但考虑到安全性，这类矿石很少被采用。

② 奇冰石（电气石）、蛋白石、奇才石等自身具有电磁场的天然晶体材料。奇冰石是以含硼为特征的铝、钠、铁、镁、锂环状结构的硅酸盐物质。蛋白石是含水非晶质或胶质的活性 SiO_2，还含有少量 Fe_2O_3、A_2O_3、Mn 及有机物等硅酸盐；奇才石是以硅酸盐和铝、铁等氧化物为主要成分的无机系多孔物质。这些矿石具有热电性和压电性，当温度和压力有微小变化时，即可引起矿石晶体之间的电势差，这个能量可促使周围空气发生电离，脱离出的电子附着于邻近的水和氧分子使之转化为空气负离子。由于这些矿石使用过程中安全环保，因此受到广大研究者的青睐。

③ 珊瑚化石、海底沉积物、海藻炭、水炭等。这些物质主要来源于古代海底矿物层中，为无机系多孔物质，都具有永久的自发电极，在受到外界微小变化时，能使周围空气发生电离，是一种天然的负离子发生器。

④ 光催化剂材料。光催化剂，是一种能加快其他反应物之间的反应速度，而其本身在反应前后不发生变化的物质，主要成分为二氧化钛。二氧化钛为光敏半导体材料，在吸收太阳光或照明光源中的紫外线后，在紫外线能量的激发下产生带负电的电子和带正电的空穴。空穴与水、电子与氧发生反应，分别产生强氧化性的 ·OH 和负氧离子，把空气中游离的有

害物质及微生物分解成无害的二氧化碳和水，从而达到净化空气、杀菌、除臭等目的。

8.3.2.5　抗静电纳米复合纤维

静电现象在日常生活中随处可见，如物体摩擦后带静电能吸附纸屑和细小灰尘；冬天夜里脱下毛线衣时会看到微弱火花等。在人们工作的各行各业中，静电现象也是普遍存在的，且有的还有一定的危险性。例如，在纺丝过程中，由于纤维和纺丝机的金属部件发生摩擦而产生静电，带电的纤维丝之间相互排斥而很难成束，这也是使用油剂的原因之一。在有些领域如煤矿和天然气开采、石油加工运输中，静电的产生可能会引发燃烧、爆炸，给人民的生命财产带来巨大损失。在电子、通信、交通、航空等行业，静电的产生和危害也无处不在，所以各种各样抗静电措施应运而生。只要有人活动的地方，以纤维为基材的纺织品类材料不可或缺，所以具有抗静电功能的合成纤维在人们的日常生活和工作中起着重要的作用，具有重大的社会、经济意义。

抗静电纤维按导电成分分类，大致可分为以下几种。

① 金属系抗静电纤维。这类纤维主要是利用金属的导电性能，常见的主要是将超细金属丝混编到织物中，或者在纤维表面处理后采用真空喷涂、化学电镀的方法将金属沉积在纤维表面；也有将金属颗粒添加到纤维中，这种方法对金属粒子的尺寸和设备要求较高。金属系抗静电纤维的特点是电阻率低、抗静电效果好，但通常手感比较差，混纺工艺很难控制。

② 抗静电剂型抗静电纤维。这类纤维主要是采用添加有机抗静电剂的方法制得。目前常用的有机抗静电剂是一些表面活性剂，具有两亲性分子结构。当亲水性基团暴露在空气中时将吸附空气中的水分子在纤维表面形成一层水膜，从而具有抗静电性能。但受空气湿度影响以及耐洗涤性差限制了它的发展空间。

③ 导电高分子型抗静电纤维。自从人们发现高分子也可以导电，就赋予了这种抗静电纤维的存在。但导电高分子材料种类有限以及其特定的化学结构，约束了它的普及。

④ 碳系抗静电纤维。众所周知，碳系材料如炭黑、碳纳米管、碳纤维、石墨烯等都具有导电性能，所以将它们复合到成纤用聚合物中就可以制得抗静电纤维。

⑤ 纳米级金属氧化物型抗静电纤维。纳米级金属氧化物主要是些无机半导体材料如常见的 TiO_2、ZnO、SnO_2、ITO、ATO 等。与其他类型抗静电纤维相比，纳米金属氧化物型抗静电纤维有稳定性好、试用范围广等优势，是目前研发的热点。

8.4　纳米复合涂料

纳米复合涂料就是将纳米粒子应用于涂料中使涂料具有抗辐射、抗静电、耐老化、阻燃等优异性能。纳米材料在涂料中的应用可分为两种：一种是完全由纳米粒子组成的纳米涂料；另一种是纳米粒子在传统的有机涂料中分散后形成的纳米复合涂料。纳米复合涂料的制备方法可简单地分为原位聚合法、溶胶-凝胶法、共混法和插层复合法。在纳米涂料的制备过程中，由于纳米粒子有很高的比表面积从而其表面能很高，纳米粒子很容易团聚，而且纳米粒子常是亲水疏油的，具有很强的极性，在有机成膜物中很难均匀分散，且与基料没有结合力，易造成缺陷使得涂膜的性能降低。因此，纳米粒子的均匀分散是制备纳米复合涂料的一个重要环节。

8.4.1 纳米复合涂料的制备方法

纳米复合涂料的制备方法主要有原位聚合法、共混法、插层法、溶胶-凝胶法等。这些方法各具特色，各有其应用范围，据所限定条件可选择合适的制备方法。

8.4.1.1 原位聚合法

把纳米粒子作为填充物，直接添加到单体中的聚合反应方法称为原位聚合法。比如 PMA/SiO_2 纳米复合材料的制备。此种方法能保证纳米粒子在单体中的均匀分散，并且在聚合过程中单体只需一次即可加工成型，避免了由热加工而产生的降解从而保证了纳米粒子的稳定性能。但该法应用条件苛刻，只适用于含金属、氢氧化物胶体或硫化物的溶液，因此在工业生产中没有被广泛使用。

8.4.1.2 共混法

将经表面预处理的纳米粒子或稳定分散的浆料，直接加入溶液中，充分搅拌使混合均匀，各组分相互作用制得纳米复合材料。该法优点是操作简单并且易于控制纳米粒子的形态与尺寸，缺点是纳米粒子的比表面积与表面能极大，极易与周围其他原子结合，造成纳米粒子的“团聚”与“失活”。共混方法主要有下面两种。

（1）溶液共混

将纳米粒子用偶联剂处理后，添加到适当的溶剂中，充分搅拌使之混合均匀，然后用超声波、辐射处理等方法除去溶剂，再加入固化剂从而引发聚合制得纳米复合材料。该方法就分散性而言较熔融共混法更好，但产品中会有试剂残留，从而影响产品质量。

（2）熔融共混

将经过表面预处理的纳米材料与聚合物混合，在它们黏流温度以上用混炼设备使之均匀共混形成熔体，再经过冷却、粉碎等过程使得纳米材料以纳米级分散于聚合物中，从而使得聚合物具备优异性能。王旭等把经过预处理的 $CaCO_3$ 粒子加入到 PP/DP 混合体系中，然后用双杆挤出机熔融混炼，$CaCO_3$ 的质量分数在 2%时，$CaCO_3$ 粒子以纳米级分散在聚合物，在不影响体系的拉伸强度情况下显著改善了体系的常温冲击强度。该法优点是易于实现工业化连续生产；缺点在于条件苛刻，操作时的温度一定要在物质的熔点以上，同时原料的流动性也是能否采用此方法的重要因素。

8.4.1.3 插层复合法

许多无机物（如硅酸盐黏土、磷酸盐类、石墨、金属氧化物、二硫化物等）具有层状结构，可以嵌入有机物中。插层复合法包括插层聚合法、溶液插层、熔体插层。余剑英等采用插层聚合法制备单组分聚氨酯/蒙脱土（PU/OMMT）纳米复合防水涂料。

8.4.1.4 溶胶-凝胶法

以水（或有机溶剂）作为液相介质，使有机硅化合物在液相中形成均匀的分散系，再加入高化学活性的前驱体催化其水解过程，形成稳定的透明溶胶体系，此时有机硅化合物的水解产物在凝胶中分布的均匀程度达到了纳米级别。而后经过加热或挥发溶剂的方法制得凝胶，凝胶经过简单处理即可直接作为纳米复合涂料。唐涛等通过正硅酸乙酯分别在聚甲基丙烯酸甲酯乳液和四氢呋喃溶液中的溶胶-凝胶反应，制备出不同的 $PM\text{-}MA/SiO_2$ 复合材料。郭广生采用溶胶-凝胶法合成 $PM\text{-}MA\text{-}TiO_2$ 纳米复合材料。该方法反应条件温和，溶质分散均匀；缺点在于其主要原料有机硅化合物价格高昂、易燃易爆、易挥发且有毒，并且在制备

凝胶的过程中因为溶剂的挥发导致溶质分子之间的作用力迅速增大从而产生内应力，大大影响了材料的抗冲击性能，故实用价值较低。

8.4.2　纳米复合涂料的分类和功能

由于纳米材料具有的表面效应、体积效应、量子尺寸效应、宏观量子隧道效应和一些奇异的光、电、磁等性质，使得纳米微粒在涂料中的应用开始崭露头角。根据涂料的功能和用途可把纳米复合涂料分为纳米光效应涂料、纳米耐老化涂料、纳米抗菌涂料、纳米导电涂料、纳米隐身涂料等。

8.4.2.1　纳米光效应涂料

因有些物质在纳米级时，粒度不同颜色也不同，或不同物质不同颜色，如 TiO_2、SiO_2 纳米粒子是白色的，Cr_2O_3 纳米粒子是绿色的，Fe_2O_3 纳米粒子是褐色的。把颜料做到纳米尺度添加到涂料中增加涂料的装饰性，它不再依赖于化学颜料，而是选择适当体积的纳米微粒来呈现不同的颜色。另外，在微米级（5～150μm）云母片上用胶体化学过程包覆纳米级（30～150nm）的二氧化钛粒子，经 700～900℃煅烧而成的珠光颜料具有卓越的装饰效果和综合性能，且无毒。对于粒径相同的云母薄片，随着 TiO_2 附着率的增加，粒子薄层的几何厚度增大，颜料片反射光的色相将由银白色依次转变成金色、红色、紫色、蓝色和绿色。在两种色光间，还可产生一系列过渡色相的珠光颜料。

低浓度虹彩涂料与同一色相的底色漆相配，能创造出辉煌的彩虹艳光。如与不同色相的底色漆匹配，则能产生一种全新的双色效应：如金＋紫$\longrightarrow$金紫色；绿＋蓝$\longrightarrow$橄榄色；黄＋红$\longrightarrow$黄金黄；绿＋红$\longrightarrow$茄紫色；蓝＋绿$\longrightarrow$宝石蓝。

8.4.2.2　纳米磁性涂料

磁性涂料中的核心成分是磁粉，它是决定磁记录介质磁特性的主要因素。它应有足够高的矫顽力，以便有效地提高去磁作用，高的取向性、高填充密度和良好的分散性。当磁性物质的粒度进入纳米范围时，矫顽力有显著的变化，会随尺寸的减小而增加，达最大值后，随尺寸的减小反而减小，这样就可根据需要设计磁粉的尺寸来制备磁性涂料。最新发现的纳米微晶软磁材料的高频场中具有巨磁阻抗效应，将成为铁氧体有力的竞争者。纳米微晶稀土永磁材料，其磁性高于铁氧体 5～8 倍，而稀土含量减小 2/3，生产成本降低，且不易被氧化、腐蚀，可作为黏结永磁体的原材料。用于磁致冷，具有效率高、功耗低、噪声小、体积小、无污染等优点，可用来扩展制冷温区。

8.4.2.3　纳米导电涂料

由于纳米晶材料的电导有尺寸效应，特别是晶粒小于某一临界尺寸时，量子限制将使电导量子化，纳米材料的电导随着晶粒度的减小而减小，电阻的温度系数亦随晶粒的减小而减小，甚至出现负的电阻温度系数。同时，也会导致它的介电性能变化，如空间电荷引起界面极化，介电参数或介电损耗具有较强的尺寸效应，纳米介电材料的交流电导远大于常规介电质，若将纳米导电粒子加入到涂料中，涂敷到制品表面，可以增加制品的电导率。杜仕国等制备了一种纳米 ATO 导电粉为填料、醇酸树脂为基体的复合型导电涂料，研究结果表明，加入 60%～65%的纳米 ATO 导电粉，选择钛酸酯偶联剂 NTC-401，以 5%的用量预处理粉体填料，涂层在 50℃ 的温度 2d 后完全固化，涂料的导电性能良好，表面电阻率为

10^3cm^{-2}。范凌云等将碳纳米管经过超声处理和表面包覆改性后，填充到丙烯酸酯中，制得一系列丙烯酸酯/碳纳米管导电涂料，考察了涂料相应的电性能、硬度、附着力、柔韧性等。结果表明，所制备的丙烯酸酯/碳纳米管涂料电阻达到了 $1\times10^3\Omega$ 左右，涂料有良好的附着力、硬度、抗冲击性能。

8.4.2.4 纳米高强度涂料

利用纳米粒子的比表面能大等特性可明显改善涂膜的力学性能，如涂膜的韧性和强度等。涂料树脂中刚性颜料粒子的存在会产生应力集中效应，引起周围树脂产生微开裂，加入纳米粒子后，纳米粒子的界面效应，使之与树脂之间产生更多的接触面积、产生更多的微裂纹和弹性变形，将更多的冲击能转化为热量吸收，从而提高冲击强度，达到增加强度、提高韧性的目的。如唐毅等利用纳米材料高的比表面能和表面活性开发电站高温耐磨涂料。试验在普通粉料 FM650 中添加纳米材料制成涂料，对涂层的结合强度、耐磨性和热震性分别进行了试验。结果表明：FM650 涂层的结合强度从 2.90MPa 提高到了 3.49MPa，采用单面涂层降低气孔的影响则涂层强度从 6.26MPa 提高到了 10.43MPa；耐磨性和致密性均有很大提高；纳米 Al_2O_3/SiO_2 的加入改善了涂层与钢的膨胀系数匹配程度，不经低温 80℃/150℃处理涂层仍具有良好的耐热震性能。

8.4.2.5 纳米抗菌涂料

由于纳米材料的表面效应，纳米微粒在光的照射下，把光能转变成化学能，促进有机物的合成或使有机物降解的过程称作光催化（表面性能的改变）。光催化特性的催化原理为：利用光来激发 TiO_2 等化合物，使其产生的电子和空穴来参加氧化-还原反应，当能量大于或等于能隙的光照射到半导体纳米粒子上时，其价带（VB）中的电子将被激发跃迁到导带（CB），在价带上留下相对稳定的空穴（h^+），从而形成电子-空穴对（$TiO_2 \longrightarrow h^+ + e$）；又由于纳米材料中存在大量的缺陷和悬键，能俘获电子和空穴并阻止他们重新复合，从而产生强烈的氧化还原电势。空穴与表面吸附的 H_2O 或 OH^- 反应生成有强氧化性的羟基自由基：$H_2O+h^+ \longrightarrow \cdot OH+H^+$ 或 $OH^-+h^+ \longrightarrow \cdot OH$。电子与表面吸附的氧分子反应也会生成羟基自由基，同时还生成超氧离子 O_2^- 等，这些自由基有强的氧化性，可将有机物氧化成 CO_2、H_2O 等无机物分子而不产生中间产物。所以，在光的催化下，它能与细菌内的有机物反应，生成 CO_2、H_2O 及一些简单的无机物，从而杀死细菌，清除恶臭和油污。祖庸等曾进行过纳米 ZnO 的定量杀菌试验，在 5min 内纳米 ZnO 的浓度为 1%时金黄色葡萄球菌的杀菌率为 98.186%，大肠埃希菌的杀菌率为 99.193%。将一定量的纳米 $ZnO \cdot Ca(OH)_2 \cdot AgNO_3$ 等加入 25%的磷酸盐溶液中，经混合、干燥、粉碎等再制成涂料涂于电话机、微机上，有很好的抗菌性能。殷杰、尹光福等使用纳米银粉、润湿剂、分散剂和消泡剂等原料，制备得到含有纳米银粉材料的内墙涂料。检测可知，涂料性能优良。经灭菌率测试，含有质量分数为 0.02%纳米银粉的涂料能够有效地起到抗菌作用，在 1h 内的灭菌率达到 91.9%；再继续增加纳米银粉含量对提高抗菌效果意义不大。

8.4.2.6 纳米抗老化超耐候性涂料

紫外线具有很高的能量，可破坏高分子之间的化学键，使涂层中的聚合物降解，是导致涂料老化的主要因素。纳米材料具有小尺寸效应，对不同波长的光线会产生不同程度的吸收、放射和散射等作用，并且其对紫外线有较强的吸收作用，能够提高涂料的抗老化耐候性能。由于纳米材料粒径远小于可见光的波长（400～750mm），因此对可见光有透过作用，

保证了涂料具有很好的透明性。

经研究发现，纳米 TiO_2、SiO_2、ZnO、Fe_3O_4 等粒子加入涂层中，能明显提高涂料的抗紫外线吸收性，从而增强涂料的抗老化耐候性能。在不同波长的紫外线下纳米粒子的抗老化机理有所不同，例如：P. Stamatakis 研究发现纳米 TiO_2 颗粒衰减长波紫外线时，散射起主要作用；纳米 TiO_2 颗粒衰减短波紫外线时，吸收起主要作用。并且衰减不同波长的紫外线时，纳米颗粒的最佳尺寸也是不同的。目前，抗老化超耐候性涂料多用于建筑外墙涂料、汽车面漆等，其涂层寿命比一般涂料提高 50%或 1 倍以上。

8.4.2.7 纳米激光涂料

激光涂料是一种内部有纳米散射粒子的光学增益介质体系，通常由三相成分构成：基体相和发光中心相、散射相。基体相是体系发光光谱范围内透光率极高的液体或聚合物，如甲基丙烯酸甲酯等；发光中心相是具有光量子效应的纳米晶，如 Zn-Mn^{2+} 纳米晶体粒子等，或发光效率较高的荧光染料，如罗丹明 640 等；散射相是有很高光辐射、高散射指数的纳米晶体，如 Al_2O_3、TiO_2 等。

1994 年 3 月，美国激光物理学教授 Lawandy 等发现，在溶有有机荧光染料罗丹明 640 的甲醇胶体中，加入纳米 TiO_2 晶粒，随后用 532nm 的倍频激光辐射，此时，出现了奇特的现象：激光泵浦能量在低于某个阈值（该阈值相当低）时，胶体体系表现出普通荧光现象，荧光宽度为 100nm；当激光泵浦能量在高于该阀值时，荧光谱线急剧变窄至 10nm 以下，形成了 617nm 和 650nm 的双谱线，其中前者的强度是后者的 10 倍之多，光谱的发射强度成 10 倍地放大，响应时间比普通的荧光发射缩短了几个数量级，荧光的光谱性质具有多模激光谐振腔的特征。这是一种崭新而富有积极意义的物理现象，荧光光谱的这种“相变”是一种激光过程。与此同时，研究发现，以掺杂 Mn^{2+} 的纳米 ZnS 为发光中心、纳米 TiO_2 为散射相、聚甲基丙烯酸甲酯为基体的复合体系也具有激光涂料的特征。这两种所谓激光涂料虽体系组成不同，但都有一个共同点：都存在纳米晶粒子，这说明激光发射与纳米材料之间存在着某种必然的联系。

激光涂料的问世具有广泛的潜在应用价值，研究发现，激光涂料在激光隐身技术、标记与识别技术、激光医学、显示技术、传感器等方面都可以发挥重要应用。

（1）激光隐身技术

在现代战争中，隐身技术越来越受到各国的重视，其中雷达隐身更是研究重点，激光工作方框图和测量原理图如图 8-12 所示。常用的隐身方法就是涂敷吸波涂料。它是以高分子溶液、乳液或液态高聚物为基料，把吸波剂和其他成分加入其中。吸波剂是关键成分，决定涂料的性能。传统的吸波材料如铁氧体、导电纤维等，难以达到涂层薄、质量轻、附着力强、吸收频带宽的要求。纳米吸波粒子尺度（1～100nm）远小于雷达波波长，令反射信号大为降低。同时，由于尺寸变小，材料由多畴向单畴过渡，进而变为超顺磁性，产生特殊的吸附性能。又由于颗粒小、比表面积大、表面活性大，在电磁场辐射下，原子、电子运动加剧磁化，使电能转化为磁能，从而加大对电磁波的吸收。孙晓刚等以碳纳米管为雷达波吸收剂进行稀土掺杂后和环氧树脂充分混合，制成复合吸波涂料，并涂覆在铝板上制成吸波涂层，使用反射率扫频测量系统检测碳纳米管的吸波性能。结果表明：用适量稀土氧化物改性后，碳纳米管的吸波性能大幅提高，在 8.40～16.08GHz 频段内，反射率 $R < -10$dB，带宽达 7.68GHz，峰值 $R = -29.10$dB，波峰在 10.88GHz。反射率 $R < -5$dB 的带宽达 10.60GHz。

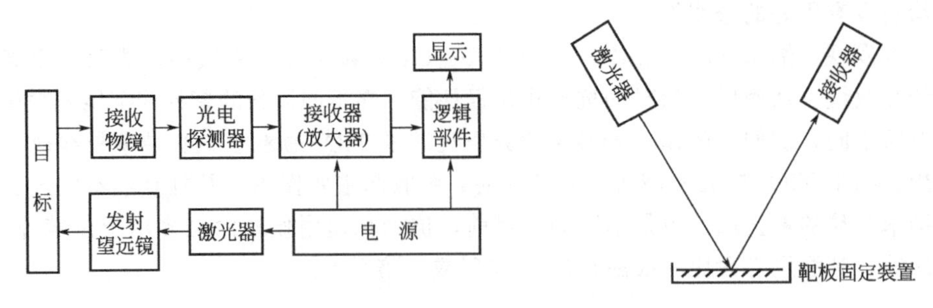

图 8-12 激光工作方框图和测量原理图

(2) 标记与识别技术

激光涂料的窄谱带发射的特性，可用于制造特殊波长控制的光电识别标志。将激光涂料制成图斑或条纹形式，通过特定的激光光源来识别，在防伪、长距离的敌我识别、危险物的标记、搜索、援救等方面有广泛的用途。例如，在信用卡上用激光涂料做光电识别码，将获得一些新的特性。以纳米/罗丹明/甲醇体系的激光涂料有两种激发光峰，如果将其制成带16个条纹的条码，会有40亿种编码方案，可以保证每一个持卡人独有专一编码的信用卡，这类信用卡与通用信用卡在外观上没有区别，而且不易被仿造假冒。

(3) 激光医学应用

在医学领域，激光涂料单位体积的高转换率（59%）允许它用于波长漂移的导管和作为漂移光栅使用。也可使某种特定波长的激光设施产生波长移动，用于激发治疗癌症的药物，使药物快速分解杀死癌细胞，达到利用激光涂料有效治愈癌症而不损伤正常体细胞的目的。皮肤病学家可用不同波长工作的激光涂料的激光阵列来治疗、消除皮肤色斑等皮肤疾病。

(4) 显示技术

通常使用稀土或过渡金属制备高效荧光材料，在主动式显示器上使用这种荧光粉常常会遇到亮度饱和的问题，而新一代高清晰度电视机的生产又迫切需要一类高效、快响应、无饱和的荧光粉，激光涂料恰好能满足这种要求。同时，激光涂料的激发电压很低，使显示器的体积厚度大大减小。由于激光涂料可以制成不同波长的输出激光，且输出光又是各向同性的，在显示技术中，能提供与标准三原色相比拟的扩展比色板，其颜色更鲜艳。

8.4.3 纳米复合涂料实例

近年来，国内外对功能型纳米复合涂料的应用性研究十分活跃，已有商品化产品出售。

目前所生产的涂料大都作为特种涂料或附加值高的高档涂料，对传统涂料的改性研究是十分活跃的一部分。表 8-6 列举了一些国内外纳米功能涂料的实例。

表 8-6 国内外纳米功能涂料实例

涂料名称	基本结构	用途	生产厂家
纳米透明耐磨涂料	纳米黏土+树脂 纳米 SiO_2+有机硅	透镜、地板 透镜、地板	US. Trition Systems 公司 US. Exxene Co.
纳米透明隔热涂料	纳米 ITO+树脂	透镜、玻璃	US. Nanophase Technologics Co.
纳米功能涂料	纳米 TiO_2+树脂	高级陶瓷涂层、保洁	US. Altair Co.

续表

涂料名称	基本结构	用途	生产厂家
纳米光催化净化涂料	纳米 TiO_2(锐钛型)+硅氧基树脂(或氟树脂)	道路隔离墙、净化	日本中部国道事务所
透明隔热涂料	ZnO/AlF 复合纳米粒子+树脂	树脂膜、玻璃	日本专利
耐磨透明涂料	纳米 SiO_2+有机硅	透镜涂料	德国专利
纳米内墙功能涂料	纳米 TiO_2(锐钛型)+乳液	净化空气灭菌、自洁	江苏河海纳米公司 南京化工大学
纳米钛粉涂料	纳米金属钛粉+树脂	防腐、自洁性	哈尔滨鑫科纳米科技发展有限公司

8.5 纳米磁性液体

纳米磁性液体（magnetic fluid）也叫磁性液体或铁磁性液体，是一种对磁场敏感、可流动的超顺磁液体磁性材料，同时具有磁性和流动性，因而具有许多独特的性能。1965 年，S. S. Papell 首次成功开发出稳定的磁性液体，被 NASA（美国国家航空和航天管理局）采纳用于解决宇宙飞船和宇航服可动部分的密封及在空间失重状态下的燃料补充问题。随后人们对磁性液体的特殊性能进行了广泛的探索和研究，把它应用于科学实验和工业装置中。目前，这种新型功能材料已在航天航空、冶金机械、化工环保、仪器仪表、医疗卫生、国防军工等领域获得广泛应用。

8.5.1 纳米磁性液体的组成

如图 8-13 的模型所示，磁性液体由纳米级磁性颗粒、表面活性剂和载液三部分组成。与一般的溶液不同，磁性液体是一种固液相混的二相流体，是一种胶体溶液。

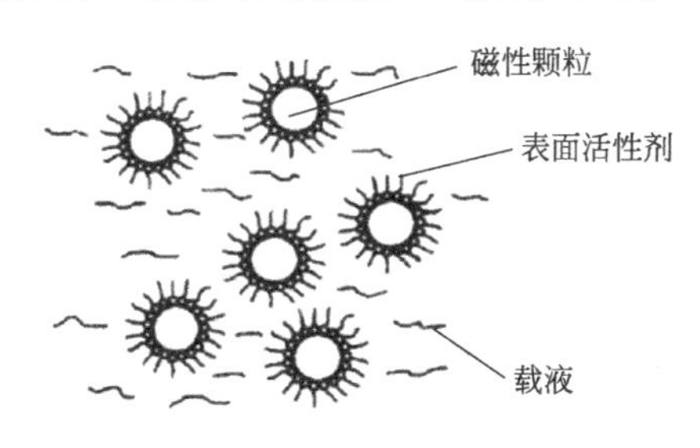

图 8-13 磁性液体模型

磁性颗粒通常为磁铁矿（Fe_3O_4）、铁氧体及稀土合金等固体颗粒。因为保证磁性颗粒悬浮状态的驱动力是颗粒的布朗运动，而只有颗粒周围载液分子的随机碰撞，才会使颗粒产生布朗运动。所以，磁性颗粒的尺寸一定要足够小，这样才能对分子的碰撞力作出响应。其次，无论在重力场还是磁场中，固体颗粒所具有的位能是与其体积成正比的，颗粒的体积越大，也就意味着位能越高，从而稳定性也差。因此，从产生布朗运动和稳定性两个方面来说，都要求磁性颗粒的尺寸足够小，通常直径尺寸应低于 100nm。磁性颗粒使磁性液体具有了和磁性材料相似的特性，表 8-7 给出了磁性液体中的不同磁性固体颗粒。

表 8-7 磁性固体颗粒

磁性液体名称	磁性固体颗粒物质
铁氧体磁性液体	Fe_3O_4，γ-Fe_2O_3
金属磁性液体	Fe，Co，Ni，Fe-Co-Ni 合金
氮化铁磁性液体	α-Fe_3N 及 γ-Fe_4N

表面活性剂也叫分散剂，它将单个磁性颗粒的表面包覆起来，使之彼此分开，悬浮于载液中。由于磁性颗粒为无机类固体颗粒，不溶解或不易分散在载液中，因此，在磁性颗粒和载液的两相（即固相与液相）之间应加入第三者，即表面活性剂。它既能吸附于固体微粒表面，又具有被载液溶剂化的分子结构。一般来说，载液不同，则所需的表面活性剂也不同。表 8-8 是供磁性液体用的部分表面活性剂。

表 8-8 供磁性液体用的部分表面活性剂

载液名称	适用于该载液的表面活性剂举例
水	不饱和脂肪酸，如油酸、亚油酸、亚麻酸以及它们衍生物的盐类及皂类、十二烷酸、二辛基磺化丁二酸钠等
碳氢化合物	油酸、亚油酸、亚麻酸以及其他非离子型表面活性剂
酯及二酯精制合成油	油酸、亚油酸、亚麻酸或相应的脂酸如磷酸二酯及其他非离子型表面活性剂
氟碳基化合物	氟醚酸、氟醚磺酸，以及它们相应的衍生物，全氟聚异丙醚等
硅油	硅烷偶联剂，羧基聚二甲基硅氧烷，羟基聚二甲基硅氧烷，巯基聚二甲基硅氧烷，氨基聚二甲基硅氧烷等
聚苯基醚	苯基十一烷酸，邻苯氧基苯甲酸等

载液也叫基液，载液的选择，应以低蒸发速率、低黏度、高化学稳定性、耐高温和抗辐射为标准，但同时满足上述条件非常困难，因此，往往根据磁性液体的用途来选择具有相应性能的载液。如低温环境用磁性液体可选择硅酸酯载液；用于旋转轴密封的磁性液体，可选择耐高温、与水及一般机械用油不互溶的有机硅（硅油）载液。通常所选用载液的名称以及制得相应磁性液体的应用范围如表 8-9 所示。

表 8-9 供磁性液体制备用的载液

载液名称	所制磁性液体特点及用途举例
水	pH 可在较宽范围内改变，价格低廉，制备工艺简便，适用于医疗、磁性分离、选矿、显示及磁带、磁泡检验等
酯及二酯	蒸气压较低，适用于真空及高速密封环境，润滑好的磁性液体特别适用于要求摩擦系数低的装置并可用于阻尼装置，其他如用于扬声器及步进马达等阻尼
精制合成油	类似于酯及二酯所制磁性液体，它的蒸气压很低
碳氢化合物	黏度低，适用于高速密封环境，各种碳氢化合物载液可互相混合
硅酸盐酯类	耐寒性好，适用于低温场合
氟碳基化合物	具有不易燃、宽温、不溶于其他液体的特性，在活泼性环境，如含臭氧、氯气等环境特别适用
聚苯基醚	蒸气压低，黏度低，适用于高真空和强辐射场合，辐射阻抗大于 106Gy
水银	可作 Fe、Co、Fe-Co、Fe-Ni 磁性颗粒的载液，所制磁性液体饱和磁化强度大，导热性好

8.5.2 纳米磁性液体的特性

8.5.2.1 物理特性

磁性液体的物理特性是其应用的基础，作为一种新型磁性材料，它主要有以下一些特性。

(1) 磁化特性

磁性液体中的磁性颗粒平均为十几个纳米，比单畴临界尺寸还小，因此它能够自发磁化达到饱和，由于颗粒磁矩在热运动的影响下任意取向，磁性液体系统呈超顺磁性。当磁性液体置于磁场中时，颗粒磁矩整齐排列，系统中各颗粒磁矩之和不再等于0，显示出磁性。

(2) 黏度特性

磁性液体的黏度是一个重要的参数。磁性液体的黏度取决于载液的黏度，与磁性颗粒的含量以及外加磁场有关。无外加磁场，且磁性胶体浓度较低时，磁性液体呈牛顿流体的特性；当施加静态的强磁场时，磁性液体的黏度一般会增加，并呈现非牛顿流体的特性。磁性液体的黏度还受温度的影响，温度升高时，其黏度将会减小。

(3) 光学特性

由于磁性液体在磁场中的表现像一个单晶体，因此磁性液体在磁场的作用下也会出现二向性现象，并在光的作用下产生双折射。

(4) 声学特性

磁性液体是一种黏性较大的流体，声波在其中传播时会由于能量耗散而衰减。当存在外磁场时，磁性液体内声波的衰减系数和磁场的方向密切相关。并且声波在磁性液体内的传播速度和衰减都因施加外磁场而表现出明显的各向异性。

(5) 热效应

磁性液体的饱和磁化强度随着温度的提高而减小，直至居里点时消失。利用这一现象，将磁性液体置于适当的温度梯度的磁场下，磁性液体就会因产生压力梯度而流动。

(6) 磁性液体的密度

在载液和表面活性剂固定的情况下，磁性液体的密度主要取决于纳米级磁性颗粒的含量，它也是直接影响磁性液体的磁性和黏度的重要参数。

(7) 界面现象

在垂直于磁性液体界面的方向施加磁场，由该方向磁场产生的静磁能有使界面扩张的作用，从而使表面张力减小。如果外加磁场强度较大，上述扩张作用大于流体的表面张力，则表面变得不稳定，磁性液体的表面出现无数的“针形磁花”。“针形磁花”的方向与磁力线的方向相同。“针形磁花”随着磁场强度的增强而长大。当磁场力、磁性液体的表面张力和重力平衡时，“针形磁花”就会保持不再长大。图8-14给出了磁性液体在磁场中显示磁力线分布的图形。

图8-14 磁性液体在磁场中显示磁力线分布图形

另外磁性液体还有初始磁化率、表面张力、热导率等物理特性。

8.5.2.2 化学特性

(1) 胶体稳定特性

磁性液体的胶体稳定特性是指在强磁场和重力的长时间作用下不分层、磁性颗粒不析出、不团聚。磁性液体的胶体稳定特性直接影响到它的应用。

(2) 抗氧化特性

磁性液体的抗氧化特性主要是指磁性颗粒的抗氧化性。该特性对于金属磁性液体来说更为重要。因为金属磁性液体的磁性颗粒氧化后不但磁性能会大大下降，还会导致磁性液体胶体体系的破坏。

(3) 表面活性剂与母液及磁性颗粒的化学匹配特性

表面活性剂是磁性液体的主要成分之一，表面活性剂有阳离子型、阴离子型和两性表面活性剂。表面活性剂有二性结构，既有亲液性、又具有憎液性。表面活性剂的亲液基必须与载液的分子结构或理化特性相近似，才能和载液互溶。表面活性剂的憎液基与磁性颗粒结合，包覆在磁性颗粒的表面并分散在载液中，形成稳定的胶体体系。这里有表面活性剂分子与载液及磁性颗粒之间的物理交互作用，也有它们之间的化学作用。表面活性剂的选择、添加方式、添加量的多少都会影响磁性液体的胶体稳定性。

(4) 蒸发特性

磁性液体的寿命主要取决于载液和表面活性剂的蒸发率及饱和蒸气压大小。为了获得长寿命的磁性液体，就要选择蒸发率低、蒸气压小的载液和表面活性剂。

8.5.3 纳米磁性液体的制备

在磁性液体的基本组成中，表面活性剂与载液均可从现有的物质中选用，因此，制备磁性液体的关键在于磁性颗粒的制备。早期的磁性液体制备技术主要是以铁氧体为主，后来，为了满足不同应用的需求，人们又尝试开发了其他材料的磁性颗粒。下面就按磁性颗粒种类不同对磁性液体的制备技术加以简要介绍。

8.5.3.1 铁氧体类

按照具体原理的不同，其制备方法可以概括地分为物理方法与化学方法两大类，其中，物理方法主要是指机械研磨法，而化学方法则包括化学共沉淀法、胶溶法等，下面分别加以论述。

(1) 机械研磨法

将 Fe_3O_4 粉末与煤油及油酸按一定比例混合在一起，装入球磨机进行研磨，大约需要5～20个星期，以保证 Fe_3O_4 粒子达到胶体尺寸，直径为2.5～15nm，然后用高速离心机除去直径大于25nm的粗大粒子。该法虽然简单，但耗时较长，效率低，费用高，不适合大批量生产。后来有人选用非磁性的方铁矿为原料，研磨制成胶体溶液，然后再使其变为铁磁性，这样可以缩短约95%的研磨时间。

(2) 化学共沉淀法

该方法是将二价的铁盐（$FeCl_2$）溶液和三价的铁盐（$FeCl_3$）溶液按一定的比例混合，加入沉淀剂（NaOH或KOH）反应后，获得粒度小于10nm的 Fe_3O_4 磁性颗粒，经脱水干燥后，添加一定量的表面活性剂母液，充分搅拌混合后获得铁氧体磁性液体。该方法能够获

得粒度均匀的纳米级颗粒，且成本低，适合工业化生产。

（3）胶溶法

Fe^{2+}和Fe^{3+}按物质的量比1∶2混合后加氨水，合成Fe_3O_4，将该Fe_3O_4加入到含油酸煤油中煮沸时，Fe_3O_4表面吸附油酸，从水相向煤油相转移，生成煤油基磁性液体。

不管是采用什么方法制备的铁氧体类磁性液体，其饱和磁化强度一般为300～500G（$1G=10^{-4}T$），但铁氧体类磁性液体的稳定性比较好，因此其不管是产量还是应用范围在国内外仍占统治地位。

8.5.3.2　金属类

常用的金属类磁性材料主要有Fe、Co、Ni及其合金等，由于其磁化强度比一般的铁氧体要高，因此，制备金属类磁性液体显然具有重要意义。主要有以下几种制备方法。

（1）蒸发冷凝法

在旋转滚筒的底部装入含有表面活性剂的载液，随着滚筒的旋转，将在其内表面上形成一层液体薄膜（图8-15）。将置于滚筒中心部位的铁磁材料加热并使之蒸发，冷凝后的粒径在2～10nm的铁磁性颗粒被液膜捕捉，随着滚筒的旋转进入载液中。滚筒连续旋转，由底部提供新的液体膜，如此反复制成金属磁性液体。用该方法制备金属磁性液体具有磁性粒子粒度分布均匀、分散性好的特点，但是所需要设备复杂，而且需要抽真空。

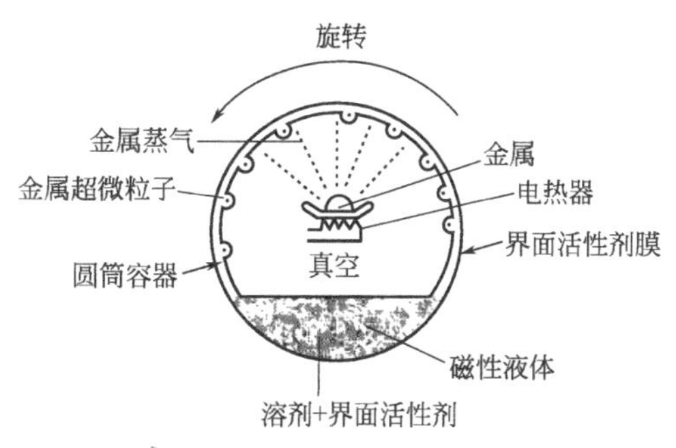

图8-15　蒸发冷凝设备简图

（2）热分解法

在含有表面活性剂的载液中添加羰基金属化合物，置于带有加热装置的密闭容器内。经热分解制成纳米级Fe、Co、Ni或其合金颗粒，这些颗粒经表面活性剂包覆后，均匀、稳定地分散在载液中成为金属磁性液体。再者，将含有表面活性剂的载液放入热解炉内。用N_2或Ar将有机金属络合物载带到混合罐内，稀释后导入热解炉内，经热分解制成纳米级Fe、Co、Ni或其合金颗粒，这些颗粒经表面活性剂包覆后，均匀、稳定地分散在载液中成为金属磁性液体。

（3）电解沉积法

其基本原理是在电解池中，以液态金属载体（如水银）为阴极，对铁磁元素金属盐的水溶液或乙醇溶液进行电解还原，还原金属在液态金属载体中沉积。为了防止金属颗粒长大，在沉积过程中，必须用机械方法或磁力搅拌方法对液态金属载体进行搅动。目前，利用电解沉积法可以制得Fe、Co、Ni、Fe-Co合金、Ni-Co合金、Ni-Fe合金等在水银或水银合金中的磁性液体。

另外，还有等离子CVD法、气相还原法、紫外线分解法、水溶液还原法等可以用来制备金属磁性液体。

8.5.3.3　氮化铁类

金属类磁性液体的饱和磁化强度虽然很高，但是其化学稳定性较差，容易发生氧化变质，导致磁性液体磁性能的下降。为此，人们又研究开发了氮化铁类磁性液体。氮化铁类磁性液体的制备方法主要有以下两种。

(1) 等离子 CVD 法

该方法是从作为电极的导气管往旋转反应容器内导入由 N_2、Ar、$Fe(CO)_5$ 蒸气组成的混合气体。往电极加高频电压（13.56MHz）产生等离子，使 $Fe(CO)_5$ 分解生成纳米级氮化铁颗粒。这些颗粒被容器内表面上的液体膜捕捉并均匀分散到容器底部的载液中，形成含有氮化铁颗粒的磁性液体。

(2) 热分解法

其制备工艺和制取金属磁性液体大体相似。即在制取磁性液体时通入适量的 NH_3，使之与 $Fe(CO)_5$ 反应生成不稳定的中间化合物，或在 $Fe(CO)_5$ 受热分解后生成的纳米级铁粉的催化作用下使 NH_3 裂解产生原子氮。纳米级铁粉与原子氮反应后生成 ε-Fe_3N 化合物，按气相结晶的热力学条件进行形核、长大，形成相应的纳米级颗粒。这些氮化铁颗粒经表面活性剂包覆后均匀分散在载液中成为氮化铁磁性液体。

另外，还有气相-液相反应法、等离子体活化法等可以用来制备氮化铁类磁性液体。

8.5.4 纳米磁性液体的应用

纳米磁性液体最显著的特点是把液体特性与磁性特性有机结合起来。正是由于磁性液体具有独到的特性，人们将这种特性开发到应用上。

磁性液体在应用上的工作原理如下。

① 通过磁场检测或利用磁性液体的物性变化；

② 不同磁场或分布的形成，把一定量的磁性液体保持在任意位置或者使物体悬浮；

③ 通过磁场控制磁性液体的运动。

由于各个工作原理相互关联，所以应用时很少单独运用上述工作原理。以各自工作原理为主分类，其应用范围见表 8-10。

表 8-10 磁性液体的基本工作原理和应用范围

<table>
<tr><th>基本工作原理</th><th>被利用的性质</th><th>功能</th><th>应用</th></tr>
<tr><td rowspan="5">物性变化</td><td rowspan="4">磁性</td><td>由温度引起的磁变化</td><td>温度的计量和控制</td></tr>
<tr><td>确认位置</td><td>液面计，测厚仪</td></tr>
<tr><td>页面变形</td><td>水平仪，电流表</td></tr>
<tr><td>内压变化</td><td>压力传感器，流量传感器</td></tr>
<tr><td>磁光效应</td><td>光变化</td><td>磁力传感器，光学快门(相机)</td></tr>
<tr><td rowspan="6">保持作用</td><td rowspan="2">磁力</td><td>密封</td><td>轴、管密封，压力传感器</td></tr>
<tr><td>可视化</td><td>β法磁畴检测，磁盘、磁带检测，探伤</td></tr>
<tr><td>热传导</td><td>散热</td><td>扬声器，驱动器</td></tr>
<tr><td rowspan="3">黏性、磁力</td><td>润滑</td><td>轴承</td></tr>
<tr><td>阻尼</td><td>旋转阻尼，阻尼测量器，扬声器</td></tr>
<tr><td>负载保持</td><td>加速度计，阻尼器，研磨，比重计，选矿，轴承等</td></tr>
<tr><td rowspan="3">流体运动</td><td>磁力、流动性</td><td>制导</td><td>油水分离，造影剂，治癌剂</td></tr>
<tr><td rowspan="2">磁力</td><td>流体驱动</td><td>泵，液压变速装置</td></tr>
<tr><td>液滴变形</td><td>传感器，传动器</td></tr>
</table>

续表

基本工作原理	被利用的性质	功能	应用
流体运动	磁力、热传导	热交换	能量变换，热泵，热导管，变压器，磁制冷，MHD 发电
	流动性	位置控制	显示器
		薄膜变形	界面层控制装置

8.5.4.1 磁性液体密封

磁性液体在密封方面的开发和应用最早。磁性液体技术早期最成功的应用是真空密封，因为将运动部件导入真空室时采用这种液环式动密封不但可以克服固体密封中易磨损、功耗大、寿命低、易污染等弊病，而且由于液态的磁性液体可以充满整个被密封的空间从而堵塞了一切可以漏气的通道，实现了运转和停车两个过程中的零泄漏。相比于密封气体，磁性液体密封液体技术起步相对较晚，直至 20 世纪 70 年代才逐渐有专家开展相关方面的探究。进入 21 世纪，随着对海洋资源的进一步探索以及纳米技术、医学技术的进步，磁性液体密封液体技术有了更广阔的应用需求，国内外学者在这方面做了长久而卓有成效的研究，并取得了显著的研究成果。典型的密封结构如图 8-16 所示，主要由永磁体、环形磁极、旋转轴和填充磁性液体的气隙构成。原理是由永磁体在磁路中产生强磁场，将磁性液体保持在相对运动的气隙内形成液体“O”形密封环，从而堵塞泄漏通道，达到密封的目的。压力较高时可以采用多级密封来实现。

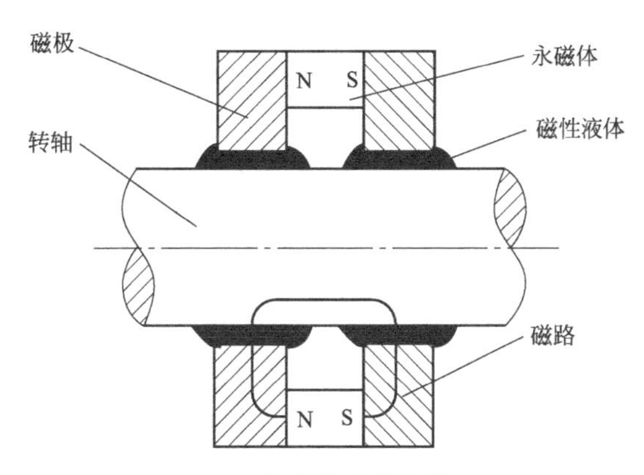

图 8-16 磁性液体动轴密封原理图

托辊作为带式输送机的核心部件，主要作用是支撑传送带、减小运行阻力，其性能和寿命直接影响着运输效率和输送成本。现有托辊轴承的密封方式多采用迷宫式密封，防水性、密封效果差，低温时旋转阻力增大。中国矿业大学鲍久圣教授课题组设计了一种磁性液体密封的托辊（图 8-17），具有密封可靠、寿命长、能承受高转速等优点，此外磁性液体还可以起到润滑的作用。

比较而言，磁性液体转轴动密封技术具有如下独特的优越性。

① 作为密封工作介质的磁性液体，能够充满整个密封间隙，填平所有微小的沟槽和凹凸不平之处，从而阻塞了一切泄漏通道，使密封具有保持不变的零泄漏特性。

② 与固体接触式密封相比，磁性液体密封是一种液体接触密封，彻底消除了固体摩擦所造成的密封件磨损失效、可靠寿命短、要求另外润滑、产生磨损颗粒并带来二次污染及磨损、产生噪声和发热等弊病，而且没有加强密封效果与提高转速、降低功耗之间的矛盾，尤

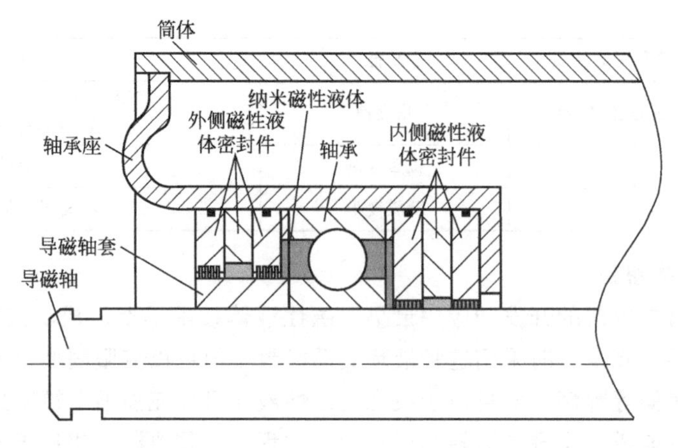

图 8-17　一种磁性液体密封托辊的结构图

其是摩擦阻力与摩擦功耗大大降低，特别适合于高转速、低转矩的场合，节能效果十分显著。

③ 与非接触式密封相比，由于磁性液体密封是依靠磁性力工作的，因此不存在密封工作液的泄漏、污染和停车泄漏问题。

④ 与一般非弹性件接触式密封相比，磁性液体密封结构简单，加工安装方便，制造精度要求不高，工作性能可靠，有效寿命长，不怕转轴有偏心振动，而且几乎不需要维护。

正是由于这些优点，磁性液体密封在多个领域中得到了广泛应用。磁性液体密封技术在动态密封方面，主要用于半导体加工业、光纤器件、X 射线仪、激光管、质谱仪、高温真空冶金炉、晶体生长设备和宇航电子设备等。在隔绝密封方面，主要用于保护精密机械仪器、仪表，以免受环境污染。

8.5.4.2　润滑

磁性液体是一种新颖的润滑剂，它可以利用外磁场使磁性液体保持在润滑部位，不会产生流失，并可以防止外界污染。此种润滑剂可用于动压润滑的轴颈轴承、推力轴承、各种滑座和表面相互接触的任何复杂结构，在磁场作用下能准确地充满润滑表面，用量不多而且可靠，又可以节省泵和其他辅助设施，实现连续润滑。

图 8-18 所示的是采用磁性液体润滑的两种滚动轴承。为使滚动体和轴承圈接触区形成磁场，可使滚动体磁化［图 8-18(a)］，也可使轴承圈或分离圈磁化［图 8-18(b)］，而将永磁体装在其间。这样，轴承中被磁化的滚动体或轴承圈所产生的磁场就可以将磁性液体润滑剂保持在轴承内，使轴承始终处在良好的润滑条件下，从而大大提高了轴承的寿命。加拿大的工厂在巨型压缩机中采用磁性液体润滑轴承，1400kg 重的转子可以平稳地加速到 5200r/min，而令人惊奇的是，在这样的庞然大物内部却找不到一滴润滑油。

8.5.4.3　精密研磨

利用磁性液体可进行高精度的表面研磨。其优点是加工精度极高，表面质量好，不会在加工表面形成新的加工变质层，容易保证零件的力学性能，加工时间短，能自动控制，可研磨各种材料和研磨任何形状的曲面，在机械和电子工业中有着广泛的应用。磁性液体研磨按其原理可以分为三种：磁浮置研磨，分离式研磨，堆积研磨。

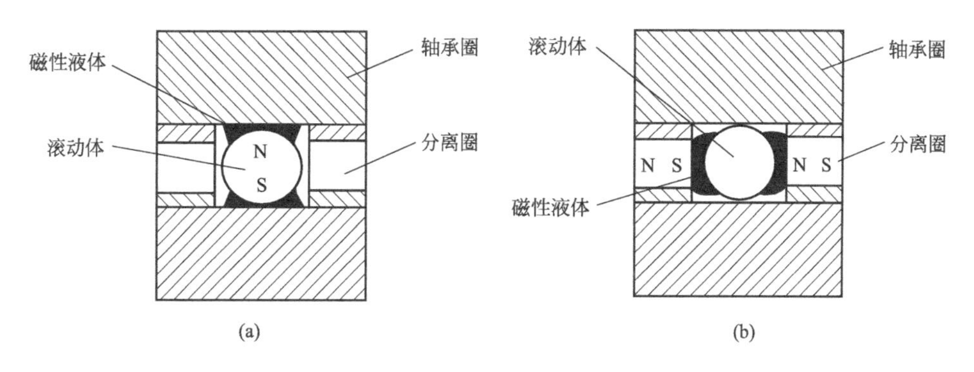

图 8-18　磁性液体润滑轴承

日本金泽大学和东京大学的研究人员把碳化硅磨粒加入到磁性液体中，在外加磁场的作用下，使磁性液体的表观密度增大，其结果是磨粒浮到表面，被磨零件在磁性液体中转动，进行研磨加工（图 8-19）。日本还介绍了一种新型的磁性液体研磨法，对内径小于 20mm 的长管道内表面进行加工，使用 SiC 磨粒和不锈钢锥形工具，达到了 0.28μm/min 的最大去除率。此外，他们还用旋转球抛光小弯管的内表面，获得了 0.20μm/min 的去除率。用粒径小于 1μm 的磨粒和 PVA 锥形工具，表面粗糙度达到 Ra0.04μm。

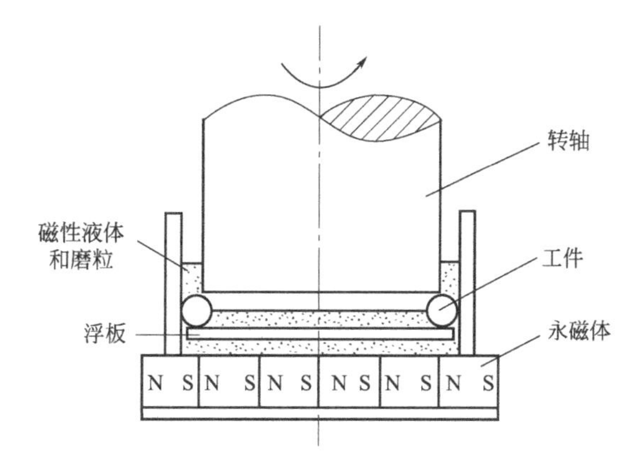

图 8-19　磁性液体研磨装置

在普通磁性液体研磨的基础上，日本 Tohoku 大学的学者又提出了一种磁性液体冷冻研磨方法。原理是将磁性液体中的磨料分布优化后，放到－40℃的环境中进行冷冻，制成冷冻磁性液体研磨轮，从而使磁性液体研磨具有更好的抛光特性。所用的磁性液体是水基磁性液体，磨料是 SiC，磁场是通过研磨轮箱子底部的永磁体施加的。

8.5.4.4　阻尼减振

磁性液体因兼具有磁性和液体流动性两种性质，既可以用作被动减振，又可以实现对振动的主动控制。磁性液体阻尼因其具有结构简单紧凑、零磨损、无需外供电源、低成本、安装简单等独特的优点被广泛地应用于液体阻尼中。

图 8-20 为航天器太阳能帆板被动减振器的原理图，其主结构由外壳、永磁体和磁性液体组成。磁性液体在永磁体磁场作用下包裹住永磁体，使永磁体悬浮在壳体内腔中不与壳壁发生接触；减振器与振动物固定连接，当振动物振动时，永磁体会因惯性力产生与运动方向相反的相对壳体的位移，与磁性液体产生黏性摩擦耗能来实现减振的目的。

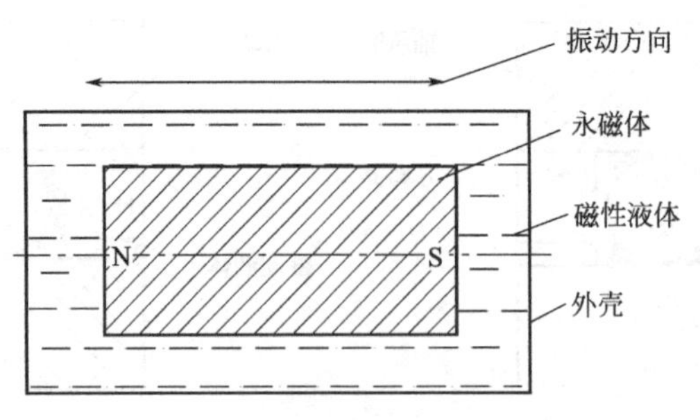

图 8-20 磁性液体阻尼减振原理图

步进电机是一种把数字电脉冲转换为精确机械位移的传动装置，它被迅速地加速或减速，常会导致系统呈振荡状态。利用磁性液体作阻尼器，可以消除振荡状态。对于永磁材料作转子的步进电机，如图 8-21(a) 所示，只要将磁性液体注入磁极间隙，就可使马达平稳地转动。图 8-21(b) 是添加磁性液体前后步进电机的振荡情况，明显可以看出磁性液体的阻尼作用消除了系统的振荡和共振。

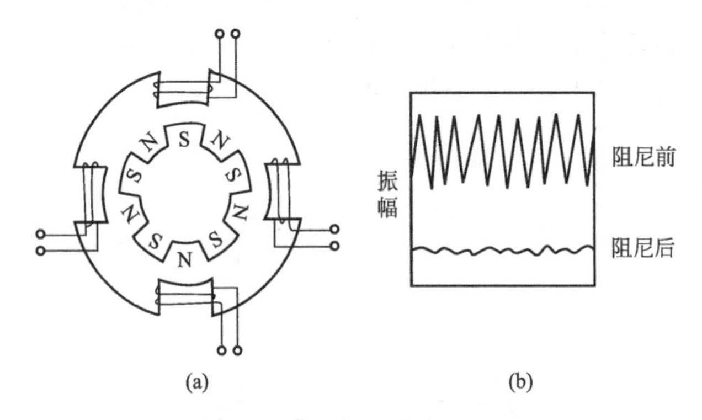

图 8-21 步进电机磁性液体阻尼

8.5.4.5 浮选

普通流体的浮力归根到底是重力场的作用。磁性液体除受重力场的作用之外，还可以受到磁场的作用。如果磁场具有所要的梯度，则它对磁性液体的作用与重力场相同，而且在数值上可以比重力场大很多倍。这就好像外磁场增大了磁性液体的表观密度。通过调节外加磁场的强度来改变磁性液体的表观密度，就可以实现磁性液体中某些特定物质的沉浮。这就是磁性液体浮选的基本原理。图 8-22 是磁性液体矿物浮选的示意图。

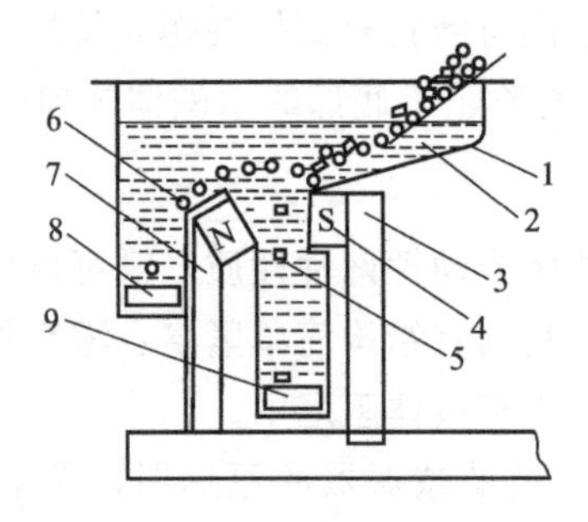

图 8-22 磁性液体矿物浮选装置

1—分选槽；2—磁性液体；3—距离调节轭铁；4—永磁体；5—重成分；6—轻成分；
7—角度调节轭铁；8—废渣输送带；9—回收输送带

俄罗斯的研究人员将磁性液体用于砂金的分选，使黄金的采收率达到98%以上，而且处理时间降低了1/3；日本的日立公司（Hitachi）也成功地采用磁性液体进行宝石的萃取，萃取速度高达1000t/h。只要适当地调节永磁体间的磁场梯度和磁场强度，磁性液体矿物分选装置中的磁性液体可以得到任意大小的表观密度，因此具有广泛的适用范围。除了可以用于砂金和宝石的分选外，也适合于铝、锌、铜、铅及其合金等直径小于30mm的矿物的分选。磁性液体矿物分选装置采用永磁体的磁场力作为动力源，大大降低了电能的消耗，而且水基磁性液体造价较低，易于回收，对生态无害，在提倡节省能源、保护环境的今天，是一种很有应用前途的矿物分选技术。

8.5.4.6　印刷

美国IBM公司在1975年首先将磁性液体用于印刷。对印刷业的革新产生了重要的影响，是当时美国重大科研项目之一，其原理如图8-23所示。用压电晶体或磁性方法将磁性墨水（用水基磁性液体加上适量的润滑剂构成）变成小液滴，然后通过计算机控制使液体偏转的磁场，就可以使磁性墨水按一定形状排列，从而实现无声快速印刷。目前，大多数的喷墨打印机都采用了这项技术。

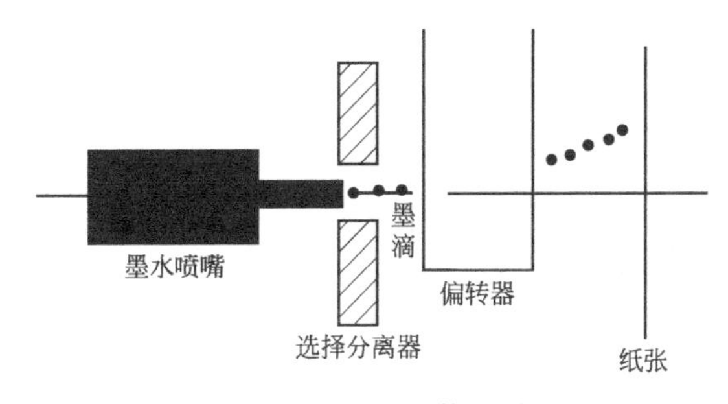

图8-23　磁性液体印刷

用磁性液体制成高质量的磁性墨水，也可用于无铅字高速喷射印刷。美国的一些银行已经使用磁性墨水印刷的支票，以便于计算机识别，保证安全。日本松下电器公司还研制了一种使用磁性液体墨水的无喷管式喷射印刷装置。另外，用磁性液体制成的磁性墨水书写的记录，不但肉眼可以阅读，也可用仪器阅读。国外还拟制一种看不见字迹的记录本，用磁性液体在普通纸上做不接触的记录，这为情报资料的保管开辟了新的天地。用磁性液体做成的圆珠笔书写流畅、无滞涩感，已成为畅销货。

8.5.4.7　传感器

磁性液体可以用来制作多种传感器，如机械传感器、电磁传感器和动力测量传感器。由于磁性液体很容易实现加速度传感器和倾斜传感器中某些元件所需的功能，如质量悬置、弹性恒定、惯性质量、比例阻尼、磁液漂移、磁浮循环等，所以特别适合用于加速度传感器和倾斜传感器的设计和制造。

磁性液体倾斜传感器利用了永磁体在磁性液体中悬浮的特性和磁性液体的流动性，使得传感器中运动部件由磁性液体支撑，与管壁间无机械磨损且阻尼很低，从而传感器具有较高的使用寿命和较高的精度，且结构简单。图8-24是一种典型的倾斜传感器结构图。

罗马尼亚空间科学学院研制了一系列加速度传感器和倾斜传感器，灵敏度范围在10^{-10}～$100m \cdot s^{-2}$，频率范围从静态到几千赫兹，精确度高达16位。磁性液体传感器的一个显著特点就是对半静态和低频信号的高响应，它们在高灵敏度和线性测量中也具有良好的性能，

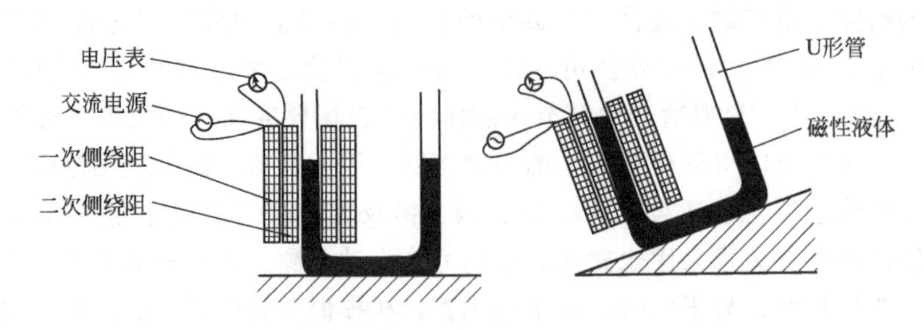

图 8-24 磁性液体倾斜传感器结构图

而这对普通的传感器来说是非常困难的。磁性液体传感器不但尺寸小，而且造价低，它们的应用领域从石油勘探到一般研究，非常广泛，在其他诸如地球潮汐、地震测量、地质勘探和惯性导航中，磁性液体传感器在性能上也比超导仪器更具竞争性。

8.5.4.8 声学上的应用

由于近代音响向高品质、高性能、数字化、微型化等方向发展，要求提高扬声器的动态范围和最大声压水平，以满足音响系统高水平的需要，为此必须提高扬声器的输入功率。由于输入功率的增大，音圈的温度相应上升，当超过允许值时音圈产生热破坏。

在扬声器空气间隙内的音圈周围注入磁性液体可以改善音圈的散热条件。还可使音圈自动定位，提高扬声器的承受功率，改善频率响应，减少失真等。采用注入磁性液体的高音扬声器、低音扬声器均已商品化，现绝大多数高保真（Hi-Fi）扬声器和专业扬声器都使用了磁性液体，据保守估计，全世界至少已有 3 亿只高档扬声器采用了磁性液体。

磁性液体扬声器结构见图 8-25。

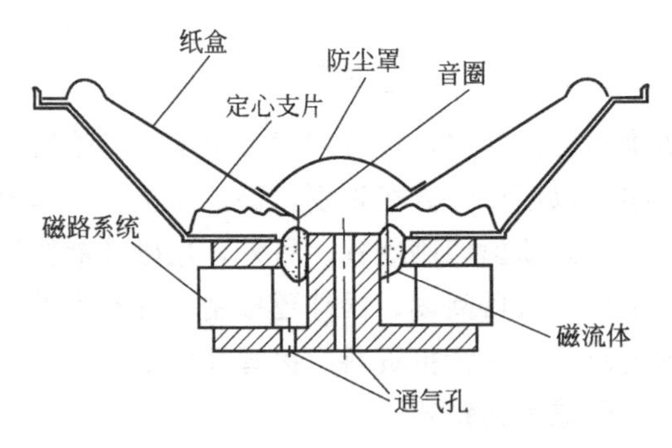

图 8-25 磁性液体扬声器结构图

8.5.4.9 生物医学卫生上的应用

英国已成功地使用磁性液体来查找生物群落的最小单位，如烟草哮喘病毒和烟草镶嵌病毒。现已应用磁性液体来调整生物群落的最小单位，从而可以由中子衍射研究获得分子结构的信息。英国还成功地用高梯度磁分离法（HGMS）从全血中俘获到红细胞。这是由于在脱氧状态时，红细胞中所含的血红蛋白的顺磁性所引起的，俘获的红细胞和处理过的白细胞及血小板似乎能不受损伤地分离。目前，利用磁性液体已捕获了含疟疾寄生菌的红细胞，使微细弥散的铁磁颗粒悬浮液与细菌细胞相黏结，获得比一般方法高得多的细菌鉴别灵敏度。

传统的癌症化、放疗会对人体不可避免地产生严重的毒副作用。靶向给药又称生物炸弹，是靶向治疗的一种，它通过磁性靶向给药系统对肿瘤部位进行治疗，并将药物和

适当的磁性材料及必要的辅助材料制成磁性药物，配制成一种抗肿瘤磁性液体，通过血管注入人体后，在足够强的外磁场导向作用下，随磁场沿血管移动到肿瘤的组织，药物在肿瘤组织细胞间释放，在细胞或亚细胞水平上发挥药效作用，因此对正常组织无太大影响。

日本北海道大学的 Mitamura 团队通过实验得到磁性液体密封在旋转式血液泵中使用的可行性。体积小且不需要瓣膜的旋转式血液泵适合人体内部环境，但这种旋转式血液泵面临血液腔与电机室的旋转密封问题，磁性液体密封紧密度高、寿命长的特点满足这一要求。Mitamura 团队在通过使用机油基磁性液体进行密封去离子水、血液的实验中，得到在这种小线速度（约 0.8m/s）情况下，设备使用寿命可达 48h。而通过在密封装置上游区添加隔套的方法减小磁性液体与被密封液体速度差，可以连续工作 275 天而不发生泄漏。

日本滨松医科大学利用磁性液体制造人造肛门，这种人造肛门所使用的水溶性磁性液体是旋糖酐化磁体，装入硅树脂制成的环形料袋中，该袋沿直肠四周植入体内，起到如同括约肌关闭肛门的作用。另外，利用磁性液体的磁特性，也可以选择分离病毒、细菌，以及在人体的特定部位聚集治疗药剂，为此可以很方便地制作磁性自硬膏，以提高治疗效果。

8.5.4.10　艺术雕塑方面的应用

随着纳米科技的发展、纳米液体功能材料的不断出现，雕塑艺术不但突破了三维的、视觉的、静态的形式，而且出现了液态雕塑的作品，这就是磁性液体艺术雕塑，也称磁性液体磁场交互装置。原理是通过变化的磁场控制磁性液体形成动态艺术雕塑。

大连大学“磁性液体研发”工作室除研究纳米磁性液体的制备、性能和应用外，还开展“磁性液体艺术雕塑”研究，发明出“磁场空间分布的磁性液体系列装置”，其中“管式”“球式”“螺旋塔”等艺术雕塑在 2010 年 3 月美国费城 NARST 科教年会上展出。如图 8-26 所示，处于磁场中的磁性液体，具有敏感性响应、非线性响应和自组织行为。图 8-26(a) 是柱形磁体产生的磁场对管式磁性液体的雕塑形态，图 8-26(b) 是电磁铁与永久磁铁协同对球式磁性液体的雕塑形态，随着雕塑工具磁场的位置和强弱的不同，磁性液体展现的雕塑形态也完全不同，是一种崭新的液体艺术雕塑。

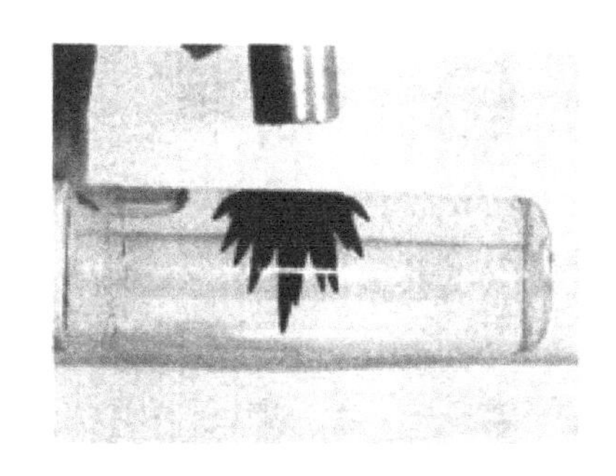

(a) 管式磁性液体的雕塑作品

(b) 球式磁性液体的雕塑作品

图 8-26　2010 年 3 月美国费城 NARST 科教年会展品

磁性液体还有其他方面的诸多应用，文献资料也很多。而且磁性液体的应用还在不断地开发，应用的水平也在不断地提高。

8.6 纳米科技在能源领域的应用

人们早就注意到化石能源的有限性与人类需求的无限性之间的巨大矛盾，根据现有的储量和消耗速度，石油、煤炭等主要能源将在未来数十年至数百年内枯竭，能源问题已经成为全球所面临的共同难题。如何开发能源技术、扩大能源获取途径、探寻新的储能方式，可谓是一项人类面临的全新挑战。

近年来伴随着纳米科技的跨越式发展，越来越多的重要研究成果陆续产出。除了可预期的前景，各国也逐渐发现纳米技术在提高能源利用效率、开拓源泉方面所展现出了巨大潜力。

纵观这些前沿研究领域，有关纳米能源的研究主要聚焦于太阳能电池、锂电池、储氢材料等领域。

8.6.1 太阳能电池

太阳能电池是一种利用光伏效应或光化学效应将太阳能转化为电能的能量转换装置。按照其发展历程，太阳能电池可以分为三类：以单晶硅太阳能电池为代表的第一代太阳能电池，在市场上占据着主导地位；以铜铟镓硒（CIGS）和碲化镉（CdTe）薄膜太阳能电池等为代表的第二代太阳能电池，其发展受环境污染和稀有元素储量低的限制；此外，以染料敏化太阳能电池、钙钛矿型太阳能电池和量子点太阳能电池等低成本、高效率新型太阳能电池为代表的第三代太阳能电池正在快速发展。

人们一直不断在工艺、新材料、电池薄膜化等方面进行探索，随着新的基于纳米技术的太阳能电池的出现，如微晶硅薄膜太阳能电池、钙钛矿太阳能电池等，有助于解决目前太阳能电池面临的挑战，提高光电转化效率，降低生产成本，减少环境污染。

8.6.1.1 微晶硅（纳米晶硅）薄膜太阳能电池

薄膜太阳能电池厚度一般为 2～3μm，主要有多晶硅薄膜（图 8-27）、非晶硅薄膜、微晶硅（又称纳米晶硅）薄膜、化合物半导体薄膜、新材料薄膜电池等，其中被寄予厚望可提高转换效率的材料是微晶硅薄膜。

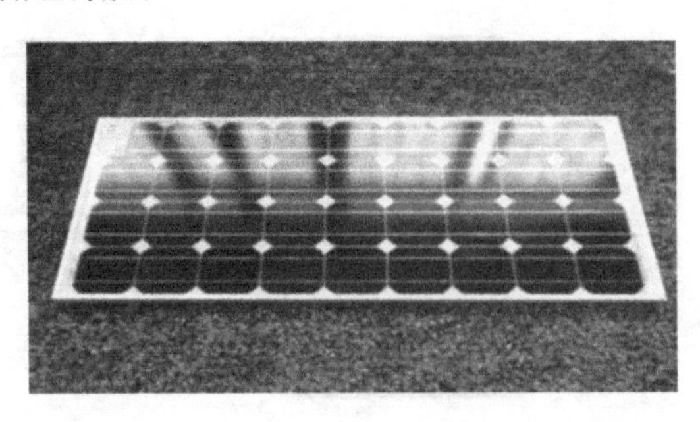

图 8-27 多晶硅太阳能电池板

微晶硅是介于非晶硅和单晶硅之间的一种混合相无序半导体材料。当微晶硅吸收光时，一个光子会产生 2 或 3 个电子；而其他半导体材料一个光子仅会产生一个电子，因此可提高太阳能电池的转换效率。微晶硅薄膜太阳能电池主要是将尺寸小于 7nm 的纳米硅晶晶粒均

匀地分布于 SiO_2 或 Si_3N_4 的衬底中，利用纳米尺寸的量子效应，可吸收不同能带的太阳光谱，再将其与现有太阳能电池材料相堆叠。图 8-28 是一个典型的非晶/微晶硅高效薄膜太阳能电池分层图。

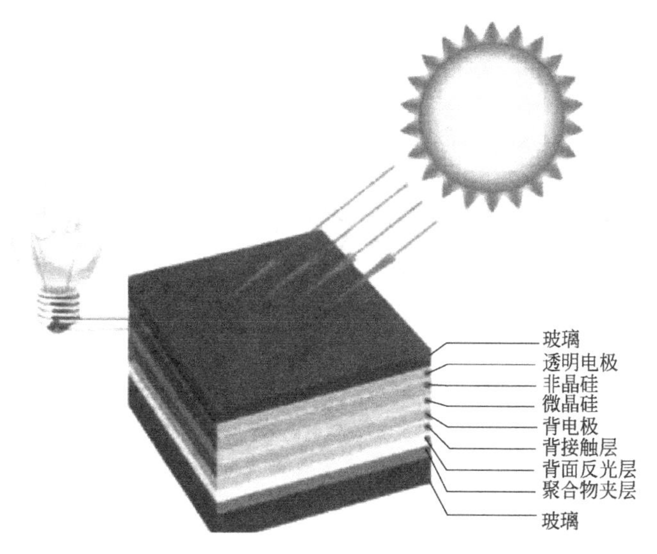

图 8-28　非晶/微晶硅高效薄膜太阳能电池分层图

微晶硅与非晶硅和单晶硅相比，具有以下优点。

① 微晶硅具有接近于单晶硅的低光学带隙，可吸收更低能量的太阳光子，因此可明显拓宽太阳能电池的长波光谱响应范围，大幅提高光电转换效率；

② 微晶硅的原子结构比非晶硅更加有序，长期光照或通电导致内部产生缺陷而使电池性能下降的光致衰退效应因此变得比较小，可明显提高电池稳定性，延长电池寿命；

③ 具有与非晶硅相同的低温工艺，便于在廉价衬底材料上大面积生产。

但微晶硅也有其缺点：由于它是间接带隙半导体，在短波段的光吸收系数比非晶硅低，因此微晶硅常用作底电池，形成非晶硅/微晶硅叠层结构，这样可以大幅度提高光电转换效率。

与晶体硅太阳能电池相比，薄膜硅太阳能电池可以使硅材料的使用量降低两个数量级，因此薄膜硅太阳能电池被视为适于未来大规模生产的低成本太阳能电池。但目前薄膜硅太阳能电池的光电转换效率还低于晶体硅太阳能电池，如果薄膜硅太阳能电池的光电转换效率能不断得到提升，它可能是未来的主流技术。

8.6.1.2　染料敏化太阳能电池

染料敏化太阳能电池主要是模仿自然界中的光合作用原理，研制出来的一种新型太阳能电池。2019 年，京都大学物质细胞综合系统研究所的研究者们通过调整和优化结构，使染料敏化太阳能电池光电转换效率达到了 10.7%，这也是首次使该类电池转换效率超过 10%。

典型的染料敏化太阳能电池主要由透明导电玻璃、TiO_2 多孔纳米晶体膜、染料光敏化剂、电解质和对电极组成，如图 8-29 所示。染料敏化太阳能电池具有类似三明治的结构，将纳米 TiO_2 烧结在导电玻璃上，再将光敏染料镶嵌在多孔纳米 TiO_2 表面形成工作电极，在工作电极和对电极之间填充含有氧化还原物质对的液体电解质，它浸入纳米 TiO_2 的孔穴与光敏染料接触。在入射光的照射下，镶嵌在纳米 TiO_2 表面的光敏染料吸收光子，跃迁到激发态，然后向 TiO_2 的导带注入电子，染料成为 TiO_2 的正离子，电子通过外电路形成电流到对电极，染料正离子接受电解质溶液中还原剂的电子，还原为最初染料，而电解质中的氧化剂扩散到对电极得到电子而使还原剂得到再生，形成一个完整的循环，在整个过程中，表观上化学物质没有发生变化，而光能转化成了电能。

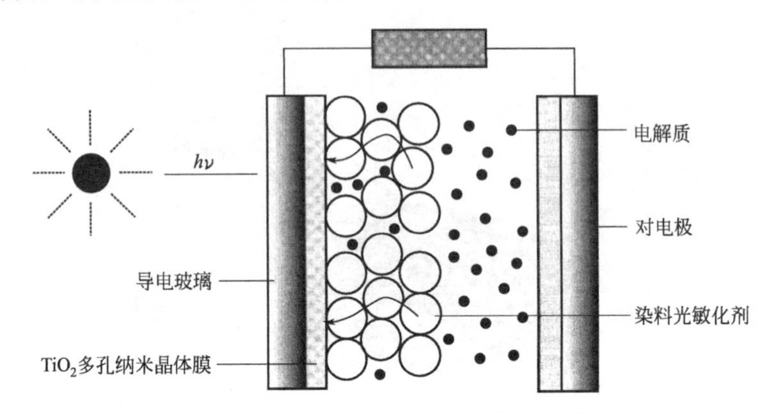

图 8-29 染料敏化太阳能电池结构示意图

TiO_2 多孔纳米晶体膜是染料敏化太阳能电池的核心组成，对于光电转换效率有着至关重要的作用。TiO_2 多孔纳米晶体膜具有孔隙率高、比表面积大的特点，因此可吸收更多的染料分子，且薄膜内部晶粒间的相互多次反射使太阳光的吸收加强，有利于光电转换效率提高。制备 TiO_2 多孔纳米晶体膜通常采用溶胶-凝胶法、水热反应法、醇盐水解法、溅射沉积法、等离子喷涂法和丝网印刷法等。

染料敏化太阳能电池技术被认为是 21 世纪可能取代化石能源的可再生、低能耗的关键能源技术之一。染料敏化太阳能电池的优点在于其原料丰富、成本低廉、性能稳定、制作工艺技术相对简单，同时所有的原材料和生产工艺都是无毒、无污染的。如果能在光电转换效率上取得进一步的突破，将有可能在生产实践中得到广泛应用，其潜在市场前景十分巨大。

8.6.1.3 量子点太阳能电池

量子点是准零维的纳米材料，由少量的原子所构成。通常是一种由ⅡA－ⅥA 族或ⅢA－ⅤA族元素组成的纳米颗粒，一般直径不超过 10nm，具有明显的量子效应。通过改变半导体量子点的大小，就可以使太阳能电池吸收特定波长的光线，即小量子点吸收短波长的光，而大量子点吸收长波长的光。量子点制备可采用简单、廉价的化学反应，在低成本太阳能电池方面很有前景。量子点太阳能电池都还在试验阶段，所使用的材料并无特定，一般认为理论上光电转换率可高达 44%。2019 年，澳大利亚昆士兰大学的科学家创下了光电转换率 16.6%的新世界纪录，比以前的世界纪录提高了近 25%。

量子点太阳能电池主要包括肖特基量子点太阳能电池、耗尽异质结太阳能电池、有机-无机杂化太阳能电池以及量子点敏化太阳能电池等。量子点电池的制备技术根据电池的种类不同有很大区别，同时不同材料所采用的制备方法也有所不同。如对于肖特基量子点太阳能电池，采用化学方法先制备量子点胶体溶液，再通过旋涂制备薄膜量子点电池；而对于量子点敏化太阳能电池，目前采用原位化学沉积或实现制备胶体量子点溶液，再通过物理、化学方法实现量子点对宽禁带半导体薄膜（如 TiO_2）等的敏化。

美国圣母大学研究小组制备出世界上首例具有多种尺寸量子点的太阳能电池，在 TiO_2 纳米薄膜表面以及纳米管上组装硒化镉量子点，吸收光线以后，硒化镉向 TiO_2 放射电子，

再在传导电极上收集，进而产生光电流（图 8-30）。长度为 800nm 的纳米管内外表面均可组装量子点，其传输电子的效率较薄膜高。研究发现，小的量子点能以更快的速度将光子转换为电子，而大的量子点则可以吸收更多的入射光子，3nm 的量子点具有最佳的折中效果。这有望提高电池的效率至 30%以上，而传统的硅电池仅为 15%～20%。

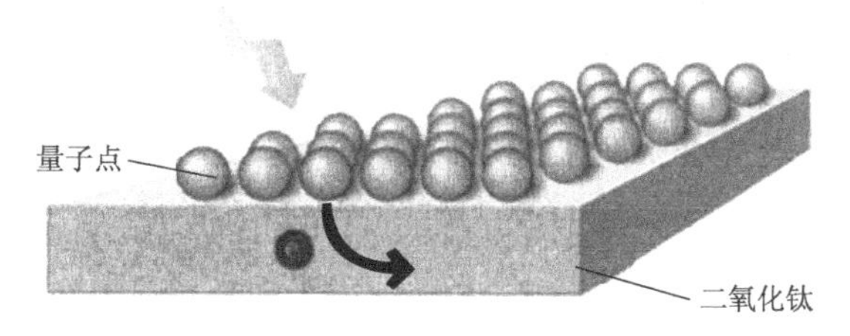

图 8-30 量子点太阳能电池

目前，量子点太阳能电池的研发主要围绕如何进一步提高电池效率及稳定性开展。具体而言，即量子点太阳能电池关键材料的选择、制备及器件优化。尽管目前尚没有制作出超高转换效率的实用化太阳能电池，但是大量的理论计算和实验研究已经证实，量子点太阳能电池将会在未来的太阳能转换中显示出巨大的发展前景。

8.6.1.4 钙钛矿太阳能电池

钙钛矿太阳能电池（图 8-31）自 2009 年问世以来，因为其消光系数高且带隙宽度合适、载流子迁移率高、原料丰富、制备成本低、可制备高效柔性器件等优点，取得了突飞猛进的进展。2013 年钙钛矿太阳能电池被《Science》期刊评为国际十大科技进展之一。钙钛矿电池第一次面世时的效率只有 3.8%，2019 年时，钙钛矿电池的实验室效率便跃升至 25.2%，叠加钙钛矿电池在晶体硅之上的效率更是高达 28%。

图 8-31 钙钛矿太阳能电池实物图

钙钛矿类化合物是存在于钙钛矿矿石中的钛酸钙化合物，可以通过以其他元素替代此类材料中的钙、钛、氧来完善这类材料的物理化学性质，从而获得一系列具有钙钛矿晶型的有机金属卤化物吸光材料，以此类材料为基准可制得钙钛矿太阳能电池。

钙钛矿太阳能电池一般由五部分组成：透明导电玻璃（FTO）、致密层、钙钛矿吸光层、空穴传输层、金属背电极。导电玻璃可以传输、收集电子，组成太阳能电池的外部结构。钙钛矿吸光层具有较好的吸光性，当被太阳光照射时，该层可以吸收太阳光中的部分光子，从而产生电子-空穴对。致密层和空穴传输层紧挨钙钛矿吸光层，促进电子-空穴对发生电荷分离，分别完成电子和空穴的传输，一般采用 TiO_2 作为致密层，空穴传输层则常用 Spiro-OMeTAD 作为材料。最后一层用 Au 作为金属背电极，其良好的导电性能够使电池更好地发挥作用。平板结构和介孔结构是常用的两种钙钛矿太阳能电池吸光层结构（图 8-32）。

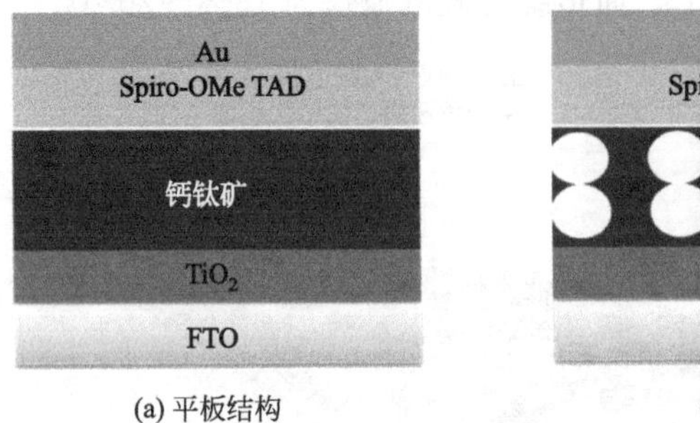

(a) 平板结构

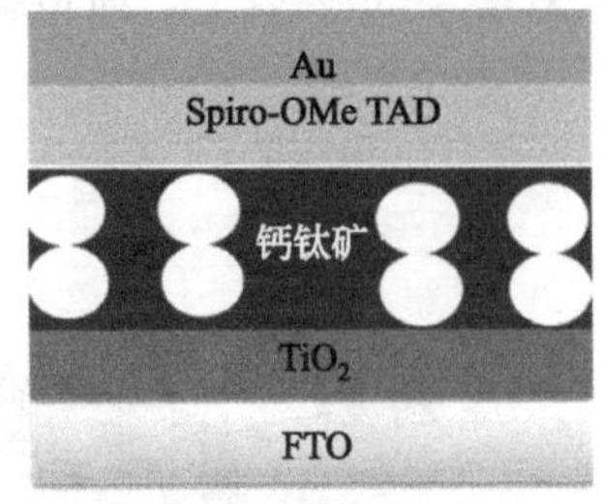

(b) 介孔结构

图 8-32　平板结构和介孔结构钙钛矿太阳能电池吸光层结构

在光照条件下，当太阳光照强度大于钙钛矿禁带宽度时，钙钛矿分子价带上的电子会吸收光子的能量变成激发态，跃迁到吸光层的导带上，接着被 TiO_2 的导带吸收，传导向 FTO 导电玻璃。由于电子的跃迁，钙钛矿吸光层上会留下空穴，空穴便会通过空穴传输层传输到金属背电极，接通外电路后形成电流，这样便完成了光-电转换。

钙钛矿光吸收层是最关键部分，其显著影响光电转换效率。钙钛矿光吸收层由钙钛矿光吸收材料和作为骨架的多孔纳米材料共同构成。钙钛矿光吸收层骨架纳米材料包括半导体材料和绝缘体材料两类。常用的半导体骨架纳米材料包括纳米 TiO_2、ZnO、SnO_2、ReO 等，其中最常用的是纳米 TiO_2。常用的绝缘体骨架纳米材料包括 AlO_2、ZrO_3、SiO_2 等。骨架纳米材料的组成、形貌结构和制备工艺对钙钛矿光吸收层性能的影响很大。骨架纳米材料除作为钙钛矿光吸收材料的支持骨架外，还可以传输电子、改善光吸收材料结晶结构和增大钙钛矿光吸收材料的表面积，从而提升钙钛矿光吸收层的光电转换效率。

钙钛矿太阳能电池高转换效率、低制造成本、低能耗、环境友好等优点，可以广泛应用于军事、工业、商业、农业、公共设施等。此外，这种新型太阳能电池可制备在塑料、织物布料等柔性基底上，制成可穿戴柔性能源器件，使人们的生活更加便捷。

8.6.2　燃料电池

燃料电池是利用物质发生化学反应时释放的能量直接将其变换为电能的一种能量转换装置，工作时需要连续不断地向其供给燃料与氧化剂。因为是将燃料通过氧化还原反应释放出能量变为电能输出，所以被称为“燃料电池”。普通电池的活性物质是预先放入的，而燃料电池的活性物质（燃料和氧化剂）是在反应时源源不断地输入的，电池容量取决于储存的活性物质的量。因此，燃料电池具有转换效率高、容量大、比能量高、功率范围广、不用充电、零污染、无噪声等优点。世界各国都把它视为高新技术领域首要攻关项目之一。

图 8-33 展示了燃料电池的基本工作原理。燃料电池由阳极、阴极和夹在中间的电解质构成。燃料，如氢气、碳、甲醇、硼氢化物、煤气或天然气等在阳极上氧化成为带正电的离子和带负电的电子。电解液是专门设计为离子可以通过但电子却不能通过的物质，离子通过电解液前往阴极，电子则通过负载流向阴极构成电回路，产生电流。氧化剂则在阴极还原。在这一系列反应中，催化剂在其中发挥了关键作用，其催化活性、寿命等直接关系到燃料电池的能量转换效率。

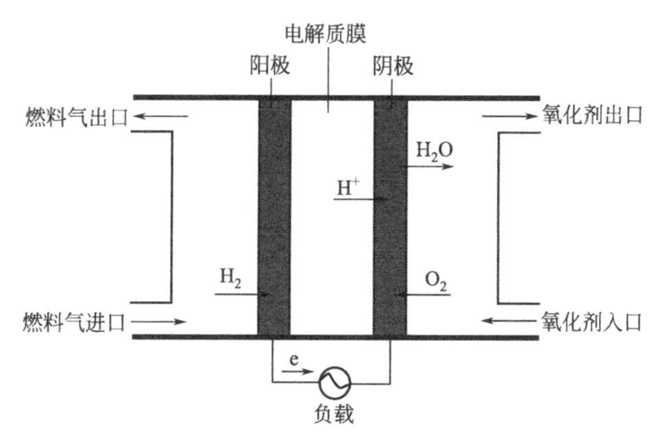

图 8-33　燃料电池基本原理

纳米技术在发展低成本、长寿命燃料电池中发挥着重要的作用。减少铂使用量和替代铂等贵金属的高效纳米催化剂、碳纳米管催化剂载体、纳米修饰电极等技术都有助于解决这些问题。在燃料电池新型催化剂的开发方面，主要有合金催化剂、金属氧化物催化剂、有机化合物催化剂等。

纳米碳材料，特别是碳纳米管、介孔碳和石墨烯，显现出优异的导电性，其比表面积大、热化学稳定，机械加工性能好。掺杂氮的碳材料（碳纳米管、石墨烯等）在氧化还原反应中有良好的催化性能与稳定性。这些具有确定纳米结构的碳材料可以替换商业铂碳，作为高效低成本的电催化剂应用在氧化还原反应中。

纳米铂钌合金催化剂（图 8-34）由被一层或两层铂原子包围的钌纳米颗粒组成，是一种高效的室温催化剂，可显著改善燃料电池中关键的氢纯化反应，从而获取更多的氢用于燃料电池的供能。传统的铂钌催化剂结合必须达到 70℃才能发生选择氧化反应，但相同的元素以核壳结构与纳米颗粒结合后，能够使反应在室温下就发生。催化剂活化反应物以及得到产物的温度越低，节省的能量就越多。

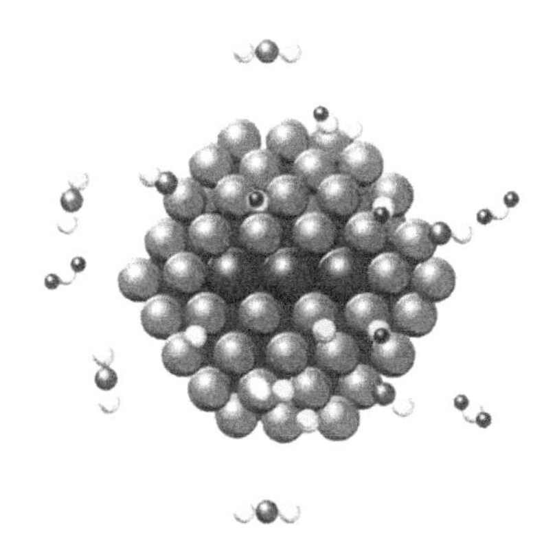

图 8-34　纳米铂钌合金催化剂

8.6.3　锂离子电池

锂离子电池是一种充电电池，是一类以锂金属或锂合金为负极材料，使用非水电解质溶液的电池。如图 8-35 所示，锂离子电池基本结构主要由正极、负极、电解液、隔膜组成。

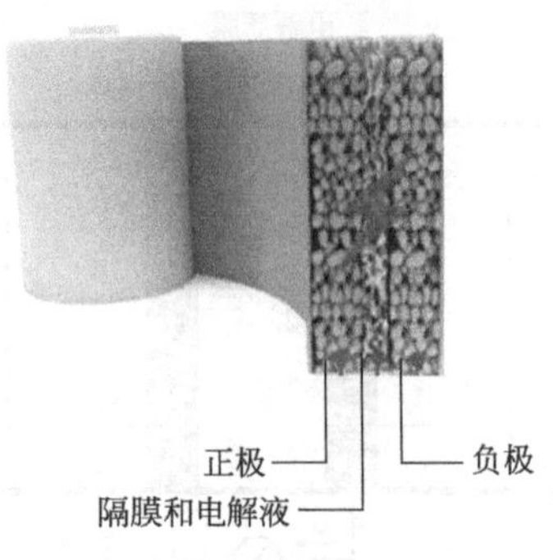

图 8-35 锂离子电池基本结构

高容量锂电池的发展很大程度上受制于电极材料性能的提高。电极材料的纳米化有利于增大锂离子的扩散速率，改善电极材料与电解质溶液的浸润性，从而显著提高材料的电化学性能。研究发现，各种纳米碳结构单元（纳米碳颗粒、纳米碳管、石墨烯、纳米多孔碳等）形成的具有纳米通道的三维导电网络，不但可以有效地分散活性电极材料纳米颗粒，防止其团聚，还可以高速输送锂离子和电子到每个活性纳米颗粒表面，从而真正发挥纳米结构电极材料的动力学优势，开发出兼具高容量和高倍率性能的锂离子电池电极材料（图 8-36）。

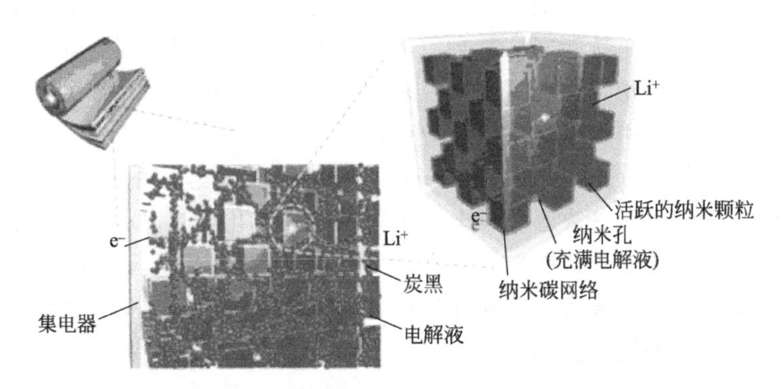

图 8-36 利用纳米碳三维导电网络构筑高性能锂电池电极材料示意图

丰田北美研究所（TRINA）的科研小组开发出了一种新型锂电池纳米硫阴极材料，这种材料采用了类似于块菌的结构，其中包括嵌入空心碳纳米球体的硫粒子以及密封柔性叠层（LBL）纳米膜碳导体，如图 8-37 所示。纳米硫阴极材料可以带来高达 1672mA/g 的理论容量，这对下一代电池来说很有吸引力。

斯坦福大学用一种薄膜碳纳米管涂在另一张表层含有金属的锂化合物纳米管上，然后将这些双层薄膜固定在普通纸张的两面，便携性纸张既是电池的支撑结构，同时也起到分离电极的作用。在该电池中，锂作为电极，而碳纳米管层则是电流集合管。纸质锂电池仅有 300 微米厚，而且节能效果比其他电池更好。经过 300 多次循环充电测试，性能仍然令人满意。

纳米材料以其独特的物理化学性能应用于锂离子电池中，具有减小极化、增大充放电电流密度、提高放电容量和循环稳定性等优点，必将在高性能、高容量和高功率锂离子电池的研究和开发中发挥重要作用。

8.6.4 储氢材料

氢气来源丰富、成本低且效率高，燃烧后得到的副产品只有水，而其他碳氢化合物燃料

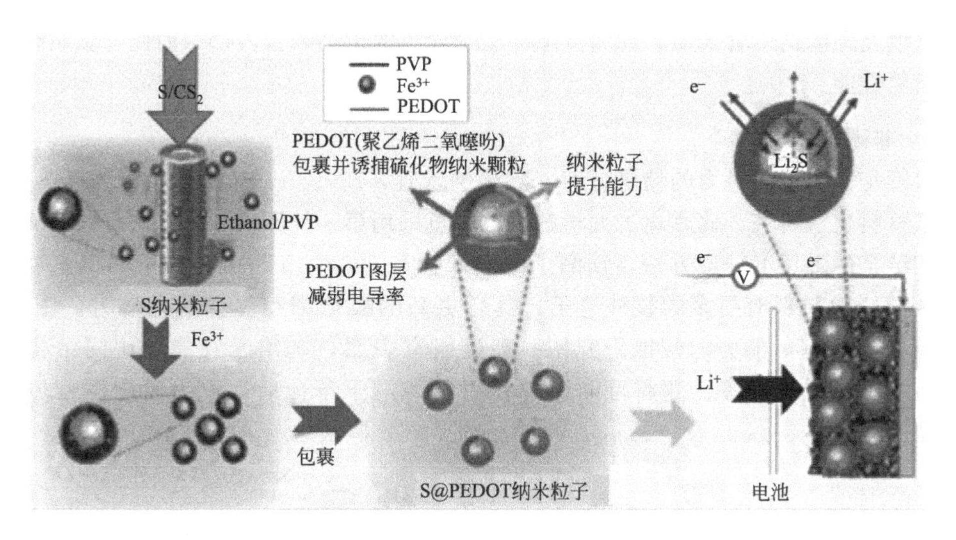

图 8-37　新型锂电池纳米硫阴极材料

燃烧后会释放出温室气体和有害污染物；同汽油相比，氢气的质量更轻，能量密度更大。因此，氢是一种很好的储能载体，人们将它看成化石燃料的替代品并寄予厚望。虽然目前制氢技术已经十分完善，但大规模的氢能使用还没有达到现实要求。储氢方式和储氢材料的滞后，是制约氢能应用方向和使用方式的关键。

近年来，吸附储氢由于具有安全可靠、储存效率高、能够在温和条件下吸附/解吸附氢气等特点而迅速发展。目前吸附储氢材料研究的热点是多孔的纳米材料，如分子筛、碳纳米管、富勒烯、硅纳米管、活性炭、碳气凝胶、金属有机骨架材料（MOFs）等。

8.6.4.1　碳基多孔材料

在吸附储氢材料中，碳基材料主要包括活性炭、碳纳米管、碳纳米线、富勒烯、石墨烯、碳气凝胶等。

（1）活性炭

活性炭是由微晶碳不规则排列，在交叉之间形成细孔的多孔碳材料。活性炭含有大量微孔，具有巨大的比表面积，这些都是吸附氢所具备的特点。活性炭的结构与合成使用的材料以及合成的初始条件有关，因此对于已有的活性炭储氢量的报道不尽相同。

（2）碳气凝胶

碳气凝胶具有丰富的纳米级孔洞（1～100nm）、高的孔隙率（>80%）、超高的比表面积（400～3200m^2/g）、结构可控且孔洞又与外界相通等优良特性，是一种很有潜力的多孔吸附储氢材料。由于碳气凝胶具备多孔储氢材料性质，该材料被推测可能有很高的储氢量而引起了广泛关注。

（3）富勒烯

富勒烯储氢原理是使大量的氢气为富勒烯所吸收，并且转变成富勒烯氢化物或内嵌富勒烯包合物的形式储存。氢和富勒烯氢化物之间可以进行可逆反应，当外界有热量加给富勒烯氢化物或内嵌富勒烯包合物时，它就分解为储氢合金并释放出氢气。

（4）碳纳米管

碳纳米管具有很大的比表面积，独特的中空管状构型，且具有一些纳米材料的特殊效应和性能，利用碳纳米管吸附氢气是一条有效的途径。通过对碳纳米管吸附过程的研究发现，

氢气可以填充到碳纳米管表面、管间空隙甚至是开口的碳纳米管内部，因此，碳纳米管具有极佳的储氢性能。

8.6.4.2 非碳质储氢材料

纳米管是一类极具潜力的储氢材料，除碳纳米管，BN、AlN、TiS_2、Si、MoS_2 纳米管作为储氢材料也有研究。北京化工大学的研究人员采用第一性原理计算方法和巨正则蒙特卡罗模拟相结合的多尺度理论方法，预测了硅纳米管在 298K、1～10MPa 下的储氢能力。与碳原子相比，硅材料有更多的核外电子，具有更高的极化率和更强的色散力。图 8-38 为硅纳米管模型和储氢能力的模拟研究图。理论研究表明，硅纳米管能够比同结构的碳纳米管具有更高效的储氢率。这将可能让硅在引发微电子革命后，成为氢能源领域的关键材料。

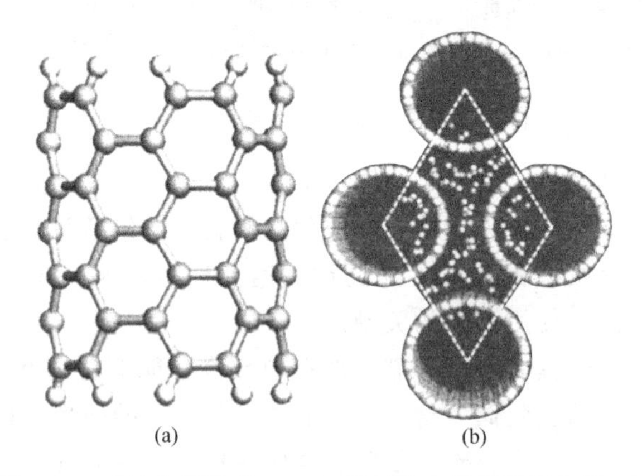

图 8-38 硅纳米管模型（a）和储氢能力的模拟研究图（b）

8.6.4.3 金属-有机框架材料（MOFs）

金属有机框架（metal-organic frameworks MOFs）（图 8-39），又称为金属有机配位聚合物，是一类有机-无机杂化材料，由有机配体和无机金属单元构成的一维、二维或者三维结构的聚合物。MOFs 一般具有多变的拓扑结构以及物理化学性质。MOFs 孔穴的大小、形状以及构成等可以通过选择不同的配体和金属离子，或者改变合成策略加以调节。

作为一类新型的储氢材料，MOFs 具有许多优点：密度小，例如 MOF-177 的晶体密度为 $0.42g/cm^3$；比表面积大，大多具有大于 $1000m^2/g$ 的比表面积；特有的立方微孔，具有规则的大小和形状。吸附机制是物理吸附，可以在室温、安全压力（小于 2MPa）下快速可逆地吸收氢气。除此之外，MOFs 还具有良好的热稳定性，制备过程中引入的溶剂类客体分子可以通过加热除去，而且除去以后不会影响晶体框架结构的稳定性。

MOFs 材料因具有丰富的结构和较高的储氢容量，已成为储氢材料研究的热点。经过十多年的努力，MOFs 材料在储氢领域的研究已经取得很大进展，如互穿结构的研究、氢气吸附位的确定等，不仅储氢性能有了大幅度提高，而且用于预测 MOFs 材料储氢的理论模型和理论计算也在不断发展、逐步完善。MOFs 作为一类有望获得应用的新型储氢多孔材料，已显示出值得期待的应用前景。

8.6.5 超级电容器

超级电容器也称作电化学电容器，是一种新型的储能元件，性能介于传统电容器和化学

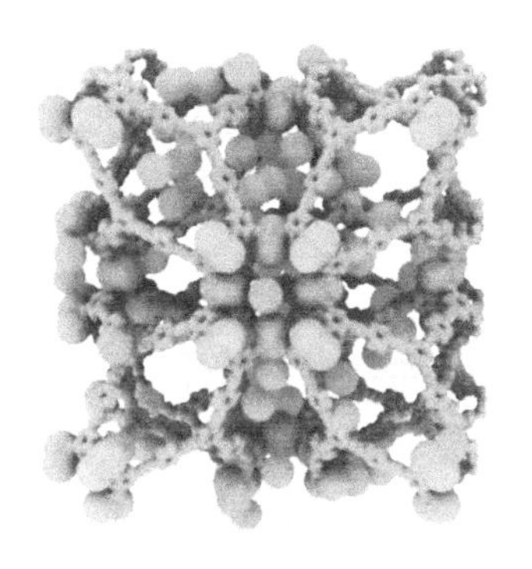

图 8-39　金属有机框架材料模型

电池之间，如图 8-40 所示。超级电容器主要由电极、电解质和隔膜组成。超级电容器具有良好的频率响应性，同时保持了传统物理电容器释放能量速率快的特点，此外，还具有较长循环寿命以及对环境无污染等优点，是 21 世纪颇有希望的绿色能源技术。

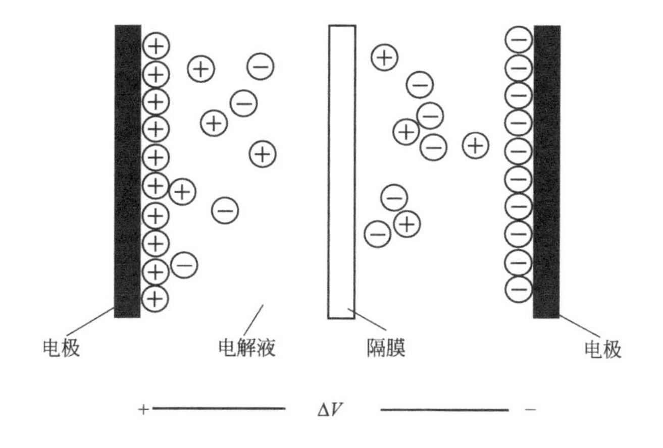

图 8-40　超级电容器结构图

超级电容器如果使用纳米材料，在用量很少时就可以达到特定的电容量，利用很薄的材料层就可以实现较高的电容量。因为较小的粒子意味着较大的活性比表面积，较薄的层意味着微型化在较大程度上是可行的，因此将纳米材料如碳量子点、碳纳米管、石墨烯等用作电容器电极材料，将为电容器打开新的潜在市场。

（1）碳量子点

碳量子点是一种新型的零维碳材料，其颗粒尺寸小于 10nm。碳量子点具有高比表面积、良好的化学稳定性和导电性，并且具有较好的亲水性，可以优化电极材料在电解液中的润湿性，是一种理想的超级电容器电极材料。

（2）碳纳米管

碳纳米管是一种纳米尺度无缝中空管状碳材料，可看作由石墨卷曲而成，分为单壁碳纳米管和多壁碳纳米管。碳纳米管的电导率很高，而且孔径都在 2nm 以上，更利于形成双电层，被人们认为是理想的超级电容器电极材料。

（3）石墨烯

石墨烯是一种典型的二维碳纳米材料，凭借着较高的比表面积、优良的电化学稳定性以及良好的电子导电性，成为一种很有潜力的超级电容器电极材料。然而石墨烯层间的范德华力和分子间作用力，使石墨烯在制备过程中容易出现团聚现象，影响石墨烯材料在电解液中的分散性和润湿性，降低了电荷离子可利用的比表面积，从而影响了其电化学性能。目前解决堆叠问题是制备高比电容、高能量密度以及高功率密度的石墨烯基超级电容器的关键。

8.7 纳米科技在环保领域的应用

随着纳米技术的悄然崛起，人类利用资源和保护环境的能力也得到拓展。纳米技术为彻底改善环境和从源头上控制新的污染源产生，创造了有利条件。纳米技术与环境保护和环境治理地进一步有机结合，将会有助于许多环保难题的解决，诸如水处理、大气染污等问题的解决。

8.7.1 水处理

水是地球上最宝贵的资源，虽然地球表面的70%被水覆盖，但仅0.14%为可供饮用的淡水资源。随着人口增长、工业化及全球气候变化，水资源紧缺与水环境污染日益加剧，全球近2/3的人口将面临严重的缺水问题，如何提供充足与安全的水成为人类必须面对的严峻挑战。目前用于水处理的纳米材料主要可以分为以下四种：纳米吸附性材料、纳米光催化材料、纳滤膜材料及纳米电催化性材料。

8.7.1.1 纳米吸附性材料

纳米吸附性材料的孔径为纳米级，具有大的比表面积和比表面能，易于吸附其他物质而稳定下来，具有很好的化学活性，相对于一般的吸附材料具有更大的吸附容量，是一种较为理想的固相萃取吸附剂。目前应用于水处理方面的纳米吸附材料主要有碳纳米材料、纳米氧化物、纳米零价铁等。

(1) 碳纳米材料

碳纳米材料是一类新型的纳米材料，其吸附去除水污染物的研究以石墨烯、氧化石墨烯和碳纳米管为代表。这些材料具有特殊的孔径分布和结构，显示出很强的吸附能力和较高的吸附效率，被广泛应用于水中重金属离子和有机污染物的吸附。

以碳纳米管为例，碳纳米管是单层或多层石墨层卷曲成的纳米管状结构，有较大的比表面和疏水的石墨表面，是一种新型吸附剂。单壁碳纳米管和多壁碳纳米管的简要结构及其吸附可利用区域见图8-41。

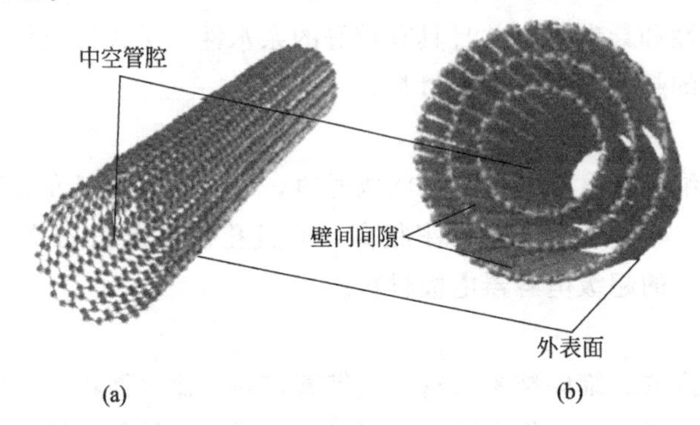

图8-41 单壁碳纳米管（a）和多壁碳纳米管（b）的简要结构及其吸附可利用区域

（2）纳米氧化物

纳米氧化物比表面积大，且由于量子效应而具有较高的活性位点，因而在去除水环境污染物方面有重要的应用前景。目前用作水污染物吸附剂的纳米氧化物主要有纳米金属氧化物、纳米 SiO_2 等。

已有研究表明，纳米金属氧化物对水中的 Pb^{2+}、Cd^{2+}、Cu^{2+}、Hg^{2+} 等重金属离子有很高的去除能力。MnO_2 是一种两性金属氧化物，纳米级 MnO_2 具有粒径小、比表面积大、吸附活性高等特点，能够吸附多种水环境污染物。纳米 Al_2O_3 具有耐腐蚀、比表面积大、反应活性高等特性，因而相比普通氧化铝有着更为优异的吸附能力。

纳米 SiO_2 表面为多孔型结构，具有比表面积大、吸附能力强等特点，是水处理领域应用较多的纳米材料，对醇、酰胺、醚类等有较好的吸附作用。

（3）纳米零价铁

零价铁可用作水处理中的还原剂，在治理水污染物方面显示出很大的潜力。而纳米级零价铁具有巨大的比表面积，且纳米金属的表面原子具有较高的化学活性，是吸附的活性位点，因此表现出很强的吸附性能。与普通零价铁材料相比，纳米零价铁具有还原性和吸附性双重特质，因而在去除水环境污染物方面具有更大的优势。目前，水处理领域针对纳米零价铁吸附能力的研究主要集中在对水中重金属离子的去除。近年来，纳米零价铁作为一种活泼的还原剂和优良的吸附剂还被应用到放射性核素的处理中。

8.7.1.2　纳米光催化材料

目前常用的光催化材料大部分为纳米金属氧化物，如 TiO_2、MnO_2、ZrO_2 等。迄今为止，已经发现有 3000 多种难降解的有机化合物可以在紫外线的照射下通过纳米 TiO_2 迅速降解，特别是当水中有机污染物浓度很高或用其他方法很难降解时，这种材料有着明显的优势，成为目前研究最活跃的一种光催化材料。

由于 TiO_2 只能吸收太阳光中的紫外光，光催化效率低，而人工紫外灯价格昂贵，严重地制约了纳米 TiO_2 的应用。为了解决这一问题，技术人员进行了大量的研究，发现通过在 TiO_2 表面进行选择性地晶格掺杂，能够有效地解决这一问题。研究发现，将 Fe、Mo、Re、V、Pt、Ag、Cu 和 Rh 等金属离子掺杂到 TiO_2 中，都可以大幅度提升其光催化特性，这样就不需要紫外线照射了，而是在室内光线下就可以实现上述反应。这种技术改进，降低了纳米 TiO_2 的应用条件，极大地提高了其应用范围。

纳米 TiO_2 光催化技术的优点是：降解速率快，一般只需几十分钟到几小时即可取得良好的废水处理效果；降解无选择性，尤其适合于氯代有机物、多环芳烃等；氧化反应条件温和，投资少，能耗低，用紫外光照射或暴露在阳光下即可发生光催化氧化反应；无二次污染，有机物被氧化降解为二氧化碳和水；应用范围广，很多污水都可以采用。

8.7.1.3　纳滤膜技术

纳滤膜的研究始于 20 世纪 70 年代，是由反渗透膜发展起来的，早期称为疏松的反渗透膜，直到 20 世纪 90 年代，才统一称为纳滤膜，具有纳米级孔径，是介于反渗透和超滤之间的一种压力驱动膜。纳滤膜截留分子质量在 200～2000Da（道尔顿），孔径范围为 0.5～1nm，选择性分离直径大于 1nm 的物质，可以有效截留二价及以上离子、有机小分子（分子质量≥200Da），但是能使大部分一价无机盐透过，从而实现高低分子质量有机物的选择性分离。

纳滤膜技术运用的是溶解-扩散原理（图 8-42），即渗透物溶解在膜中，并沿着它的推动力梯度扩散传递，在膜的表面形成物相之间的化学平衡，物质通过膜的时候必须克服渗透压力。纳滤膜与电解质离子间形成静电作用，电解质盐离子的电荷强度不同，造成膜对离子的截留率有差异，在含有不同价态离子的多元体系中，膜对不同离子的选择性不一样，不同的离子通过膜的比例也不相同。

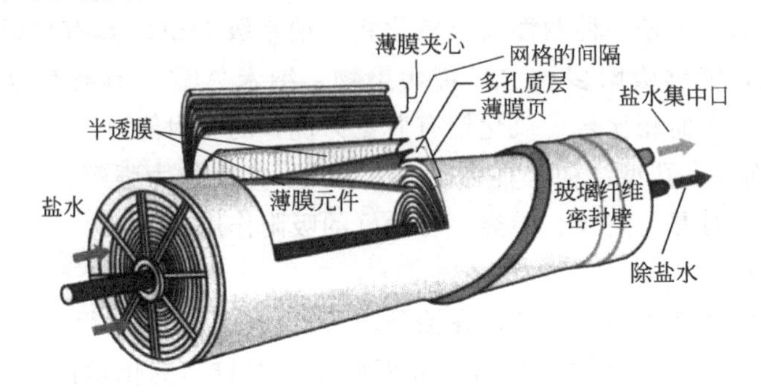

图 8-42　纳滤膜技术原理图

纳滤膜分离技术是一种高新技术，在水处理中的应用领域越来越广，其具有以下特点。

① 分离过程不发生相变，且在常温下进行，操作压力低，故能耗低，与反渗透相比，在相同应用场合下可省能 15%；

② 纳滤膜分离过程适用的对象广泛，大到肉眼可见的颗粒，小到离子和气体分子；

③ 纳滤膜的耐压密封性较好，水通量和截留率随操作时间延长基本不变；

④ 分离装置简单、操作容易，易于自控和维修，投资及运行费用低。

纳滤膜所具有的特殊的孔径范围和制备时的特殊处理（如复合化、荷电化），使得它对单价离子和分子质量低于 200Da 的有机物截留较差，而对二价或多价离子及分子质量高于 200Da 的有机物有较高的脱除率，因此，特别适用于以微污染的地表水为水源的常规水处理工艺之后的深度净化。因为地表水中的有机或无机微污染物一般难以被水常规处理工艺全部去除，而采用反渗透方法则又会在去除这些微污染物的同时，将水中一些有益身体健康的低电荷无机离子如 K^+、Ca^{2+} 等几乎全部去除。采用纳滤膜则可较好地解决这一问题。此外，采用纳滤去除有机微污染时还可消除水中氯消毒时产生的三卤甲烷的前体。

纳滤膜净水工艺流程见图 8-43。

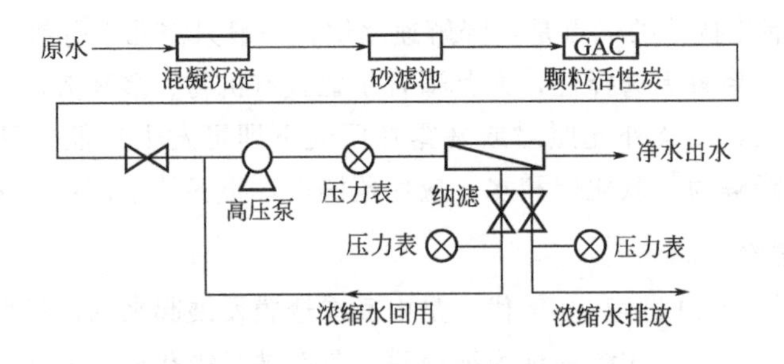

图 8-43　纳滤膜净水工艺流程图

纳滤膜在水处理中的应用还包括：溶液脱色和去除有机物；海水脱除硫酸盐，去除水的硬度（软化）和降低溶液中 TDS 含量；去除地下水中的硝酸盐、放射性物质和硒；废水（液）的深度处理等。

8.7.1.4　纳米电催化材料

电催化的本质就是通过改变电极表面修饰物或溶液相中的修饰物来改变反应的电势或反应速率，使电极除具有电子传递功能外，还能对电化学反应进行某种促进和选择。纳米电催化电极材料按其材料种类可以分为纳米金属、纳米金属氧化物、纳米碳材料、纳米复合材料等，表 8-11 列举了部分电极材料，因其各自的电催化性能不同，适用不同的环境电化学技术及应用领域。

表 8-11　纳米电催化电极材料及其应用

电极类别	主要材料	适用技术	应用案例
金属电极	Pt	阳极氧化	阳极氧化处理染料
	Pb	阴极还原	氯酚阴极还原脱氯
	Fe/Al	电絮凝	电絮凝处理含油污水
	Cu	电还原	二氧化碳电化学还原制甲酸
金属氧化物电极	DSA 电极	电消毒	城市污水消毒
	PbO_2 电极	阳极氧化	含酚化工废液处理
	SnO_2 电极	阳极氧化	杀虫剂阳极氧化去除
	TiO_2 电极	光电催化	染料光电催化降解
碳材料电极	碳纳米管	电吸附、电芬顿	电吸附脱盐
	石墨烯	微生物燃料电池	微生物燃料电池处理生活污水
	掺硼金刚石	阳极氧化	反渗透浓水阳极氧化
	空气扩散阴极	电芬顿	电芬顿处理染料

纳米电催化材料在环境污染物处理中具有独特的优势，由于能显著提升处理效能，逐渐应用于电催化氧化、电絮凝、电芬顿、电沉积、电还原、电去离子等工艺中，显示了很好的应用前景。纳米电催化材料在有机污染物和重金属的去除、脱盐、二氧化碳电催化转化等领域获得了广泛的研究和应用，尤其在染料、农药、化工、酚类污染物、垃圾渗滤液等废水处理，抗生素、内分泌干扰物、药品等新兴有机污染物的去除方面有较系统的研究和报道。

在阳极材料方面，以 DSA、PbO_2、SnO_2 为代表的金属氧化物电极研究较多，制备技术相对成熟，并有不少实际应用报道，而石墨等阳极虽然显示了很好的环境应用前景，但受制于电极制备及成本等因素，目前规模化应用并不多见，仅在小型游泳池消毒等场合有实际应用的报道。

在阴极材料方面相对阳极研究和应用较少，但碳材料在电芬顿、电去离子等领域的应用和研究日益普遍。碳毡和空气扩散阴极已成为两类最高效的电芬顿工艺阴极，而在其上进一步通过碳纳米管、石墨烯等纳米结构或材料的应用和改性成为提升电芬顿处理污染物性能的一大研究热点。

8.7.2　空气污染控制

随着国民经济的高速发展、人民生活水平的迅速提高和环保意识的增强，对环境的要求也越来越高。人们已不再仅满足于拥有住房，而是要求有一个集舒适性、美观性、功能性和安全性于一体的生活环境。而空气是人类生存环境的重要组成部分，因此空气污染就变为人们非常关心的重要事情，控制空气污染的技术和手段也成为环境保护必不可少的科学技术。

目前，作为21世纪三大主导技术之一的纳米技术已成功应用于空气污染的治理。利用纳米技术治理有害气体主要体现在如下几个方面。

① 利用纳米材料所具有的催化活性，一方面，催化降解气体中的污染物；另一方面，提高燃料的燃烧效率，从而减少废气的排放；

② 利用纳米材料（颗粒、介孔固体等）因具有巨大比表面积而具有的优良吸附性来吸附分离气体中的有害成分。

8.7.2.1 汽车尾气净化

燃油汽车排放的尾气是我国城市空气的主要污染源之一。尾气中主要有害成分有一氧化碳（CO）、碳氢化合物（HC）、氮氧化合物（NO_x）、硫化物、颗粒（铅化合物、黑炭、油雾等）、醛（甲醛、丙烯醛等）等，其中CO、HC及NO_2是汽车污染的主要成分，对人体的危害程度最大。

目前，安装汽车尾气净化催化器是治理尾气污染最为有效的方式。用于汽车排气净化的催化剂有许多种，而主流是以贵金属铂、钯、铑作为三元催化剂，其对汽车排放废气中的一氧化碳、碳氢化合物、氮氧化物具有很高的催化剂转化效率。但贵金属资源稀少、价格昂贵，易发生铅、硫、磷中毒而使催化剂失效。因此在保持良好转化效果的前提下，部分或全部取代贵金属，寻找其他高性能催化剂材料已成为必然趋势。

采用纳米技术制造的汽车尾气催化器能够提高催化效率，减少贵金属消耗，降低生产成本。纳米技术在汽车尾气污染治理中的应用主要是利用纳米材料的高催化活性和吸附性能去除汽车尾气中的有害成分。汽车尾气净化催化器中应用的纳米材料主要有纳米氧化铝、纳米稀土催化剂、纳米碱金属催化剂、纳米贵金属催化剂等。

纳米稀土钛矿型复合氧化物对汽车尾气所排放的NO、CO等具有良好的催化转化作用，可以替代昂贵的重金属催化剂用作汽车尾气催化剂。有研究成果表明复合稀土化合物的纳米级粉体有极强的氧化还原性能，这是其他任何汽车尾气净化催化剂都不能比拟的，可以彻底解决汽车尾气中CO和NO对环境的污染问题。

8.7.2.2 室内空气净化

纳米光催化剂产生的量子效应使其具有独特的理化性质，如具有较大的比表面积、特殊的光学性质、较强的光催化活性等。其应用范围十分广泛，可用于空气净化、污染水处理、抗菌等。目前得到应用的主要是纳米TiO_2和纳米ZnO。TiO_2的光催化活性高、化学性能和光电化学性能稳定、耐光腐蚀、成本低、且对人体无毒，是研究和应用中最为广泛的单一化合物光催化剂，常作为建筑和装饰材料。TiO_2的晶型对催化活性的影响很大，其中锐钛型TiO_2的表面对O_2吸附能力较强，具有较高的催化降解活性。将锐钛型和金红石型TiO_2按一定比例混合得到的纳米TiO_2光催化剂是实际应用中最常见的光催化剂类型。研究表明，使用纳米TiO_2光催化剂的墙面涂层，在可见光照射下对室内的甲醛和苯等空气污染物起到了非常好的降解效果（图8-44）。

有学者研究了N掺杂TiO_2涂料对甲醛等室内装修有害气体有降解效果，发现在自然光条件下，TiO_2对甲醛的降解效率可达84%以上。甲醛的初始浓度越高，光催化降解速率越快，其效率随甲醛浓度降低而降低，且实验条件存在最佳温度与湿度。在此研究基础上制作的具有空气净化功效的净化剂，在杀菌消毒和空气净化中可以取得优异的效果。

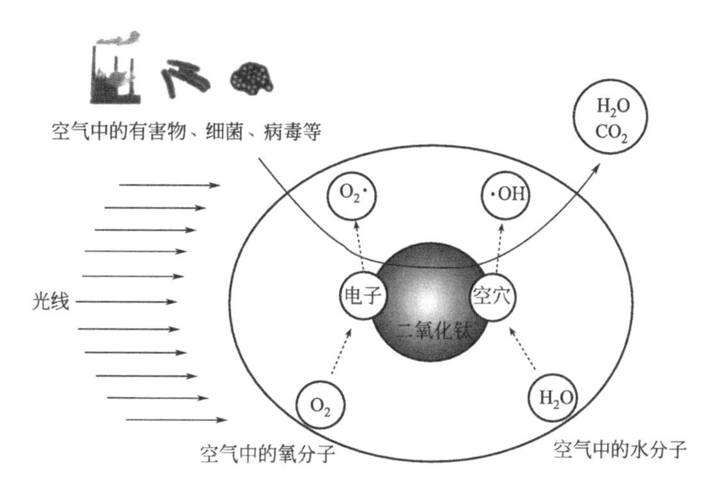

图 8-44 纳米 TiO_2 净化空气

纳米 TiO_2 粉体光催化活性高，但在实际应用中会发生纳米粉体容易团聚、流失，难以分离、回收等弊端，直接使用的话会限制该项技术的应用。因此，负载型纳米 TiO_2 光催化剂是其应用的主要形式。为了能够有效分散纳米 TiO_2，载体的用量占据了很大的比例。除了要求载体具有一般催化剂载体稳定、廉价、比表面积大和尽可能高的协同催化效应外，还要求技术操作简单、维护方便、美观和不影响室内装修的整体效果。常用的负载型纳米 TiO_2 光催化剂载体主要有三种形式：玻璃载体、陶瓷建材载体、纤维织物载体。

8.7.3 其他环保应用

8.7.3.1 场地修复

目前纳米材料在污染场地修复中显示出巨大前景。主要热点包括：检测化学和生物制剂的纳米传感器；高效过滤器；可清除金属的纳米颗粒；可去除烟囱金属排放物的纳米复合材料；可分解有机污染物的纳米光催化剂，纳米零价铁和高分子纳米粒子等。图 8-45 为使用纳米铁离子修复地下水的示意图。为解决有机污染物的现状，美国环境保护局研究人员在《环境卫生展望》期刊上发表利用纳米材料进行环境修复研究的综述文章。并首次公开提供全球在线纳米修复数字地图，其地图包括利用纳米材料进行土壤及地下水原位修复 45 个污染场地，涉及 7 个国家和美国 12 个州。

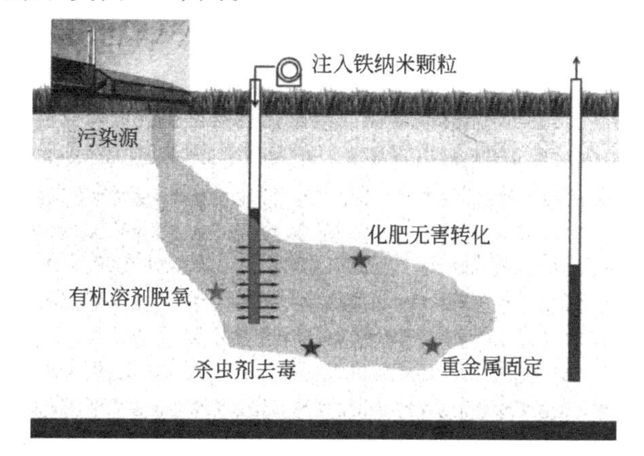

图 8-45 纳米铁离子修复地下水示意图

8.7.3.2 噪声控制

飞机、车辆、船舶等发动机工作的噪声可达上百分贝，容易对环境造成噪声污染。当机器设备等被纳米技术微型化以后，其互相撞击、摩擦产生的交变机械作用力将大为减少，噪声污染便可得到有效控制。运用纳米技术开发的润滑剂既能在物体表面形成永久性的固态膜，产生良好的润滑作用，大大降低机器设备运转时的噪声，又能延长设备的使用寿命。

8.7.3.3 固体废弃物处理

纳米技术及纳米材料应用于城市固体垃圾处理，主要有两个方面：一是可以将橡胶制品、塑料制品、废印刷电路板等制成超微粉末，除去其中的异物，成为再生原料回收；二是利用纳米 TiO_2 催化技术可以使城市垃圾快速降解，其速度可达到大颗粒 TiO_2 的 10 倍以上，从而缓解大量城市垃圾给城市环境带来的压力。

8.7.3.4 防止电磁辐射

近年来，电磁场对人体健康的影响问题成为一个新的研究热点，在强烈辐射区工作并需要电磁屏蔽时，通过在墙内加入纳米材料层或涂上纳米涂料，可以大大提高遮挡电磁波辐射性能。中科院理化所利用纳米技术研究出了新一代手机电磁屏蔽材料，可以实现手机信号抗干扰能力，同时大大降低电磁波辐射。

8.8 纳米科技在军事领域的应用

在人类发展的历史上，但凡先进的科学技术，往往都率先用于军事领域。纳米技术也是如此。美国国防部在几十年以前就认识到了纳米技术的重要性，投入了大量的人力与经费支持纳米技术的研究。纳米技术的突破与发展为研制质量轻、功耗低、作战效能高的武器装备奠定了技术基础，将对未来的国防与战争形态产生深远的影响。纳米技术将提高武器的隐身性能与安全性能，提高武器装备的信息化程度，使武器装备向小型化、智能化方向发展，并将为未来战争提供新的威慑手段。

纳米技术正在开发的军事应用有：改进武器装备的材料性能，特别是隐身性能；增强武器平台的信息存储与获取能力；提高武器推进剂和炸药的燃烧效率；对付生化武器；研制部署分布式航天器系统、超微型侦察与监视系统和军用机器人等。

8.8.1 纳米材料在武器装备中的应用

没有强大的国防实力，一个国家在世界上的地位就要受到影响甚至会受到别国的欺负。今天高科技在现代战争中的地位日益重要，没有先进的武器装备很难打胜仗。因此，一个国家武器装备的水平是其国防实力的重要标志。高性能的新型武器的出现往往与军用纳米材料的开发应用密切相关。在现代军事领域很多新武器装备系统，都包含有新材料特别是纳米材料。

8.8.1.1 纳米金属材料

(1) 纳米金属复合结构材料

铝合金是传统的制造超声速飞机或飞行器蒙皮的合金材料。而今，密度大约只有铝合金 50%的锂-镁合金等，以其塑性好、强度高等特性开始大量用作导弹、宇宙飞船的结构材料。

为了进一步提高这些新型合金的性能，纳米相及纳米金属间化合物弥散补强合金的研究已引起各国科技人员的关注。纳米增韧补强的新型合金将大幅度提高材料的强度，降低材料的用量，减轻飞行器的质量，从而提高飞行器（图 8-46）的飞行速度和性能。

（2）发汗金属

出汗是生物体调节体温的一种重要生理作用，通过汗液的蒸发带走部分热量。在航空航天技术中，人们通过仿生技术也研制出了“发汗”的金属，使其在高温下出汗散发热量。将卫星、宇宙飞船、航天飞机发射升空时，需要火箭作为运载工具。火箭燃烧室内化学燃料燃烧时产生高温高压气体，通过喷嘴高速向后喷射产生巨大的反作用力，从而推动火箭体高速飞行，其飞行速度高达 4000m/s。高速飞行的火箭体与空气摩擦产生极高的温度，就是最高熔点的金属钨（熔点 3380℃）也难以承受如此的高温高压。于是人们把金属钨制成介孔的金属骨架，以相对低熔点的铜或银等填充在孔隙或“汗孔”中，制成“发汗金属”。用“发汗金属”制成的火箭喷嘴（图 8-47），随着温度的升高，铜或银就逐渐熔化、沸腾、蒸发，并及时吸收大量的热量，从而保护了喷嘴骨架，保证了火箭的正常运行。为了保证发汗金属的冷却效果及骨架的强度，采用纳米介孔复合材料是非常有效的。

图 8-46 使用纳米金属材料的飞行器

图 8-47 火箭喷嘴

（3）纳米焊接

金属焊接通常都是在高于金属熔点的高温下进行，但是，对于飞行器外壳或其他部件的焊接将是非常困难的。为了保证相关仪表及传感器不受影响，只有采用纳米焊接。一方面随着颗粒尺寸的减小，纳米材料的熔点下降，另一方面随着颗粒比表面积的提高，扩散速率大幅度上升。纳米颗粒的熔点通常低于粗晶粒物体。随着纳米颗粒尺寸的减少，纳米材料的熔点会随之降低。例如银的熔点约为 900℃，而超细的银粉液相烧结温度可以降低几百摄氏度。因此用超细银粉制成导电浆料，可以在较低温下进行烧结，此时基片不一定采用耐高温的陶瓷材料，甚至可采用塑料等低温材料。俄罗斯科学院的专家们利用纳米焊接技术对和平号太空站的外壳裂纹及仪表等多次成功进行纳米焊接修补，使和平号太空站的服役时间延长了近 3 倍。

8.8.1.2 纳米防护涂层

制造飞机的材料有各种金属和非金属材料。金属材料与所处的环境介质之间发生的化学或电化学作用会导致金属腐蚀。非金属材料如工程塑料、橡胶等与所处环境介质也会产生某些作用而老化。因此，各类新型、高性能防护涂层的使用是防止金属材料的腐蚀和延缓复合材料的老化，从而保证飞机安全飞行和延长飞机寿命的基本措施。

纳米涂层材料的成分设计关系到材料的组成、组织、结构形式。表面涂层的性能和功用取决于纳米粒子在涂层中存在的形式，粒子的数量、大小、形状和分布，以及粒子的性能、粒子所起的作用、粒子与其他材料复合所带来的效应。通常对于飞机蒙皮等部件采用有机涂

层为主，而对于火箭、飞行器的发动机部件及燃烧室等则主要采用无机涂层。

(1) 金属及合金的纳米涂层材料

金属及合金的纳米涂层材料通常采用电解、还原、喷雾等方法，生成出金属或合金的纳米粉，然后根据需要作为单独的金属（或合金）涂层、金属复合涂层或金属基复合涂层。

金属纳米涂层主要有镍、铜、铁、钛等，以及以这些金属为基，添加其他元素如铝、铬、碳、硼、硅、磷、锡、钨等形成铁基、钛基、镍基、铜基合金（见图 8-48）等。此外还有利用金属或合金作为基体材料，复合无机非金属材料粒子，通过烧结、喷涂或沉积等方法形成金属基复合材料涂层，以及将金属粉添加到高分子等材料中形成复合材料涂层。

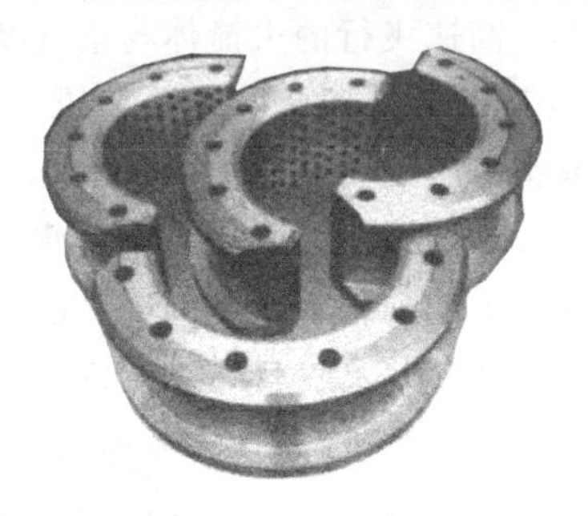

图 8-48　铜基合金

镍、镍-磷、镍-锌、镍-铬-铜等金属或合金纳米涂层可明显提高材料的抗腐蚀性能及适当提高耐磨性。纳米铁-镍-铬复合涂层还具有良好的防应力腐蚀开裂的性能。将纳米铁、钛、镍等与碳化钨、碳化硅及三氧化二铝等复合，可形成超硬、高耐磨性的铁-碳化钨、钛-碳化钨、镍-碳化钨、镍-碳化硅、镍-三氧化二铝复合涂层材料。将纳米金属铝粉作为分散粒子，加入到硫酸锌镀锌溶液中，形成锌铝复合涂层，其抗腐蚀性能优于电镀锌和热镀锌。

(2) 陶瓷材料纳米涂层

无机非金属材料与陶瓷材料的纳米涂层是纳米涂层材料的主要部分。它可以兼顾金属、非金属和复合材料的优势，对复合材料的设计与功能性质的发挥非常有利，因此发展速度很快。在军事和航空航天材料中，此类涂层大量用于耐高温、抗腐蚀、抗氧化、耐磨、高强度、电绝缘等关键部位。无机非金属纳米涂层主要包括氧化物涂层、非氧化物涂层及金属陶瓷复合涂层三类，具体如表 8-12 所示。

表 8-12　无机非金属纳米涂层

涂层种类	主要材料	特点
氧化物涂层	Al_2O_3、TiO_2、FeO_2、Cr_2O_3、IrO_2、SiO_2 等	熔点高、耐高温、抗氧化、热导率低、耐磨、化学稳定性高、抗腐蚀、电绝缘等
非氧化物涂层	SiC、WC、TiC、Si_3N_4、TiB_2 等	具有比氧化物涂层更好的力学性能、耐高温性能及抗化学侵蚀性能
金属陶瓷复合涂层	MoS_2/Mo、WS_2/W、TaS_2/Ta、MoS_2/Al-Mo 等	既有高的硬度、耐磨性能，同时又有更低的脆性

(3) 塑料与高分子纳米复合涂层材料

在航空航天涂层材料中，除大量研究各类无机非金属涂层外，纳米涂层还用于塑料及高分子涂层，通过在塑料或高分子材料基体中添加复合纳米粉，形成塑料或高分子基纳米涂层。如在树脂中加入 TiO_2、SiO_2 纳米填充材料等，随着涂层的固化，纳米粒子起到强化、增韧等作用。将与涂料有较好亲和性的有机高分子纳米或超微米颗粒复合，既可增强涂层的

结合强度，又可提高涂层的抗腐蚀能力。

8.8.1.3　纳米功能陶瓷

纳米陶瓷能够克服传统陶瓷的脆性和不耐冲击等致命弱点，可望作为舰艇、飞机涡轮发动机部件的理想材料，以提高发动机效率、工作寿命和可靠性。纳米陶瓷也是主战坦克大功率、低散热发动机的关键材料。纳米陶瓷所具有的高断裂韧性和耐冲击性，可贴覆或装设在水面舰艇等易于遭受碰撞和打击的部位，用来提高主战坦克、复合装甲等的抗弹能力。将纳米陶瓷衬管用于高射速武器，如火枪、鱼雷等能提高武器的抗烧蚀冲击能力，延长使用寿命。纳米陶瓷部件见图 8-49。

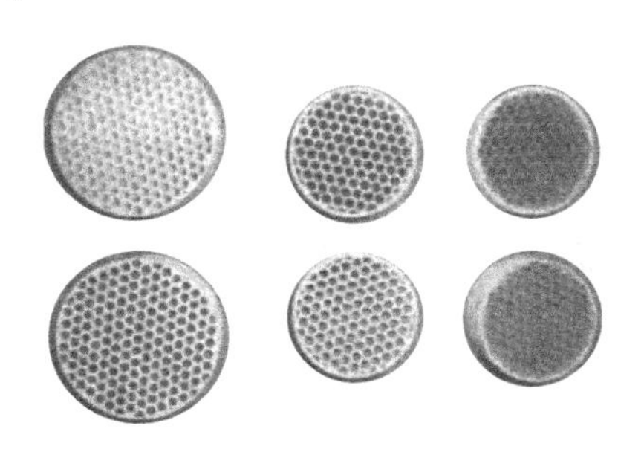

图 8-49　纳米陶瓷部件

红外陶瓷是一种能透过红外辐射的多晶陶瓷材料，也是应导弹技术的需要而发展起来的一种新型功能结构材料。为了准确击中目标，导弹头部装有红外线自动跟踪装置，并能自动调节飞行方向。这样导弹头部的外壳材料（头罩）不仅要耐高温高压，而且要能透过红外线。对于“红外-雷达”或“红外-激光”复合制导导弹的头罩，还要求透过微波、激光等射线。利用红外陶瓷还可制成前视红外系统，监视敌情。

此外，运用科技手段可以制成各种像蓝宝石一样硬、玻璃一样透明的透明陶瓷，能够耐2000℃的高温，耐腐蚀，而且机械强度高，可制成各种防弹陶瓷、导弹整流罩等。

8.8.1.4　纳米传感材料

传感器在军事上应用极为广泛，尤其是在探测设备方面应用前景引人注目。纳米材料由于比表面积大，表面活性高，可广泛用作各种敏感材料。纳米传感材料分为无机和有机纳米传感材料。纳米传感器是以无机纳米传感材料为基础发展起来的，至今无机纳米传感材料依然占据主导地位。纳米传感器的应用研究起步较晚，但它已显示出其他传感器无法企及的优点：敏感度高、形体小、能耗低、功能多等。

8.8.2　纳米隐身技术

隐身技术是当代军事领域中举世瞩目的高新技术之一，它与激光、巡航导弹并称为当代军事技术的三大革命。当前，世界各国为了适应现代化战争的需要，提高在军事对抗中的实力，都将隐身技术作为一个重要研究对象。目前的隐身技术主要有反声呐探测技术、反雷达探测技术、反光学探测技术和反红外探测技术。美国的隐身技术最为先进，自从 F117 隐形战斗机［图 8-50(a)］在 1991 年海湾战争中大发神威而名声大噪以来，美国在此后的历次主要军事行动中都大量采用了隐身技术装备的战机。中国近几年成功研制了歼-20 隐形战斗机［图 8-50(b)］，歼-20 是中国现代空中力量的代表作，进入了世界最先进的第五代战斗机行列。

(a) F117隐形战斗机

(b) 歼-20隐形战斗机

图 8-50　隐形战斗机

隐形性能是新一代武器装备的显著特点之一，其基本原理是利用纳米吸波材料将雷达波转换成为其他形式的能量（如机械能、电能和热能）而消耗掉。经合理的结构设计、阻抗匹配设计及采用适当的成型工艺，吸波材料几乎可以完全衰减、吸收入射的电磁波能量。美国F117A型飞机蒙皮上的隐身材料含有多种超微粒子，它们对不同波段的电磁波有强烈的吸收能力。

鉴于吸波材料在雷达对抗、隐身、反隐身等军事技术中所占的重要地位，与之有关的研究日益成为人们关注的焦点。吸波材料一般由基体材料（或胶黏剂）与损耗介质复合而成，当前研究的重点包括基体材料、损耗介质和成型工艺的设计，其中损耗介质的性能、数量及匹配选择是吸波材料设计中的重要环节。目前，已研制开发并成功应用于吸波材料中的损耗介质达几十种之多，且还在不断发展新品种。根据吸收机理的不同，吸波材料中的损耗介质可分为电损耗型和磁损耗型两大类，具体如表 8-13 所示。结构型吸波材料是吸波材料中主要的一类。通过各种特殊的纤维，在提高材料力学性能的同时，又使它具有一定的吸波性能，实现隐身与承载双功能，这是目前吸波材料发展的主要方向。

表 8-13　损耗介质类别及特点

损耗介质类别	主要材料	特点
电损耗型	导电石墨粉，烟墨粉，金属短纤维，特种碳纤维、碳粒，钛酸钡陶瓷，各种导电性高分子聚合物等	具有较高的介电损耗角正切，依靠介质的电子极化、粒子极化、分子极化或界面极化衰减、吸收电磁波
磁损耗型	铁碳体粉，羰基铁粉，超细金属粉和纳米材料等	具有较高的磁正切值，依靠磁滞损耗、畴壁共振和自然共振、后效损耗等磁极化机制衰减、吸收电磁波

美国已研制出“超黑粉”纳米吸波涂料，对雷达波的吸收率大于 99%；法国 GAMMA 公司研制的新型多晶型纤维雷达波吸收涂料是一种轻质的磁性雷达波吸收剂，克服了大多数磁性吸收剂所存在的过重的缺点，质量减轻 40%～60%，并可在很宽的频带内实现高吸收效果，已应用于法国国家战略防御部队的导弹和飞行器上。

此外，一些军事发达国家用具有红外吸收功能的纤维成功研制了红外吸收隐身军服。众所周知，人体释放的红外线大致在 4～6mm 的中红外频段，如果不对这个频段的红外线进行屏蔽，很容易被非常灵敏的中红外探测器所发现，尤其是在夜晚，士兵的人身安全将受到严重威胁。从这个意义上来说，研制具有对人体红外线进行屏蔽的服装对于士兵进行夜间特殊行动是很有必要的。红外吸收纳米微粒粒度小，很容易填充到纤维中，在拉纤维时不会堵

喷头，而且某些纳米微粒具有很强的吸收中红外频段的特性。纳米 Al_2O_3、纳米 TiO_2、纳米 SiO_2 和纳米 Fe_2O_3 的复合粉就具有这种功能。添加纳米粉的纤维还有一个特性，就是对人体红外线有强吸收作用，这就可以更加保暖，也减轻衣服的质量。据估计用添加红外吸收纳米粉的纤维做成的衣服，其质量可以减轻 30%。

8.8.3　纳米信息装备

纳米信息装备是指以纳米技术为核心制造的各种军用信息系统设备。目前主要研制的有卫星侦察系统、飞行侦察系统、传感器等。

8.8.3.1　纳米卫星侦察系统

纳米卫星的概念最早由美国宇航公司于 1993 年提出。纳米卫星，又叫“纳星”，通常指质量小于 10kg、具有实际应用价值的卫星（见图 8-51）。卫星整体由分层的半导体芯片和微型仪器以及其他分系统组成，通过卫星组网可以实现空间大范围绘图和地面战场导引等诸多功能。纳米卫星具有体积小、成本低、可快速发射和批量生产、隐蔽性好、生存能力强等特点。

图 8-51　纳米卫星

为降低发射费用，纳米卫星常采用一箭多星的发射方式进行发射，目前已经发射升空的纳米卫星包括：俄罗斯的 SPUTNIK-2 卫星、美国的 AUSat 卫星和 PICOSAT 卫星，以及英国的 SNAP-1 卫星等。

纳米卫星或将对未来作战产生巨大影响。研究表明，只要在地球同步轨道上等间隔地布置一定数量的纳米卫星，就可以在任意时刻对地球上的任何地点进行连续监视和干扰。由于纳米卫星具有良好的分散和集成组网特性，即使少数纳米卫星受到攻击而失灵，也不会使整个卫星作战网络瘫痪。未来信息化条件下的局部战争在时间上的突发性、爆发地点的不确定性等特点，尤其需要各国根据需要应急发射小卫星，纳米卫星的这一军事应用价值已引起了各航天大国的高度关注。

英国萨里大学是最早研制并成功发射纳米卫星的，2001 年欧洲宇航局发射了名为“普罗巴”1 号的地球观察微型卫星（图 8-52）。随后，欧洲宇航局于 2009 年发射了“普罗巴”2 号。

印度在纳米卫星方面的研究也不甘落后，于 2010 年 7 月 12 日发射的 Cartosat-2B 间谍卫星呈立方形结构，长度仅为 15cm，质量不到 3kg。这颗间谍卫星虽然很小，但能贴着地球的大气层飞行，对地球看得非常清楚，效果并不比大卫星逊色。

(a)

(b)

图 8-52 “普罗巴”1号（a）和“普罗巴”2号从太空捕捉到的日食图像（b）

8.8.3.2 纳米飞行侦察系统

纳米飞行器（图 8-53）可携带各种探测设备，具有信息处理、导航及通信能力。微型飞机是纳米飞行器里最重要的一种。微型飞机的最大尺寸不超过 15cm，最大飞行速度至少达到 40～50km/h，最大航程 10km 以上，且续航能达到 2h 以上。纳米飞机的主要功能是部署到敌方武器系统或信息系统附近，监视敌方情况，实施对敌方雷达系统与通信电子设备的干扰，很难被常规雷达发现。据说它们还适应全天候作战，可以从数百千米外将其获得的信息传回己方导弹发射基地，直接引导导弹攻击目标。

美国“黑寡妇”超纳米飞行器长度不超过 15cm，成本不超过 1000 美元，质量为 60g，装备有 GPS、微摄像机和传感器等精良设备。美国制造的纳米蜂鸟侦察机很小，能通过窗户或者其他小口，这种侦察机也很结实，可以在狂风中携带微型麦克风或者摄像头，同时还能在空中保持悬停以及稳定的控制，在空中停留长达 11min。这种侦察机靠改变它每秒振动 20～40 次的翅膀的形状和角度来控制飞行。英国也制成了型号为 PD-100 的纳米侦察机，该侦察机外号黑蜂，质量只有 15g，上面安装有摄像机和卫星定位系统，能悬停，还有夜视功能。遥控终端有录像回放和显示区域地图的能力，飞行速度可达约 32km/h。

图 8-53 纳米飞行器

8.8.3.3 纳米传感器

除了纳米飞行器，还有很多纳米传感器可用于侦察工作。纳米传感器体积小，装有敏锐的传感器与电子设备，能察觉细微的外界刺激。利用无人机把传感器散布出去，并对每个器件进行定位，通过判读传感器返回来的信息，就可以掌握敌方的方位与特征。

“间谍草”跟普通小草看起来是一样的，但实际上是一种战场微型传感网络，装有照相

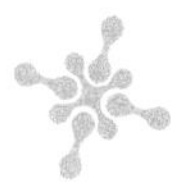

机、感应器以及敏感的电子侦察仪，如果散播到敌方阵地上，就可监视对方的活动情况。美国圣迪亚实验室用自组装方法研制出一种表面巨大，具有完全规则纳米结构的超薄涂层，其孔腺允许一定尺寸的分子通过。这种涂层可用于制作分子传感器，其检测分子的灵敏度比普通材料高 500 倍。如果将其应用在军事上，在千米外就可嗅到坦克的柴油气味，在百米外可以探测到人行动时产生的地面震动和人体的红外辐射，在几十米外可以探测到人的心脏跳动。另外，分子传感器还可以个性化，像猎犬一样记住某个人的气味，实现千里追踪。如果与其他传感器配合使用，安装在武器的导引头上，就可制成微型个人攻击器，根据敌军指挥员的特有气味对其实施精确打击。

2005 年，根据美国军方的订单，美国北达科他州立大学和美国爱伦科技公司的研究人员联合研制出了一种形状似小型石子的人工感声器，取名为“石子间谍”。“石子间谍”里的微型电子传感器能捕捉到 6～10m 距离内人行走过程中发出的震荡波，并向预警装置迅速发出警报信号，帮助士兵及时发现、制止敌方的偷袭（图 8-54）。

图 8-54 “石子间谍”样品示意图

8.8.4 纳米攻击装备

纳米攻击装备是指以纳米技术为核心制造的各种攻击武器。目前主要研制的有纳米炸弹、纳米机器人、纳米导弹等。

8.8.4.1 纳米炸弹

利用一些特殊纳米微粒的表面效应，可制成燃烧效率更高的催化剂。在固体火箭装药中加入镍纳米颗粒做催化剂，可使武器弹药的燃烧效率提高 100 倍，不但提高了飞机、导弹、炮弹、子弹等的飞行速度，而且也增强了炮弹、子弹的贯穿能力。由于金属纳米微粒具有较强的化学活性，并且在空气中能迅速氧化燃烧，普通弹药在与高能量密度材料纳米金属微粒（纳米铝粉）制成的超高速燃烧的纳米炸药结合后，其释放的能量将是原有弹药爆炸能量的数十倍甚至上百倍。

2004 年在美国国防部的资助下，圣迪亚实验室等机构开始研究如何操纵分子内与分子间的能量流，用富含能量的纳米金属生产威力大、体积小的新型炸弹。如钻地弹，其爆炸力是目前质量为 9.5t 的“炸弹之母”的数倍。

2007 年，俄军方已成功试验空投一枚纳米超级炸弹（图 8-55），这种炸弹的杀伤效能极强，堪称“炸弹之父”。该炸弹应用纳米技术，装填高效能炸药，其威力和杀伤效能堪比微型核弹，炸弹爆炸时形成一团类似核弹燃烧的蘑菇云，爆炸后，断瓦残垣旁只剩烧焦的土壤和巨石，周围生物瞬间全部蒸发，杀伤力是美国同类炸弹的 4 倍。

8.8.4.2 纳米机器人

纳米机器人是纳米科技最具诱惑力的内容，它设想在纳米尺度上应用原子、分子学原理，研制出可编程的分子精细结构，在纳米尺度上获得生命信息。目前研发的纳米机器人属于第一代，是生物系统和机械系统的有机结合体，可注入人体血管内，进行健康检查和疾病治疗；第二代纳米机器人是直接从原子或分子水平装配成具有特定功能的纳米尺度的分子装置，能执行复杂的纳米级别的任务；第三代纳米机器人将包含强人工智能和纳米计算机，是一种可进行人机对话的智能装置。

图 8-55 纳米炸弹

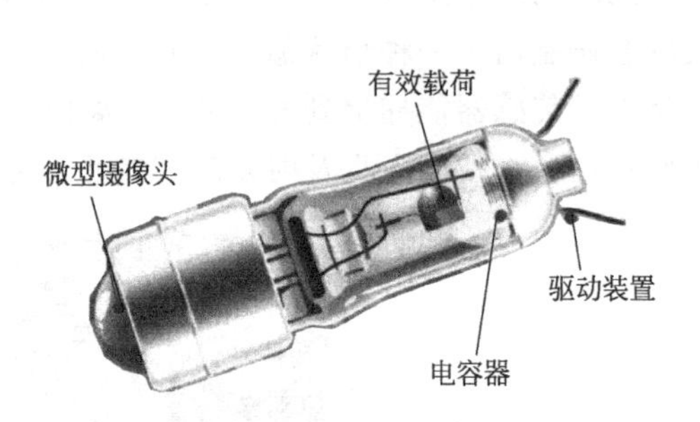

图 8-56 纳米机器人示意图

纳米机器人（图 8-56）首先可以应用到传统的武器装备中去，通过改善传统武器装备的制作工艺与制导系统等，提高其战术性能与杀伤力，如可以投掷到敌方阵地或钻进敌方武器中长期潜伏下来，一旦被启用，就会各显神通，如释放化学制剂使油料凝结，侵入敌方电子系统使之丧失功能；其次可开发新的作战方式，比如研发能堵住人耳、眼、鼻、口的纳米微型组件；再次，也可以研发新的生物体，并将其注入昆虫内，通过昆虫将这些生物体散播到敌方阵营；纳米机器人在进入人体后，能通过自我复制或自我繁殖的方法在敌方阵营中迅速扩散。

8.8.4.3 纳米导弹

由于纳米器件比半导体器件工作速度快得多，制造出的智能化微机电导航系统可以使制导、导航、推进、姿态控制等方面发生质的变化，从而使纳米导弹更趋向小型化、远程化、精确化。这种形如蚊子的纳米导弹直接受电波遥控，可以悄然潜入目标内部，其威力足以炸毁敌方火炮、坦克、飞机、指挥部和弹药库，达到神奇的战斗效能。

美国、日本、德国研制了一种细如发丝的传感制动器，为成功研制纳米导弹开拓了技术发展空间。美国制造的一种小型精确制导炸弹长 1.82m，直径 15.24cm，质量 113kg，比现行装备的 908kg 炸弹大大缩小，但在攻击坚硬目标时威力更大、更准确。因此，出动的每架次战斗机或轰炸机可消灭比现在多 3～4 倍的目标。这意味着可减少运送弹药的运输机的出动量，减少战斗机飞行员在战场的危险环境下的出动次数。

8.8.4.4 纳米鱼雷和纳米潜艇

纳米鱼雷是用纳米材料和纳米技术制造的鱼雷，雷体只有炮弹般大小，但它的威力却是一般鱼雷的几倍，速度是现役鱼雷的五倍之多，并具有相当强的隐身和突防功能，可进行远距离进攻，而且不易被敌方的声呐或其他水声探测器材所发现。

纳米潜艇是用纳米材料和纳米技术制造的潜艇。由于纳米量子器件的工作速度要比半导

体器件快1000倍，能大大提高武器的信息传输、存储和处理能力，用纳米材料制造潜水艇蒙皮，可以灵敏“感觉”水流、水温、水压等极细微的变化，并最大限度地降低噪声、节约能源，也能提前察觉来袭鱼雷、导弹，及时规避。

8.8.4.5　纳米攻击飞行器

纳米攻击飞行器实际上是指纳米飞机。纳米飞机具有信息处理、导航、通信与系统攻击能力，而且能携带各种探测设备与杀伤装置。由于纳米飞机体积很小，难以被发现，又能悬停或飞行，因此能秘密部署到敌方的信息系统与武器系统，并将其破坏。德国美因茨微技术研究所科学家研制的微型直升机，长仅为24mm，高8mm，质量仅为400mg，据称可以停放在一颗花生上，具有很强的隐蔽性与攻击性。

思　考　题

① 纳米塑料的制备方法主要有哪几种?
② 同普通塑料相比，纳米塑料有哪些优良的性能?
③ 纳米陶瓷的成型与烧结采取了哪些新工艺?
④ 普通陶瓷的弊端是什么? 相比纳米陶瓷有什么优势?
⑤ 纳米陶瓷的应用有哪些?
⑥ 纳米复合纤维材料的主要制备方法包括哪四种?
⑦ 请简述纳米激光涂料的几种应用。
⑧ 远红外线对人体有哪些保健作用?
⑨ 请简述几种负离子产生材料。
⑩ 请简述激光隐身的工作原理，并绘出激光工作方框图。
⑪ 请简述纳米磁性液体的组成。
⑫ 纳米磁性液体的磁性颗粒有哪几类? 制备方法各有哪些?
⑬ 纳米磁性液体有哪些特性?
⑭ 请举3～4例说明纳米磁性液体的应用。
⑮ 请简述钙钛矿太阳能电池的组成。
⑯ 钙钛矿吸光层骨架纳米材料有哪些?
⑰ 吸附储氢材料有哪些? 请简要叙述。
⑱ 超级电容器由哪些部分组成? 使用的电极材料有哪些?
⑲ 用于水处理的纳米材料有哪些? 请简要叙述。
⑳ 请简述一下纳滤膜技术的原理。
㉑ 纳米材料在环境保护的应用有哪些? 试举出几例。
㉒ 武器隐身技术的基本原理是什么?
㉓ 纳米攻击装备有哪些?
㉔ 除本章所讲内容，你认为纳米科技还可以在哪些方面得到应用?

参考文献

[1] 杨志伊. 纳米科技 [M]. 第二版. 北京：机械工业出版社，2007.

[2] 白春礼. 纳米科技及其发展前景 [J]. 中北大学学报（社会科学版），2001.

[3] 袁哲俊. 纳米科学与技术 [M]. 哈尔滨：哈尔滨工业大学出版社，2005.

[4] 薛增泉. 纳米科技基础 [M]. 北京：化学工业出版社，2012.

[5] 陈乾旺. 纳米科技基础 [M]. 北京：高等教育出版社，2014.

[6] 刘焕彬，陈小泉. 纳米科学与技术导论 [M]. 北京：化学工业出版社，2006.

[7] 何丹农团队. 纳米科技与微纳制造研究——技术路线图 [M]. 上海：上海科学技术文献出版社，2018.

[8] 徐国财. 纳米科学导论 [M]. 北京：高等教育出版社，2005.

[9] 沈海军. 纳米科技概论 [M]. 北京：国防工业出版社，2007.

[10] 中国科学院纳米科技领域战略研究组. 中国至2050年纳米科技发展路线图 [M]. 北京：科学出版社，2011.

[11] 冯瑞华. 日本纳米科技发展政策分析 [J]. 新材料产业，2017（10）：30-34.

[12] 张永德. 量子力学 [M]. 第四版. 北京：科学出版社，2017.

[13] 张涛，祖宁宁. 量子力学简明教程 [M]. 哈尔滨：哈尔滨工程大学出版社，2018.

[14] 尤景汉，琚伟伟. 量子力学简明教程 [M]. 北京：电子工业出版社，2016.

[15] 杨展如. 量子统计物理物理学 [M]. 北京：高等教育出版社，2007.

[16] 朱婧晶. 热力学与统计物理学 [M]. 西安：电子科学技术大学出版社，2018.

[17] 林志东. 纳米材料基础与应用 [M]. 北京：北京大学出版社，2010.

[18] 刘漫红，等. 纳米材料及其制备技术 [M]. 北京：冶金工业出版社，2014.

[19] 舒茜. 纳米材料的性质及制备 [J]. 广东化工，2018，45（23）：68.

[20] 刘中常. 纳米材料中纳米粒子团聚的原因及解决办法 [J]. 价值工程，2017，36（13）：157-158.

[21] 陈永，洪玉珍，曹峰，等. 纳米材料团聚及其表面包覆 [C]. 全国功能材料科技与产业高层论坛，2008.

[22] 柳艳，陈军，宋磊，等. 纳米材料的表面修饰和表征技术 [J]. 能源环境保护，2008（05）：14-17.

[23] 商春锋，张雅莉，张国庆，等. 纳米材料有机表面修饰的研究进展 [J]. 广州化工，2012，40（15）：9-11.

[24] 钱晓静，刘孝恒，陆路德，等. 辛醇改性纳米二氧化硅表面的研究 [J]. 无机化学报，2004，20（23）：335-338.

[25] 何凯，陈宏刚. 聚乙二醇对碳酸化法白炭黑的表面改性研究 [J]. 化学反应工程与工艺，2006，22（2）：181-184.

[26] 宋艳玲，周迎春，张启俭. 高分子改性纳米氧化镁的制备与表征 [J]. 表面技术，2005，24（4）：69-70.

[27] 鲍久圣，阴妍，刘同冈，等. 蒸发冷凝法制备纳米粉体的研究进展 [J]. 机械工程材料，2008，32（2）：4-7.

[28] 鲍久圣，杨志伊，刘同冈，等. 蒸发冷凝法制备纳米粉体实验装置的研制 [J]. 机电产品开发与创新，2004，17（5）：18-22.

[29] Jiusheng Bao，Zhencai Zhu，Yan Yin，et al. Numerical simulation of the temperature field in the vacuum vessel preparing nanopowder by DC arc method [J]. Journal of Computational and Theoretical Nanoscience，2009，6（1）：96-100.

[30] 刘同冈，鲍久圣，杨志伊. 直流钨电弧法制备碳包覆铁纳米微粒的研究 [J]. 中国矿业大学学报，2007，36（1）：201-204.

[31] 霍洪媛，仝玉萍，李玉河. 纳米材料 [M]. 北京：中国水利水电出版社，2010.

[32] 耿新乐，魏强. 纳米材料的制备及其表征 [J]. 化学世界，2017，8（12）：746-754.

[33] 黄开金. 纳米材料的制备及其应用 [M]. 北京：冶金工业出版社，2009.

[34] 李贺军，张守阳. 新型碳材料 [J]. 新型工业化，2016，6（01）：15-37.

[35] 潘春旭，张豫鹏，等. 火焰中的碳纳米材料：从零维到一维和二维 [M]. 北京：科学出版社，2013.

[36] 刘畅，成会明，等. 碳纳米管 [M]. 北京：化学工业出版社，2018.

[37] 赵家林，王超会，王玉慧，等. 粉体科学与工程 [M]. 北京：化学工业出版社，2017.

[38] 刘云圻，等. 石墨烯：从基础到应用 [M]. 北京：化学工业出版社，2017.

[39] 刘铃声，熊晓柏，陈建利，等. 纳米粉体表面改性研究现状 [J]. 稀土，2011，32（01）：80-85.

[40] 辛辉，张岩. 纳米粉体团聚解决方法及分散技术的研究 [J]. 机电产品开发与创新，2012，25（05）：38-40.

[41] 许春香，张金山. 材料制备新技术 [M]. 北京：化学工业出版社，2010.

[42] 訾炳涛，王辉，周洲，等. 块体纳米材料的结构性能及应用［J］. 天津冶金，2003（05）：3-8+54.

[43] Genki Sakai，Katsuaki Nakamura，Zenji Horita，et al. Developing high-pressure torsion for use with bulk samples［J］. Materials Science and Engineering A，2005，406（1）.

[44] 徐云龙，赵崇军，钱秀珍. 纳米材料学概论［M］. 上海：华东理工大学出版社，2008.

[45] 赵学增，王伟杰. 纳米尺度几何量和机械量测量技术［M］. 哈尔滨：哈尔滨工业大学出版社，2012.

[46] 朱永法. 纳米材料的表征与测试技术［M］. 北京：化学工业出版社，2006.

[47] 顾文琪，马向国，李文萍. 聚焦离子束微纳加工技术［M］. 北京：北京工业大学出版社，2006.

[48] 崔铮. 微纳米加工技术及其应用［M］. 北京：高等教育出版社，2013.

[49] 唐天同，王兆宏. 微纳加工科学原理［M］. 北京：电子工业出版社，2010.

[50] 韩丽娟，孙洪文，殷敏琪，等. 热纳米压印技术的研究进展［J］. 传感器与微系统，2019，38（04）：7-9+13.

[51] 钱林茂，田煜，温诗铸. 纳米摩擦学［M］. 北京：科学出版社，2014.

[52] Yang Liu，Jiusheng Bao，Dongyang Hu，et al. A review on the research progress of nano organic friction materials［J］. Recent Patents on Nanotechnology，2016，10（1）：11-19.

[53] 王立鼎，褚金奎，刘冲. 中国微纳制造研究进展［J］. 机械工程学报，044（11）：2-12.

[54] 张震. 磁力驱动微泵的设计与实验研究［D］. 北京：北京工业大学，2018.

[55] 潘庭婷. 光纤微纳传感器及手机测量系统的研究［D］. 南京：南京师范大学，2019.

[56] 王晨阳，张卫平，邹阳. 仿昆虫扑翼微飞行器研究现状与关键技术［J］. 无人系统技术，2018，001（004）：1-16.

[57] 陈姝言. 简述纳米材料及其在生物医学方面的应用［J］. 祖国，2019.

[58] 刘慰，司传领，杜海顺，等. 纳米纤维素基水凝胶的制备及其在生物医学领域的应用进展［J］. 林业工程学报，2019，4（05）：11-19.

[59] 刘文迎，张静，郭亮亮，等. 纳米纤维素的制备及在生物医药领域应用研究进展［J］. 化工新型材料，2019（6）：13-17.

[60] 尹长青，许壁榆，罗振钊，等. 纳米场效应晶体管生物传感器在肿瘤早期检测中的应用［J］. 武汉大学学报：医学版，2019（4）：586-591.

[61] 科技日报. 德用纳米纤维素 3D 打印人造耳还可打印膝关节等更多生物医学植入物［J］. 中国纤检，2019（2）：115-115.

[62] 赵宇亮. 智能纳米药物：肿瘤治疗的创新方法［C］. 2018 年中国药学大会，2018.

[63] 赵贤贤，陈菲，罗阳. 石墨烯量子点在生物医学中的应用：进展与挑战［J］. 国际检验医学杂志，2019（5）.

[64] 赵雨萌，韩达. 智能核酸计算系统的构建及生物医学应用［J］. 中国科学：化学，2019（9）.

[65] 曲广波，喻学锋，江桂斌. 黑磷纳米材料的毒性效应与机制［C］. 第十次全国分析毒理学大会暨第六届分析毒理专业委员会会议，2018.

[66] 何文亚，邹艳，郑蒙，等. 生物细胞仿生药物递送系统在癌症治疗中的应用［J］. 中国科学：化学，2019（9）.

[67] 马新胜. 纳米科技与发展前沿论丛［M］. 上海：华东理工大学出版社，2011.

[68] 周峰，王晓波，刘维民. 纳米润滑材料与技术［M］. 北京：科学出版社，2015.

[69] 李玉宝，程毅敏. 纳米材料技术研发与应用［M］. 成都：电子科技大学出版社，2012.

[70] 彭英才，赵新为，傅广生. 面向 21 世纪的纳米电子学［J］. 微纳电子技术，2006（01）：1-7.

[71] 李天保. 纳米电子材料的特性及应用前景［J］. 电子工艺技术，2002（04）：149-151+154.

[72] 沈海军，史友进. 纳米电子器件与纳米电子技术［J］. 微纳电子技术，2004（06）：14-19.

[73] 肖奇. 纳米半导体材料与器件［M］. 北京：化学工业出版社，2013.

[74] 朱长纯，贺永宁. 纳米电子材料与器件［M］. 北京：国防工业出版社，2006.

[75] 郭树田. 纳米电子学［J］. 微纳电子技术，2004（03）：6-13+24.

[76] 谢建强，朱光明，唐玉生，等. 纳米颗粒的模板自组装［J］. 材料导报，2012，26（07）：15-22.

[77] 张思亭，张笑一. 分子自组装技术及表征方法［J］. 贵州师范大学学报（自然科学版），2008（01）：106-112.

[78] 施利毅. 纳米科技基础［M］. 上海：华东理工大学出版社，2005.

[79] 刘娜，申长雨. 纳米塑料［J］. 科技信息（学术研究），2007（08）：4-6.

[80] 雄戈. 几种纳米塑料制备方法［J］. 国外塑料，2008（01）：56-57.

[81] 王煦漫，王琛，张彩宁. 高分子纳米复合材料［M］. 西安：西北工业大学出版社，2017.

[82] 张强宏. 纳米陶瓷的研究进展 [J]. 表面技术，2017，46 (05)：215-223.
[83] 刘刚，王铀. 纳米陶瓷的发展及研究现状 [J]. 陶瓷，2006 (01)：8-15.
[84] 张文毓. 纳米陶瓷材料研究与应用 [J]. 陶瓷，2019 (05)：46-50.
[85] 江炎兰，梁小蕊. 纳米陶瓷材料的性能及其应用 [J]. 兵器材料科学与工程，2008 (05)：91-94.
[86] 朱美芳. 纳米复合纤维材料 [M]. 北京：科学出版社，2015.
[87] 黄碧君，张力. 纳米材料及纳米技术在涂料中的应用 [J]. 上海涂料，2005 (11)：25-28.
[88] 杨丹，胡智学. 新型纳米复合涂料的研究进展 [J]. 现代盐化工，2016，43 (03)：19-21.
[89] 苏伟，张继德，汤建新. 纳米复合涂料的研究进展 [J]. 湖南工业大学学报，2007 (03)：81-85.
[90] 何绍华. 纳米陶瓷的制备成型技术研究 [J]. 徐州工程学院学报（自然科学版），2009，24 (01)：11-16.
[91] 姜山，鞠思婷. 中国科学院科学传播系列丛书：纳米 [M]. 北京：科学普及出版社，2013.
[92] 罗振. 第四次工业革命——纳米技术 [M]. 长春：吉林人民出版社，2014.
[93] 江桂斌. 环境纳米科学与技术 [M]. 北京：科学出版社，2015.
[94] 唐元洪. 纳米材料导论 [M]. 长沙：湖南大学出版社，2010.
[95] 王益军，金萍英. 纳米与传感器、能源、环境 [M]. 苏州：苏州大学出版社，2018.
[96] 刘转年. 环境污染治理材料 [M]. 北京：化学工业出版社，2013.
[97] 成岳. 包裹型纳米零价铁的制备与应用 [M]. 北京：化学工业出版社，2018.
[98] 孙世刚. 电催化纳米材料 [M]. 北京：化学工业出版社，2017.
[99] 魏永军，李晓斌. 纳米材料在环境保护中的应用 [J]. 广州化工，2015 (1)：58-59.
[100] 李文治. 碳纳米管的研究进展 [J]. 光学与光电技术，2016 (5)：10-13.
[101] 胡小芳，薛秀丽. 燃料电池发展现状与分析 [J]. 新能源汽车，2019 (12)：34-35.
[102] 符智义. 纳米科技在兵器系统中的应用 [J]. 现代经济信息，2017：314.
[103] 赵慎强，王宇鑫. 纳米磁性液体的制备方法及应用 [J]. 上海有色金属，2010 (1)：30-34.
[104] 徐建富，陈学军. 纳米技术与国家安全 [J]. 国防科技，2017 (3)：45-50.
[105] 徐浩，鲍久圣，阴妍，等. 基于纳米磁性液体的托辊密封与润滑设计及仿真 [J]. 润滑与密封，2019，44 (6)：109-112.
[106] 刘同冈. 碳包覆铁及铁镍合金纳米磁性液体的合成研究 [M]. 徐州：中国矿业大学出版社，2008.
[107] 何新智，李德才. 磁性液体在传感器中的应用 [J]. 电子测量与仪器学报，2009 (11)：108-114.
[108] 黄巍，王晓雷. 磁性液体的制备及其在工业中的应用 [J]. 润滑与密封，2008 (10)：91-99.
[109] 张龙瑞. 纳米光催化技术在处理室内空气污染中的应用 [J]. 工艺与装备，2013 (4)：41-42.
[110] 马武生，张睿. 纳米吸附材料在新兴污染物治理中的研究进展 [J]. 工业用水与废水，2016：5-10.
[111] 齐盛泽. 纳米零价铁及其在环境修复中的应用 [J]. 中国高新科技，2019 (1)：110-112.
[112] 王统利，郑黎明. 纳米二氧化硅制备及在环境领域的应用 [J]. 辽宁化工，2018 (3)：245-247.
[113] 申永涛，张爱波. 碳纳米管在能源领域的应用研究进展 [J]. 当代化工，2014 (10)：2087-2089.
[114] 刘春娜. 纳米技术在新能源电池中的应用 [J]. 电源技术，2016：239-240.
[115] 丁轶. 纳米多孔金属：一种新型能源纳米材料 [J]. 山东大学学报（理学版），2011 (10)：121-133.
[116] 唐琳. 纳米能源：创新全球能源解决方案 [J]. 科学新闻，2017 (9)：30-34.
[117] 李学慧. 纳米磁性液体：制备、性能及其应用 [M]. 北京：科学出版社，2009.
[118] 严密，彭晓领. 磁学基础与磁性材料 [M]. 杭州：浙江大学出版社，2006.